植物学

第2版 | 修订版 下册

吴国芳 冯志坚 马炜梁 周秀佳 郎奎昌 胡人亮 王策箴 李茹光 编著

U0236067

高等教育出版社·北京

内容提要

本书为《植物学》(第2版修订版)下册,各章基本上由原编者修订,主要根据"打好基础、精选内容、逐步更新、利于教学"的精神,在原教材的基础上进行了全面修改和补充。蕨类部分增加了"维管植物分类"一节;被子植物一章增加了"植物命名法""国际植物命名法规""各亚纲的特征"等内容,并增添了几个科、属;"植物分类学概述"一章也进行了较大的修改和补充,增加了"超微结构和微形态学特征在被子植物分类中的应用"一节。各章末增加了复习思考题,书后附主要参考文献,便于教师和学生参考。

本书可供全国高等师范院校、综合性大学、高等农林院校生物科学、生物技术等相关专业用作教材,亦可供植物学相关科研人员参考使用。

图书在版编目（CIP）数据

植物学 . 下册 / 吴国芳等编著 . ‒‒2 版（修订本）.
‒‒ 北京：高等教育出版社，2020.8（2024.11重印）
ISBN 978‒7‒04‒054593‒7

Ⅰ . ①植… Ⅱ . ①吴… Ⅲ . ①植物学‒高等学校‒教
材 Ⅳ . ① Q94

中国版本图书馆 CIP 数据核字（2020）第 121170 号

Zhiwuxue

策划编辑	李光跃	责任编辑	孟 丽	封面设计	张申申	版式设计	徐艳妮
责任校对	李大鹏	责任印制	刘思涵				

出版发行	高等教育出版社	网　　址	http://www.hep.edu.cn	
社　　址	北京市西城区德外大街4号		http://www.hep.com.cn	
邮政编码	100120	网上订购	http://www.hepmall.com.cn	
印　　刷	三河市华骏印务包装有限公司		http://www.hepmall.com	
开　　本	787mm×1092mm　1/16		http://www.hepmall.cn	
印　　张	25	版　　次	1982 年 9 月第 1 版	
字　　数	58.5 千字		2020 年 8 月第 2 版	
购书热线	010-58581118	印　　次	2024 年 11 月第 7 次印刷	
咨询电话	400-810-0598	定　　价	49.00元	

第 2 版前言

高等师范院校试用教材《植物学》上、下册自 1982 年出版以来，被不少高等师范院校、综合性大学及农林院校广泛采用，作为基础课教材，是国内同类教材中发行较广的一种。鉴于该书已出版多年，随着科学技术的发展和教学实践经验的积累，有必要进行一次全面的修订。

第 2 版主要根据"打好基础、精选内容、逐步更新、利于教学"的精神，在原教材的基础上进行了全面的修改和补充。

上册各章内容都有所增删，同时，在保证专业基础知识的前提下加强了联系生产实际的部分；为了便于教学，在某些节的编排顺序上有所更动；并对插图进行了精选和补充。

下册孢子植物部分，藻类、菌类、地衣、苔藓、蕨类各章均作了补充和修改。蕨类部分由于原作者裘佩熹逝世，由胡人亮修订，增加了维管植物分类一节。种子植物分类部分，裸子植物一章作了较大的修改。被子植物一章在修订原稿的基础上增加了植物命名法、国际植物命名法规、各亚纲的特征等内容，并增添了几个科、属。最后一章也进行了较大的修改和补充，并增加了超微结构和微形态学特征在被子植物分类中的应用一节。

此外，书中各章末增加了复习思考题，书后附主要参考书，便于教师和学生参考。

参加修订者基本上仍为第 1 版的编写人员。上册由沈敏健、陆时万负责统稿，下册孢子植物和种子植物分类部分分别由胡人亮、吴国芳负责统稿。书中插图仍由汪成琬、李贵春和于振洲绘制。

本书修订过程中得到有关兄弟院校的帮助，不少同行提出了宝贵意见和建议，在此谨表谢忱。

全书虽经修订再版，但由于时间和水平所限，仍不免有缺点和错误，敬请读者批评指正。

编　者
1988 年 10 月

第 1 版前言

本书根据 1980 年 6 月高等学校生物学教材编审委员会审订的高等师范院校《植物学教学大纲》，在华东师范大学主持下，由上海师范学院、东北师范大学、南京师范学院等四校合编。由中山大学张宏达教授主审，并经兰州大学、华中师范学院、哈尔滨师范大学、华南师范学院、云南大学、内蒙古师范大学、徽州师范专科学校、黄冈师范专科学校等生物系 (科) 的有关同志参加审稿，提出了很多宝贵意见，并已作了修改，同意作为高等师范院校试用教材出版。本书可供全国高等师范院校和师范专科学校生物系 (科) 使用，亦可供综合性大学、高等农林院校等有关专业师生参考。

全书分上、下两册，上册为种子植物形态解剖部分，下册为孢子植物及种子植物分类部分。全书密切结合高等师范的培养目标及中学生物学中有关植物学的教学内容，对基本知识、基础理论叙述较详，插图较多，利于学习。由于各地具体情况不同，各校对教材内容可作适当取舍和补充。种子植物分类部分，对被子植物的分类，采用克朗奎斯特（A. Cronquist）1981 年的修订系统，但对某些目、科作了适当的调整。本书收录的科、属较多，分为重点科（目录上有星号者）和非重点科。非重点科，可根据各校具体情况，简单讲述或少讲和不讲。

参加本书编写的人员分工如下：上册，绪论及第三章种子植物的营养器官，由陆时万编写，第一章植物细胞和组织，由沈敏健编写，第二章种子和幼苗及第四章种子植物的繁殖器官，由徐祥生编写。形态解剖部分由陆时万负责统稿。下册，引言由胡人亮编写，第一章藻类植物由王策箴编写，第二章菌类植物和第三章地衣植物由李茹光编写，第四章苔藓植物由郎奎昌编写，第五章蕨类植物和第六章孢子植物小结，由裘佩熹编写，第七章裸子植物由周秀佳编写，第八章被子植物和第九章植物分类学的发展动态，由吴国芳、马炜梁、冯志坚编写。孢子植物和种子植物分类部分分别由郎奎昌、吴国芳负责统稿。

本书插图，形态解剖部分、蕨类及种子植物分类部分，由汪成琬绘制；藻类、菌类、地衣和苔藓植物，由李贵春、于振洲绘制。

本书在编写和审稿过程中，得到有关兄弟院校的帮助和指导，特别是南京师范学院和上海师范学院的大力支持，在此一并致谢。

由于时间仓促和我们水平所限，错误和不妥之处一定不少，希望各校在使用过程中提出宝贵意见和建议，以便修订。

编 者

1982 年 6 月

下 册 目 录

引 言

一、植物界的分门别类

现在生存在地球上的植物，估计有 50 万种以上。要对数目如此众多，彼此又千差万别的植物进行研究，第一步必须先根据它们的自然性质，由粗到细、由表及里地进行分门别类，否则便无从入手。

人类对植物界的研究和认识，有一段漫长的历史。在欧洲，早在公元前 300 年，古希腊的本草学家（herbalist）和植物学家（botanist）如提奥弗拉斯（Theophrastus，371—286 B. C.）等，便开始根据植物的经济用途或生长习性，对它们进行分门别类。在我国古代也不乏这方面的学者和著作，其中以明代的李时珍（1518—1593）和清代的吴其濬（1789—1847）最著称。李时珍所编《本草纲目》，将所收集的千余种植物分成草、谷、菜、果和木等五部，以及山草、芳草等三十类。吴其濬的《植物名实图考》中，将植物分为谷、蔬、山草、隰草、石草、水草、蔓草、芳草、毒草、群芳、果和木等十二类。所有这些分类方法，都不是根据植物的自然性质，也没有考察彼此间在演化上的亲疏关系，仅就一二特点或应用价值进行分类。此种分类法，称为人为的分类系统（artificial classification system）。与此相反，自然分类系统（natural classification system）则是利用现代自然科学的先进手段，从比较形态学、比较解剖学、古生物学、植物化学、分子系统学和植物生态学等不同的角度，反映出植物界自然演化过程和彼此间亲缘关系。人们为了建立这样的系统，作了长期不懈的努力，使其渐臻完善。但直至目前，人们尚未能提出一个完全反映客观规律的植物系统。

植物系统的建立，必须经过一定的步骤。首先需将性质相近的植物进行分门别类，然后寻找各类群之间的相互关系（即亲缘关系），再根据其关系的密切程度，加以排列，这样就可以从系统中看出整个植物界，或是某一门类植物发生和发展的过程。

分门别类工作有粗有细，这与我们所考察的范围有关。就整个植物界而言，人们传统上将其分为 16 个门，它们是：

1. 裸藻门（Euglenophyta）；

2. 绿藻门（Chlorophyta）；

3. 黄藻门（Xanthophyta）；

4. 硅藻门（Bacillariophyta）；

5. 金藻门（Chrysophyta）；

6. 甲藻门（Pyrrophyta）；

7. 褐藻门（Phaeophyta）；

8. 红藻门（Rhodophyta）；

9. 蓝藻门（Cyanophyta）；

10. 黏菌门（Myxomycophyta）；

11. 真菌门（Eumycophyta）；

12. 地衣门（Lichens）；

13. 苔藓植物门（Bryophyta）；

14. 蕨类植物门（Pteridophyta）；

15. 裸子植物门（Gymnospermae）；

16. 被子植物门（Angiospermae）。

其中裸子植物门与被子植物门均系以种子进行繁殖的，因此，又将它们合并为1个门，即种子植物门（Spermatophyta）。这样整个植物界则包括15门。还有人将蕨类植物门、裸子植物门和被子植物门合称为维管植物门（Tracheophyta），因为它们均有维管组织。若如此，则整个植物界应分为14门。

各门植物之间，又有亲疏远近之分。因此，又可根据它们的共同点分成若干类。例如，从裸藻门到蓝藻门，这9门植物又统称为藻类（algae）。其共同特征为植物体结构简单，无根、茎、叶分化，这种植物体称为叶状体（thallus）。它们大多数为水生，具有光合作用色素，属于自养植物。黏菌门和真菌门又合称为菌类（fungi）。其形态特征与藻类相似，但不具光合作用色素，大多营寄生或腐生生活，是异养植物。藻类和菌类是植物界中出现较早，但又是比较低级的类型，所以合称为低等植物。根据营养方式的不同，藻类又称为绿色低等植物，菌类称为非绿色低等植物。地衣门是藻类和菌类的共生体，也属于低等植物的范围。

苔藓植物门与蕨类植物门的雌性生殖器官，均以颈卵器（archegonium）的形式出现，在裸子植物中，也有颈卵器退化的痕迹，因此，这3类植物又合称为颈卵器植物（archegoniatae）。但是苔藓与蕨类又是以孢子（spore）进行繁殖的，这和藻类、菌类相似，因此，它们与整个低等植物（即藻类、菌类）合称为孢子植物（spore plant）。与此相对，裸子植物门与被子植物门都是以种子进行繁殖，故称种子植物（seed plant）。又因种子植物均能开花结实，所以还有一个名称叫显花植物（phanerogamae），而孢子植物则没有开花结实现象，故称为隐花植物（cryptogamae）。苔藓、蕨类、裸子、被子4门植物，植物体的结构比较复杂，大多有根、茎、叶的分化，内部也分化到较高级的程度，且有胚的构造，大多为陆生，因此，又合称为高等植物（higher plant），以与低等植物（lower plant）相比较。

兹将植物界分门别类情况归纳如下表。此表大致反映出整个植物界各大门类之间的系统演化上的相互关系。低等植物各门，在进化上处于较低级的地位，这不仅从形态、结构和生殖方式上反映出来，而且也反映在它的生态特性中。种子植物，特别是被子植物，处于进化的最高阶段。它们与处于最低阶段的藻类植物、菌类植物很少有相似之处。处于中间阶段的苔藓植物与蕨类植物，虽被人习惯地划入高等植物的范畴之中，但其本身既具有高等植物的特征，也具有低等植物的特征（如以孢子进行繁殖）。这正反映了它们的过渡性质。

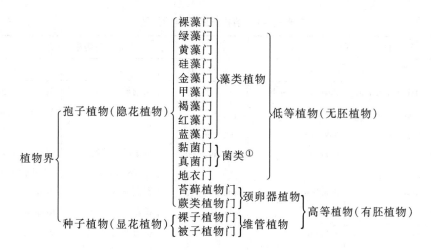

二、植物分类的阶层系统和命名

（一）植物分类的阶层系统

将整个植物界中的 50 万种以上的植物，按其性质归纳成 16 个门，而在每个门中又包括许多种植物，例如，被子植物门中包含有 20 多万种植物。因此，分类仅分到门是不够的，门只不过是植物分类最大的单位，包含在同一个门的植物还可继续分下去，分成许多阶层（等级）如门、纲、目、科、属、种等。有时在各个阶层之下分别加入亚门、亚纲、亚目、亚科、族、亚族、亚属、亚种等阶层，每一阶层都有相应的拉丁词和一定的词尾。如表引 –1 所列。

种（species）是生物分类的基本单位，它是具有一定的自然分布区与一定的形态特征和生理特性的生物类群。同一种中的各个个体具有相同的遗传性状，而且彼此交配可以产生后代。但一般不与其他物种的个体交配，或交配后一般不能产生有生殖能力的后代。种是生物进化与自然选择的产物。

（二）植物命名法

每种植物都有它自己的名称。以世界之广，语言之异，同一种植物在不同的国家，不同的民族，不同的地区往往有不同的叫法。例如番茄，在我国南方称番茄，北方称西红柿，英语称tomato，俄语称помидор；又如马铃薯，在我国南方称洋山芋（或洋芋），北方称土豆，英语称potato，俄语称кертофечь。所有这些名称，都是地方名或俗名，这种现象称为同物异名。另外还有同名异物现象，例如我国叫"白头翁"的植物就有 10 多种，其实它们是分别属于毛茛科、蔷薇科等不同科、属的植物。由于名称不统一，往往造成许多混乱，妨碍国内和国际间的科学交流。因此，植物学家在很早以前就对创立世界通用的植物命名法问题进行探索。在 18 世纪中

---

① 按照"五界"和"三域"等生物分界系统，菌类（Fungi）为真菌界（Kingdom Fungi），不属于植物界。本教材按传统体系讲解了菌类，供读者参考。

表引 -1　植物界的分类阶层表

分类的阶层（等级）			植物分类举例		
中文	英　文	拉丁文	词　尾	中　文	拉丁文
植物界	Vegetable Kingdom	Regnum vegetable		植物界	Regnum vegetable
门	Division	Divisio，Phylum	–phyta	被子植物门	Angiospermae
亚门	Subdivision	Subdivisio	–phytina		
纲	Class	Classis	–opsida，–eae	双子叶植物纲（木兰纲）	Dicotyledoneae（Magnoliopsida）
亚纲	Subclass	Subclassis	–idae	蔷薇亚纲	Rosidae
目	Order	Ordo	–ales	蔷薇目	Rosales
亚目	Suborder	Subordo	–ineae	蔷薇亚目	Rosineae
科	Family	Familia	–aceae	蔷薇科	Rosaceae
亚科	Subfamily	Subfamilia	–oideae	蔷薇亚科	Rosoideae
族	Tribe	Tribus	–eae	蔷薇族	Roseae
亚族	Subtribe	Subtribus	–inae	蔷薇亚族	Rosinae
属	Genus	Genus	–a，–um，–us	蔷薇属	*Rosa*
亚属	Subgenus	Subgenus		蔷薇亚属	*Rosa*
组	Section	Sectio		合柱组	Synstylae
亚组	Subsection	Subsectio			
系	Series	Series		齿裂托叶系	*Multiflorae*
种	Species	Species		野蔷薇	*Rosa multiflora* Thunb.
亚种	Subspecies	Subspecies			
变种	Variety	Varietas		粉团蔷薇	*Rosa multiflora* var. *cathayensis* Rehd.et Wils.
变型	Form	Forma			

叶以前曾采用过多名法（polynomial nomenclature）。此种命名法是用一系列的词来描述一种植物，因而显得非常繁琐，后来，多名法被双名法（binomial nomenclature）所代替。现代植物的种名，即世界通用的科学名称（scientific name）的命名，都是采用双名法。

　　双名法是由瑞典植物分类学大师林奈（Carolus Linnaeus，1707—1778）创立的。但是早在1623 年法国包兴（C. Bauhin，1560—1624）在记述约 6 000 种植物时，已使用属名加种加词的双名法学名，由于当时无人附议，致未兴行。后来在 1690 年，里维纳斯（Rivinus）也提出双名法的建议，给植物命名，不得多于 2 个字。林奈接受了这些思想并将其完善化。1753 年，林奈的巨著《植物种志》（*Species Plantarum*）便采用了双名法。此命名法的优点，首先在于它统一了全世界所有植物的名称，即每一种植物只有一个名称，在国际上通用，便于科学交流；其次，双名法提供了一个亲缘关系的大概，在植物学名中包含有属名，因此知道一个种名就容易查知该种在植物分类系统中所处的位置。

　　所谓双名法，是指用拉丁文给植物的种起名字，每一种植物的种名，都由两个拉丁词或拉丁化形式的字构成，第一个词是属名，相当于"姓"；第二个词是种加词，相当于名。一个完整的学名还需要加上最早给这个植物命名的作者名，故第三个词是命名人。因此，属名＋种加词＋命名人名是一个完整学名的写法。例如银杏的种名为 *Ginkgo biloba* L.。

植物的属名和种加词，都有其含义和来源以及具体规定。

1. 属名　一般采用拉丁文的名词，若用其他文字或专有名词，也必须使其拉丁化，亦即使词尾转化成在拉丁文语法上的单数，第一格（主格）。书写时第一个字母一律大写。属名的来源，简述如下：

（1）以古老的拉丁文名字命名　如 *Papaver* 罂粟属，*Rosa* 蔷薇属，*Piper* 胡椒属，*Morus* 桑属，*Pinus* 松属。

（2）以古希腊文名字命名　如 *Oryza* 稻属，*Myrtus* 香桃木属，*Colocasia* 芋属，*Platanus* 悬铃木属，*Zingiber* 姜属。

（3）根据植物的某些特征、特性命名　如 *Sagittaria* 慈姑属，Sagitta 示箭，意指叶为箭头形；*Polygonum* 蓼属，Poly- 用于复合词，示"许多"，gonum 示"膝"，意指茎具很多膨大的节；*Rhizophora* 红树属，Rhiz- 用于复合词，示"根"，phora 示"具有"，意指种子在母体上时即已生根；*Helianthus* 向日葵属，Heli- 用于复合词，示"太阳"，anthus 示"花"，意指头状花序随太阳转动。*Lagenaria* 葫芦属，lagenos 示"长颈瓶"，意指果呈长颈瓶状。

（4）根据颜色、气味命名　如 *Leucobryum* 白发藓属，Leuco- 用于复合词，示"白色"，bryon 示"苔藓"，意指叶多呈白色；*Rubus* 悬钩子属，rubeo 示"变红色"，意指果红色；*Osmanthus* 木犀属，osme 示"气味"，anthus 示"花"，意指花具香味；*Meliosma* 泡花树属，meli 示"蜜"，osme 示"气味"，意指花具蜜味。

（5）根据植物体含有某种化合物命名　如 *Saccharum* 甘蔗属，sacchar 示"糖"，意指茎秆含糖；*Eucommia* 杜仲属，eu 示"良好"，kommi 示"树胶"，意指其含有优质树胶。

（6）根据用途命名　如 *Sanguisorba* 地榆属，sanguis 示"血"，sorbeo 吸收之意，指供药用有止血功效；*Ormosia* 红豆属，ormos 示"项链"，意指其鲜红色的种子可供制项链。

（7）纪念某个人名　如 *Linnaea* 林奈本属，系纪念瑞典植物分类学家林奈（Carolus Linnaeus）；*Davidia* 珙桐属，系纪念法国传教士 Pere Armand David，他曾在中国采集植物标本；*Tsoongia* 钟木属，系纪念我国植物学家钟观光教授。

（8）根据习性和生活环境命名　如 *Actephila* 喜光花属，aktis 示"光线"，philos 示"喜欢"，指某些种喜生于阳处；*Dendrobium* 石斛属，dendron 树木之意，bion 示"生活"，指本属植物多附生在树上。

（9）根据植物产地命名　如 *Taiwania* 台湾杉属；*Fokienia* 福建柏属。

（10）以神话或文字游戏来命名　如 *Artemisia* 蒿属（艾属），为希腊神话中的女神名；*Narcissus* 水仙属，为希腊神话中的美少年，因捕捉自己水中的倒影而落水溺死，死后变为水仙。又如 *Saruma* 马蹄香属，系将 *Asarum* 细辛属的第一个字母调到末尾而成；*Tapiscia* 银鹊树属，系将 *Pistacia* 黄连木属的中间 2 字母调到字首而成。

（11）以原产地或产区的方言或土名经拉丁化而成　如 *Litchi* 荔枝属，来自广东方言；*Thea*

茶属，来自闽南土语。又如 *Ginkgo* 银杏属，来自日本称银杏为金果的译音经拉丁化而成。

（12）采用加前缀或后缀而组成属名　如 *Pseudolarix* 金钱松属，系在 *Larix* 落叶松属前加前缀 pseudo-（假的）而成；*Acantho panax* 五加属，系在 *Panax* 人参属前加前缀 acanthc-（有刺的）而成；*Gentianella* 假龙胆属，系由 *Gentiana* 龙胆属加后缀 -ella（小型）而成；*Sequoiadendron* 巨杉属，系由 *Sequoia* 北美红杉属加后缀 -dendron（树木）而成。

2. 种加词　种加词大多为形容词，少数为名词的所有格或为同位名词。种加词其来源不拘，但不可重复属名。如用 2 个或多个词组成种加词时，则必须连写或用连字符号连接。用形容词作种加词时，在拉丁文语法上要求其性、数、格均与属名一致。例如栗（板栗）*Castanea mollissima* Bl.，*Castanea* 栗属（阴性、单数、第 1 格），*mollissima* 被极柔软毛的（阴性、单数、第 1 格）。种加词的来源如下：

（1）表示植物的特征　通常用形容词，如形容植物体各器官的形态特征、大小、颜色和气味等。如白檀 *Symplocos paniculata*（圆锥花序式的）；黑藻 *Hydrilla verticillata*（轮生的）；小叶石楠 *Photinia parvifolia*（小叶的）；银白杨 *Populus alba*（白色的）。

（2）表示方位　如东方香蒲 *Typha orientalis*（东方的）；一球悬铃木 *Platanus occidentalis*（西方的）。

（3）表示用途　如山茱萸 *Macrocarpium officinale*（药用的）；漆 *Toxicodendron vernicifluum*（产漆的）；芋 *Colocasia esculenta*（可食的）。

（4）表示生态习性或生长季节　如葎草 *Humulus scandens*（攀缘的）；水茫草 *Limosella aquatica*（水生的）；高山灯心草 *Juncus alpinus*（高山生的）；小麦 *Triticum aestivum*（夏季的）。

（5）人名　用人名作种加词是为了纪念该人。一般要把人名改变成形容词的形式，如蒲儿根 *Sinosenecio oldhamianus*（Maxim.）B. Nord.，*oldhamianus* 来自人名 Oldham。按规定，用形容词形式作种加词，其构词法为以元音字母或 -er 结尾的，要先加 -an-（以 a 接尾的只加 -n-），然后再加表示性、（单）数、（主）格的结尾。如 *Cyperus heyne-anus*（-a，-um）来自 Heyne；*Verbena hassler-ana*（-us，-um）来自 Hassler；*Aspidium bertero-anum*（-a，-us）来自 Bertero。若以辅音字母（-er 除外）结尾的，要先加 -ian-，再按照属名的性别加单数、主格的结尾。如 *Rosa webb-iana*（-us，-um）来自 Webb；*Desmodium griffith-ianum*（-a，-us）来自 Griffith。

（6）以当地俗名经拉丁化而成　如龙眼 *Dimocarpus longan*（汉语龙眼）；人参 *Panax ginseng*（汉语人参）。

（7）表示原产地的　用地名、国名以形容词的形式作种加词，按性别有不同词尾，而且通常采用下列词尾：-ensis（-ense）、-（a）nus、-inus、-ianus（-a，-um）或 -icus（-ica，-icum）。例如：橡胶树 *Hevea brasiliensis*（来自 Brasilia 巴西）；杜虹花 *Callicarpa formosana*（来自 Formosa 中国台湾）；亚洲石梓 *Gmelina asiatica*（来自 Asia 亚洲）。

（8）以名词的所有格形式来作种加词　采用这类名词多是用以纪念某人，其构词法为以元音字母或 -er 结尾时，则按照被纪念人的性和数，给予适当的所有格结尾。如费氏葶苈 *Draba fedtschenkoi* 来自 Fedtschenko（男性），虎克芨芨草 *Achnatherum kookeri* 来自 Kooker（男性）；何氏山楂 *Crataegus coleae* 来自 Cole（女性）。唯男性姓名以元音 -a 结尾时，则加 -e，如苦梓含

笑 *Michelia balansae* 来自 Balansa。若以辅音字母（-er 除外）结尾时，则要先加 -i-，然后再按照被纪念的人的性和数，给予适当的所有格结尾。如青榨槭 *Acer davidii* 来自 David（男性）和以 *wilsoniae* 来纪念 Wilson（女性）以及用 *verlotiorum* 来纪念 Verlot 兄弟，用 *brauniarum* 来纪念 Braun 姐妹。

（9）同位名词　以同位名词作种加词时，只要求它与属名在数与格上一致，不要求性别上的一致。例如樟 *Cinnamomum camphora*。*Cinnamomum* 樟属，为中性名词，单数，主格，而种加词 *camphora* 樟脑，为阴性名词，单数，主格。

3. 命名人　植物学名最后附加命名者之名，不但是为了完整地表示该种植物的名称，也是为了便于查考其发表日期，而且该命名者要对他所命名的种名负有科学责任。

（1）命名人通常以其姓氏的缩写来表示，并置于种加词的后面。命名人要拉丁化，第一个字母要大写，缩写时一定要在右下角加省略号"·"。如 Linnaeus（林奈）缩写为 Linn. 或 L.（L. 一字母，只限用于 Linnaeus 一人，因他为特别著名的分类学家，无人不晓之故，其他命名者的名字，均不作一字母的缩写），Maximowicz 缩写为 Maxim.。两命名人如为同姓，则可在姓前加上名字缩写，以免造成混乱，如 Robert Brown 缩写为 R. Br. 和 Nicholas Edward Brown 缩写为 N.E.Br.。命名人如为双姓，二个姓都要缩写，如 Handel–Mazzetti 缩写为 Hand.-Mazz.。如果命名人为两人，则在两个人的姓名中加 "et" 或 "&"（和），如 Tang et Wang。如果由二人以上合作为同一植物命名时，则在第一人名后加 "et al."（alii 其他人）或 etc.（etcetera 等等）。

（2）当父子（女）均为命名人时，儿子或女儿的姓后加上 "f." 或 "fil."（filius 儿子，filia 女儿）。如 Hook. 代表 William Jackson Hooker，其儿子 Joseph Dalton Hooker 通常写作 Hook. f.。

（3）如一学名系由甲植物学家命名，但未经正式发表，后经乙植物学家描述代为发表，则甲与乙都应作为学名的命名人，甲作者置于前，乙作者置于后，在两作者的姓名中间加 "ex"（从）来表示。

三名法和四名法用于命名亚种或变种。三名法，学名由 3 个词组成。即属名 + 种加词 + 亚种或变种加词。例如台湾扁柏 *Chamaecyparis obtusa*（Sieb.et Zucc.）Endl.var. *formosana*（Hayata）Rehd.。四名法，学名由 4 个词组成。即属名 + 种加词 + 亚种加词 + 变种加词。

三、国际植物命名法规简介

"国际植物命名法规"（International Code of Botanical Nomenclature）是 1867 年 8 月在法国巴黎举行的第一次国际植物学会议中，德堪多的儿子（Alphonso de Candolle）曾受会议的委托，负责起草植物命名法规（*Lois de la Nomenclature Botanique*），经参酌英国和美国学者的意见后，决议出版上述法规，称为巴黎法规或巴黎规则。该法规共分 7 节 68 条，这是最早的植物命名法规。1910 年在比利时的布鲁塞尔召开的第三次国际植物学会议，奠定了现行通用的国际植物命名法规的基础。以后在每 5 年召开的每届国际植物学会议上都会对该法规进行修改和补充完善。

国际植物命名法规是各国植物分类学者对植物命名所必须遵循的规章。现将其要点简述如下：

（一）植物命名的模式法和模式标本

科或科级以下的分类群的名称，都是由命名模式来决定的。但更高等级（科级以上）分类群的名称，只有当其名称是基于属名的也是由命名模式来决定的。种或种级以下的分类群的命名必须有模式标本作根据。模式标本必须要永久保存，所以不能是活植物。模式标本有下列几种：

1. 主模式标本（全模式标本、正模式标本）（holotype） 是由命名人指定的模式标本，即著者发表新分类群时据以命名、描述和绘图的那一份标本。

2. 等模式标本（同号模式标本、复模式标本）（isotype） 系与主模式标本为同一采集者在同一地点与时间所采集的同号复份标本。

3. 合模式标本（等值模式标本）（syntype） 著者在发表一分类群时未曾指定主模式标本而引证了 2 个以上的标本或被著者指定为模式的标本，其数在 2 个以上时，此等标本中的任何 1 份，均可称为合模式标本。

4. 副模式标本（同举模式标本）（paratype） 对于某一分类群，著者在原描述中除主模式、等模式或合模式标本以外同时引证的标本，称为副模式标本。

5. 新模式标本（neotype） 当主模式、等模式、合模式、副模式标本均有错误、损坏或遗失时，根据原始资料从其他标本中重新选定出来充当命名模式的标本。

6. 原产地模式标本（topotype） 当不能获得某种植物的模式标本时，便从该植物的模式标本产地采到同种植物的标本，与原始资料核对，完全符合者以代替模式标本，虽然采集人与采集日期不尽相同，称为原产地模式标本。

7. 后选模式标本（选定模式标本）（lectotype） 当发表新分类群时，著作未曾指定主模式标本或主模式已遗失或损坏时，是后来的作者根据原始资料，在等模式或依次从合模式、副模式、新模式或原产地模式标本中，选定 1 份作为命名模式的标本，即为后选模式标本。

（二）每一种植物只有 1 个合法的正确学名，其他名称均作为异名或废弃

（三）学名包括属名和种加词，最后附加命名人之名

（四）学名之有效发表和合格发表

根据"法规"，植物学名之有效发表条件是发表品一定要是印刷品，并可通过出售、交换或赠送，收录在公共图书馆或者至少一般植物学家能去的研究机构的图书馆。仅在公共集会上、手稿或标本上以及仅在商业目录中或非科学性的新闻报刊上宣布的新名称，即使有拉丁文特征集要，均属无效。自 1935 年 1 月 1 日起，除藻类（但现代藻类自 1958 年 1 月 1 日起）和化石植物外，1 个新分类群名称的发表，必须伴随有拉丁文描述或特征集要，否则不作为合格发表。自 1958 年 1 月 1 日以后，科或科级以下新分类群之发表，必须指明其命名模式，才算合格发表。例如新科应指明模式属；新属应指明模式种；新种应指明模式标本。

（五）优先律原则

植物名称有其发表的优先律（priority）。凡符合"法规"的最早发表的名称，为唯一的正确名称。种子植物的种加词（种名）优先律的起点为1753年5月1日[即以林奈所著而在1753年5月1日出版的《植物种志》（*Species Plantarum* ed.1）为起点]；属名的起点为1754与1764年[即自林奈所著《植物属志》（*Genera Plantarum*）的5版与6版开始]。因此，一种植物如已有2个或2个以上的学名，应以最早发表的名称为合用名称。例如，银线草有3个学名，先后分别发表过3次：

Chloranthus japonicus Sieb.，in Nov. Act. Nat. Cur.14（2）：681.1829.

Chloranthus mandshuricus Rupr.，Dec. Pl. Amur. t.2.1859.

Tricercandra japonica（Sieb.）Nakai，Fl. Sylv. Koreana 18：14.1930.

按命名法规优先律原则，*Chloranthus iaponicus* Sieb. 发表年代最早，应作合法有效的学名，后两名称均为它的异名（synonym）。

（六）学名之改变

由于专门的研究，认为此属中的某一种应转移到另一属中去时，假如等级不变，可将它原来的种加词移动到另一属中而被留用，这样组成的新名称叫"新组合"。原来的名称叫基原异名（bisionym）。原命名人则用括号括之，一并移去，转移的作者写在小括号之外。例如，杉木最初由 Lambert 定名为 *Pinus lanceolata* Lamb.（1803年）。1826年，Robert Brown 又定名为 *Cunninghamia sinensis* R. Br. ex Rich.。1827年，Hooker 在研究了该种的原始文献后，认为它应属于 *Cunninghamia* 属。但 *Pinus lanceolata* Lamb. 这一学名发表最早，按命名法规定，在该学名转移到另一属时，种加词"*lanceolata*"应予保留。故杉木的合用学名为 *Cunninghamia lanceolata*（Lamb.）Hook. 其他两个学名成为它的异名，而 *Pinus lanceolata* Lamb. 称为基原异名。

（七）保留名

对不符合命名法规的名称，但由于历史上惯用已久，经国际植物学会议讨论作为保留名。例如某些科名，其拉丁词尾不是 –aceae，如豆科 Leguminosae（或为 Fabaceae）；十字花科 Cruciferae（Brassicaceae）；菊科 Compositae（Asteraceae）等。

（八）名称的废弃

凡符合命名法规所发表的植物名称，不能随意予以废弃和变更。但有下列情形之一者，不在此限。

1. 同属于一分类群而早已有正确名称，以后所作多余的发表者，在命名上是个多余名，应予废弃。

2. 同属于一分类群并早已有正确名称，以后由另一学者发表相同的名称，此名称为晚出同名，必须予以废弃。

3. 将已废弃的属名，采用作种加词时，此名必须废弃。

4. 在同一属内的两个次级区分或在同一种内的两个种下分类群，具有相同的名称，即使它们基于不同模式，又非同一等级，都是不合法的，要作为同名处理。

属名如有下述情形，如名称与现时使用的形态术语相同，种的模式标本未加指定，名称为由两个词组成，中间未用连字符号相连等时，均属不合格，必须废弃。

种加词如有下述情形时，即用简单的语言作为名称而不能表达意义的；丝毫不差地重复属名者；所发表的种名不能充分显示其为双名法的，均属无效，必须废弃。

第一章 藻类植物（Algae）

第一节 藻类植物的概述

藻类植物一般都具有进行光合作用的色素，能利用光能把无机物合成有机物，供自身需要，是能独立生活的一类自养原植体植物（autotrophic thallophyte）。藻类植物体在形态上是千差万别的，小的只有几微米（μm），必须在显微镜下才能见到；体形较大的肉眼可见，最大的体长可达60 m 以上，藻体结构也比较复杂，分化为多种组织，如生长于太平洋中的巨藻（*Macrocystis*）。尽管藻体有大的、小的、简单的、复杂的区别，但是，它们基本上是没有根、茎、叶分化的原植体植物。生殖器官多数是单细胞，虽然有些高等藻类的生殖器官是多细胞的，但生殖器官中的每个细胞都直接参加生殖作用，形成孢子或配子，其外围也无不孕细胞层包围。藻类植物的合子不发育成多细胞的胚。有少数低等藻类是异养的或暂时是异养的，这可根据它们的细胞构造和贮藏的营养物质，与异养原植体植物（heterotrophic thallophyte）——真菌分开。

藻类在自然界中几乎到处都有分布，主要是生长在水中（淡水或海水）。但在潮湿的岩石上、墙壁和树干上、土壤表面和下层，也都有它们的分布。在水中生活的藻类，有的浮游于水中，也有的固着于水中岩石上或附着于其他植物体上。藻类植物对环境条件要求不高，适应环境能力强，可以在营养贫乏、光照强度微弱的环境中生长。在地震、火山爆发、洪水泛滥后形成的新鲜无机质上，它们是最先的居住者，是新生活区的先锋植物之一。有些海藻可以在 100 m 深的海底生活，有些藻类能在零下数十度的南北极或终年积雪的高山上生活，有些蓝藻能在高达85 ℃的温泉中生活。有的藻类能与真菌共生，形成共生复合体（如地衣）。

藻类植物是一群古老的植物。化石记录，在 35 亿～33 亿年前，在地球上的水体中，首先出现了原核蓝藻。在 15 亿年前，已有和现代藻类相似的有机体存在。从现代藻类的形态、构造、生理等方面，也反映出藻类是一群最原始的植物，已知在地球上有 3 万余种藻类。根据它们的形态，细胞核的构造和细胞壁的成分，载色体（chromatophore）的结构及所含色素的种类，贮藏营养物质的类别，鞭毛的有无、数目、着生位置和类型，生殖方式及生活史类型等，一般将它们分为 8 个门。

第二节　蓝藻门（Cyanophyta）

一、蓝藻门的一般特征

（一）形态与构造

蓝藻植物细胞里的原生质体，分化为中心质（centroplasm）和周质（periplasm）两部分。中心质又叫中央体（central body），在细胞中央，其中含有 DNA。蓝藻细胞中无组蛋白，不形成染色体，DNA 以细纤丝状存在，无核膜和核仁的结构，但有核的功能，故称原始核。蓝藻细胞与细菌细胞的构造相同，两者都是原始核，而不是真核，故称它们为原核生物（prokaryote）。周质又称色素质（chromatoplasm），在中心质的四周。蓝藻细胞没有分化成载色体等细胞器（organelle）。在电子显微镜下观察，周质中有光合片层（photosynthetic lamellac），这些片层不集聚成束，而是单条的有规律的排列。在光合片层的表面有叶绿素 a、藻蓝蛋白（phycocyanin）、藻红蛋白（phycoerythrin）及一些黄色色素，是光合作用的场所（图 1-1）。蓝藻光合作用的产物为蓝藻淀粉（myxophycean starch）和藻青素颗粒体（cyanophycin granule），这些营养物质分散在周质中。周质中有气泡，充满气体，是适应浮游生活的一种细胞器，在显微镜下观察呈黑色、红色或紫色。

蓝藻细胞壁在电子显微镜下观察分 4 层，从内向外依次由 LⅠ、LⅡ、LⅢ、LⅣ构成，最内层 LⅠ紧邻原生质膜（图 1-2）。主要化学成分是黏肽（mucopeptide）。它和革兰氏阴性细菌的细胞壁一样，可被溶菌酶（lysozyme）溶解。在细胞壁的外面有果胶酸和黏多糖构成的胶质鞘（gelatinous sheath）包围。有些种类的胶质鞘容易水化，有的胶质鞘比较坚固，易形成层理。胶质鞘中还常常含有红、紫、棕色等非光合作用的色素。

蓝藻植物体有单细胞的、群体的和丝状体（filament）的。有的蓝藻在每条丝状体中只有一条藻丝，有的种有多条藻丝。有一些蓝藻的藻丝上常含有特殊细胞，叫异形胞（heterocyst）。异形胞是由营养细胞形成的，一般比营养细胞大，在光学显微镜下观察，细胞内是空的。异形胞内含有丰富的固氮酶可以固定大气中的氮。形成异形胞时，细胞内的贮藏颗粒溶解，光合作用片层破碎，形成新的膜，同时分泌出新的细胞壁物质于细胞壁外边（图 1-2），使细胞壁明显增厚。

（二）繁殖

蓝藻以细胞直接分裂的方法繁殖。单细胞类型是细胞分裂后，子细胞立即分离，形成单细胞。群体类型是细胞反复分裂后，子细胞不分离，而形成多细胞的大群体，群体破裂，形成多个小群体。丝状类型是以形成藻殖段（hormogonium）的方法繁殖。藻殖段是由于丝状体中某些

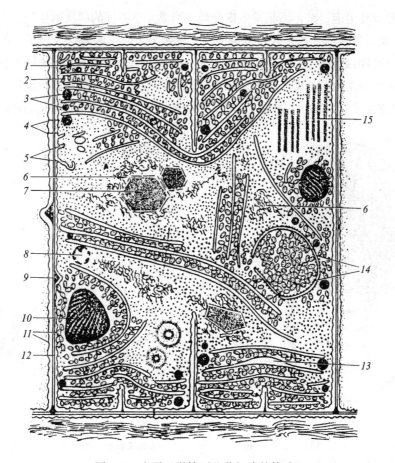

图 1-1　电子显微镜下蓝藻细胞的构造

1. 光合作用片层；　2、3. 各种不同的颗粒；　4. 相邻细胞的胞间连丝；　5. 形成的原生质膜；　6. 核质；

7. 多角小体；　8. 似液泡构造体；　9. 加厚的横壁；　10. 结构颗粒体；　11. 原生质膜；

12. 横壁；　13. 光合作用构成的圆盘；　14. 藻胆体；　15. 圆柱形小体

细胞的死亡，或形成异形胞，或在两个营养细胞间形成双凹形分离盘，以及机械作用等将丝状体分成许多小段，每一小段称为藻殖段。每个藻殖段发育成一个丝状体。

　　蓝藻除了进行营养繁殖外，还可以产生孢子，进行无性生殖。在丝状类型中（颤藻科除外）产生厚壁孢子（akinete）。厚壁孢子是由于普通营养细胞的体积增大，营养物质的积蓄和细胞壁的增厚形成的。此种孢子可长期休眠，以渡过不良环境，环境适宜时，孢子萌发，分裂形成新的丝状体。在管胞藻目中，有些种类产生外生孢子

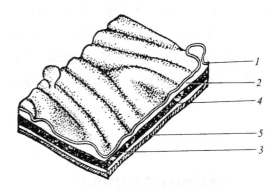

图 1-2　电子显微镜下蓝藻细胞壁构造模式图

1. L Ⅳ；　2. L Ⅲ；　3. L Ⅱ；　4. L Ⅰ；　5. 原生质模

（exospore）。形成外生孢子时，细胞发生横分裂，形成大小不等的两块原生质，上端较小的一块就形成孢子，基部较大的一块仍保持分裂能力，继续分裂，不断地形成孢子。母细胞破裂时放出孢子，基部的母细胞壁仍存留，形成假鞘（图1-4，B）。管胞藻目中还有一些种类产生内生孢子（endospore）。内生孢子是由于母细胞增大，原生质体进行多次分裂，形成许多具薄壁的子细胞，母细胞壁破裂后全部放出（图1-4，A），每个孢子萌发形成1个新的植物体。

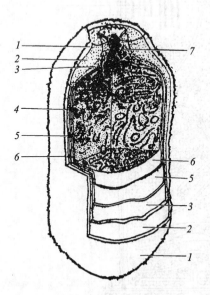

图1-3 异形胞的构造

1. 纤维层； 2. 均质层； 3. 具薄片层； 4. 膜；

5. 细胞壁； 6. 原生质膜； 7. 孔道

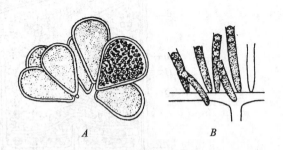

图1-4 蓝藻的内生孢子和外生孢子

A. 皮果藻属的内生孢子； B. 管胞藻属的外生孢子

（三）分布

蓝藻分布很广，从两极到赤道，从高山到海洋，到处都有它们的踪迹。主要是生活在淡水中，海水中也有。生活在水中的蓝藻，有的浮游于水面，特别是在营养丰富的水体中，夏季大量繁殖，集聚水面，形成水华（water bloom）。生活于水底的种类，常附着在石上、木桩上，以及其他植物体上。此外在潮湿土壤上、岩石上、树干上，以及建筑物上也常见。温泉水中及温泉水边也生有蓝藻。有些种与真菌共生形成地衣。

蓝藻约有150属，2 000多种，全部包括在蓝藻纲（Cyanophyceae）中，一般分为3个目：色球藻目（Chroococcales）、管胞藻目（Chamaesiphonales）和颤藻目（Osillatoriales）。

二、蓝藻门的代表植物

（一）单细胞或群体类型的代表

1. 色球藻属（*Chroococcus*） 属于色球藻目。植物体为单细胞或群体。单细胞时，细胞为球形，外被固体胶质鞘。群体是由两代或多代的子细胞在一起形成的。每个细胞都有个体胶质鞘，同时还有群体胶质鞘包围着。细胞呈半球形，或四分体形，在细胞相接处平直。胶质鞘透明无色（图1-5），浮游生活于湖泊、池塘、水沟，有时也生活在湿地上、树干上或滴水的岩石上。

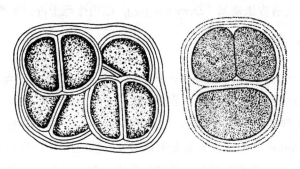

图1-5　色球藻属

2. 微囊藻属（*Microcystis*）　属于色球藻目。植物体是球形、不规则形或具有很多穿孔的浮游性群体。群体细胞很多，均匀地分布在无结构的基质中。细胞球形，多数具有气泡（图1-6）。细胞向 3 个方向进行分裂。微囊藻分泌一种能抑制其他藻类生长的物质，有些种类还可以产生一种叫做"致死因子"的毒素，能毒害摄食藻类的动物。夏季在营养丰富的水中大量繁殖，形成水华，危害水生动物。

色球藻目中除上述两属外，常见的还有黏球藻属（*Gloeocapsa*）、黏杆藻属（*Gloeothece*）、平裂藻属（*Merismopedia*）和腔球藻属（*Coelosphaerium*）（图1-7）。

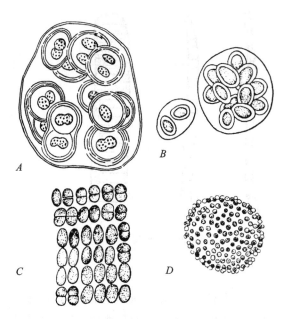

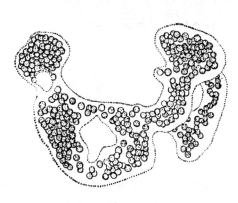

图1-6　微囊藻属

图1-7　色球藻目中几种常见的藻类

A. 黏球藻属；　*B.* 黏杆藻属；　*C.* 平裂藻属；　*D.* 腔球藻属

3. 管胞藻属（*Chamaesiphon*） 属于管胞藻目。植物体单细胞，长杆形，有极性分化，以基部附着于水生的被子植物、苔藓植物、藻类植物或其他植物体上。细胞以产生外生孢子进行生殖（图1-4，*B*）。

管胞藻目中常见的还有皮果藻属（*Dermocarpa*），以内生孢子进行生殖（图1-4，*A*）。

（二）丝状体的代表

1. 颤藻属（*Oscillatoria*） 属于颤藻目。植物体是一列细胞组成的丝状体。丝状体常丛生，并形成团块。细胞短圆柱状，长大于宽，无胶质鞘，或有一层不明显的胶质鞘。丝状体能前后运动，或左右摆动，故称颤藻。以藻殖段进行繁殖（图1-8）。生于湿地或浅水中。与颤藻极易混淆的席藻属（*Phormidium*），在藻丝外边有明显的胶质鞘（见图1-12，*A*）。

2. 念珠藻属（*Nostoc*） 属于颤藻目。植物体是由一列细胞组成不分枝的丝状体。丝状体常常是无规则地集合在一个公共的胶质鞘中，形成肉眼能看到或看不到的球形体、片状体或不规则的团块，细胞圆形，排成一行如念珠状。丝状体有个体胶质鞘，或无个体胶质鞘。异形胞壁厚。以藻殖段进行繁殖。丝状体上有时有厚壁孢子（图1-9）。念珠藻属生长于淡水中、潮湿土壤上或石上。本属的地木耳（*N. commune* Vauch.）和发菜（*N. flagelliforme* Born. et Flah.）可供食用。

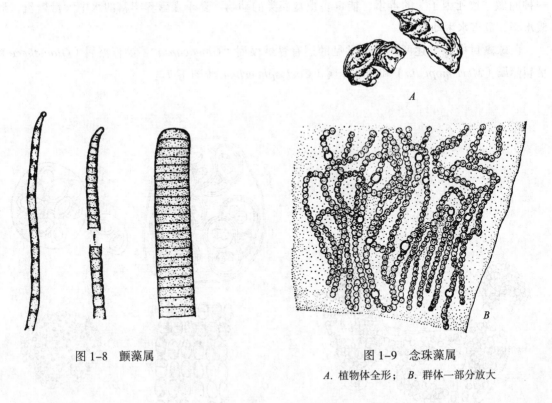

图1-8　颤藻属

图1-9　念珠藻属

A. 植物体全形；　*B*. 群体一部分放大

3. 鱼腥藻属（*Anabeana*） 和念珠藻属非常相似，并同属于颤藻目。细胞圆形，连接成直的或弯曲的丝状体，单一或集聚成团，浮生于水中，但无公共胶质鞘（图1-10）。鱼腥藻常与铜色微囊藻（*Microcystis aeruginosa* Kütz.）一起形成水华。念珠藻和鱼腥藻都能固定游离氮，养殖在稻田中，可使水稻增产。有一种鱼腥藻生于红萍（*Azolla*）的叶内，与红萍共生。

4. 真枝藻属（*Stigonema*） 属于颤藻目。植物体是单列细胞或多列细胞构成的不规则分枝的丝状体。许多丝状体集生在一起，呈黑褐色绒毛状。丝状体有厚而坚硬的胶质鞘，胶质鞘透明，多为黄褐色。细胞球形或椭圆形。真分枝是细胞在纵轴方向分裂形成的。有异形胞（图1-11）。该属多生于潮湿的岩石上。

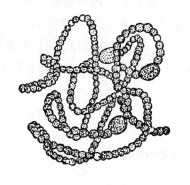
图 1-10　鱼腥藻属

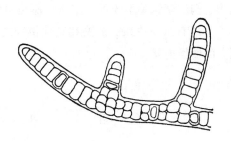
图 1-11　直枝藻属

颤藻目中有些属是具假分枝的藻类，常见的有单歧藻属（*Tolypothrix*）和双歧藻属（*Scytonema*）。假分枝是1个或两个藻殖段，从胶质鞘侧面穿出，并发育成枝（图1-12）。

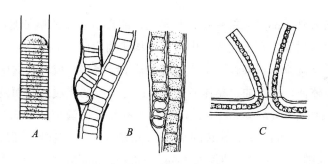
图 1-12　颤藻目中几种常见的藻类
A. 席藻属；　*B*. 单歧藻属；　*C*. 双歧藻属

三、蓝藻门在植物界中的地位

蓝藻细胞构造的原始性，说明蓝藻是地球上最原始、最古老的一群植物，化石记录也可以说明这一点。巴洪（E. S. Barghoon）和夏福（J. W. Schops）于1966—1967年间，在南非特兰斯尔的无花果树群浅燧石岩中，发现了类似细菌和蓝藻的微化石，据测定，其年代为31亿年前的蓝藻化石。在寒武纪和奥陶纪地层中，发现有完整藻殖段结构的蓝藻化石。在泥盆纪地层中，发现了比较高级类型的多列藻科化石，其藻体是具有异形胞的异丝体型。从这些古生物学资料看，在 35 亿～33 亿年前，地球上出现了细菌和蓝藻。到寒武纪时，蓝藻特别繁盛，称这个时期为蓝藻时代。

蓝藻和细菌最接近，它们都是以细胞直接分裂的方法进行繁殖，因而人们主张蓝藻和细菌有共同的起源，并把两者合称为裂殖植物门（Schizophyta），分两个纲，即裂殖藻纲（Schizophyceae）和裂殖菌纲（Schizomycetes）。又因为它们在细胞构造上，都是无细胞核和质体分化的生物，在科普兰（H. F. Copeland, 1938）提出将生物界分为四界的学说中，把蓝藻和细菌一起列为原核生物界（Prokaryota）。蓝藻和红藻在色素上和不产生运动细胞方面是相似的，有人认为它们的亲缘关系较近，主张红藻是由蓝藻发展来的，但两者在其他方面的特征相差甚远，因而不可能有亲缘关系。蓝藻和其他植物之间，在构造上和生殖方式上有明显差别，说明蓝藻是独立的植物类群。

第三节　裸藻门（Euglenophyta）

一、裸藻门的一般特征

（一）形态与构造

裸藻门除胶柄藻属外，都是无细胞壁，有鞭毛，能自由游动的单细胞植物（图 1-13）。裸藻细胞的最外层是原生质膜，在质膜内，由蛋白质构成周质体（periplast），因此，周质体是细胞的内部构造。电子显微镜下观察，周质体是由多条壁纹密接组成的，这些壁纹螺旋状包围着藻体。有些种的周质体薄，易弯曲，藻体能变形。还有些种的周质体厚而硬，使藻体有固定形状。有些属如囊裸藻属（Trachelomonas），能分泌一种带孔的囊壳（lorica），鞭毛由囊壳孔伸出。藻体前端有胞口（cytostome）和狭长的胞咽（cytopharynx），胞咽下部的膨大部分叫储蓄泡（reservoir）。储蓄泡周围有一至多个伸缩泡（contractile vacuole）。鞭毛 1～3 根，由中央轴丝和外部的鞭毛鞘组成。轴丝是由微管构成的，鞭毛鞘是原生质膜构成的。电子显微镜下鞭毛鞘上有 1 列螺旋排列的鞭茸（mastigoneme），故称此种鞭毛为茸鞭型（tinsel type）。横断面在鞭毛鞘内周边部有 9 条轴丝，每条轴丝由两条微管组成；中央有两条轴丝，每条轴丝由一条微管组成，通常称此为 9+2 条轴丝。眼点位于储蓄泡与胞咽之间的背面，一般由 20 至 50 个橙色油滴组成，其中主要含有 β- 胡萝卜素或其衍生物。眼点有趋光性。细胞核较大，现已证明核在静止期就有粒状或丝状染色体。细胞是有丝分裂，在分裂过程中核膜不消失，有纺锤体，但没有染色体纺锤丝，纺锤丝在染色体之间穿过至两极。中期核仁开始拉长，至后期断开分为两个子核仁。后期整个核开始拉长，子染色体分开至两极，末期拉长的核断开分为两个子核（图 1-14），这些表明了有丝分裂的原始性，称此种核为中核。

细胞内有许多载色体，其内含有叶绿素 a 和 b、β- 胡萝卜素和 3 种叶黄素。在电子显微镜

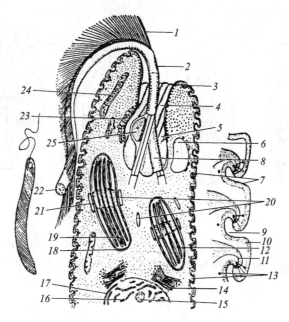

图 1-13　裸藻亚显微结构模式图

1. 鞭茸；　2. 长鞘毛；　3. 胞口；　4. 胞咽；　5. 储蓄泡；　6. 伸缩泡；　7. 原生质膜；　8. 短鞭毛；
9. 沟槽；　10. 周质体；　11. 黏液体；　12. 载色体；　13. 微管；　14. 高尔基体；　15. 细胞核；
16. 核仁；　17. 染色体；　18. 载色体膜；　19. 3条一束的光合片层；　20. 裸藻淀粉；　21. 蛋白核；
22. 鞭毛横断面（鞭毛鞘及9+2条轴丝）；　23. 眼点；　24. 线粒体；　25. 副鞭体

下，载色体有 3 层膜包围，外边 1 层是内质网膜，里边两层是载色体膜，类囊体是 3 条一束。载色体上有时有蛋白核（pyrenoid）。同化产物是裸藻淀粉（paramylum）和油。裸藻淀粉是裸藻的特有产物，只存在于细胞质中，绝不在载色体中（图 1-14）。裸藻的无色类型营腐生生活，或为动物的营养方式，吞食固体食物。

（二）繁殖

裸藻以细胞纵裂的方式进行繁殖。细胞分裂可以在运动状态下进行，也可以在胶质状态下进行。分裂开始，着生鞭毛一端发生凹陷，同时细胞核开始有丝分裂，鞭毛器和眼点也分裂，这些过程结束后，细胞本身发生缢裂。缢裂的结果，叶绿体和裸藻淀粉在每个子细胞中各保留一半，一个子细胞保留原有的鞭毛，另一个子细胞长出一条新的鞭毛（图 1-15）。在胶质状态下，细胞分裂时首先失去鞭毛，并分泌厚的胶被，细胞在胶被内反复分裂，形成许多细胞的胶群体（palmella），环境适宜时，每个细胞发育成 1 个新

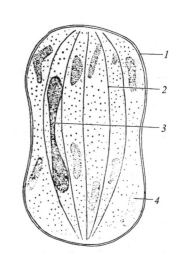

图 1-14　裸藻细胞核分裂后期示意图

1. 核膜；　2. 纺锤丝；　3. 核仁；　4. 染色体

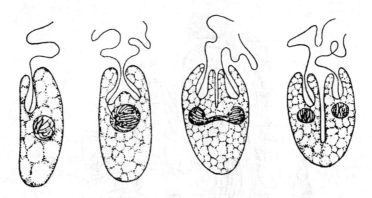

图 1-15 内弯杆胞藻细胞的纵裂

的个体。有时细胞停止运动，分泌一层厚壁，变成胞囊（cyst）。胞囊可渡过恶劣环境。环境好转时原生质从厚壁中脱出，萌发成新个体。裸藻没有无性生殖，有性生殖尚不能确定。

（三）分布

裸藻大多数分布在淡水，少数生长在半咸水，很少生活在海水中，特别是在有机质丰富的水中生长良好，是水质污染的指示植物。夏季大量繁殖使水呈绿色，并浮在水面上形成水华。裸藻有两个属生活在两栖类的消化管内。

裸藻门约有 40 属；1 000 多种，全部包括在 1 个纲即裸藻纲（Euglenophyceae）中。本纲分两个目，即裸藻目（Euglenales）和柄裸藻目（胶柄藻目）（Colaciales）。

二、裸藻门的代表植物

（一）裸藻属（*Euglena*）

属于裸藻目。细胞纺锤形、长纺锤形或圆柱形，前端宽而钝圆，后端锐，无甲鞘。周质体的弹性大小，因种而异。有两根鞭毛，1 根由储蓄泡底部经过胞咽和胞口伸出，第二根鞭毛退化，保留在储蓄泡内。细胞核大，圆形。细胞内有许多载色体，分布近于原生质体表面，称边位载色体。少数种的载色体是中轴位，一般为星状，数目较少，只 1~2 个（图 1-16）。

本属约 155 种，分布全世界，主要生活于含有机质的淡水中，如池塘、水沟等，半咸水中也有，只有 1 种裸藻（*E. marina*）为海生。

裸藻目中常见的还有扁裸藻属（*Phacus*）和囊裸藻属（*Trachelomonas*）。扁裸藻和裸藻显著的区别，在于藻体是侧扁的。囊裸藻的细胞外面有 1 个囊壳（图 1-17）。

（二）柄裸藻属（胶柄藻属）（*Colacium*）

属于柄裸藻目。细胞有壁，无鞭毛，以细胞前端的胶质柄附着于轮虫、枝角类的浮游动物体上。因此，眼点和储蓄泡都在下端。细胞构造和裸藻属相似。细胞分裂时，子细胞自己分泌出

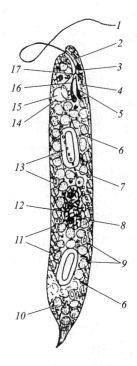

图 1-16　裸藻属

1. 鞭毛；　2. 胞咽；　3. 眼点；　4. 储蓄泡；　5. 不伸出胞口外
的鞭毛；　6. 高尔基体；　7. 体表小乳突；　8. 脂肪；　9. 线粒
体；　10. 载色体；　11. 体表螺旋线；　12. 细胞核；　13. 裸藻
淀粉；　14. 副液泡；　15. 伸缩泡；　16. 鞭毛基部；　17. 基粒

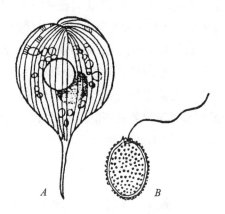

图 1-17　裸藻目中常见的裸藻

A. 扁裸藻；　*B*. 囊裸藻

1 个胶质柄，不脱离母体，仍留在母细胞柄上，集合成 1 个群体。细胞可以从母体上脱出，发育成单鞭毛的游动细胞，作短暂游动之后，失去鞭毛，分泌出细胞壁和胶质柄，附着于 1 个新的动物体上（图 1-18）。

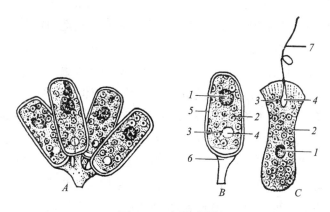

图 1-18　柄裸藻属

A. 群体；　*B*. 单细胞的营养体；　*C*. 游动细胞

1. 细胞核；　2. 载色体；　3. 眼点；　4. 储蓄泡；　5. 细胞壁；　6. 胶质柄；　7. 鞭毛

三、裸藻门的分类地位

裸藻门中，多数种在营养时期具有鞭毛，鞭毛藻的构造和习性兼有动物和植物的特征，因而人们把鞭毛藻作为动、植物的共同祖先。在植物界的自然发展中，有些植物学家认为，鞭毛藻是无鞭毛藻类和其他植物进化发展的中心，因为大多数藻类在营养时期没有鞭毛，但到生殖期（除红藻和蓝藻外）都能产生具鞭毛的生殖细胞。不仅如此，菌类、苔藓、蕨类和裸子植物的铁树，在生殖时产生的雄性生殖细胞也都有鞭毛。因此，鞭毛藻类既是藻类的祖先，也是其他植物的祖先。

现存裸藻的色素，和绿藻相同，认为两者关系密切。但两者运动型细胞的原生质体结构显著不同，贮藏的营养物质、鞭毛的数目及类型，和绿藻都不同。据目前所知，没有任何资料能证明哪一种藻类是从裸藻发展进化来的，也没有哪一种藻类在发展史上与裸藻有亲缘关系，因而裸藻和绿藻的关系是模糊不清的。从裸藻门藻体的形态结构看，也有从自由游动到不游动，从单细胞到群体的进化趋势。

第四节　甲藻门（Pyrrophyta）

一、甲藻门的一般特征

（一）形态构造

大多数甲藻是单细胞，少数种类是球胞型或丝状体。

细胞球形、长椭圆形。细胞裸露或具细胞壁，有的壁薄，有的壁厚而硬，含有纤维素。纵裂甲藻由左、右两个对称的半片组成，无纵沟和横沟。横裂甲藻的细胞壁由多个板片组成。板片有时具角、刺或突起，表面常有圆形孔纹或窝纹。板片的形态构造和组合情况是鉴定种的标准。横裂甲藻多具1横沟和1纵沟。横沟又称腰带，位于细胞中部偏下，横沟上部称上壳或上锥部，下部称下壳或下锥部。纵沟又称腹区，位于下壳腹面。载色体多数、盘状、片状、棒状或带状，多周生。电子显微镜下，载色体有3层膜包围，外层是载色体内质网膜，不与核膜相连，里边两层是载色体膜。光合片层由3条类囊体叠成一束（图1-19）。含有叶绿素 a 和 c、$\beta-$ 胡萝卜素、多甲藻［黄］素（peridinin）、硅甲藻素、甲藻素、硅藻黄素。由于黄色色素类的含量比叶绿素的含量大4倍，因此，载色体常呈黄绿色、橙黄色或褐色。同化产物是淀粉和油。有些甲藻具蛋白核。甲藻细胞核很大，分裂间期染色体也呈现浓缩的螺旋状态；染色体中组蛋白很少，DNA 的复制有两种情况：一种 DNA 在细胞生活的周期中，不间断地进行复制，这一点与原核细胞 DNA 的复制相似；另一种和真核细胞相似，DNA 的复制是间断的，在一定时间内进行复制。细胞是有丝分裂，分裂时核膜、核仁不消失，核内没有纺锤丝，染色体附着在核膜上或特殊的着丝点上；核膜凹陷形成沟管，沟管横贯细胞核，在沟管内的细胞质中有纺锤丝；中期没有真核所具有的中期板，后期核向两侧扩展，染色体移至核相对的两端，以环沟在核中部将核分开形成两个子核，称此种核为中核或甲藻核。甲藻的运动细胞有两条顶生或侧生鞭毛。顶生鞭毛中，1条直伸向前方是尾鞭型，另1条伸出后横向弯曲，是茸鞭型。侧生鞭毛是从横沟与纵沟交叉处的鞭毛孔伸出，其中1条在横沟中，是茸鞭型，叫横鞭毛，另1条沿纵沟向后方伸出，是尾鞭型（whiplash type），叫纵鞭毛。鞭毛鞘内有9+2条轴丝。有些种类有眼点，眼点由脂肪粒构成，有的种类在脂肪粒外有1层膜包围。甲藻液泡位于甲藻细胞体表层，是1种没有伸缩能力的囊状体，囊状体外端有1开口与外界相通，有渗透营养的作用（图1-19）。甲藻还有1种刺丝胞（trichocyst），刺丝胞是高尔基体长出来的，遇到敌人时放出刺丝胞，长约200 μm，放出后不收回，被水溶解。

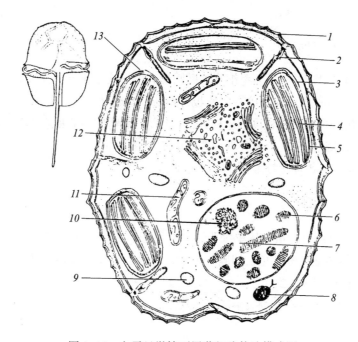

图1-19 电子显微镜下甲藻细胞构造模式图

1. 细胞壁； 2. 甲藻液泡； 3. 载色体内质网膜； 4. 3条类囊体叠成束； 5. 载色体膜； 6. 细胞核； 7. 染色体；
8. 脂肪粒； 9. 淀粉粒； 10. 核仁； 11. 线粒体； 12. 高尔基体； 13. 载色体

（二）繁殖

甲藻主要的繁殖方式是细胞分裂，有些种产生游动孢子、不动孢子（又称静孢子）或厚壁休眠孢子；有性生殖是同配，仅在少数种中发现。

（三）分布

大多数甲藻是海产，淡水产种类较少，也有极少数种寄生于鱼类、桡足类和其他脊椎动物体内。淡水中春秋两季生长旺盛，海水则在暖海中种类较多。甲藻是重要的浮游藻类，是水生动物主要饵料之一。但是，甲藻过量繁殖，常使水色变红，形成"赤潮"，发生腥臭气味。形成赤潮时，水中甲藻细胞密度过大，藻体死亡后滋生大量腐生细菌，由于细菌的分解作用，使水中的溶氧量急剧下降，并产生大量有毒物质，同时有的甲藻也分泌毒素，因此，赤潮发生后，造成鱼虾贝类大量死亡，对渔业危害很大。

甲藻门约 1 000 种，分纵裂甲藻纲（Desmophyceae）和横裂甲藻纲（Dinophyceae）两个纲。纵裂甲藻纲有原甲藻目（Prorocentrales）1 个目。横裂甲藻纲分 5 个目：多甲藻目（Peridiniales）、变形甲藻目（Dinamoebidiales）、胶甲藻目（Gloeodiniales）、球甲藻目（Dinococcales）、丝甲藻目（Dinotrichales）。

二、甲藻门的代表植物

（一）多甲藻属（*Peridinium*）

属于横裂甲藻纲多甲藻目。藻体单细胞、椭圆形、卵形或多角形。背腹扁，背面稍凸，腹面平或凹入，纵沟和横沟明显，细胞壁有多块板片组成。载色体多数，粒状，周生，黄褐色、黄绿色或褐红色。有的种类具蛋白核。细胞核大，1 个。贮藏物质是淀粉或油。细胞以斜向纵裂进行繁殖，或形成厚壁休眠孢子，少数种类行有性生殖（图 1-20）。

本属约有 200 种，海产种类较多，淡水产较少。

（二）角藻属（*Ceratium*）

属横裂甲藻纲多甲藻目。植物体单细胞，不对称形，顶端有板片突出形成的长角，底部有 2~3 个短角。载色体多数，橙黄色；细胞核 1 个，有眼点。细胞以斜向纵裂方式繁殖，在营养期末形成厚壁休眠孢子（图 1-21）。

本属约 80 种，主要为海产、少数生活于淡水。

图 1-20　多甲藻属

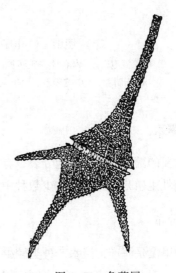

图 1-21　角藻属

（三）枝甲藻属（*Dinoclonium*）

属于横裂甲藻纲丝甲藻目。植物体是分枝的丝状体，有匍匐枝和直立枝之分。载色体多数。生殖时每个细胞产生 1~2 个游动孢子（图 1-22）。

本属是稀见藻类，附生于水中其他藻体上。

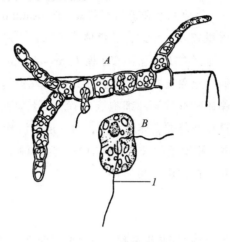

图 1-22　枝甲藻属

A. 丝状体，有的细胞正在形成和释放游动孢子；*B*. 游动孢子

1. 鞭毛

三、甲藻门在植物界中的地位

甲藻原被列入动物界原生动物门，发现球胞型和丝状藻体之后，才将其列入植物界。甲藻在色素方面与硅藻相似，但同化产物和形态等构造明显不同，由于甲藻的构造与其他藻类区别较大，因此，将它们单独列为一门。

第五节　金藻门（Chrysophyta）

一、金藻门的一般特征

（一）形态构造

金藻门的植物体是单细胞、群体或分枝丝状体。有些单细胞和群体的种类，其营养细胞前端有鞭毛，终生能运动。

金藻细胞有的具细胞壁，有的无细胞壁。细胞壁是由原生质体分泌的纤维素和果胶质组成。

有细胞壁的种类较少，仅有金球藻目（Chrysisphaerales）和金枝藻目（Phaeothamniales）。无壁的类型中，有的原生质膜裸露，其细胞体可变形；有的种可由原生质体分泌纤维素构成的囊壳，或分泌果胶质的膜，其上镶嵌有硅质的小鳞片。细胞内原生质呈透明的玻璃状，通常有 1~2 个载色体，少数种为多个。电子显微镜下观察，载色体外有四层膜包围，外边两层是内质网膜，最外层内质网膜与外层核膜相连，里边两层膜是载色体膜；光合片层由 3 条类囊体叠成一束。载色体中含有叶绿素 a 和 c、β- 胡萝卜素和墨角藻黄素（fucoxanthin）以及几种叶黄素。叶绿素含量少，胡萝卜素及叶黄素含量较多，因此，载色体呈黄绿色、橙黄色或褐黄色。有些种金藻含有蛋白核，位于载色体内。同化产物是金藻昆布多糖（chrysolaminarin），化学结构为 β-1,3- 葡聚糖，与褐藻的昆布多糖相似。金藻昆布多糖贮存于细胞后端囊泡内，因此，又称此囊泡为金藻昆布多糖囊泡。此外，金藻还贮存油滴。细胞核 1 个，位于细胞的前端。细胞分裂是有丝分裂。眼点在细胞前端载色体膜和外层类囊体膜之间，由一层油滴构成。运动型细胞前端具 1~2 根鞭毛。具两根鞭毛时，其中 1 根鞭毛较长，伸向前方，为茸鞭型；另 1 根较短，稍弯向后方，是尾鞭型。鞭毛的轴丝都是 9+2 条（图 1-23）。

（二）繁殖

金藻单细胞运动型的繁殖，常以细胞纵分裂的方式形成两个子细胞；群体运动的种类，常以群体断裂成两个或两个以上的段片，每个段片发育成 1 个新的群体；有囊壳的种类，原生质体纵裂为两个子细胞，其中一个子细胞游出囊壳，固着于基质上，群体类型则附着于母囊壳边缘，

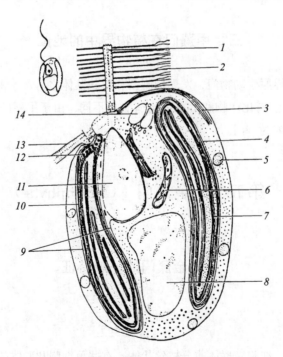

图 1-23　电子显微镜下金藻细胞构造模式图

1. 长鞭毛；　2. 鞭茸；　3. 鞭毛微管根；　4. 载色体；　5. 产胶体；　6. 线粒体；　7. 3 条一束的类囊体；
8. 金藻昆布多糖囊泡；　9. 载色体内质网膜；　10. 载色体膜；　11. 细胞核；　12. 眼点；　13. 短鞭毛；　14. 伸缩泡

子细胞原生质分泌出纤维素质的新壳；不能运动的种类，以游动孢子进行生殖。游动孢子有1~2条鞭毛。有的金藻可以产生不动孢子（aplanospore）。形成不动孢子时，细胞停止运动并变圆，在原生质里面先分泌出一层纤维素膜，此膜渐变厚，有二氧化硅堆积而变硬，顶端有1开孔，膜外原生质经孔口移入膜内，孔口由1胶质塞子或二氧化硅化的塞子封闭起来，原生质内积累大量的金藻昆布多糖和油。不动孢子可渡过不良环境。有性生殖是同配，仅在少数属中发现。

（三）分布

金藻多数分布在淡水，海水和咸水中也有分布。金藻在透明度大、温度较低、有机质含量少、pH4~6呈微酸性、含钙质较少的软水中生活。一般在较寒冷的冬季、晚秋和早春等季节生长旺盛。

金藻门仅1纲，约200属，1 000种左右。根据从单细胞到丝状体的进化阶段分为5个目：金胞藻目（Chrysomonadales）、根金藻目（Rhizochrysidales）、金囊藻目（Chrysocapsales）、金球藻目（Chrysosphaerales）、金枝藻目（Phaeothamniales）。

二、金藻门的代表植物

（一）黄群藻属（合尾藻属）（*Synura*）

属于金胞藻目。植物体是球形或椭圆形能运动的群体。群体细胞在中央以胶质互相黏附。细胞无壁，有原生质分泌的果胶质膜，膜上镶嵌有硅质小鳞片，小鳞片覆瓦状螺旋排列，鳞片表面有刻纹或硬刺，是种的特征。细胞内有两块载色体；前端有两条不等长鞭毛。细胞分裂时果胶质膜也分裂（图1-24）。

黄群藻属约有10种。在小池塘和人工贮水池中生活，于晚秋、早春或冬季可大量出现。

（二）锥囊藻属（钟罩藻属）（*Dinobryon*）

属金胞藻目。植物体单细胞或联成树状群体（图1-25）。细胞着生于纤维素质的钟形囊壳

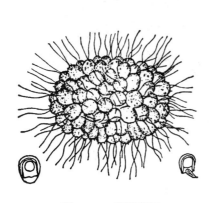

图1-24 黄群藻属

图1-25 锥囊藻属

中。细胞内有 2 载色体，眼点明显，顶端有两条不等长鞭毛，群体运动不灵活（图 1-25）。通常进行营养繁殖，有性生殖是同配。

锥囊藻属约有 17 个种。多数浮游生活于贫营养的淡水中，水中有机质多时就消失，有的种也生活在酸性泥炭水体中。已知有两个种是海产。

（三）金枝藻属（*Phaeothamnion*）

属于金枝藻目。植物体为分枝的丝状体，基部有 1 个细胞特化成半球形固着器附生于其他藻体上。细胞内有两块色素体，贮藏物质为粒状金藻昆布多糖。生殖时在细胞内产生 1、2、4、8 个游动孢子，游动孢子有两条不等长鞭毛（图 1-26）。

本属约有 3 种。在池塘、湖泊和沼泽地等水中，附生于其他藻体上，是稀见淡水藻类，饶钦止教授曾在四川北碚发现过。它是金藻门高级类型的代表植物。

金藻门中常见的还有单鞭金藻属（金光藻属）（*Chromulina*）和鱼鳞藻属（图

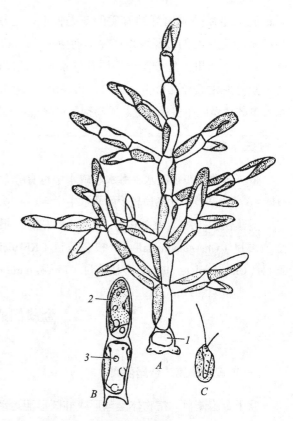

图 1-26　金枝藻属

A. 植物体；　*B*. 枝端细胞；　*C*. 游动孢子

1. 基细胞；　2. 叶绿体；　3. 细胞核

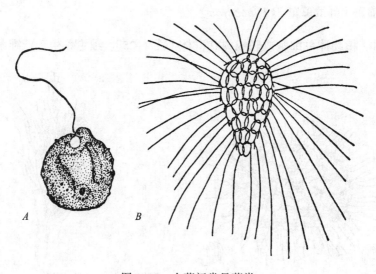

图 1-27　金藻门常见藻类

A. 单鞭金藻属；　*B*. 鱼鳞藻属

1–27）。单鞭金藻属植物体单细胞，1 根鞭毛，原生质体裸露，有的种可变形。鱼鳞藻属植物体单细胞，无细胞壁，果胶质膜上有硅质小鳞片，呈覆瓦状螺旋排列，每个鳞片上有 1 硬刺，1 根鞭毛，另 1 根退化（图 1–27）。

三、金藻门的分类地位

在 20 世纪前，人们将金藻门列入动物界原生动物门。20 世纪初，发现了具有典型植物性细胞壁构造的金球藻类和金枝藻类，其原生质体和生殖细胞的构造与具鞭毛的金藻类相同，从而将它们置于一个纲中，并将它们从动物界移到植物界。

金藻门的起源问题没有解决，由于发现了原绿藻，人们推论金藻可能由原核的，具叶绿素 a 和 c 的藻类进化而来。藻类学家们还认为金藻门和黄藻门有密切的亲缘关系，因为两者在鞭毛、细胞壁及色素等方面相似。

第六节　黄藻门（Xanthophyta）

一、黄藻门的一般特征

（一）形态构造

黄藻植物体为单细胞、群体、多核管状体和丝状体。

黄藻细胞大多数都具有细胞壁。单细胞和群体的个体细胞壁是两个"凵"形半片套合组成的，丝状体的细胞壁是两个"H"形的半片套合而成。化学成分主要是果胶质，有些种的细胞壁内沉积有二氧化硅。只有无隔藻属（*Vaucheria*）和黄丝藻属（*Tribonema*）的细胞壁是由纤维素组成。最简单的黄藻是无壁的。细胞中载色体 1 至多数，盘状、片状或带状，边位，呈淡绿色或黄绿色，从外观颜色看很像绿藻。载色体的亚显微结构和金藻相似，有 4 层膜包围，外面两层是载色体内质网膜，里边两层是载色体膜，外层载色体内质网膜与外层核膜相连。光合片层由 3 条类囊体叠成一束。有些黄藻的载色体上有蛋白核。载色体中的色素有叶绿素 a、β- 胡萝卜素，叶黄素主要是硅甲藻黄素（diadinoxanthin），没有金藻和褐藻所含的墨角藻黄素，无隔藻属还含有叶绿素 c。贮藏物质主要是油和金藻昆布多糖。细胞中的原生质和金藻一样，也是透明的。细胞核很小，多数单核，也有多核的。细胞是有丝分裂。运动细胞有两根亚顶生、不等长的鞭毛，1 根长的伸向前方，是茸鞭型的；另 1 根短的弯向后方，是尾鞭型，轴丝是 9+2 条。眼点位于细胞体前端，靠近短鞭毛基部的载色体膜里边，由 1 层含 β- 胡萝卜素的油滴构成（图 1–28）。

（二）生殖

多数黄藻以产生游动孢子和不动孢子进行无性生殖；有些运动型和根足型黄藻可形成与金藻相似的不动孢子；有性生殖在黄藻中是少见的，据可靠的报道，仅有3个属可行有性生殖：黄丝藻属（*Tribonema*）是同配生殖；气球藻属（*Botrydium*）是同配生殖和异配生殖；无隔藻属（*Vaucheria*）是卵配。

（三）分布

黄藻门植物多数分布于淡水，有些种生活于土壤中，少数种生活于海水中，如顶刺藻属（棘球藻属）（*Centritractus*）。在淡水中生活的黄藻，有的种喜生于钙质多的水中，有的生于少钙的软水中，还有不少种生于酸性水中，大多数黄藻在纯净的贫营养的，温度比较低的水中生长旺盛。

黄藻门只有1个纲，根据黄藻植物体进化的不同阶段，一般分为6个目：异鞭藻目（Heterochloridales）、根黄藻目（Rhizochloridales）、异囊藻目（Heteroglocales）、柄球藻目（Mischococcales）、异丝藻目（Heterotrichales）、气球藻目（Botrydiales），约370种。

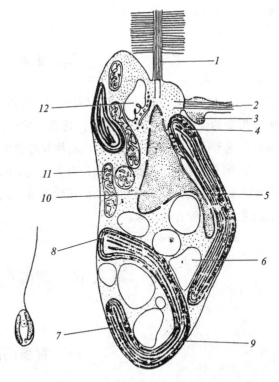

图1-28　电子显微镜下黄藻运动细胞构造模式图

1. 长鞭毛；　2. 短鞭毛；　3. 感光膨大体；　4. 眼点；
5. 载色体内质网膜；　6. 液泡；　7. 载色体；　8. 载色体膜；
9. 光合片层（3条类囊体一束）；　10. 细胞核；
11. 线粒体；　12. 伸缩泡

二、黄藻门的代表植物

（一）黄丝藻属（*Tribonema*）

属于异丝藻目。植物体是单列细胞构成的不分枝的丝状体，幼时以一端固着生活。细胞圆柱形或腰鼓形，长为宽的2~5倍。细胞壁由两个"H"形半片套合而成。细胞核一个。载色体1至多数，边位，盘状、片状或带状。无蛋白核。贮藏物质为油滴和粒状金藻昆布多糖。无性生殖产生游动孢子，有性生殖为同配（图1-29）。

本属约有22个种，淡水产，是早春和晚秋常见的藻类，在较温暖的地方冬季也出现。

（二）气球藻属（*Botrydium*）

属气球藻目。植物体是单细胞的多核体。生于潮湿土壤上。细胞上部球形、倒卵形或为分叶的囊状体，黄绿色或淡绿色，露出土壤表面，为肉眼可见；下部是分枝的假根，伸入土壤中。细胞壁由纤维素和果胶混合构成。壁内有1薄层原生质，中央有1大液泡，原生质内有无数个细胞核和多数盘状载色体。无性生殖产生游动孢子、不动孢子和多核孢子。在有水的环境下，细胞内产生大量单核的游动孢子，由母体顶部形成1穿孔放出，固着潮湿的土壤上发育成新个体。在干燥的条件下或植物生长的末期，全部原生质都流入假根，然后原生质分成很多块，每块含有很多核，外面分泌出厚壁，形成多核厚壁孢子，渡过不良环境。环境好转时，多核孢子萌发形成许多单核游动孢子，发育成新植物体。有性生殖是同配或异配（图1-30）。

本属约有7个种，全部为气生藻类，生于潮湿土壤表面，如水边或稻埂上。

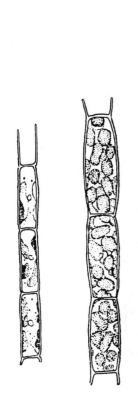

图1-29 黄丝藻属

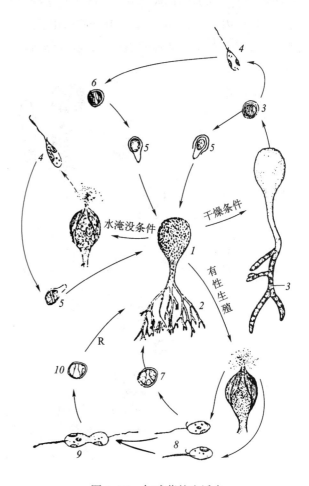

图1-30 气球藻的生活史

1. 植物体； 2. 假根； 3. 多核孢子； 4. 游动孢子；
5. 孢子萌发； 6. 不动孢子； 7. 单性生殖； 8. 配子；
9. 配子结合； 10. 合子； R. 减数分裂

（三）无隔藻属（*Vaucheria*）

属于黄藻纲气球藻目。植物体是分枝稀疏的管状体，下部有少数假根附着于泥土中。细胞壁薄，原生质紧贴壁，中央有个大液泡。原生质中有许多核及小粒状载色体。贮藏物质是油，没有淀粉。细胞长度的增长是由于细胞顶端部分的延长。

无性生殖时，枝顶膨大，原生质浓厚并集聚许多核和载色体，在膨大的基部生成横壁，形成1个游动孢子囊。细胞核均匀地分散在四周，并在对着每个核的地方生出两根鞭毛，称此种孢子为复式游动孢子（compound zoospore）。孢子停止游动后，分泌出细胞壁。孢子立即萌发，萌发时从两端生出管状体及假根，发育成植物体（图1-31，A）。陆生种常以不动孢子进行生殖。

有性生殖是卵式生殖。淡水产种一般是同宗配合，海产种是异宗配合。卵囊和精子囊生于侧生的短枝上。卵囊圆形或椭圆形，基部生1横壁与植物体其他部分分开，顶端或侧面生1喙（beak）。卵囊内只有1个核发育，其余核退化了。精子囊是短管状，基部也有1横壁，内生许多双鞭毛的精子。精子由卵囊的喙进入，与卵结合。合子壁厚，休眠后经过减数分裂，发育成植

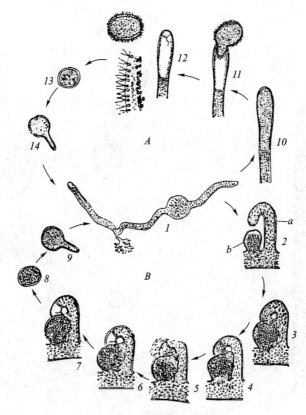

图1-31 无隔藻的生活史

A. 无性生殖； B. 有性生殖

1. 植物体； 2、3. 精囊和卵囊的形成（a.精囊；b.卵囊）； 4. 精子和卵子的成熟； 5. 受精； 6、7. 合子的形成； 8. 合子；
9. 合子萌发； 10. 游动孢子囊； 11. 释放复式游动孢子； 12. 复式游动孢子； 13. 游动孢子停止运动； 14. 游动孢子萌发

物体（图1-31，*B*）。

无隔藻属约有50多种，多数产于淡水，少数产于海水。淡水产的，有的生长在潮湿土壤表面。现在一般将无隔藻属列入黄藻纲，因为无隔藻属的光合色素、载色体的亚显微结构和贮藏物质等都似黄藻纲。但是，无隔藻属有典型的卵式生殖，这种生殖在绿藻纲中许多种都有，而黄藻纲则没有，因此，许多藻类学家把它列入绿藻纲中。

三、黄藻门在植物界中的地位

在19世纪，黄藻门作为1个纲包括在绿藻门中，19世纪末（1899年），鲁得尔（Luther）将它从绿藻门中分出来，称作不等鞭毛藻门（Heterokontae）。由于黄藻在某些构造上与金藻相似，有的学者将它列入金藻门。但根据两者在色素等方面的差异，目前不少人将黄藻独立为门，本书也采用此观点。黄藻的起源是悬而未决的问题。在黄藻门中可以看到与绿藻和金藻中各进化阶段相同的植物体，即平行进化，人们认为它和金藻门可能都是由含有叶绿素的原核藻进化而来。

第七节　硅藻门（Bacillariophyta）

一、硅藻门的一般特征

（一）形态构造

植物体单细胞，可以连接成丝状或其他形状的群体。细胞壁是由两个套合的半片所组成，称半片为瓣。外面的半片为上壳（epitheca），里面的半片为下壳（hypotheca）。瓣的正面叫做壳面（valve view），侧面即是两个瓣套合的地方，很像一条环形的带，称作环带（annalus）。上壳和下壳都是由果胶质和硅质组成的，没有纤维素（图1-32）。壳面上有各种花纹。壳面可分为两种类型，一种是辐射硅藻类，圆形，辐射对称，壳面上的花纹也是自中央一点向四周呈辐射状排列；另一种是羽纹硅藻类，长形，花纹排列成两侧对称（图1-33）。硅藻载色体1至多数，小盘状或片状。电子显微镜下，载色体有4层膜，外边两层是载色体内质网膜，里边两层是载色体膜。外层载色体内质网膜与外层核膜相连。载色体中有叶绿素a和c，β-胡萝卜素和α-胡萝卜素，叶黄素类中主要含有墨角藻黄素，其次是硅藻黄素（diatoxanthin）和硅甲藻黄素，由于墨角藻黄素和其他色素所占比例比叶绿素a和c大，使载色体呈现橙黄色或黄褐色。同化产物为金藻昆布多糖和油。硅藻营养体中没有游动细胞，仅精子具鞭毛，电子显微镜下观察是茸鞭型，轴丝是9+0条，没有中央轴丝，这种构造是硅藻独有的。细胞中央有液泡，紧贴细胞壁之内有1厚层原生质，载色体分散在其中，载色体上有淀粉核或无。细

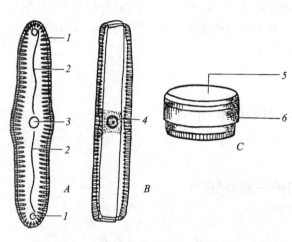

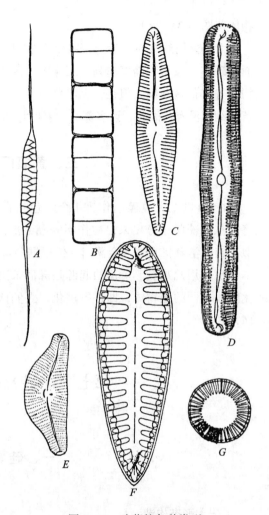

图 1-32　羽纹硅藻和圆筛硅藻的细胞壁

A. 羽纹硅藻的壳面；B. 羽纹硅藻的环带面；

C. 圆筛硅藻的上下壳

1. 极节；2. 脊缝；3. 中央节；4. 细胞核；

5. 圆筛硅藻的壳面；6. 圆筛硅藻的环带面

图 1-33　硅藻的各种类型

A. 根管藻属；B. 直链藻属；C. 舟形藻属；

D. 羽纹藻属；E. 桥弯藻属；F. 双菱藻属；

G. 小环藻属

胞核 1 个，球形或卵形。有些羽纹硅藻有自发的运动，凡有运动能力的硅藻都有 1 条或两条脊缝。运动方向是沿着纵轴的方向前进或后退。运动的原因可能是原生质环转流动所致。原生质在脊缝处与水接触，脊缝处的原生质向后方流动，结果细胞被推向前进。

（二）繁殖

　　硅藻是以细胞分裂进行繁殖。细胞分裂时，原生质膨胀，使上下两壳略为分离。细胞核进行有丝分裂，载色体、淀粉核等细胞器也随着分裂，原生质沿着与瓣面平行的方向分裂，1 个子原生质体居于母细胞的上壳，另 1 个子原生质体居于母细胞的下壳（图 1-34）。每个子原生质体立即分泌出另一半细胞壁，新分泌出的半片，始终是作为子细胞的下壳，老的半片作为上壳。结果1个子细胞的体积和母细胞等大，另1个则比母细胞略小一些。几代之后也只有1个子细胞的体积与母细胞等大，其余的愈来愈小，但是，这种体积的缩小不是无限的，缩小到一定大小时，以产生复大孢子（auxospore）的方式恢复其大小（图1-35）。

形成复大孢子的方式有多种，一般都和有性生殖相联系。以披针桥弯藻［*Cymbella lanceolata*（Ehr.）V. H.］为例，两个结合的细胞先进行1次减数分裂，形成4个子核：其中两个核已退化，其余两个核发育成大小不等的两个配子。配子结合形成两个复大孢子，并发育成两个新的植物体（图1-36）。

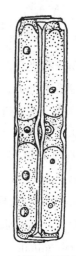

图1-34　羽纹硅藻的细胞分裂

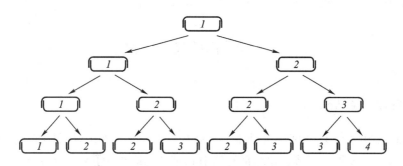

图1-35　一个硅藻细胞连续三次分裂的图解

表示子代细胞中只有一个保持原大，其余的细胞递次减小

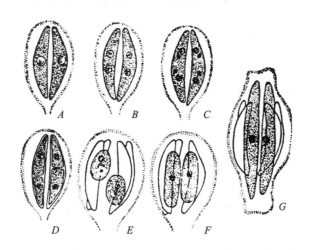

图1-36　披针桥弯藻形成复大孢子的过程

A—C. 减数分裂，每个细胞中有两个核发育；　*D.* 形成两个大小不等的配子；　*E.* 早期合子；

F—G. 合子增大，形成复大孢子

（三）分布

硅藻分布极广。在淡水、半咸水、海水和陆地上都有。在水中浮游或着生在他物上。陆地上，凡潮湿的地方，如土壤、岩石、墙壁、树干及苔藓植物之间都有它们生长。中心硅藻纲的硅藻多海产，羽纹硅藻纲的硅藻多淡水产。硅藻春秋两季生长旺盛，是鱼类、贝类及其他动物的主要饵料之一。

硅藻种类很多，据可靠记载约有 16 000 多种，分为中心硅藻纲（Centricae）和羽纹硅藻纲（Pennatae）两个纲。中心硅藻纲有 3 个目：圆筛藻目（Coscinodiscales）、根管藻目（Rhizoleniales）、盒形藻目（Biddulphiales）。羽纹硅藻纲有 5 个目：无壳缝目（Araphidionales）、单壳缝目（Monoraphidiales）、短壳缝目（Raphidionales）、双壳缝目（Biraphidinales）、管壳缝目（Aulonoraphidinales）。

硅藻门中常见的有直链藻属（*Melosira*）、根管藻属（*Rhizosolenia*）、桥弯藻属（*Cymbella*）、双菱藻属（*Surirella*）和舟形藻属（*Navicula*）（见图 1-33）。

二、硅藻门的代表植物

（一）小环藻属（*Cyllotella*）

属中心硅藻纲圆筛藻目。植物体单细胞，有些种以壳面互相连接成带状群体。细胞圆盘形或鼓形。壳面圆形，少数种椭圆形，边缘部有辐射状排列的线纹和孔纹，中央平滑或具颗粒。带面平滑没有间生带。载色体多个，小盘状。以细胞分裂进行繁殖，每个细胞产生 1 个复大孢子（见图 1-33，G）。

本属硅藻约 40 种，是海产或淡水产的浮游藻类，也有的种生长于土壤中，早春大量出现。

（二）羽纹硅藻属（*Pinnularia*）

属于羽纹硅藻纲双壳缝目。植物体单细胞或接成丝状群体。壳面线状、椭圆形至披针形，两侧平行，极少数种两侧中部膨大、或成对称的波状。壳面两侧具横的平行的肋纹，中轴区宽，有时超过壳面宽度的 1/3，常在中央节和极节处增宽。环带面观长方形、无间生带。色素体两块，片状，位于细胞环带面两侧，常各具 1 蛋白核（见图 1-33，D）。

本属约 200 种，淡水和海水中均有分布。

三、硅藻门在植物界中的地位

硅藻在白垩纪就出现了，上白垩纪和第三纪时是它们发展的鼎盛时期，从大量海相沉积的硅藻土中也得到了证实。然而在漫长的历史发展进程中，它们没有向多细胞方向发展，停留在单细胞和群体的阶段。硅藻、金藻和褐藻的载色体中都含有叶绿素 a 和 c 及墨角藻黄素，由此，说明它们的亲缘关系密切。但从硅藻细胞壁的构造看，又与黄藻门相近，可是硅藻的营养体是二倍体，在含叶绿素 a 和 c 的类群中是比较特殊的一群植物。人们设想硅藻是从含有叶绿素 a 和 c 的具鞭毛的藻发展而来，因为中心硅藻纲中有具鞭毛的雄配子和微孢子，在根管藻属（*Rhizosolenia*）和菱形藻属（*Nitzschia*）的细胞分裂时出现伸缩泡，都可作为硅藻是由具鞭毛的藻发展而来的证据。

第八节　绿藻门（Chlorophyta）

一、绿藻门的一般特征

（一）形态与构造

绿藻门植物体的形态是多种多样的，有单细胞、群体、丝状体和叶状体。少数单细胞和群体类型的营养细胞前端有鞭毛，终生能运动。绝大多数绿藻的营养体不能运动，只在繁殖时形成的游动孢子和配子有鞭毛，能运动。

绿藻细胞有细胞壁，分两层，是原生质体分泌的。内层主要成分为纤维素，外层是果胶质，常常黏液化。在原始类型中，细胞里充满原生质，或在原生质中只形成很小的液泡。在高级类型中，像高等植物一样，中央有 1 个充满着细胞液的大液泡。气生类型的藻类细胞中，则无中央大液泡。绿藻细胞中的载色体和高等植物的叶绿体结构类似，电子显微镜下观察，有双层膜包围，光合片层为 3 ~ 6 条叠成束排列。载色体中还含有 DNA，但不是所有载色体都有，据分析，伞藻属（*Acetabularia*）细胞中的载色体，仅 20% ~ 25% 含 DNA。载色体所含的色素也和高等植物相同，主要色素有叶绿素 a 和 b、α– 胡萝卜素和 β– 胡萝卜素，以及一些叶黄素类。在载色体内通常有 1 至数枚蛋白核。同化产物是淀粉，其组成与高等植物的淀粉类似，也是由直链淀粉和支链淀粉组成。淀粉多贮存于蛋白核周围。有时也贮存蛋白质和油。细胞核 1 至多数，通常位于靠壁的原生质中。单核种类细胞核常位于中央，悬在原生质丝上（如水绵属）。细胞是有丝分裂，有两个基本类型：一种类型是在细胞分裂中期核膜不消失，或仅在极端形成孔，末期纺锤体消失，仅有与纺锤体纵轴垂直排列的纺锤丝，末期两子核相距很近，称此种有丝分裂为藻类型，是绿藻纲植物分裂方式，两子核相距较近，胞质以环沟和细胞板的方式进行分裂（图 1-37，*A、B*）；另一种类型是细胞有丝分裂的中期核膜消失，有纺锤体，末期形成成膜体（phragmoplast），两子核相距较远（图 1-37，*C、D*）。细胞有丝分裂出现成膜体是轮藻纲和陆生绿色植物的特征。运动细胞具两条或四条顶生等长鞭毛。电子显微镜下观察，鞭毛是由 9+2 条轴丝组成。轴丝几乎全被鞭毛鞘包围，仅末梢裸露。鞭毛鞘上没有羽状鞭茸结构，故称此种鞭毛为尾鞭型。

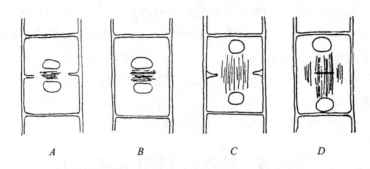

图 1-37　绿藻细胞有丝分裂模式图

A. 藻类型，形成环沟；　*B*. 藻类型，形成细胞板；

C. 有纺锤体并形成环沟；　*D*. 有纺锤体，形成成膜体和细胞板

（二）繁殖

绿藻的繁殖有营养繁殖、无性生殖和有性生殖。

1. 营养繁殖　群体、丝状体以细胞分裂来增加细胞的数目。大的群体和丝状体常由于动物摄食、流水冲击等机械作用，使其断裂；或由于丝状体中某些细胞形成孢子或配子，在放出配子或孢子后的空细胞处断裂；或由于丝状体中细胞间胶质膨胀分离，而形成单个细胞或几个细胞的短丝状体［如裂丝藻属（*Stichococcus*）］，断裂的每一小段都可发育成新的藻体。某些单细胞绿藻遇到不良环境时，细胞多次分裂形成胶群体，环境好转时，每个细胞又可发育成 1 个新的植物体。

2. 无性生殖　无性生殖可形成游动孢子或不动孢子（又称静孢子，aplanospore）。游动孢子无壁，其他构造和衣藻属的细胞相似。形成游动孢子的细胞和普通营养细胞没有区别。有些种的藻体，全体细胞都可产生游动孢子，但是，群体类型的藻体，不是所有细胞都同时形成游动孢子。有些藻类仅限于一定的细胞中产生游动孢子。形成游动孢子时，细胞内原生质体收缩，形成 1 个游动孢子，或经过分裂形成多个游动孢子，其数目是 2 的次方。游动孢子多在夜间形成，黎明时放出，或在环境突变时形成游动孢子。游动孢子放出后，游动一个时期，缩回或脱掉鞭毛，分泌 1 层壁，成为 1 个营养细胞，继而发育为新的植物体。有些藻类以不动孢子进行生殖。不动孢子无鞭毛，不能运动，有细胞壁。另有一种不动孢子，在形态上与母细胞相同，称似亲孢子（autospore），在环境条件不良时，细胞原生质体分泌厚壁，围绕在原生质体的周围，并与原有的细胞壁愈合，同时细胞内积累大量的营养物质，形成厚壁孢子，环境适宜时，发育成新的个体。

3. 有性生殖　有性生殖的生殖细胞叫配子（gamete）。两个生殖细胞结合形成合子（zygote），合子直接萌发成新个体，或经过减数分裂（meiosis）形成孢子，并发育成新个体。在形状、结构、大小和运动能力等方面完全相同的两个配子结合，称为同配生殖（isogamy）。在形状和结构上相同，但大小和运动能力不同，大而运动能力迟缓的为雌配子（female gamete），小而运动能力强的为雄配子（male gamete），此两种配子的结合称为异配生殖（anisogamy）。在形

状、大小和结构上都不相同的配子，大而无鞭毛不能运动的为卵（egg），小而有鞭毛能运动的为精子（sperm），精卵结合称为卵式生殖（oogamy）。两个没有鞭毛能变形的配子结合，称为接合生殖（conjugation reproduction）。

（三）分布

绿藻分布在淡水和海水中，海产种类约占10%，淡水产种类约占90%。有些种类专门生活在淡水中，如鞘藻目（Oedogoniales）和双星藻目（Zygnematales）；石莼目（Ulvales）和管藻目（Siphonales）是海产种占优势；丝藻目（Ulotrichales）是淡水种占优势；另外也有不少种生活在半咸水中。海产种多分布在海洋沿岸，往往附着在10 m以上浅水中的岩石上。许多海产种有一定的地理分布，这是由于水的温度决定的。淡水种的分布很广，江河、湖泊、沟渠、积水坑中，潮湿的土壤表面，墙壁上，岩石上，树干上，花盆四周，甚至在冰雪上都可找到。它们中部分是沉在水中生活，许多单细胞和群体种类是漂浮在水中，但在海水中没有浮游的绿藻，有的绿藻也可以寄生在动物体内，或者与真菌共生形成地衣。一般淡水种不受水温的限制，大部分分布在世界各地。

绿藻是藻类植物中最大的1门，约有350个属，8 600种。分成绿藻纲（Chlorophyceae）和轮藻纲（Charophyceae）两个纲。我国一般将绿藻纲分为13个目，即团藻目（Volvocales）、四孢藻目（Tetrasporales）、绿球藻目（Chlorococcales）、丝藻目、胶毛藻目（Chaetophorales）、石莼目、溪菜目（Prasiolales）、鞘藻目、刚毛藻目（Cladophorales）、管藻目、管枝藻目（Siphonocladales）、绒枝藻目（Dasycladales）和双星藻目。轮藻纲中只有轮藻目（Charales）。

二、绿藻门的代表植物

（一）衣藻属（*Chlamydomonas*）

衣藻属是团藻目内单细胞类型中的常见植物。植物体是单细胞，卵形、椭圆形或圆形。体前端有两条顶生鞭毛，有些种在鞭毛着生处有乳头状突起，有的则无，鞭毛是衣藻在水中的运动器官。细胞壁分两层，内层是纤维素的，外层是由果胶质包着。多数种的载色体，其形状如厚底杯形，在基部有1个明显的蛋白核。载色体也有片状的、H形的或星芒状的。细胞中央有1个细胞核。鞭毛基部有两个伸缩泡，伸缩泡是突然收缩的，一般认为是排泄器官。眼点橙红色，位于体前端载色体膜与光合片层之间，由1层或数层油滴构成，油滴中含有类胡萝卜素（图1–38，A）。

无性生殖　衣藻经常在夜间进行无性生殖。生殖时藻体通常静止，鞭毛收缩或脱落变成游动孢子囊。细胞核先分裂，形成4个子核，有些种分裂3~4次，形成8~16个子核。随后细胞质纵裂，形成2、4、8或16个子原生质体，每个子原生质体分泌1层细胞壁，并生出两条鞭毛，子细胞由于母细胞壁胶化破裂而放出，长成新的植物体。

在某些环境下，如在潮湿的土壤上，原生质体再三分裂，产生数十、数百至数千个没有鞭毛的子细胞，埋在胶化的母细胞壁中，形成一个不定群体（胶群体，palmella）。当环境适宜时，每个子细胞生出两条鞭毛，从胶质中放出（图1-38，B）。

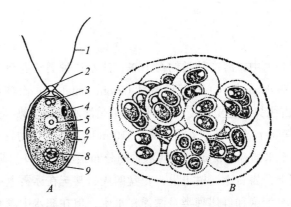

图1-38　衣藻属细胞的构造及不定群体

A. 衣藻细胞的构造；　B. 不定群体

1. 鞭毛；　2. 乳突；　3. 伸缩泡；　4. 眼点；　5. 细胞核；　6. 细胞质；　7. 载色体；　8. 蛋白核；　9. 细胞壁

有性生殖　衣藻进行无性生殖多代后，再进行有性生殖。多数种的有性生殖为同配，生殖时，细胞内的原生质体经过分裂，形成32～64个小细胞，称配子。配子在形态上和游动孢子无大差别，只是比游动孢子小。成熟的配子从母细胞中放出后，游动不久，即成对结合，形成双倍核相、具四条鞭毛、能游动的合子。合子游动数小时后变圆，分泌形成厚壁合子，壁上有时有刺突。合子经过休眠，环境适宜时萌发，经过减数分裂，产生4个单倍核的原生质体，也有反复多次分裂，产生8—16—32个单倍核的原生质体。以后合子壁胶化破裂，单倍核的原生质体被放出，并在几分钟之内生出鞭毛，发育成新的个体（图1-39）。

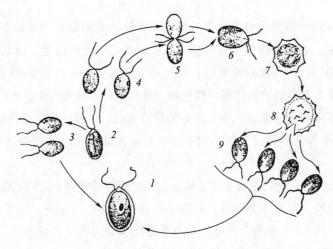

图1-39　衣藻属的生殖及生活史

1. 营养细胞；　2. 孢子囊或配子囊；　3. 游动孢子；　4. 配子；　5. 配子结合；　6、7. 合子；　8. 合子萌发；　9. 孢子

衣藻大约有 100 多种，生活于含有机质的淡水沟和池塘中，早春和晚秋较多，常形成大片群落，使水变成绿色。

（二）团藻属（*Volvox*）

属于团藻目。植物体是由数百至上万个细胞，排列成一层空心球体，球体内充满胶质和水。细胞的形态和衣藻相同。每个细胞各有一层胶质包着，由于胶质膜彼此挤压，从表面上观察细胞为多边形的，各细胞间有原生质丝相连。群体后端有些细胞失去鞭毛，比普通营养细胞大十倍或十倍以上，称此为生殖胞（gonidium）。

无性生殖　由生殖胞进行多次纵分裂，形成皿状体（plakea），当皿状体发展为 32 个细胞时，细胞开始分化为营养细胞和生殖细胞，继续分裂直至形成 1 个球体，球体有 1 个孔。此时，群体内细胞的前端是向着群体中央，球体从孔经过翻转作用，细胞的前端翻转到群体的表面。翻转作用后，细胞长出两条鞭毛，子群体陷入母群体的胶质腔中。而后由母群体表面的裂口逸出，或待母群体破裂后放出（图 1–40）。

有性生殖　为卵式生殖。群体中只有少数生殖细胞产生卵和精子。产生精子的生殖细胞，经过反复纵裂，形成皿状体，并经过翻转作用，发育成 1 个能游动的精子板（sperm packet）。游动精子板不分散成单个精子，而是整个精子板游近卵细胞附近才散开。产生卵的生殖细胞略膨大，不经分裂就发育成 1 个不动卵。精子穿过卵细胞周围的胶质，与卵结合成合子。受精后，合子分泌出 1 个厚壁，厚壁可能是光滑的，也可能有刺状突起。合子从群体的胶质中放出后，不立即萌发，它能抵抗恶劣环境，数年不死，待环境好转时，即萌发。合子萌发前经过减数分裂，外壁层破裂，内壁层变成 1 个薄囊，原生质体在薄囊内发育成 1 个具有双鞭毛的游动孢子（或不动孢子），游动孢子（或不动孢子）连同薄囊一起，由外壁层的裂口逸出，发育成 1 个群体，其经过和无性生殖的次序相同（图 1–41）。

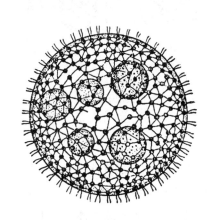

图 1–40　团藻属（带子群体的母群体）

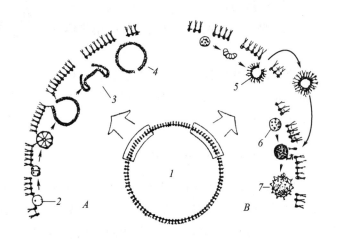

图 1–41　团藻属的无性生殖和有性生殖
A. 无性生殖；　*B*. 有性生殖
1. 母群体；　2. 生殖胞；　3. 翻转作用；　4. 子群体；　5. 精子板；
6. 成熟卵；　7. 厚壁合子

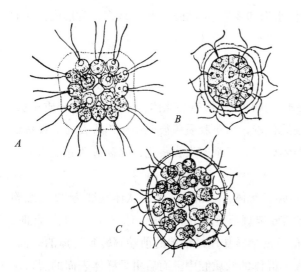

图 1-42　团藻目中常见的藻类

A. 盘藻属；B. 实球藻属；C. 空球藻属

团藻经常在夏季发生于淡水池塘或临时性的积水中，二三周后即消失。

团藻目中常见的属有盘藻属（*Gonium*）、实球藻属（*Pandorina*）和空球藻属（*Eudorina*）（图 1-42）。盘藻属是一种定形群体，无性生殖时，群体的全部细胞同时产生游动孢子，有性生殖为同配。实球藻属也是定形群体，无性生殖与盘藻属相同，有性生殖是异配。空球藻属是球形或椭圆形群体，少数种的群体细胞，有些是营养细胞，不产生配子和孢子，表明营养细胞和生殖细胞已开始有了分化，有性生殖为异配。从单细胞的衣藻属，群体的盘藻属、实球藻属、空球藻属和多细胞体的团藻属看，团藻目中有明显的演化趋势。藻体由单细胞、群体到多细胞体，细胞的营养作用和生殖作用，由不分工到分工，有性生殖有同配、异配和卵配 3 个方面演化。

（三）小球藻属（*Chlorella*）

小球藻属是绿球藻目中的常见植物。植物体是单细胞浮游种类，细胞微小，圆形或略椭圆形，细胞壁薄，细胞内有 1 个杯形或曲带形载色体，细胞老熟时载色体分裂成数块。多数无蛋白核，只有蛋白核小球藻（*Chlorella pyrenoidosa* Chick.）有蛋白核。无性生殖时，原生质分裂形成 2、4、8、16 个似亲孢子，母细胞壁破裂时，孢子放出成为新的植物体（图 1-43）。

小球藻在我国分布甚广，生活于含有机质的小河、沟渠、池塘等水中，在潮湿的土壤上也有分布。

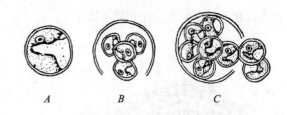

图 1-43　小球藻属

A. 营养细胞；B、C. 似亲孢子的形成和释放

（四）栅藻属（*Scenedesmus*）

栅藻属是绿球藻目中定形群体类型中的常见植物。一般是 4 个细胞的定形群体，也有 8 个或 16 个细胞的群体。细胞形状通常是椭圆形或纺锤形。细胞壁光滑或有各种突起，如乳头、纵行的肋、齿突或刺。细胞单核。幼细胞的载色体是纵行片状，老细胞则充满着载色体，有 1 个蛋白核。群体细胞是以长轴互相平行排列成 1 行，或互相交错排列成两行。群体中的细胞有同形或不同形的。无性生殖产生似亲孢子。产生似亲孢子时，细胞中的原生质体发生横裂，接着子原生质体纵裂，有的种连续发生一次或两次纵裂后，子原生质体变成似亲孢子，从母细胞壁纵

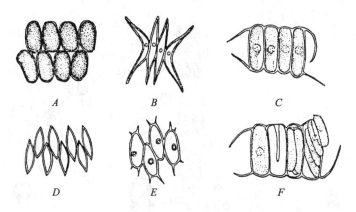

图 1-44　栅藻属的各种类型及似亲群体的形成和释放

A—E. 栅藻的各种类型；　*F*. 似亲群体的形成和释放

裂的缝隙中放出，与纵轴相平行排列成子群体（图 1-44 ）。

栅藻是淡水藻，在各种淡水水域中都能生活，分布极广。

绿球藻目中常见的单细胞类型还有绿球藻属（ *Chlorococcum* ）；是气生性藻类，生殖时产生游动孢子和配子。群体类型还有盘星藻属（ *Pediastrum* ）和水网藻属（ *Hydrodictyon* ）。盘星藻属的群体由 2 ~ 128 个细胞组成，细胞排列成同心环状，外圈细胞的两角有突起。水网藻属是由许多长圆柱形的细胞连接成网状，每个网眼是由 5 ~ 6 个细胞组成（图 1-45 ）。

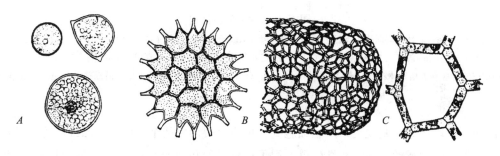

图 1-45　绿球藻目中常见的藻类

A. 绿球藻属；　*B*. 盘星藻属；　*C*. 水网藻属

（五）丝藻属（ *Ulothrix* ）

丝藻属是丝藻目中常见的植物。是单列细胞不分枝的丝状体。丝状体基部的细胞分化为有固着作用的细胞，叫固着器（holdfast）。固着器的载色体色较浅，小粒状。固着器之上为 1 列短筒形的营养细胞，细胞壁薄或厚，有层理，细胞单核位于中央，载色体是大形环带状。蛋白核多（图 1-46 ）。无性生殖时，除固着细胞外，全部营养细胞均产生具 4 或 2 根鞭毛的游动孢子。1 个细胞可产生 2、4、8、16 或 32 个游动孢子。每个子原生质体有 1 眼点，顶端有 4 根鞭毛，由母细胞侧壁的小孔放出。刚放出的游动孢子被 1 个薄囊包着，不久薄囊消失，游动孢子游动一

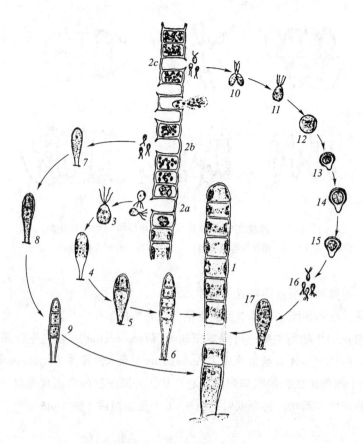

图 1-46　丝藻的生活史

1. 藻体；　2. 一条丝状体上同时进行无性生殖和有性生殖（2a. 细胞内放出具 4 鞭毛的大游动孢子；2b. 细胞内放出具
2 鞭毛的小孢子；2c. 放出具 2 鞭毛的配子）；　3—6. 具 4 条鞭毛的游动孢子发育成新植物体；　7—9. 具 2 条鞭毛的
游动孢子发育成新的植物体；　10. 配子结合；　11、12. 合子；　13—16. 合子萌发形成游动孢子；　17. 新的植物体

段时间后，前端固着于基物上，产生细胞壁，再横分裂形成两个细胞，下面细胞为固着器，上面细胞继续分裂形成丝状体。有性生殖的配子产生过程和孢子形成过程相同，只是配子数目较多，可达 64 个。两个配子的结合是来自两条不同丝状体的同形配子的结合，称此种结合为异宗同配生殖（isogamy）。合子经过休眠及减数分裂，产生游动孢子或不动孢子，每个孢子长成 1 个新植物体。无性生殖或有性生殖可同时在 1 条丝状体上进行。丝藻属有的种类可通过丝状体的断裂，进行营养繁殖。

　　丝藻属多生活于流动的淡水中，在瀑布或急流水的岩石上较多，湖泊的岸边也可采到。常丛生在一起，呈矮的绿色绒毯状。

（六）石莼属（*Ulva*）

　　石莼属是石莼目植物。植物体是大型的多细胞片状体，由两层细胞构成。片状体呈椭圆形、披针形、带状等。植物体下部长出无色的假根丝，假根丝生在两层细胞之间并向下生长，伸出植物体外，互相紧密交织，构成假薄壁组织状的固着器，固着于岩石上。固着器是多年生的，每年春季长出新的植物体。藻体细胞排列不规则但紧密，细胞间隙富有胶质。表面观，细胞为多角形；切面观，细胞为长形或方形。细胞单核，定于片状体细胞的内侧。载色体片状，位于片状体细胞的外侧，有1枚蛋白核。

石莼属有两种植物体，即孢子体（sporophyte）和配子体（gametophyte）（图1-47）。两种植物体都是两层细胞的植物。成熟的孢子体，除基部外，全部细胞均可形成孢子囊。孢子母细胞经减数分裂，形成单倍体的游动孢子，游动孢子具4根鞭毛。孢子成熟后脱离母体，游动一段时间后，附着在岩石上，二三天后萌发成配子体，此期为无性生殖。成熟的配子体产生许多同型配子。配子的产生过程和孢子相似，但产生配子时，配子不经过减数分裂。配子具两根鞭毛。配子结合是异宗同配。合子二三天后即萌发成孢子体。此期为有性生殖。在石莼属的生活史中，就核相来说，从游动孢子开始，经配子体到配子结合前，细胞中的染色体是单倍的（n），称配子体世代（gametophyte generation）或有性世代（sexual generation）。从结合的合子起，经过孢子体到孢子母细胞止，细胞中的染色体是双倍的（$2n$），称孢子体世代（sporophyte generation）或无性世代（asexual generation）。二倍体的孢子体世代和单倍体的配子体世代互相更替，称为世代交替（alternation of generations）。在形态构造上基本相同的两种植物体，互相交替循环的生活史，叫同形世代交替（isomorphic alternation of generations）。

石莼目中的浒苔属（*Enteromorpha*）和礁膜属（*Monostroma*）与石莼属相近（图1-48）。浒苔属是1层细胞的管状体，生活史与石莼属相同。礁膜属是1层细胞膜状体，生活史是异形世

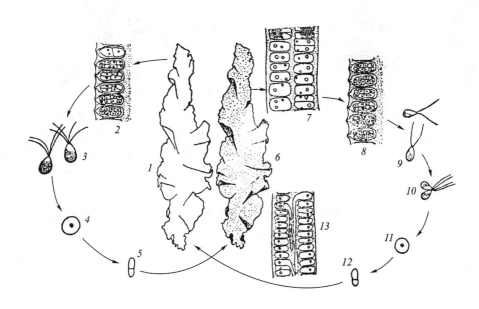

图1-47 石莼属的形态构造和生活史

1. 孢子体（$2n$）；　2. 游动孢子囊切面（减数分裂）；　3. 游动孢子（n）；　4. 游动孢子静止期（n）；　5. 孢子萌发（n）；
6. 配子体（n）；　7. 配子体中部横切面（n）；　8. 配子囊纵切面（n）；　9. 配子（n）；　10. 配子结合（n）；
11. 合子（$2n$）；　12. 合子萌发（$2n$）；　13. 配子体基部横切面

代交替（heteromorphic alternation of generations）。

（七）刚毛藻属（*Cladophora*）

属于刚毛藻目。植物体是分枝的丝状体。以基细胞固着于基质上。细胞长圆柱形，细胞壁厚，分3层，内层为纤维素，中层为果胶质，外层是一种不溶性物质，有人认为是几丁质。细胞中央有1个大液泡，载色体网状，壁生，含有多数蛋白核。细胞多核。细胞分裂时，细胞侧壁的中部生出1个环，此环向中央生长，将细胞隔成两个。分枝是从一个细胞顶端的侧面发生，使分枝常常像二叉状。分枝一般在靠近丝状体顶端的一些细胞里发生（图1-49）。

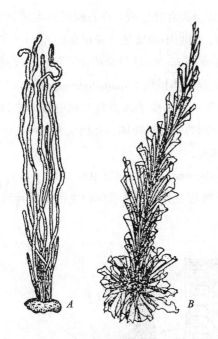

图 1-48　石莼目常见的藻类

　　A. 浒苔属；　*B*. 礁膜属

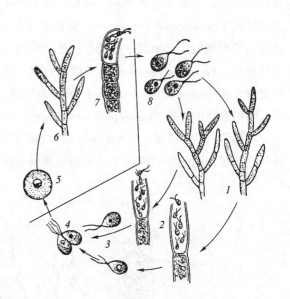

图 1-49　刚毛藻属的生活史

1. 配子体（*n*）；　2. 配子囊；　3. 配子；　4. 配子结合；　5. 合子（2*n*）；　6. 孢子体（2*n*）；　7. 孢子囊（减数分裂）；　8. 孢子

刚毛藻属中有些种是同形世代交替，有些是异形世代交替。在形态构造上显著不同的两种植物体，互相交替循环的生活史，叫异形世代交替。

刚毛藻属约有150种，分布很广，淡水、海水都产。藻体常常大量繁殖，可以制成食品。

（八）松藻属（*Codium*）

属于管藻目。全部海产，固着生活于海边岩石上。植物体是管状分枝的多核体，许多管状分枝互相交织，形成有一定形状的大型藻体，外观叉状分枝，似鹿角，基部为垫状固着器（图1-50）。丝状体有一定分化，中央部分的丝状体细，无色，排列疏松，无一定次序，称作髓部，向四周发出侧生膨大的棒状短枝，叫做胞囊，胞囊紧密排列成皮层部。载色体数多，小盘状，多分布在胞囊远轴端部分，无蛋白核。细胞核极多而小。髓部丝状体的壁上，常发生内向生长的环状加厚层，有时可使管腔阻塞，其作用是增加支持力，这种加厚层在髓部丝状体上各处都有，而胞囊基部较多。

松藻属植物体是二倍体。有性生殖时在同一藻体或不同藻体上生出雄配子囊（male gametangium）和雌配子囊（female gametangium）。配子囊发生于胞囊的侧面，配子囊内的细胞核一部分退化，一部分增大。每个增大的核经过减数分裂，形成 4 个子核，每个子核连同周围的原生质一起，发育成具双鞭毛的配子。雌配子大，含多个载色体；雄配子小于雌配子数倍，只含有 1~2 个载色体。配子结合为合子后，立即萌发，长成新的二倍体植物（图 1-50）。

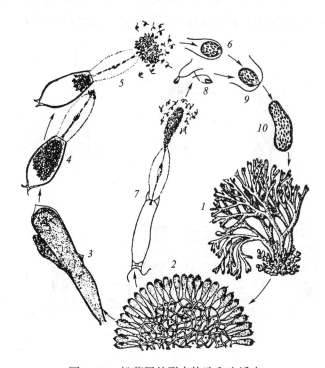

图 1-50　松藻属的形态构造和生活史

1. 植物体；　2. 部分植物体的横切面；　3. 胞囊（侧面长有一个雌配子囊）；　4、5. 雌配子的释放；　6. 雌配子；

7. 雄配子的释放；　8. 雄配子；　9. 合子；　10. 合子萌发

（九）水绵属（*Spirogyra*）

水绵属是接合藻目中的常见植物。植物体是由 1 列细胞构成的不分枝的丝状体，细胞圆柱形。细胞壁分两层，内层为纤维素构成，外层为果胶质。壁内有 1 薄层原生质，载色体带状，1 至多条，螺旋状绕于细胞周围的原生质中，有多数的蛋白核纵列于载色体上。细胞中有大液泡，占据细胞腔内的较大空间。细胞单核，位于细胞中央，被浓厚的原生质包围着。核周围的原生质与细胞腔周围的原生质之间，有原生质丝相连（图 1-51）。

接合生殖 水绵属的有性生殖多发生在春季或秋季。生殖时两条丝状体平行靠近，在两细胞相对的一侧相互发生突起，突起渐伸长而接触，于是接触的壁消失，连接成管，称为接合管（conjugation tube）。同时，细胞内的原生质体放出一部分水分，收缩形成配子。第一条丝状体细胞中的配子，以变形虫式的运动，通过接合管移至相对的第二条丝状体的细胞中，并与细胞中的配子结合。结合后，第一条丝状体的细胞只剩下1条空壁，此种丝状体是雄性的，其中的配子是雄配子；而第二条丝状体的细胞在结合后，每个细胞中都有1个合子，此种丝状体是雌性的，其中的配子是雌配子。配子融合时细胞质先融合，稍后两核才融合形成接合子。两条接合的丝状体和它们所形成的接合管，外观同梯子一样，这种接合叫梯形接合（图1-51，C）。合子成熟时分泌厚壁，分3层：内层薄，是纤维质；中层厚，是纤维质并稍带几丁质；外层薄，是纤维质或果胶质。合子内充满贮藏物质，初期是淀粉，后期转变为脂肪。成熟的合子随着死亡的母体沉于水底，待母体细胞破裂后放出体外。有些种类则进行侧面接合，侧面接合是在同一

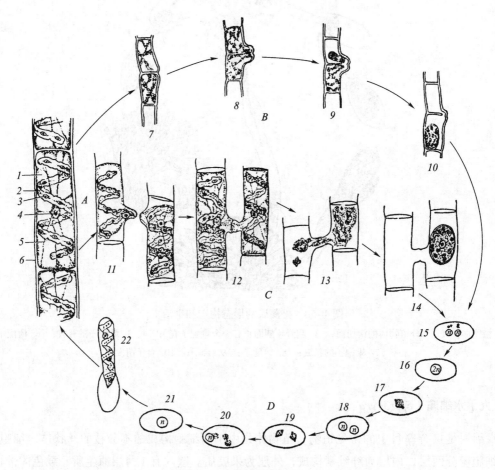

图 1-51　水绵属的生活史

A. 水绵的细胞构造；　B. 水绵的侧面接合；　C. 水绵的梯形接合；　D. 合子萌发

1. 液泡；　2. 载色体；　3. 蛋白核；　4. 细胞核；　5. 原生质；　6. 细胞壁；　7—10. 侧面接合各期；

11—14. 梯形接合各期；　15—22. 合子萌发各期

条丝状体上相邻的两个细胞间形成接合管，或两个细胞之间的横壁上开一孔道，其中一个细胞的原生质体通过接合管或孔道移入另一个细胞中，与其细胞中的原生质融合形成合子（图1-51，B）。侧面接合后，丝状体上空的细胞和具合子的细胞，是交替存在于同一条丝状体上，这种水绵可以认为是雌雄同体的。梯形接合与侧面接合相比较，侧面接合较为原始。

合子耐旱性很强，水涸不死，待环境适宜时萌发。一般是在合子形成后数周或数月，甚至一年以后萌发。萌发时，核先减数分裂，形成4个单倍核，其中3个消失，只有1个核萌发，形成萌发管，由此长成新的植物体（图1-51，D）。

水绵属全部是淡水产，是常见的淡水绿藻，在小河、池塘、沟渠或水田等处均可见到，繁盛时大片生于水底或成大块漂浮水面，用手触及有黏滑的感觉，这点是本目丝状藻和其他丝状藻类显著不同的地方。

接合藻目中常见的丝状藻类有双星藻属（*Zygnema*）和转板藻属（*Mougeotia*），单细胞类型的有新月藻属（*Closterium*）和鼓藻属（*Cosmarium*）（图1-52）。

（十）轮藻属（*Chara*）

属于轮藻纲轮藻目植物，约有400种。植物体直立，具分枝，体表常含有钙质，以单列细胞分枝的假根固着于水底淤泥中。主枝分化成节和节间，节的四周轮生有短枝，短枝也分化成节和节间，短枝又被叫做"叶"。无论是主枝或是短枝，顶端都有一个半球形细胞，叫做顶端细胞（apicalcell），植物的生长即由顶端细胞不断分裂形成的。顶端细胞横分裂，形成两个子细胞，上面的子细胞继续保持顶端细胞的作用（图1-53）。下面的子细胞再进行一次横分裂，又形成两个子细胞。第二次形成的两个子细胞中，下面的1个不再分裂，长大成节间的中央细胞；上面的1个经过数次纵裂，构成节部，同时，部分细胞发育成包围于节间中央细胞外的皮层。节部细胞短小，节间细胞长管状、多核、载色体多数，具中央大液泡。主枝能无限生长；短枝到一定长度便停止生长，在短枝节上还具有单细胞刺状突起。

轮藻属的有性生殖是卵式生殖。雌性生殖器官叫卵囊（藏卵器，oogomium），雄性生殖器官

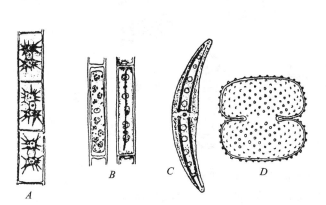

图1-52 接合藻目中常见的藻类

A. 双星藻属；*B.* 转板藻属；*C.* 新月藻属；*D.* 鼓藻属

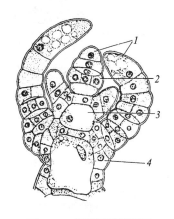

图1-53 轮藻属顶端纵切

1. 顶端细胞；2. 节细胞；3. 节间细胞；4. 皮层细胞

叫精子囊（藏精器，spermatangium），雌雄生殖器官皆生于短枝的节上。卵囊生于刺状体上方，长卵形，内含 1 个卵细胞，卵的外围有 5 个螺旋状的管细胞（tube cell）。管细胞上有 1 个小细胞，叫冠细胞（corona cell），5 个冠细胞在卵囊上组成冠（corona）。精子囊生于刺状体下方，圆形，外围有 8 个三角形细胞，叫盾细胞（shield cell）。盾细胞内含有很多橘红色的载色体，因此，成熟的精子囊，肉眼观看是橘红色的。盾细胞内侧中央连接 1 个圆柱形细胞，叫盾柄细胞（manubrium）。盾柄细胞末端有 1～2 个圆形细胞，叫头细胞（head cell）。头细胞上又可生几个小圆细胞，叫次级头细胞。从这些次级头细胞上，长出多条单列细胞的精囊丝（antheridial filament），每个细胞内产生 1 个精子，成熟时，精子释放到水中。精子细长，顶端生两个等长鞭毛。卵囊成熟时，冠细胞裂开，精子从裂缝进入，与卵结合。合子分泌形成厚壁（图 1-54）。

图 1-54 轮藻属的形态构造和生活史

1. 植物体的一部分； 2. 短枝的一部分； 3. 卵囊纵切； 4. 盾细胞及精囊丝；
5. 精囊丝的一部分及内部精子； 6. 精子； 7. 受精； 8—11. 合子萌发；
12. 幼植物体

合子经过休眠后萌发，萌发时合子核分裂，形成 4 个子核，而后继续发育成原丝体，有节和节间的分化，由原丝体上可长出数个新植物体。有人认为，合子第一次分裂形成 4 个子核是减数分裂。

轮藻常常以藻体断裂的方式进行营养繁殖，断裂的藻体沉在水底，长出假根和芽，发育成新的植物体。轮藻体基部可长出珠芽，由珠芽长出植物体。珠芽含有大量淀粉，类似种子植物的块根或块茎。

轮藻目常见的丽藻属（*Nitella*），与轮藻属的区别有两点：一是每个管细胞上面有两个冠细胞，整个卵囊上有 10 个冠细胞，分两层，每层 5 个；其次是节间无皮层（图 1–55）。

轮藻的植物体高度分化，生殖器官构造复杂，外面有 1 层营养细胞包着，可与高等植物的性器官比较，细胞有丝分裂与陆生绿色植物相似，因此，有人将它们列为独立一门（轮藻门）。

轮藻多生于淡水，在不大流动或静水的底部大片生长，少数生长在微盐性的水中。

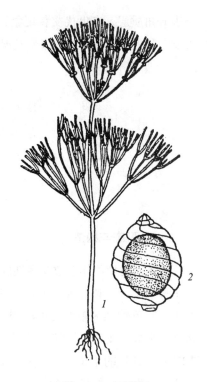

图 1–55　丽藻属
1. 植物体；　2. 卵囊

三、绿藻门在植物界中的地位

绿藻化石很多，比较早的化石发现在距今 14 亿～12 亿年前。在我国天津市蓟州区震旦亚界地层中，发现了一种 12 亿年前的真核多核体藻类，个体中央有中轴，两侧有许多轮状排列的侧枝，经鉴定属于绿藻纲管藻目多毛藻科的真核生物，定名为震旦塔藻化石。

1975 年，美国藻类学家柳文，在一种海鞘的泄殖腔沟纹处，发现了一种具有叶绿素 a 和 b 的原核藻类，并定名为原绿藻。之后，不少人认为，真核绿藻是由原核的原绿藻演化而来的，人们把原绿藻的发现看作是藻类进化史上的一件大事，称原绿藻为"活化石"。

绿藻和高等植物之间有很多相似之处，它们有相同的光合作用色素，光合作用产物都是淀粉，鞭毛类型都是尾鞭型。因此，多数植物学工作者承认高等植物的祖先是绿藻。绿藻门在植物界的系统发育中，居于主干地位。然而高等植物究竟是从哪一类绿藻发展来的，还没有直接答案。有些学者主张高等植物起源于绿藻中的轮藻，因为轮藻的色素、贮藏物质和鞭毛结构与高等植物相同。藻体结构和生殖器官的构造，与高等植物比较相近；合子萌发时产生的原丝体和苔藓植物近似。但是，他们忽略了一个重要事实，轮藻合子萌发时为减数分裂，不形成二倍体的营养体，没有孢子行无性生殖，所以高等植物不能起源于轮藻。然而高等植物到底起源于哪种绿藻，现在还没有可靠的证据。在印度、非洲和日本发现的费氏藻（*Fritshiella tuberosa* Iyengar）有直立枝和匍匐枝的分化，匍匐枝生于地下，直立枝穿过薄土层，在土表分成丛状枝，外表有角质层，有世代交替现象，能适应陆地生活。鲍尔（Bower，1935）认为，高等陆生植物可能是从古代这种类型的绿藻发展来的。

第九节　红藻门（Rhodophyta）

一、红藻门的一般特征

（一）形态与构造

红藻门的植物体多数是多细胞的，少数是单细胞的。藻体一般较小，高约 10 cm，少数可超过 1 m 以上。藻体有简单的丝状体，也有形成假薄壁组织的叶状体或枝状体。假薄壁组织的种类中，有单轴和多轴的两种类型，单轴型的藻体中央有 1 条轴丝，向各个方面分枝，侧枝互相密贴，形成"皮层"；多轴型的藻体中央有多条中轴丝组成髓，由髓向各方面发出侧枝，密贴成"皮层"。红藻的生长，多数是由 1 个半球形顶端细胞分裂的结果，少数为居间生长，很少见的是弥散式生长，如紫菜藻体，任何部位的细胞都可分裂生长。

细胞壁分两层，内层为纤维素质的，外层是果胶质的，在热水中果胶可溶解成琼脂糖溶液，稀酸中可分解成半乳糖。细胞内的原生质具有高度的黏滞性，并且牢固地黏附在细胞壁上，对强质壁分离剂是敏感的。多数红藻的细胞只有 1 个核，少数红藻幼时单核，老时多核。中央有液泡。载色体 1 至多数，颗粒状。原始类型的载色体 1 枚，中轴位，星芒状，蛋白核有或无。在电子显微镜下观察，光合作用片层有 1 个类囊体，类囊体膜上有藻胆体（phycobilisome），外有两层载色体膜包围，没有内质网膜（图 1-56）。载色体中含有叶绿素 a 和 b、β- 胡萝卜素和叶黄素类，此外，还有不溶于脂肪而溶于水的藻红素和藻蓝素。一般是藻红素占优势，故藻体多呈红色。藻红素对同化作用有特殊的意义，因为光线在透过水的时候，长波光线如红、橙、黄光很容易被海水吸收，在几米深处就可被吸收掉。只有短波光线如绿、蓝光才能透入海水深处。藻红素能吸收绿、蓝和黄光，因而红藻可在深水中生活，有的种在深达 100 m 处。

红藻细胞中贮藏一种非溶性糖类，称红藻淀粉（floridean starch）。红藻淀粉是一种肝糖类多糖，以小颗粒状存在于细胞质中，而不在载色体中。用碘化钾处理，先变成黄褐色，后变成葡萄红色，最后是紫色，绝不像淀粉那样遇碘后变成蓝紫色。有些红藻贮藏的养分是红藻糖。

（二）繁殖

红藻生活史中不产生游动孢子，无性生殖是以多种无鞭毛的不动孢子进行，有的产生单孢子，如紫菜；有的产生四分孢子，如多管藻。红藻一般为雌雄异株，少数为雌雄同株。有性生殖的雄性器官为精子囊，在精子囊内产生无鞭毛的不动精子。雌性器官称为果胞（carpogonium），果胞上有受精丝，果胞中只含 1 个卵。果胞受精后，立即进行减数分裂，产生

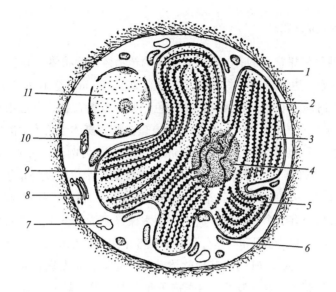

图 1-56　电子显微镜下紫球藻属细胞构造模式图
1. 细胞壁；　2. 载色体膜；　3. 单条类囊体；　4. 蛋白核；　5. 藻胆体；　6. 红藻淀粉；　7. 泡囊；
8. 高尔基体；　9. 星芒状载色体；　10. 线粒体；　11. 细胞核

果孢子（carpospore），发育成配子体植物。有些红藻果胞受精后，不经过减数分裂，发育成果孢子体（carposporophyte），又称囊果。果孢子体是二倍的，不能独立生活，寄生在配子体上。果孢子体产生果孢子时，有的经过减数分裂，形成单倍的果孢子，萌发成配子体；有的不经过减数分裂，形成二倍体的果孢子，发育成二倍体的四分孢子体（tetrasporophyte）。再经过减数分裂，产生四分孢子（tetrad），发育成配子体。

（三）分布

红藻门植物绝大多数分布于海水中，仅有 10 余属，约 50 余种是淡水种。淡水种多分布在急流、瀑布和寒冷空气流通的山地水中。海产种由海滨一直到深海 100 m 都有分布。海产种的分布受到海水水温的限制，并且绝大多数是固着生活。

红藻门约有 558 属，4 410 余种。红藻纲又分两个亚纲：紫菜亚纲（Bangioideae）和真红藻亚纲（Florideae）。

二、红藻门的代表植物

（一）紫球藻属（*Porphyridium*）

属于紫菜亚纲紫球藻目。植物体为单细胞，细胞圆形或椭圆形。载色体星芒状，中轴位，有蛋白核，无淀粉鞘。常生活于潮湿的地上和墙角，可作纯培养（见图 1-56）。

（二）紫菜属（*Porphyra*）

约有 25 种，在我国海岸常见的有 8 种。紫菜属的植物体是叶状体，形态变化很大，有卵形、竹叶形、不规则圆形等，边缘多少有些皱褶。一般高 20～30 cm，宽 10～18 cm。基部楔形或圆形，以固着器固着于海滩岩石上。藻体薄，紫红色、紫色或紫蓝色，单层细胞或两层细胞，外有胶层。细胞单核。1 枚星芒状载色体，中轴位，有蛋白核。藻体生长为弥散式。

紫菜属的生活史，可以甘紫菜（*Porphyra tonera* Kjellm.）为例。甘紫菜是雌雄同株植物，水温在 15 ℃左右时，产生性器官。藻体的任何一个营养细胞，都可转变为精子囊，其原生质体分裂形成 64 个精子。果胞是由一个普通营养细胞稍加变态形成的，一端微隆起，伸出藻体胶质的表面，即受精丝，果胞内有 1 个卵。精子放出后随水流漂到受精丝上，进入果胞与卵结合，形成二倍的合子。合子经过减数分裂和有丝分裂，形成 8 个单倍的果孢子。

果孢子成熟后，落到文蛤、牡蛎或其他软体动物的壳上，萌发进入壳内，长成单列分枝的丝状体，即壳斑藻。壳斑藻产生壳孢子，由壳孢子萌发为夏季小紫菜，其直径约 3 mm。当水温在 15 ℃左右时，壳孢子也可直接发育成大型紫菜。夏季因水中温度高，不能发育成大型紫菜，小紫菜产生单孢子，发育为小紫菜。在整个夏季，小紫菜不断产生不断死亡。大紫菜也可以直接产生单孢子，发育成小紫菜。晚秋水温在 15 ℃左右时，单孢子萌发为大型紫菜。因此，在北方，大型紫菜的生长期为每年的 11 月至次年的 5 月（图 1-57）。

（三）多管藻属（*Polysiphonia*）

属于真红藻亚纲仙菜目，本属约有 150 种。植物体为多列细胞分枝的丝状体，有些种的丝状体分化有直立丝状体和匍匐丝状体，基部以单细胞假根固着于海边岩石上，高 3～20 cm。丝状体中央由一列较粗的细胞组成，叫中轴管（central siphon），四周由 4～24 个较细的细胞围成一圈，叫围轴管（peripheral siphon）。

多管藻属的植物体有单倍体的雌、雄配子体，和双倍体的果孢子体及四分孢子体。配子体和四分孢子体在外形上完全相同，是典型的同形世代交替。精子囊生在雄配子体上部的生育枝上，成熟时呈葡萄状。果胞生在雌配子体

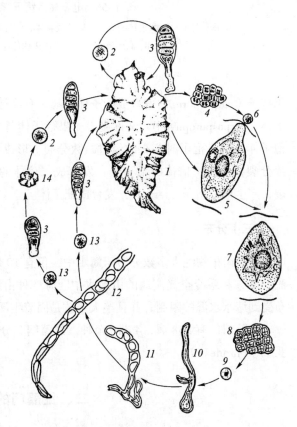

图 1-57　紫菜属的生活史

1. 植物体；　2. 单孢子；　3. 萌发初期的幼体；　4. 精子囊；
5. 果胞；　6. 精子；　7. 合子；　8. 果孢子囊；
9. 果孢子；　10. 萌发初期幼体；　11. 丝状体的孢子囊；
12. 壳孢子的形成和释放；　13. 壳孢子；　14. 小紫菜

上部生育性的毛丝状体上，产生果胞时，毛丝状体的中轴细胞旁生 1 个特殊的围轴细胞（又称支持细胞），由此细胞生出 4 个细胞的果孢丝体。果孢丝体的顶端细胞是具有受精丝的果胞。果胞核分裂为 2，下核为果胞核，上核为受精丝核，后来此核退化，精子由受精丝进入果胞与卵结合。同时支持细胞又生出几个细胞，叫辅助细胞。果胞通过它下面的辅助细胞与支持细胞相连。合子核分裂为 2，进入支持细胞，并在此细胞中继续分裂，其余核退化。此时支持细胞发生很多产孢丝，支持细胞中的核移至产孢丝中。产孢丝末端形成果孢子囊，每个囊内有 2 核。同时支持细胞与四周的细胞融合成孢子囊团块，总称为囊果（即果孢子体）（图 1–58）。

果孢子萌发，形成二倍体的四分孢子体。四分孢子体上形成四分孢子囊，经减数分裂，形成 4 个单倍的孢子，叫四分孢子。四分孢子萌发形成雌雄配子体。

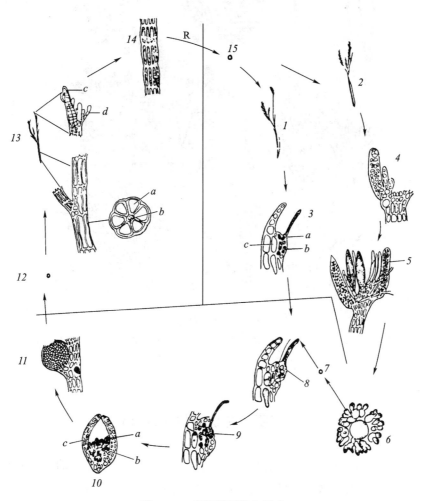

图 1-58　多管藻属的生活史

1. 雌配子体；　2. 雄配子体；　3. 果胞枝（a. 果胞；b. 支持细胞；c. 中轴管）；　4. 雄性毛丝体；　5. 不动精子囊堆；

6. 不动精子囊堆横切面；　7. 不动精子；　8. 合子核；　9、10. 发育中的果孢子体（a. 果孢子；b. 产孢丝；

c. 囊果被）；　11. 囊果；　12. 果孢子；　13. 四分孢子体（a. 围轴管；b. 中轴管；c. 顶端细胞；d. 毛丝体）；

14. 四分孢子体；　15. 四分孢子；　R. 减数分裂

红藻中常见淡水产的有串珠藻属（*Batrachospermum*），海产的有海索面属（*Nemalion*）、珊瑚藻属（*Corallina*）、仙菜属（*Ceramium*）、松节藻属（*Rhodomela*）和石花菜属（*Gelidium*）（图 1–59）。

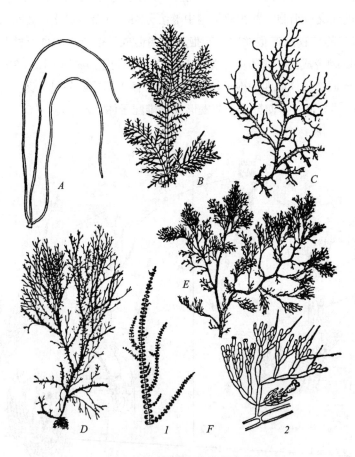

图 1–59　红藻中常见的藻类

A. 海索面属；　*B*. 珊瑚藻属；　*C*. 石花菜属；　*D*. 仙菜属；　*E*. 松节藻属；　*F*. 串珠藻属
1. 植物体；　2. 植物体的部分放大

三、红藻门在植物界中的地位

红藻是一门古老的植物，它的化石是在志留纪和泥盆纪的地层中发现的。红藻和蓝藻植物有相同的特征，但是，也有显著的差别，正像在蓝藻门中已叙述过的那样，它们的亲缘关系是不清楚的。绿藻门中的溪菜属和红藻门中的紫菜属，两属的细胞都有星芒状载色体，植物体构造和孢子形成方法都比较相似，因而有人主张红藻是沿着绿藻门溪菜属这一条路线进化来的，但它们的色素显著不同，似乎这条进化路线也是不可能的。还有很多人认为红藻的有性生殖和子囊菌的有性生殖相似，设想子囊菌是由红藻发展来的。

第十节　褐藻门（Phaeophyta）

一、褐藻门的一般特征

（一）形态与构造

褐藻植物体是多细胞的，基本上可分为 3 大类：第一类是分枝的丝状体，有的分枝比较简单，有的分化为匍匐枝和直立枝的异丝体型；第二类是由分枝的丝状体互相紧密结合，形成假薄壁组织；第三类是比较高级的类型，是有组织分化的植物体。多数藻体的内部分化成表皮层、皮层和髓 3 部分。表皮层的细胞较多，内含许多载色体。皮层细胞较大，有机械固着作用。接近表皮层的几层细胞，也含有载色体。含载色体的部分有同化作用。髓在中央，由无色的长细胞组成，有输导和贮藏作用。有些种类的髓部有类似筛管的构造，称为喇叭丝。用示踪原子 ^{14}C 证明，在巨藻属中的甘露醇，由同化组织通过类似的筛管，转移到藻体的其他部位。褐藻门植物体的生长，常在藻体的一定部位，如藻体的顶端或藻体中间，也有的是在特殊的藻丝基部。

细胞有壁，分为两层，内层是纤维素的，其化学成分和维管植物一样，外层是藻胶组成的。同时在细胞壁内还含有一种糖类，叫褐藻糖胶。褐藻糖胶能使褐藻形成黏液质，退潮时，黏液质可使暴露在外面的藻体免于干燥。细胞单核，和维管植物相似，有核膜、核仁，染色质网中有一明显的中心体。细胞分裂是有丝分裂。细胞分裂时，中心体位于核的表面。细胞中央有 1 个或多个液泡。

载色体 1 至多数，粒状或小盘状。电子显微镜下观察，褐藻载色体有 4 层膜包围，外面 2 层是内质网膜，里边是 2 层载色体膜（图 1-60，6、7）。光合片层由 3 条类囊体叠成。内质网膜与核膜相连，它是外层核膜向外延伸形成，包裹载色体和蛋白核。褐藻的蛋白核不埋在载色体里边，而是在载色体的一侧形成突起状，与载色体的基质紧密相连，称此为单柄型（single-stalked type）（图 1-60，9）。蛋白核外包有贮藏的多糖。有些种褐藻没有蛋白核。一些学者认为没有蛋白核的种类在系统发育方面是比较进化的，如网地藻目（Dictyotales）、黑顶藻目（Sphacelariales）、海带目（Laminariales）、墨角藻目（Fucales）。载色体中的 DNA 纤丝绒状或环状，位于外层光合片层里边（图 1-60，8）。载色体含有叶绿素 a 和 c、β- 胡萝卜素和 6 种叶黄素。叶黄素中有一种叫墨角藻黄素，色素含量最大，掩盖了叶绿素，使藻体呈褐色，而且在光合作用中所起作用最大，有利用光线中短波光的能力。细胞光合作用积累的贮藏物质，是一种溶解状态的糖类，这种糖类在藻体内含量相当大，占干重的 5%～35%，主要是褐藻淀粉和甘露醇。

褐藻细胞中具特有的小液泡，称为褐藻小液泡（图 1-60，1），呈酸性反应，它大量存在于分生组织、同化组织和生殖细胞中。许多褐藻细胞中含有大量碘，如在海带属的藻体中，碘占

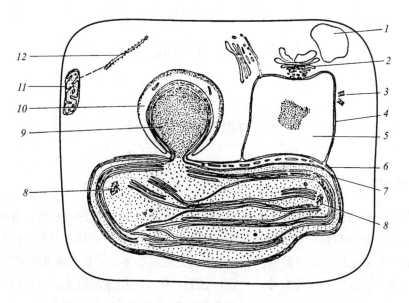

图 1-60　褐藻细胞构造模式图

1. 小液泡；　2. 高尔基体；　3. 中心体；　4. 核膜；　5. 细胞核；　6. 载色体内质网膜；　7. 载色体膜；
8. DNA 纤丝；　9. 蛋白核；　10. 淀粉鞘（多糖）；　11. 线粒体；　12. 内质网

鲜重的 0.3%，而每升海水中仅含碘 0.000 2%，因此，它是提取碘的工业原料。

　　褐藻的精子和游动孢子一般具 2 条不等长侧生鞭毛，向前方伸出的一条较长，是茸鞭型；向后方伸出的一条较短，是尾鞭型的。墨角藻目精子的鞭毛是向后方伸出的一条较长，而网地藻目的精子仅有一条向前伸的鞭毛。运动细胞的眼点是由 40～80 油滴组成，位于载色体膜和最外层类囊体膜之间。

（二）繁殖

　　营养繁殖是以断裂的方法进行，断裂的方式是藻体纵裂成几个部分，每个部分发育成一个新的植物体；或者由母体上断裂成断片，脱离母体发育成植物体；还可以形成一种叫做繁殖枝的特殊分枝，脱离母体发育成植物体。

　　无性生殖是以游动孢子和不动孢子繁殖。褐藻门除墨角菜目外，都可以形成游动孢子或不动孢子。孢子囊有单室的和多室的两种。单室孢子囊（unilocular sporangium）是 1 个细胞增大形成的，细胞核经减数分裂，形成 128 个侧生双鞭毛的游动孢子。在网地藻属（*Dictyota*）的单室孢子囊中，形成 4 个不动孢子。多室孢子囊（plurilocular sporangium）是由 1 个细胞经过多次分裂，形成 1 个细长的多细胞组织，每个小立方形细胞发育成 1 个侧生双鞭毛的游动孢子，多室孢子囊发生在二倍体的藻体上，形成孢子时不经过减数分裂，因此，此种游动孢子是二倍的，发育成 1 个二倍体的植物。

　　有性生殖是在配子体上形成 1 个多室的配子囊，配子囊的形成过程和多室孢子囊相同。配子结合有同配、异配、卵式生殖。

在褐藻的生活史中，除了墨角菜目外，都是世代交替的植物。在异形世代交替中多数是孢子体大，配子体小，如海带；少数是孢子体小，配子体大，如萱藻属（*Scytosiphon*）。

（三）分布

褐藻是附着生活的植物，绝大部分生活在海水中，仅有几个稀见种生活在淡水中。褐藻可从潮间线一直分布到低潮线下约 30 m 处，是构成海底森林的主要类群。褐藻属于冷水藻类，寒带海中分布最多。褐藻的分布与海水盐的浓度、温度，以及海潮起落时暴露在空气中的时间长短都有很密切的关系，因此，在寒带、亚寒带、温带、热带分布的种类，各有不同。

褐藻门大约有 250 属，1 500 种。根据它们的世代交替的有无和类型，一般分为 3 个纲，即等世代纲（Isogeneratae）、不等世代纲（Heterogeneratae）和无孢子纲（Cyclosporae）。

二、褐藻门的代表植物

（一）水云属（*Ectocarpus*）

属于等世代纲水云目。在地球上分布较广，有些种分布在寒带的海水中。为小型褐色叉状分枝的丝状体，丝状体是单列细胞，分化成匍匐附着部分和直立部分。匍匐部分的分枝密而不规则。直立部分簇生，末端小枝逐渐变细。细胞单核，有少数带状或多数盘形的载色体（图 1–61）。

水云属的配子体与孢子体的形态构造相同，为明显的同形世代交替植物。水云的无性生殖器官有单室孢子囊和多室孢子囊两种，都发生于侧生小枝的顶端细胞上。有性生殖时，多室配子囊在配子体的侧生小枝的顶端细胞上形成。来自不同藻体的两个配子的大小基本相同，互相结合成合子，合子立即萌发，形成二倍体孢子体植物，与配子体植物在形态结构上相似。

（二）海带属（*Laminaria*）

属于不等世代纲海带目。约有 30 种，分布在北冰洋、北大西洋、北太平洋及非洲南部海区。

海带（*Laminaria japonica* Aresch）原是俄罗斯东部地区、日本和朝鲜北部沿海的特产，后来从日本逐渐传布到我国辽东和山东半岛的肥沃海区生长，是我国常见的植物，含有丰富的营养，是人们喜爱的食品。海带要求水温较低，夏季平均温度不超过 20 ℃，而孢子体生长的最适温度是 5~10℃。

海带的孢子体分成固着器、柄和带片 3 部分。固着器呈分枝的根状。柄没有分枝，圆柱形或略侧扁，柄组织分化为表皮、皮层和髓 3 层。带片生长于柄的顶端，不分裂，没有中脉，幼时常凸凹不平，内部构造和柄相似，也分为 3 层（图 1–62，*a*、*b*）。

海带的生活史有明显的世代交替。孢子体成熟时，在带片的两面产生单室的游动孢子囊，游动孢子囊丛生呈棒状，中间夹着长的细胞，叫隔丝（paraphysis，或叫侧丝），隔丝尖端有透明的胶质冠。带片上生长游动孢子囊的区域为深褐色。孢子母细胞经过减数分裂及多次普通分裂，

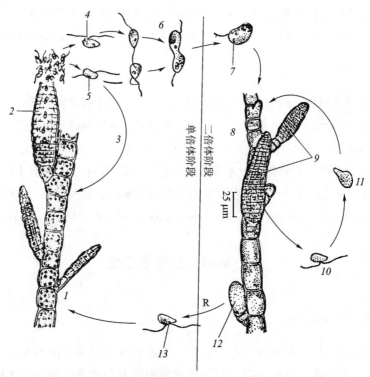

图 1-61　水云的生活史

1. 配子体；　2. 配子囊（多室）；　3. 孤雌生殖（单性生殖，parthenogenesis）；　4. 雄配子；　5. 雌配子；　6. 配子结合；　7. 合子；　8. 孢子体；　9. 多室孢子囊；　10. 游动孢子；　11. 孢子萌发；　12. 单室孢子囊；　13. 游动孢子（n）；　R. 减数分裂

产生很多单倍侧生双鞭毛的同型游动孢子。游动孢子梨形，两条侧生鞭毛不等长。北方海带的孢子多在 9、10 月间成熟，10 月底到 11 月间放出大量孢子。同型的游动孢子在生理上是不同的。孢子落地后立即萌发为雌、雄配子体。雄配子体是由十几个至几十个细胞组成的分枝丝状体，其上的精子囊由 1 个细胞形成，产生 1 枚侧生双鞭毛的精子，构造和游动孢子相似。雌配子体是由少数较大的细胞组成，分枝也很少，在 2~4 个细胞时，枝端即产生单细胞的卵囊，内有 1 枚卵。成熟时卵排出，附着于卵囊顶端，卵在母体外受精，形成二倍的合子。合子不离母体，几日后即萌发为新的海带。次年 6 月在适宜的条件下，可长至 1.3~1.7 m。海带的孢子体和配子体之间差别很大，孢子体大而有组织的分化，配子体只有十几个细胞组成。这样的生活史称为异形世代交替（图 1-62）。

　　海带在自然情况下生长期是 2 年，在人工筏式条件下养殖的是 1 年。第一年秋天采苗，第二年 3—4 月间，生长速度达到最高峰，藻体长达 2~3 m。秋季水温下降至 21 ℃以下时，带片产生大量的孢子囊群，于 10—11 月间放散大量孢子，此后如不收割，藻体即死亡。藻体只能生活 13~14 个月。

（三）鹿角菜属（*Pelvetia*）

　　属于无孢子纲，有两种。本属的鹿角菜（*Pelvetia siliguosa* Tseng et C. F. Chang）属温带性

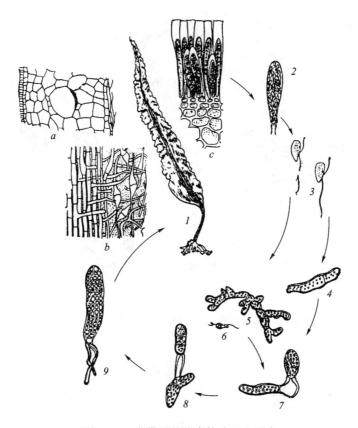

图 1-62　海带属的形态构造和生活史

1. 孢子体；　2. 孢子囊；　3. 游动孢子；　4. 雌配子体；　5. 雄配子体；　6. 精子；　7. 卵囊及卵；　8、9. 幼孢子体
a. 孢子体切面，示表皮、皮层及胶质管；　b. 示髓部喇叭丝；　c. 示孢子囊层

海藻，可食用，为我国黄海的特有种。多固着于浪花冲击的岩石上，藻体褐色，软骨质，高
6～15 cm。基部为固着器，是圆锥状的盘状体，中间为扁圆柱状短柄，上部为二叉状分枝，可重
复分枝 2～8 次，下部分枝比较规则。生长在水浪冲击的岩石上的藻体分枝较少，而生活在较平
静的水中时，分枝较多。短柄及上部的分枝分化有表皮、皮层和中央髓。皮层和中央髓都有类
似筛管的构造。枝上无气囊。

　　鹿角菜的植物体是二倍体，生殖时在枝顶端形成生殖托（receptacle），生殖托有柄呈长角
果状，较普通营养枝粗，生殖托的表面有明显的结疣状突起，突起处有一开口的腔，叫生殖窝
（conceptacle）。雌雄同容，即在 1 个生殖窝内产生精囊与卵囊两种雌雄生殖器官。精囊长在窝内
生出的分枝上，每个分枝上有 2～3 个精囊，旁有隔丝。精囊是单细胞的，核的第一次分裂是减
数分裂，以后都是有丝分裂，形成多数精子。精子有鞭毛两条，向后伸的一条比向前伸的一条
长。卵囊也是单细胞的，经过减数分裂，最后发育成两个卵（图 1-63）。成熟的精子和卵结合后
发育成二倍体的植物。

　　褐藻中常见的藻类，在等世代纲中有黑顶藻属（Sphacelaria）和网地藻属（Dictyota），在不
等世代纲中有裙带菜（Undaria pinnatifida），在无孢子纲中有马尾藻属（Sargassum）（图 1-64）。

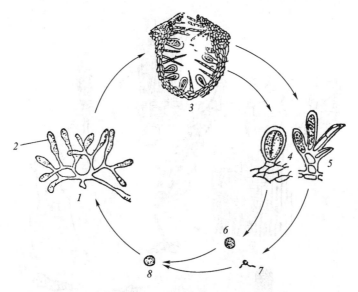

图 1-63 鹿角菜的生活史

1. 植物体； 2. 生殖托； 3. 生殖窝； 4. 卵囊； 5. 精囊； 6. 卵； 7. 精子； 8. 合子

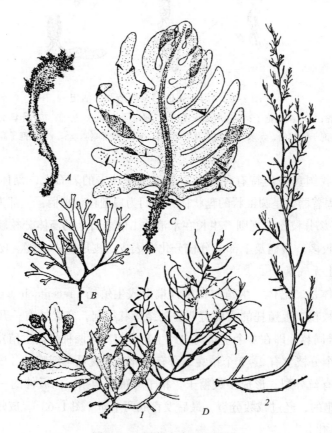

图 1-64 褐藻中常见的藻类

A. 黑顶藻属； *B.* 网地藻属； *C.* 裙带菜； *D.* 马尾藻属

1. 海蒿子； 2. 鼠尾藻

三、褐藻门在植物界中的地位

褐藻是一群古老的植物，在志留纪和泥盆纪的沉积物中，发现有类似海带植物的化石，最可靠的化石发现于三叠纪。褐藻有侧生不等长双鞭毛的运动细胞，其形态和构造与金藻门黄藻纲的运动性细胞相似，所含色素也相似，因此，有人主张褐藻可能是由单细胞的具两条不等长侧生鞭毛的祖先进化来的。

第十一节　藻类植物小结

自地球上出现藻类植物以来，经过了漫长的岁月，直到 6 亿年前，它仍是当时地球上唯一的绿色植物，人们称此时期为地球生物史上的藻类时代。今天藻类植物仍然十分繁盛，遍布世界。藻类植物在几十亿年的发展中，各门之间和各门之内的进化关系，都是按着由单细胞到多细胞，由简单到复杂，由低级到高级的规律在演化和发展。

（一）藻类细胞的演化

根据各门藻类细胞光合色素的种类和光合类型的不同，有人主张藻类有 3 条进化支系。3 条进化支系都含有叶绿素 a 和光系统 II，这是和光合细菌的基本区别。第一支从原核蓝藻进化到真核红藻。因为两者都含有藻胆素，并以藻胆素为光系统 II 的主要集光色素，藻胆素以颗粒形式（称作藻胆体）附着于类囊体的表面；蓝藻的类囊体单条分散在细胞质中，红藻已分化成载色体，类囊体单条分散排列于载色体中，外有两层类囊体膜包围，表现出红藻比蓝藻细胞进化的一面，但也保留了单条类囊体排列的原始特性。此外，红藻和蓝藻都没有鞭毛，因此，认为红藻是和蓝藻亲缘关系最近的真核藻类。第二支以叶绿素 c 为光系统 II 的主要集光色素，它们的原始类型细胞中还含有藻胆素。这一支系包括隐藻门（Cryptophyta）、甲藻门、黄藻门、金藻门、硅藻门、褐藻门。其中隐藻门和甲藻门是这一支系中较原始的类型。隐藻细胞是真核，载色体中的类囊体排列比红藻要进化，是 2 条 1 束，光合色素除叶绿素 a 和 c 外，还有藻胆素。甲藻细胞有两种核，有些种具中核，有些种既有中核也有真核，载色体中类囊体是 3 条 1 束的。中国科学院胡鸿钧在淡水湖中发现了一种蓝甲藻，吸收光谱测定证实，含有藻胆素。从上述事实看来，这一支系藻类在细胞核、载色体结构和含色素的种类上处在不同的进化阶段，具中核和含有藻胆素的种类是较原始的类型，然而各门之间还是平行发展的关系。第三支以叶绿素 b 为光系统 II 的主要集光色素。该支系中包括裸藻门、原绿藻门（Prochlorophyta）、绿藻门和轮藻门（有许多藻类学者已将其独立成门）。虽然这 4 门藻类都含有叶绿素 a 和 b，但裸藻细胞是中核，载色体类囊体是 3 条 1 束，同化产物是裸藻淀粉等都与其他 3 门藻类不同，因此，它们在叶绿素 a 和 b 进化路线中是较特殊的一门植物。原绿藻细胞是原核，2 条 1 束的类囊体排列于细胞质中，这一点比蓝藻进化。人们公认由原核绿藻进化到真核绿藻。绿藻门和轮藻门的载色体中类囊体是 2~6 条 1 束，两门有很多相似之处，但轮藻门的细胞有丝分裂和陆生高等植物相似，营养体和生殖器的构造也较绿藻门复杂，因此，认为轮藻门由绿藻门进化而来。然而轮藻门是进化主干上的侧枝，绿藻门才是陆生高等植物进化的主干，普遍认为陆生高等植物可能由绿藻门中陆生异丝体型藻类进化而来（见绿藻门）。

伴随光合色素和光合类型的演化，细胞核也发生了不同的变化。地球上最早出现的藻类是原核蓝藻，在距今 35 亿~33 亿年前。从原核藻类进化到真核藻类是在 3 个不同的进化途径、不同时间、不同的进化阶段上发生的。据分析，最早出现的真核藻类是红藻，在 15 亿~14 亿年前；其次是含叶绿素 a 和 c 的真核藻类出现；最后出现的是含叶绿素 a 和 b 的真核藻类。藻类植物的细胞伴随着藻体结构向复杂化的方面发展，也由不分化到分化有各种特殊机能的细胞。在单细胞和部分群体类型的藻类中，如衣藻细胞是没有分化的，只兼有营养和生殖两种功能。在多细胞藻类中，如团藻、轮藻及大多数红藻和褐藻，都明显地分化为营养细胞和生殖细胞。还有些构造比较复杂的红藻和褐藻的植物体内分化有组织，如我们熟悉的海带，其带片和柄部的细胞分化为表皮层、皮层和髓部。

（二）藻类植物体的演化

藻体在结构上的演化，也是按着由单细胞逐渐向群体及多细胞，由简单到复杂，由自由游动到不游动，以营固着生活的规律进行。单细胞在营养时期具鞭毛，能自由游动，是藻类中最简单、最原始的类型。在裸藻、绿藻、甲藻和金藻门中，都有这种原始类型的藻类。由此向几个方向发展，单细胞具鞭毛的藻类进一步演化为具鞭毛能自由游动的群体和多细胞体，团藻属则是具鞭毛能自由游动的多细胞的典型代表。单细胞具鞭毛，能自由游动的藻类，还可向藻体失去鞭毛，不能自由游动的方向发展。藻体是单细胞或非丝状群体，在营养时期细胞不分裂，如绿球藻目。在这一类型中，有的种类在营养时期，细胞核能分裂形成多核，如绿球藻。由此向多核体方向演化。在失去鞭毛不能游动的演化道路上，又分化出另一支，即在营养时期细胞不断分裂，形成不分枝的丝状体、分枝的丝状体和片状体，如丝藻、刚毛藻和石莼等，它们中多数是营固着生活或幼时固着。沿着这条路线进化，可分化为具有匍匐枝和直立枝的异丝状体型或具有类似根、茎、叶的枝状体。藻体外部形态发展变化的过程中，藻体内部构造也随着变化，由没有分化，演化到有各种组织，如海带。

藻类体型的多样化，演化的各个阶段和进化趋势，在各门藻类中均可见到，即是人们常说的平行进化发展现象，如根足型、具鞭毛型、胶群体型、球胞型、丝状体型在绿藻门、金藻门、黄藻门中都有；发展至类似"茎叶"的组织体在绿藻门、红藻门和褐藻门中见到，这 3 门藻类在藻体的构造、生殖方式及生活史类型等方面都发展到比较高级的水平，因此，称它们为高等藻类，其余各门称为低等藻类。

（三）繁殖及生活史的演化

藻类延续后代是沿着营养繁殖、无性生殖到有性生殖的路线演化的。藻类生活史中，仅有营养繁殖，没有无性生殖和有性生殖，一些蓝藻和部分单细胞藻的生活史属于这种类型。还有些蓝藻以内生孢子和外生孢子进行生殖。这两种生活史中没有有性生殖，也就无减数分裂的发生和核相的变化，植物体没有单倍体（n）和双倍体（2n）之分。大多数真核藻类都具有有性生殖。有性生殖是沿着同配生殖、异配生殖和卵式生殖的方向演化。同配生殖是比较原始的，卵式生殖是有性生殖在植物界中最进化的一种类型。有性生殖的出现，在生活史中必然发生减数分裂，形成单倍体核相和二倍体核相交替的现象。由于减数分裂发生的时间不同，基本上可分为 3 种类型：

第一种是减数分裂在合子萌发时发生，在这种藻类的生活史中，只有一种植物体——单倍体。合子是生活史中唯一的二倍体阶段，如衣藻、水绵和轮藻（图 1-65，A）。

第二种是减数分裂在配子囊形成配子时发生，这种生活史中也只有一种植物体，但不是单倍体植物而是二倍体植物，配子是生活史中唯一的单倍体阶段，如松藻、硅藻和鹿角菜（图 1-65，B）。

第三种是生活史中的进一步演化，出现了世代交替的现象，即有 2 种或 3 种植物体，单倍植物体和二倍植物体交替现象。生活史中形成配子时不进行减数分裂，合子萌发时也不发生减数分裂，而萌发形成 1 个二倍体植物，二倍体植物进行无性生殖，在孢子囊内形成孢子时进行减数分裂。孢子萌发形成单倍体植物，单倍体植物进行有性生殖。从合子开始到减数分裂发生，这段时期为无性世代，由孢子开始一直到配子形成，称这一时期为有性世代。有性世代和无性世代的交替，称为世代交替（图 1-65，C）。在藻类生活史中，孢子体和配子体植物在形态构造上相同，称为同形世代交替，如石莼。同形世代交替在进化史上是较低级的，由它向异形世代交替进化。异形世代交替是由两种在外部形态和内部构造上不同的植物体进行交替。在异形世代交替的生活史中，有一类是孢子体占优势，如海带；另一类是配子体占优势，如礁膜、萱藻。一般认为孢子体占优势的种类较进化，是进化发展中的主要方向。在陆生植物中，除苔藓植物外，蕨类植物、裸子植物和被子植物，都是孢子体占优势。

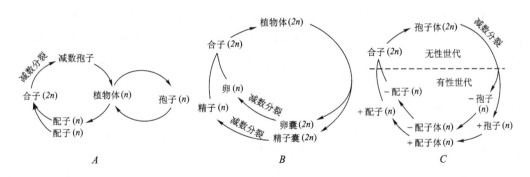

图 1-65　藻类的生活史图解

A. 只有一种单倍体植物的生活史；　*B.* 只有一种二倍体植物的生活史；　*C.* 有 2 种或 3 种植物体，即单倍体植物和二倍体植物进行世代交替的生活史

第十二节　藻类植物在自然界中的作用和经济价值

就整个地球而言，海洋等水体面积约占70%，据估算，大气中的氧气70%来自于海洋中的藻类，对地球的生态平衡起着决定性作用。我国的土地面积广大，江河、湖海面积也大，海岸线长，沿岸地形复杂，藻类植物种类繁多，产量丰富。藻类植物和人类有直接或间接的关系，有着重要的经济价值。

（一）食用

有些藻类在我国是普通的食品。人们常食用的蓝藻有葛仙米、发菜、海泡菜；绿藻有溪菜、刚毛藻、水绵、石莼、礁膜、浒苔、海松；褐藻有鹅肠菜、海带、裙带菜、羊栖菜、鹿角菜；红藻有紫菜、海索面、石花菜、海萝、麒麟菜、鸡冠菜、江蓠等。

藻类营养价值很高，含有大量糖、蛋白质、脂肪、无机盐、各种维生素和有机碘。有些藻类中含有较高的蛋白质，如亚洲一些国家用作蔬菜的麒麟菜属、叉枝藻属、江蓠属等的红藻藻体中，含有20%~40%的高蛋白；非洲中部湖泊中产有大量螺旋藻属的 *Spirulina pletensis*，含有50%的蛋白质，当地人收集后晒干，做糕点食用；晒干的紫菜含有25%~35%的粗蛋白和50%的糖，在糖中，有2/3是可溶性能消化的五碳糖。海藻还含有许多盐类，特别是碘盐，如海带属的碘含量为干重的0.08%~0.76%，还含有大量的钠盐和钾盐。海藻还是维生素的来源，含有维生素 C，D，E 和 K。在紫菜中，维生素 C 的含量为柑橘的一半。各种海藻的化学分析证明，它们还含有丰富的微量元素，如硼、钴、铜、锰、锌等。

（二）藻类与渔业的关系

藻类植物与水中的经济动物，特别是鱼类的关系非常密切。在各种水域中生长的藻类，特别是小型藻类，都直接或间接是水中经济动物（如鱼、虾）的饵料。水中浮游植物的大量发生是引起水中经济动物丰产的主要原因，因而水中经济动物发展的好坏，完全由水中作饵料的藻类发展情况来决定。例如，在印度海岸，油沙丁鱼的产量与海洋脆杆藻（*Fragilaria oceanica* Cl.）的发生有密切关系，凡是海洋中海洋脆杆藻大量发生的年代，也就是油沙丁鱼丰产的年代。试验也证明，池塘中藻类繁盛就可使鱼类增产，因此，人们开始在池塘中施加肥料，促进藻类大量繁殖，以使鱼类产量增加。化学分析表明，浮游藻类所含的矿物质、蛋白质、脂肪等，几乎可与最好的牧草相比。藻类还含有动物生长所不可缺少的维生素，如斜生栅藻［*Scenedesmus obliquus*（Turp.）Kütz.］的每克干物质中，含有38 μg 维生素 B_2、12 μg 泛酸、72 μg 烟酸和其他物质。在海边沿岸生长的藻类，既是鱼类的食料，又是鱼类极好的产卵场所，可以保护鱼卵及鱼苗的生长。

藻类植物在一定的环境条件下，也对养殖业的发展产生危害。有些藻类能引起鱼生病，直至致死，如绿球藻附生在鲤鱼和鲈鱼的皮肤上和鳃部，使其化脓致死。直链藻属大量发生时，附生在鱼或贝的鳃部，致使鱼和贝死亡。在鱼的孵化池中，长有大量丝状藻类，对鱼苗的生长不利，因为它们不能作饵料，又和鱼争夺水中的氧气，同时，大块密集而紊乱的藻丝，常常留挂鱼苗。若鱼池中生长大量颤藻和席藻，可使鱼肉变成一种难吃的沼泽土味。在夏季，微囊藻、鱼腥藻、束丝藻大量繁殖而形成水华时，藻体大量死亡腐烂分解，使水中氧气下降，鱼的生命受到危害。有些蓝藻能分泌毒素，如：微囊藻毒素（microcystin）能严重损害动物及人类肝脏，导致中毒死亡。

（三）藻类在农业上的应用

藻类可作肥料。小湖、小河和池塘中的藻类，大量死亡后，沉到水底，年年如此，在水底形成大量有机淤泥，农民挖掘用作肥料。居住在湖泊地区的农民常利用多种轮藻作肥料，因轮藻含有大量的碳酸钙。海洋沿岸的农民用海藻（主要是褐藻）作农田肥料，因海藻中含有比较多的钾元素。用藻类作肥料，还可减少农作物发生病虫害。

利用有固氮作用的藻类固氮，以提高土壤的肥力。德鲁斯（Drewes，1928）发现多变鱼腥藻（*Anabaena variabilis* Kütz.）和点形念珠藻［*Nostoc punctiforme*（Kutz.）Hariot］有同化空气中氮的能力。经过几十年的研究，确定蓝藻中具有异形胞的种类，往往是固氮的种类，而且有些种有较强的固氮能力。世界上已知有 150 多种固氮蓝藻，我国已发现有 30 多种固氮蓝藻。蓝藻的固氮作用是通过细胞内固氮酶的活动进行的。有人报道，在自然水体中，每平方米水面固氮量达 0.04 ~ 0.29 g 纯氮。稻田区的蓝藻固氮量，每亩（667 m²）高达 1.7 ~ 6.7 kg 纯氮。在一季稻生长期内，固定的氮量相当于 7.5 ~ 15 kg 的硫酸铵。固氮蓝藻在生长期间除固氮作用外，还可不断地分泌出氨基酸、激素、糖等物质。有些藻类本身没有固氮能力，但由于它的存在，对土壤中微生物的生活却有很大的影响，它能促进固氮细菌增强固氮的能力。我国广大农民，早已有利用蓝藻增加水田肥力的实际经验。他们在秋季将树枝扔到田中，以使藻类附着生长，增加氮肥；也有的老农在秋冬季节，观察水田中藻类生长的繁茂与否，以预报明年水稻的收成。

（四）藻类在工业上的应用

藻类是许多工业上的原料。在褐藻和红藻中可提取许多物质，如藻胶酸、琼胶、卡拉胶、酒精、碳酸钠、醋酸钙、碘化钾、氯化钾、丙酮、乳酸等。藻胶酸是从褐藻中提取的，可制造人造纤维，这种人造纤维比尼龙有更大的耐火性。藻胶酸的可溶性碱盐，浓缩后，可作为染料、皮革、布匹等的光泽剂。琼胶和卡拉胶被广泛应用于食品、造纸、纤维板以及许多建筑工业上。硅藻大量死亡后，细胞内的有机物质分解，细胞壁仍保存，并沉积到湖底或海底，形成硅藻土。硅藻土疏松而多孔，容易吸附液体，生产炸药时用作氯甘油的吸附剂。又因它的多孔性而不传热，可作热管道、高炉、热水池等耐高温的隔离物质。在糖果工业上是最好的滤过剂，又是金属、木材的磨光剂。

（五）藻类在医药上的应用

从褐藻中提取的碘，可治疗和预防甲状腺肿。藻胶酸在牙科可作牙模型原料。藻胶酸钙盐可作止血药。琼胶在医学上和生物学上可作各种微生物和小植物的培养基。琼胶还可通便，是一种有效的通便剂。琼胶和卡拉胶能抑制 β 型流感病毒和耳下腺炎病毒的繁殖。有些藻类如亚洲产的海人草［*Digenea simplex*（Wulf.）C. Ag.］和鹧鸪菜［*Caloglossa leprieurii*（Mont.）J. Ag.］都有驱除蛔虫的作用。

（六）消除污染，净化废水

水的自净作用在自然界中到处都有发生，哪里的水中含有机物，哪里水的自净过程就在进行。水的自净作用是多种因素促成的，有物理、化学和生物等因素参加，这里我们主要是谈生物因素中藻类的作用。藻类在光合作用过程中放出氧气，能促进细菌的活动，以加速废水中有机物的分解。分解过程中所产生的二氧化碳，又可在藻类的光合作用过程中被利用或排除。有些单细胞藻类，如一种衣藻（*Chlamydomonas mundana*）也能像有些细菌那样，在无氧的条件下，同化污水中的有机物，供自身需要。

有些藻类对周围环境反应非常敏感，在水体中藻类植物群落组成的性质和数量，是由被污染的水中有机物的情况决定的。近年来，对淡水藻与水体污染之间的关系的研究，有很大的发展，不仅补充了水质化学分析的不足，而且被广泛用来评价、监测和预报水质的情况。

有些藻类有吸收和积累有害元素的能力，它们体内所积累的元素，往往高于环境的数千倍以上，如四尾栅藻［*Scenedesmus quadricauda*（Turp.）de Breb.］积累的铈（Ce）和钇（Y）比外界环境高两万倍。有些有害元素还可以通过藻类体内的解毒作用和生理过程，而逐步降解和消除。

（七）藻类化石是探矿的指示生物

有些藻类在寻找矿源时，起着重要的指示作用，因为它们常常是矿藏的伴生物。譬如在我国的某油田里发现了大量的盘星藻属（*Pediastrum*）的化石，盘星藻属是绿球藻目的植物，它们都是生活在淡水中的藻类，这对于我国陆相形成油田的理论，提供了一个可靠的根据。还有些矿藏就是古代藻类形成的，如我国陕西的某些煤矿，就是古代藻形成的，称为"藻煤"。

随着人们对藻类植物的深入研究，对它的认识利用也越来越深入和广泛。日本用温泉蓝藻作为电源发电，已试验成功。又如用藻类光合放氧的作用作为能源，也是淡水藻利用方面的一项重要研究成果。总之，我们应当深入研究藻类在全球和局部生态系统中的地位和作用，合理利用，为生态文明建设服务。

复习思考题

1. 藻类植物的基本特征是什么？藻类植物的分门根据是什么？一般分为哪些门？

2. 蓝藻门的主要特征是什么？

3. 蓝藻生活史中的特点是什么？

4. 蓝藻和哪些植物亲缘关系密切？

5. 裸藻门的主要特征是什么？

6. 详述裸藻的细胞构造。

7. 裸藻细胞分裂有何特点？

8. 甲藻门的主要特征是什么？根据什么分为两个纲？

9. 试述甲藻细胞的构造和细胞分裂。

10. 金藻门的主要特征是什么？

11. 金藻门和其他植物的亲缘关系如何？

12. 黄藻门的主要特征是什么？

13. 硅藻门的特征是什么？

14. 试述硅藻的生殖方式。

15. 通过硅藻门两个代表植物的学习，能否总结出硅藻分两个纲的根据？

16. 绿藻门的特征是什么？为什么说绿藻是植物界进化的主干？

17. 衣藻的形态构造如何？简要说明其生活史。

18. 简述水绵的形态构造和接合生殖的过程，它的生活史属何种类型？

19. 能否称衣藻营养时期的细胞为配子体？为什么？

20. 通过绿藻门代表植物的学习，能否总结出绿藻分纲的根据？

21. 绿藻门植物和陆生高等植物有哪些相似的地方？为什么说陆生高等植物是从绿藻进化来的？

22. 红藻门的主要特征是什么？

23. 试述紫菜的生活史和它的经济价值？

24. 试述多管藻的生活史并说明它和紫菜生活史有何区别？

25. 褐藻门的主要特征是什么？

26. 试述海带的形态构造及其生活史。

27. 试述鹿角菜的形态构造及其生活史。是否能说鹿角菜的植物体是孢子体？为什么？

28. 综述藻类的起源和进化。

29. 试举例说明藻类植物生殖的演化。

30. 举例说明藻类植物细胞的演化。

31. 举例说明藻类植物光合色素及光合器的演化。

32. 藻类植物的生活史有哪些基本类型？

33. 什么叫核相交替？核相交替和世代交替有何区别？

34. 什么叫世代交替？出现世代交替生活史的先决条件是什么？

35. 试述藻类植物的经济意义。

第二章 菌类（Fungi）

林奈（Linneaus）于 1735 年把生物划分为动物界和植物界。此二界系统长期被大多数生物学家所接受，至今还传统地采用着。

真菌通常具有丝状体分枝的营养结构，有细胞壁和细胞核，没有叶绿素，是典型的进行有性生殖和无性生殖的异养生物。把它们划为植物界中的异养植物。

魏泰克（Whittaker）于 1969 年提出五界系统。将多细胞真核生物，根据其营养方式，划分为三大界，即营光合作用自制营养的植物界（Plantae）、吞食营养的动物界（Animalia）和吸收营养（异养）的真菌界（Fungi）。

安兹沃斯（Ainsworth）于 1973 年主张"真菌"必须成为独立的一界——"真菌界"，是革新的、向前看的。得到了世界上大多数生物学家的赞成，把真菌提升为一个独立界，成为与动物界和植物界平行的三大界。

真菌界的基本特征为异养有机体，无光合作用，由吸收作用摄取营养，菌体在基物内外呈阿米巴原生质团或假原生质团，或在基物内外呈单细胞或菌丝状。典型的不动有机体，但可以出现游动时期的游动孢子。有明显的细胞壁，有细胞核，典型地进行有性生殖和无性生殖。

真菌界分两门，即黏菌门和真菌门。

第一节 黏菌门（Myxomycota）*

一、黏菌门的特征

黏菌在生长期或营养期为裸露的无细胞壁多核的原生质团，称变形体（plasmodium），其营养体构造、运动或摄食方式与原生动物中的变形虫相似，但在繁殖时期产生具纤维质细胞壁的孢子，又具真菌的性状。

事实上黏菌是介于动物和真菌之间的生物。大多数生于森林中阴暗和潮湿的地方，在腐木上、落叶上或其他湿润的有机物上。大多数黏菌为腐生菌，无直接的经济意义，只有极少数黏菌寄生在经济植物上，危害宿主。

---

* 以往把黏菌门和真菌门列为植物界时，黏菌门的学名为 Myxomycophyta，真菌门学名为 Eumycophyta，"phyta"是植物界中门名的词尾。现在这两门划为真菌界，黏菌门名为 Myxomycota，真菌门名为 Eumycota，"cota"为真菌界门名的词尾，不再使用"phyta"作词尾。

二、黏菌门的主要类群

黏菌在全世界约有 500 种，一般分为 3 个纲，即黏菌纲（Myxomycetes）、集胞［黏］菌纲（Acrasiomycetes）和根肿菌纲（Plasmodiophoromycetes）。黏菌纲是最常见而种类最多（约 450 种）的一纲，集胞菌纲种类不多，根肿菌纲中有几个种是危害经济植物的寄生菌。

（一）黏菌纲

有真正的变形体，通常产生具鞭毛的游动细胞，子实体的外表有 1 层包被包围着孢子（图 2-1）。

本纲最常见的为发网菌属（Stemonitis），其营养体为裸露的原生质团，称变形体。变形体呈不规则的网状，直径数厘米，在阴湿处的腐木上或枯叶上缓缓"爬行"。在繁殖时，变形体爬到干燥光亮的地方，形成很多的发状突起，每个突起发育成 1 个具柄的孢子囊（子实体）。孢子囊通常长筒形，紫灰色，外有包被（peridium）。孢子囊柄伸入囊内的部分，称囊轴（columella），囊内有孢丝（capillitium）交织成孢网。然后原生质团中的许多核进行减数分裂，原生质团割裂成许多块单核的小原生质，每块小原生质分泌出细胞壁，形成 1 个孢子，藏在孢丝的网眼中。成熟时，包被破裂，借助孢网的弹力把孢子弹出。

孢子在适合的环境下，即可萌发为具 2 条不等长鞭毛的游动细胞。游动细胞的鞭毛可以收缩，使游动细胞变成 1 个变形菌状细胞，称变形菌胞。由游动细胞或变形菌胞两两配合，形成合子，合子不经过休眠，合子核进行多次有丝分裂，形成多数双倍体核，构成 1 个多核的变形体（图 2-2）。

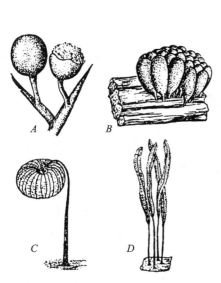

图 2-1　黏菌常见属的子实体形状

A. 脆网菌属（Lachnobolus）；　B. 团毛菌属（Trichia）；

C. 灯笼菌属（Dictydium）；　D. 发网菌属（Stemonitis）

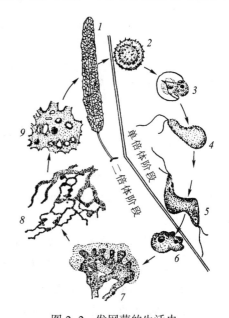

图 2-2　发网菌的生活史

1. 孢子囊；　2. 孢子；　3. 孢子萌发；　4. 游动

细胞；　5. 质配；　6. 核配；　7—9. 变形体

（二）根肿菌纲

本纲菌类是寄生于高等植物、藻类或真菌上的黏菌。在整个生活史中，大部分生活在宿主细胞内，其营养组织为原生质团，不形成子实体；其休眠孢子单个或成团、无壁或在某些种内包以薄壁，这些休眠孢子直接在宿主细胞内形成。

芸薹根肿菌（*Plasmodiophora brassicae* Woronin）可作为本纲的代表。该菌侵害十字花科植物根部使患根肿病。芸薹根肿菌的生活大部分在宿主根部细胞中度过，宿主死后，在病部细胞中形成休眠孢子。孢子微小，单核、单倍体，外被几丁质的薄壁。

孢子放出后，在适当的条件下，即可萌发为游动细胞，从十字花科植物的根毛侵入，不久失去鞭毛变为变形菌胞，变形菌胞的核重复分裂，形成一个多核的原生质团，在宿主根部细胞中，最后形成休眠孢子（图2-3）。

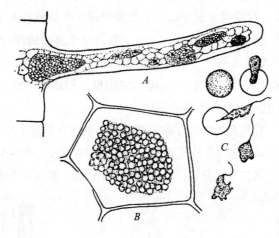

图 2-3　芸薹根肿菌

A. 在宿主根毛内的幼变形体；　*B.* 成熟的变形体在宿主根部细胞形成休眠孢子；　*C.* 孢子发芽形成游动细胞

三、黏菌门在生物界的地位

黏菌的起源和亲缘关系，迄今仍不明确。从它的特性来看是属于动物和真菌之间的；就其结构和生理方面看，好像巨大的变形虫动物；从它的繁殖方面看，产生具细胞壁的孢子，又是真菌的性质。

1949年，黏菌学家马丁（G. W. Martin）认为，黏菌是从一种与原生动物相类似的祖先进化而来的，在他的"真菌分区中"，列为黏菌纲。1950年，贝西（E. A. Bessey）认为黏菌是动物，称菌形动物（Mycetozoa），并正式把黏菌分到动物界的原生动物门内。

因为学者对黏菌的地位、起源和分类的看法很不一致，通常采用施罗特（Schröter）1889年的传统分类法，把黏菌和细菌、真菌分开，成为植物界中的一个独立门，称黏菌门（Myxothallophyta）。安兹沃斯等于1973年将黏菌门（Myxomycota）隶属于真菌界。

第二节　真菌门（Eumycota）

一、真菌的通性

真菌的细胞既不含叶绿素，也没有质体，是典型的异养生物。它们从动物、植物的活体、死体和它们的排泄物，以及断枝、落叶和土壤的腐殖质中，来吸收和分解其中的有机物，作为自己的营养。它们贮存的养分主要是肝糖，少量的蛋白质和脂肪，以及微量的维生素。除少数例外，它们都有明显的细胞壁，通常不能运动，以孢子的方式进行繁殖。真菌常为丝状和多细胞的有机体，其营养体除大形菌外，分化很小。高等大形菌有定形的子实体。

真菌的异养方式有寄生和腐生。凡从活的动物、植物吸取养分的称为寄生（parasitism）；从动物、植物死体以及从无生命的有机物质吸取养料的称为腐生（saprophytism）。寄生和腐生一般无严格的界限，好多种真菌先寄生于活体上，待活体死亡后，这些真菌仍继续生活，此时由寄生转为腐生。有些真菌只能寄生，故称为专性寄生（specific parasitism）；有些菌类只能腐生，故称为专性腐生（specific saprophytism）；以寄生为主兼腐生的，称为兼性腐生（facultative saprophytism）；以腐生为主兼寄生的，称为兼性寄生（facultative parasitism）。

（一）真菌的营养体

除典型的单细胞真菌外，绝大多数的真菌是由菌丝（hypha）构成的。菌丝是纤细的管状体，组成1个菌体的全部菌丝称菌丝体（mycelium）。菌丝分无隔菌丝和有隔菌丝两种。无隔菌丝是1个长管形细胞，有分枝或无，大多数是多核的。有横隔壁把菌丝隔成许多细胞的，称有隔菌丝，每个细胞内含1或2个核。菌丝中的横隔上有小孔，原生质甚至核可以从小孔流通（图2-4）。

绝大部分真菌均有细胞壁，某些低等真菌的细胞壁为纤维素，高等真菌的细胞壁，其主要成分为几丁质（chitin）。可是，真菌细胞壁的成分极其复杂，可随着年龄和环境条件经常变化。有些真菌的细胞壁因含各种物质，使细胞壁呈黑色、褐色或其他颜色，因此，菌体呈现各种颜色。

菌丝细胞内含有原生质、细胞核和液泡，以及贮存的蛋白质、油滴和肝糖等养分。原生质通常无色透明，有些种属因含有种种色素（特别是老化菌丝），故呈现不同的颜色。细胞

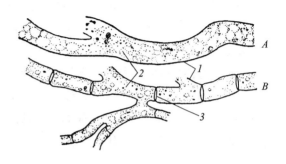

图2-4　营养菌丝

A. 无隔菌丝；*B.* 有隔菌丝

1. 细胞壁；2. 原生质；3. 隔膜

核在营养细胞中很小，不易观察，但在繁殖细胞中大而明显，并易于染色。

菌丝又是吸收养分的机构。腐生菌可由菌丝直接从基质中吸取养分，或产生假根吸取养分。寄生菌在宿主细胞内寄生的，直接和宿主的原生质接触而吸收养分；胞间寄生的真菌从菌丝上分生的吸器（haustorium）伸入宿主细胞内吸取养料。吸收养料的方式借助于多种水解酶，均是胞外酶，把大分子物质分解为可溶性的小分子物质，然后借助于较高的渗透压吸收。寄生真菌的渗透压一般比宿主高 2～5 倍，腐生菌的渗透压更高。

某些真菌在环境条件不良或繁殖的时候，菌丝互相密结，菌丝体变态成菌丝组织体。常见的有根状菌索（rhizomorph）、子座（stroma）和菌核（sclerotium）（图 2-5）。

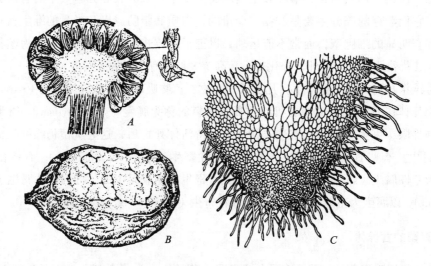

图 2-5　菌丝组织体
A. 麦角菌的子座；*B.* 茯苓的菌核；*C.* 根状菌索尖端纵断面

根状菌索　高等真菌的菌丝体可以密结呈绳索状，外形似根。外层颜色较深，为皮层，由拟薄壁组织（pseudoparenchyma）组成，其顶端有一个生长点，内层由疏丝组织（prosenchyma）组成，为心层（髓层）。根状菌索有的较粗，长达数尺。它能抵抗恶劣环境，环境恶劣时，生长停止，适宜时，再恢复生长。在木材腐朽菌中根状菌索很普遍。

子座　子座是容纳子实体的褥座，是从营养阶段到繁殖阶段的一种过渡形式，也是由拟薄壁组织和疏丝组织构成的。

菌核　菌核是由菌丝密结成颜色深、质地坚硬的核状体，最小的有鼠粪大，最大的比人头还大，有些种的菌核有组织的分化，外层为拟薄壁组织，内部为疏丝组织。有的菌核无分化现象。菌核中贮有丰富的养分，对于干燥和高、低温度抵抗力很强，是渡过不良环境的休眠体，在条件适宜时，可以萌发为菌丝体或产生子实体。

（二）真菌的繁殖

真菌的繁殖通常有营养繁殖、无性生殖和有性生殖三种。

1. 营养繁殖　少数单细胞真菌如裂殖酵母属（*Schizosaccharomyees*），通过细胞分裂而产生子细胞。大部分真菌的营养菌丝可以产生下列一些类型的孢子（图 2-6，*A*）：

芽生孢子（blastospore）　是从一个细胞出芽形成的，芽生孢子脱离母体后，即长成一个新个体。

厚壁孢子（chlamydospore）　是由菌丝中间个别细胞膨大形成的休眠孢子，其原生质浓缩，细胞壁加厚，渡过不良环境后再萌发为菌丝体。

节孢子（arthrospore）　是由菌丝细胞断裂形成的。

2. 无性生殖　真菌通常进行无性生殖，可产生下列几种孢子（图 2-6，*B*）：

游动孢子　是水生真菌产生的借水传播的孢子，无壁，具鞭毛，能游动，在游动孢子囊中形成。

图 2-6　营养繁殖和无性生殖的各种孢子

A. 营养繁殖的各种孢子；*B.* 无性生殖的各种孢子
1. 芽生孢子；　2. 厚壁孢子；　3. 节孢子；　4. 游动孢子；
5. 孢囊孢子；　6. 分生孢子

孢囊孢子（sporangiospore）　是在孢子囊内形成的不动孢子，借气流传播。

分生孢子（conidium 或 conidiospore）　是由分生孢子囊梗的顶端或侧面产生的一种不动孢子，借气流或动物传播的。

3. 有性生殖　低等的真菌为配子的配合，有同配生殖与异配生殖之别，和绿藻相似。有些真菌形成卵囊和精囊，由精子和卵配合形成卵孢子。

子囊菌的有性配合后，形成子囊，在子囊内产生子囊孢子。担子菌的有性生殖后，在担子上形成担孢子。担孢子和子囊孢子是有性结合后产生的孢子，和无性生殖的孢子完全不同。

（三）真菌的生活史

真菌的种类极其繁多，生活史类型也很多，在概论中只能抽象地加以概述，主要生活史类型，将在各纲中结合实例详述。

真菌的生活史是从孢子萌发开始，经过生长和发育阶段，最后又产生同样孢子的全部过程。孢子在适当的条件下便萌发形成芽管，再继续生长形成新菌丝体，在一个生长季节里可以再产生无性孢子若干代，产生菌丝体若干代，这是生活史中的无性阶段。真菌在生长后期，开始有性阶段，从菌丝上发生配子囊，产生配子，一般先经过质配形成双核阶段，再经过核配形成双相核的细胞，即合子。低级的真菌质配后随即核配，双核阶段很短。高等真菌质配以后，有一个明显的较长的双核时期，然后再进行核配。通常合子迅速减数分裂，而回到单倍体的菌丝体时期，在真菌的生活史中，双相核的细胞是一个合子而不是一个营养体，只有核相交替，因此没有世代交替现象。

二、真菌门的主要类群

真菌是生物界中很大的一个类群，据统计，世界上已被描述的真菌约有1万属12万余种，真菌学家戴芳澜教授估计我国约有4万种。分为5个亚门，即鞭毛菌亚门、接合菌亚门、子囊菌亚门、担子菌亚门和半知菌亚门。

（一）鞭毛菌亚门（Mastigomycotina）

1. 鞭毛菌亚门的特征　本门菌类除一部分为典型的单细胞外，大部分是分枝的丝状体。菌丝通常无横隔，多核，只在繁殖时期繁殖器官的基部产生横隔，把繁殖器官割成一个典型的细胞。无性繁殖时产生单鞭毛或双鞭毛的游动孢子。有性生殖时产生卵孢子或休眠孢子，低等的种类为同配或异配生殖。无性孢子具鞭毛是本亚门的主要特征。

本亚门菌类大多数是水生、两栖生，少数是陆生、腐生或寄生。世界上已知有1 100种，分为4纲10目。

2. 鞭毛菌亚门的代表属

（1）水霉属（*Saprolegnia*）属于卵菌纲（Oomycetes）水霉目（Saprolegniales）。多为腐生的，也有寄生的如寄生水霉（*Saprolegnia parasitica* Coker），水霉常生活于淡水鱼的鳃盖、侧线或其他破伤的皮部以及鱼卵上，是鱼类的大害；也生活在死鱼、蝌蚪、昆虫和其他淡水动物的尸体上（图2-7）。

菌丝体白色，绒毛状，分枝多，无隔壁，多核，是由一个细胞发展来的。有两种菌丝，第一种是短的根状菌丝，穿入宿主的组织中，吸收宿主的养料；第二种是细长分枝的菌丝，从基质的表面向各方面生长，形成一小团分枝繁茂的无色菌丝体。

在良好的环境下，菌丝的顶端稍微膨大，多数细胞核向这里流动，在膨大部分的基部，产生横隔壁，便形成一个长筒形的游动孢子囊（图2-7，2）。孢子囊通常为（300～650）μm×（30～65）μm，成熟后顶端开一圆孔，游动孢子顺序地从孔口游出，

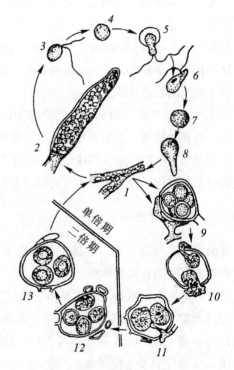

图2-7　水霉的形态和生活史

1. 菌丝；2. 孢子囊；3. 初生孢子；4. 不动孢子；5. 萌发；6. 次生孢子；7. 不动孢子；8. 萌发；9. 卵囊和精囊；10. 受精管穿入卵囊；11. 质配；12. 核配；13. 卵孢子

此后在旧孢子囊的基部再生第二个孢子囊，伸入旧孢子囊空壳中，如此，孢子囊可以重复产生三四次，依次一个套着一个，这种现象称为孢子囊的层出形成，是本属的主要特征之一。

游动孢子球形或梨形，顶生 2 条鞭毛，称初生孢子（图 2-7，3）。初生孢子游动不久，鞭毛收缩，变为球形的不动孢子（图 2-7，4）。不久不动孢子萌发变成一个具侧生鞭毛的肾形游动孢子，称次生孢子（图 2-7，5、6）。水霉属大部分有两种游动孢子，称双游现象。次生孢子不久又变为不动孢子。不动孢子在新宿主上萌发，再发育为新菌丝体。

无性生殖若干代后，在不利的环境下，水霉进行有性生殖，在菌丝的顶端形成精囊和卵囊。卵囊球形，内含 1～20 个卵，卵囊的基部有横壁（图 2-7，10）。精囊较小，长形，多核，通常和卵囊在同一丝上，紧靠着卵囊（图 2-7，9）。

精囊生出 1 至数个丝状突起，称受精管，穿过卵囊壁，放出精核，与卵结合，形成二倍体的合子，称卵孢子（图 2-7，13）。

卵孢子经过休眠后，从破坏的卵囊放出，开始萌发，先减数分裂，然后反复分裂形成 1 条多核的芽管，再形成菌丝体，其生活史如图 2-7 所示。

水霉侵害鱼苗、成鱼和种鱼，特别是侵害正在孵化的鱼卵。破坏宿主的组织，可使宿主肌肉腐烂，以至死亡，尤其是在放养密度大的鱼池中，死亡率更高。水霉从鱼体伤口处侵入，故在放养操作过程中，必须谨慎，切勿擦伤鱼体。病鱼可用 2.5% 食盐水，1% 升汞水、硫酸铜、硫酸锌或硫酸镁，5% 漂白粉，5% 食盐小苏打合剂，洗涤病鱼数次，即可治愈，并要用石灰水在鱼池内清塘，以杀灭水霉孢子。

（2）霜霉属（Peronospora） 属于卵菌纲霜霉目（Peronosporales），是高等植物病害的专性寄生菌，危害蔬菜和油料作物。常见的为寄生霜霉（十字花科霜霉）[Peronospora parasitica（Pers）Fr.]，是十字花科的主要病菌、寄生于白菜、油菜、甘蓝、花椰菜、芜菁、萝卜和芥菜上。

发病部位主要在叶片上，病斑淡黄绿色，背面生白色的粉霉，即病菌的分生孢子梗和分生孢子，发病后期，病斑变为橘黄色，叶片萎蔫，终于枯死，本病菌也侵害荚果。

病原菌以无性生殖为主。分生孢子梗自宿主气孔伸出，单生或丛生，上部 4～7 次叉状分枝，无色而纤弱，顶端尖，着生分生孢子。分生孢子无色，近球形，传播到其他叶片上，遇到水湿，便产生芽管，从宿主表皮或气孔侵入，在叶组织内发育为菌丝体，吸收宿主的养料，破坏组织（图 2-8）。

在宿主上生长到末期，便行有性生殖，菌丝先发生卵囊和精囊，精卵结合后，形成厚壁的卵孢子。卵孢子球形，单胞，色深，表面平滑。卵孢子传到宿主上，在条件适宜时便萌发，产生芽管，侵入宿主组织内。

防治方法，首先是进行种子消毒，在播种前用 0.4% 的福美双拌种，防止种子传染；其次是改进栽培技术，选择良好地块种植，株距不宜过密，合理灌溉，控制发病，消灭侵染来源，实行 1～2 年轮作，铲除田间或地头十字花科杂草，收后及时清除田间病株残体，烧毁或深埋；再者还可选用抗病品种。

发病时可即时喷药，用福美胂 40% 的 600～800 倍稀释液，或用 65% 代森锌的 600 倍稀释液，隔 7 天喷 1 次，共喷 2～3 次，可控制病害流行。

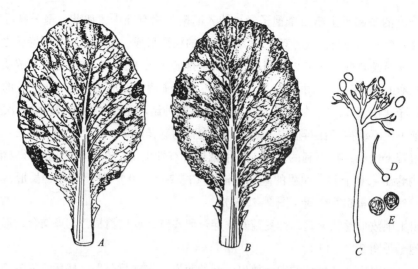

图 2-8　白菜霜霉菌

A. 叶片正面的病状；　*B.* 叶片背面的症状；　*C.* 病菌的分生孢子梗和分生孢子；　*D.* 分生孢子萌发；　*E.* 卵孢子

（二）接合菌亚门（Zygomycotina）

1. **接合菌亚门的特征**　本亚门菌类明显地由水生发展到陆生，由游动孢子发展到不动孢子或分生孢子，腐生、兼性寄生、寄生或专性寄生。世界上已知有 610 种，分为 2 纲 7 目。

2. **接合菌亚门的代表属**

根霉属（*Rhizopus*）　根霉属为腐生菌，最常见的是匍枝根霉［*Rhizopus stolonifer*（Ehrenb. ex Fr.）Vuill］，其异名为黑根霉（*R. nigricans* Ehr.），又称面包霉。生于面包、馒头和富于淀粉质的食物上，使食物腐烂变质（图 2-9）。

匍枝根霉的孢子球形，多核。孢子落到基质上，在适宜的条件下，萌发出芽管，逐渐发展为棉絮状的菌丝体，在基质表面蔓延着大量的匍匐枝。在匍匐枝的一些紧贴基质处（节），生出假根，伸进基质内以吸取营养。在假根的上方生出 1 至数条直立的孢子囊梗，其顶端膨大形成孢子囊（图 2-9，*A*）。此时，大量的细胞质和细胞核流入幼孢子囊内，并散集在外围，幼孢子囊的中央形成一个空的中心腔，其外为一层薄壁，成为囊轴。在囊轴的外围发育为孢子囊，此时细胞核及细胞质就形成了具多核的不动孢子，或称孢囊

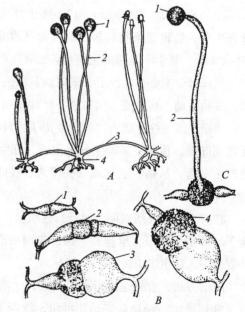

图 2-9　匍枝根霉的形态和繁殖

A. 菌丝体的一部分　1. 孢子囊；2. 孢子囊梗；3. 匍匐枝；4. 假根；*B.* 接合过程　1. 突起；2. 配子囊；3. 配子囊柄；4. 接合孢子；*C.* 接合孢子的萌发和接合孢子囊的形成　1. 接合孢子囊；2. 孢子囊柄

孢子。孢子成熟后，孢子囊破裂，散出孢子，孢子落于基质上，在适宜的条件下，即可萌发成新菌丝体。

有性生殖很少见到，为异宗配合，在两个不同宗的菌丝上发生配子囊，其顶端互相接触，在接触处囊壁融解，（＋）、（－）两个配子囊的原生质混合，细胞核成对地融合，产生多数二倍体的细胞核。此时，两个配子囊接合成一个具多数合子核的新细胞，称接合孢子（图2-9，B）。接合孢子黑色，细胞壁厚，有疣状突起，休眠后，在适宜的条件下，长出孢子囊梗，顶端形成孢子囊，叫作接合孢子囊（图2-9，C），其中的二倍体核经过减数分裂后，产生单倍体的（＋）、（－）孢子。此时，孢子囊破裂，放出孢子。

甘薯软腐病就是根霉属所引起的。孢子在薯块表面萌发，菌丝从伤口浸入，菌丝体分泌果胶酶，分解宿主细胞壁，病部迅速腐烂，薯肉变为黄褐色或淡褐色，成糜粥状。在病部的湿润面密生白毛，即根霉的菌丝体，顶端产生黑色的孢子囊。

根霉属属于毛霉目（Mucorales），本目还有很重要一属为毛霉属（Mucor），它和根霉属的主要区别为无匍匐枝，孢子梗单株从菌丝上发生，分枝或不分枝。

这两属用途很广，它们含大量的淀粉酶能分解淀粉为葡萄糖，这种糖化作用是酿酒的第一步，酿酒的第二步是由酵母菌的发酵作用，把葡萄糖发酵为酒。酿酒业必须先利用毛霉和根霉制成酒曲后再酿酒。

（三）子囊菌亚门（Ascomycotina）

1. 子囊菌亚门的特征　本亚门是真菌门中种类最多的亚门，全世界有1 950属，15 000种。构造和繁殖方法都很复杂，主要特征有4：（1）本纲的菌类除酵母菌类为单细胞有机体外，绝大部分都是多细胞有机体，菌丝有隔，通常每个细胞中有1个细胞核，但也有多核的；（2）无性生殖时，单细胞的种类以芽繁殖，多细胞的种类产生分生孢子；（3）有性生殖时形成子囊，合子在子囊内进行减数分裂，产生子囊孢子；子囊孢子有定数，4、8或16个，通常8个；本纲菌类既不产生游动孢子，也不产生游动配子，具陆生植物的特征；（4）单细胞的种类，子囊裸露，不形成子实体，多细胞种类形成子实体，子囊包于子实体内。子囊菌的子实体又称子囊果（ascocarp）。

子囊、子囊孢子、子囊果的形成过程，通常均以火丝菌［Pyronema confluens（Pers）Tul.］为例，本菌常在火烧后的土壤上发现，菌丝体白色，棉絮状，分枝多，在菌丝的上层生出密集无柄的子囊盘，子囊盘小型，土红色至橘红色，直径1～3 mm。

当性器官形成时，在菌丝体上生出一些短小、直立、二叉状分枝的菌丝，其中一对二叉状分枝的一个多核的顶细胞发育成一个精囊；另一对二叉状分枝多核的顶端细胞发育成一个卵囊，称产囊体（ascogonium）（图2-10，A）。精囊紧靠产囊体，棒形，含100多个精核。产囊体球形或近球形，其中雌核经过多次分裂，最后形成100多个雌核。此时，产囊体的顶端产生一条弯管形的受精丝（trichogyne），其基部有横隔，顶端伸向精囊，当受精丝与精囊接触后，接触处细胞壁融化，受精丝基部的横隔和细胞核也同时融化，精囊中大部分细胞质与精核通过受精丝而流入产囊体中，进行质配，雌雄核成对地排列，经过有性过程的刺激，在产囊体的上半部分产生无数管状的产囊丝（ascogenous-hypha），雌核与雄核成对地分别流入产囊丝中，产囊丝中都有若干对双核，然后产囊丝生横隔分为若干个细胞，每细胞中都有一对核，产囊丝顶端的双核细胞伸长，并弯曲形成钩状体（产囊丝钩，crozier），双核同时分裂，形成 4 个核，此时钩状体产生横隔，隔成 3 个细胞。钩状体尖端细胞称钩尖；居中位的细胞称钩头，即子囊母细胞（ascus mother cell）；钩状体的基部细胞为钩柄，其中有 1 个核（雌核或雄核）。子囊母细胞中的（+）、（−）核进行核配，形成双相的合子，合子经过减数分裂后产生 4 个单相的核，再经一次普通分裂，产生 8 个核，形成 8 个单核细胞，即 8 个子囊孢子，子囊母细胞逐渐变成棒状的子囊，孢子在囊内排列成一行。子囊母细胞形成子囊的同时，钩尖的细胞核流入钩柄中，再形成一个双核细胞，两个核同时分裂，产生 2 雌核 2 雄核，再形成钩头、钩尖和钩柄，如此反复多次，形成多数的子囊，不育的产囊丝便发育为子囊果的侧丝（图 2-10）。

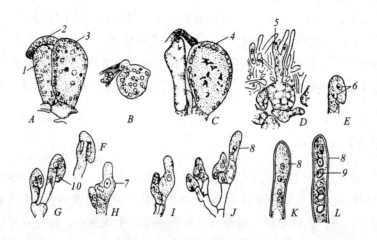

图 2-10　火丝菌属的子囊、子囊孢子及子囊果的形成过程

A. 精囊和产囊体；　*B*. 质配；　*C*. 细胞核配对；　*D*. 产囊丝的形成；　*E*. 产囊丝顶端的钩状体；　*F*. 双核并列；

G. 子囊母细胞；　*H*. 合子；　*I*. 幼子囊；　*J*. 产囊丝的层出；　*K*. 减数分裂后的子囊内有 4 个子囊孢子；

L. 子囊孢子在子囊内排列

1. 精囊；　2. 受精丝；　3. 产囊体；　4. 细胞核配对；　5. 产囊丝；　6. 双核；　7. 双相细胞核；

8. 子囊；　9. 子囊孢子；　10. 钩头

　　当精囊内容物流入产囊体时，不育的菌丝立刻从产囊体下方生出，形成子囊果的外壳。子囊果内侧丝和子囊排列成子实层（hymenium）。火丝菌属的子囊果呈盘形，子囊排列于一个张开的盘状子囊果内，称子囊盘（apothecium）。

　　子囊果的形态是子囊菌分类的重要根据。子囊果通常有 3 种类型。除上述的子囊盘外，还有闭囊壳（cleistothecium），为球形的子囊果，无孔口；子囊壳（perithecium）为瓶形的子囊果，顶端有一开孔（图 2-11）。

　　子囊菌分布很广泛，在很多植物体上甚至动物体上都能找到。寄生在植物体上的许多种类是肉眼看不到的，只在病情严重时和产生孢子或子囊果时期才容易看到，它们导致经济植物患严重病害，有好多种类生于枯枝、落叶和朽木上，或土壤中，形成中型和较大型子实体。

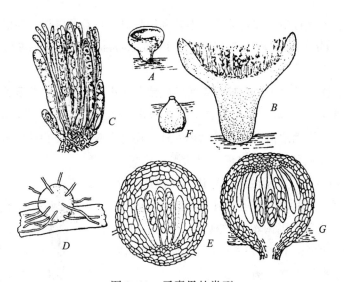

图 2-11　子囊果的类型

A. 子囊盘；　*B*. 子囊盘纵切放大；　*C*. 子囊盘中子实层一部分放大；　*D*. 闭囊壳；　*E*. 闭囊壳纵切放大；

F. 子囊壳；　*G*. 子囊壳纵切放大

2. 子囊菌亚门的代表属　种类极多，分类繁杂，今举几个与人类关系最大的、最常见的属概述于下。

（1）酵母属（*Saccharomyces*）　属于半子囊菌纲（Hemiascomycetes）内孢霉目（Endomycetales），是本亚门中最低级的一属。单细胞，有明显的细胞壁和细胞核。多存在于富有糖分的基质中，在牛奶、动物排泄物内、土壤中以及植物营养体部分都可以找到。酿酒酵母（*S. cerevisiae* Han.）是最常见的、用于酿造啤酒的一种酵母菌。细胞球形或椭圆形，内有 1 大液泡，细胞质内含油滴、肝糖，细胞核很小。通常单细胞，单生，有时数个细胞连成串，形成拟菌丝。

通常用出芽方式进行繁殖，在芽未脱落之前呈暂时的有分枝的拟菌丝，每个芽脱落后就成为新个体（图 2-12）。

有性生殖时，由两个营养细胞或两个子囊孢子接合形成子囊。子囊球形或近球形，单细胞，无包被，其中有 1 个双相的细胞核，减数分裂后产生 4 个单相的子囊孢子，或再一次普通分裂产生 8 个孢子。子囊孢子球形，其构造与营养细胞完全相同，只是略小一点（图 2-12）。

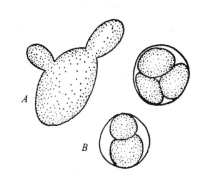

图 2-12　酵母

A. 营养细胞上出芽；　*B*. 子囊和子囊孢子

酵母用于酿酒，它将葡萄糖、果糖、甘露糖等单糖吸入细胞内，在无氧的条件下，经过细胞内酶的作用，把单糖分解为二氧化碳及酒精，此作用称为发酵，其化学变化如下：

$$C_6H_{12}O_6 \longrightarrow 2C_2H_5OH + 2CO_2 + 104.6 \text{ kJ}$$

产生的二氧化碳可用于发面包和馒头，还可以利用酵母生产甘油、甘露醇和有机酸等。酵母在医药上应用很广，不胜枚举，在石油生产中常利用酵母进行石油脱蜡，降低石油的凝固点。

（2）赤霉菌属（*Gibberella*）　属于核菌纲（Pyrenomycetes）球壳目（Sphaeriales）肉座菌科（Hypocreaceae）。

本属多为危害农作物的寄生菌。子囊壳蓝色或紫色，小型，散生于基质的表面，密集于子座上。孢子梭形，有3~5个横隔。小麦赤霉［*G. saubinetii*（Mont.）Sacc.］是小麦重要病菌之一，我国南北各省很普遍。本菌的宿主很多，除小麦外，还有大麦、燕麦和其他禾本科杂草。

主要侵害麦穗，先在颖片基部出现水浸状褐斑，渐扩散到整个颖片和全部小穗，后期在颖片的基部和颖片的缝合处产生红色粉状物，即此菌的分生孢子，病粒细小皱缩，白色至粉红色，内部充满菌丝。麦熟时，在芒上出现小黑点，即病菌的子囊壳（图2-13）。本菌也常侵害小麦幼苗，导致麦苗发生根腐型立枯病。

分生孢子有两种，大型分生孢子新月形，有3~5分隔，无色；小型分生孢子很少见，卵形。单孢无色，孢子成堆时呈粉红色。子囊壳壶形，聚生，有乳头状突起，蓝紫色，直径112~160 μm，内含多数子囊。子囊棒形，无色，排成1~2列。每个子囊内有8个子囊孢子，梭形，有3个分隔，螺旋状两行排列于子囊内。

病菌以菌丝体或子囊壳随病株残体越冬，翌年萌发，再重复传染。分生孢子在当年夏季可传播到其他无病麦穗上，重复侵染。发病严重的小麦，人畜吃后常引起中毒。

防治方法　赤霉菌是难以防治的病害。发病严重的小麦，被人、畜食后常引起中毒，故病田中的小麦，严禁食用，也不能作饲料，防止中毒。

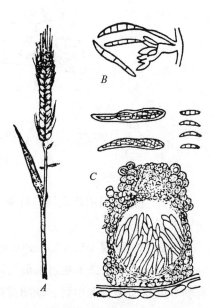

图 2-13　小麦赤霉菌
A. 受害病穗；　*B.* 分生孢子梗和分生孢子；
C. 子囊壳、子囊和子囊孢子

种子消毒，可用 0.2%~0.3% 的五氯硝基苯、六氯苯或多菌灵拌种，可控制苗期发病；在小麦齐穗期可用二硝散 200 倍稀释液或 50% 灭菌丹 300 倍稀释液，或石硫合剂 0.8 波美度液喷雾；在开花期可用 50% 甲基托布津，或 5% 的多菌灵 500~1 000 倍稀释液喷雾可以控制病害。此外，改进栽培管理，选用抗病品种，实行轮作等均属必要。

（3）麦角菌属（*Claviceps*）　属于核菌纲（Pyrenomycetes）球壳目（Sphaeriales）麦角菌科（Clavicipitaceae）。

麦角菌［*C. purpurea*（Fr.）Tul］寄生于大麦、小麦、燕麦及许多禾本科杂草的子房内，所产生的菌核，中药称为麦角。

麦角菌的子囊孢子为线状，单细胞，借风力传到宿主的花穗上，立刻发生芽管，侵入子房发育成白色棉絮状的菌丝体，破坏子房组织，并蔓延到子房外部，生出成对短小的分生孢子梗，其顶端产生白色卵形的分生孢子。

分生孢子堆中产生一种具甜味的分泌物，引诱昆虫将孢子传播到其他花穗上，重复传染。当孢子产完后，子房内的菌丝体变成一个坚硬黑褐色的菌核。

菌核近圆柱形，两端角状，长 1～2 cm，内部白色。菌核落地后越冬，翌年春萌发为子实体，子实体蘑菇状，头部膨大呈球形，称子座，其直径 1～2 mm，紫红色，有一长柄。一个菌核上可产生 10～20 个子实体。子囊壳满布于子座的周围，全部埋于子座内。子囊壳椭圆形，孔口突出于子座的表面，每个子囊壳内产生数个长圆柱形子囊，每个子囊内产生 8 个线状的子囊孢子（图 2-14）。

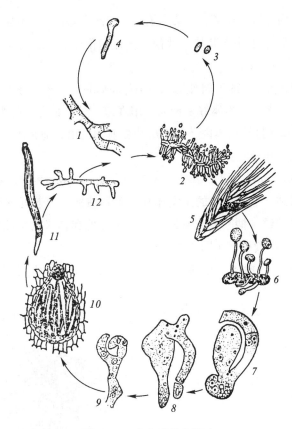

图 2-14　麦角菌的生活史

1. 菌丝体；　2. 分生孢子梗及分生孢子；　3. 分生孢子；　4. 萌发；　5. 菌核；　6. 菌核上萌发子座；
7. 精囊及产囊体；　8. 质配；　9. 核配；　10. 子囊果内有子囊壳；　11. 子囊；　12. 子囊孢子萌发

麦角有剧毒，牲畜误吃带麦角的饲草，可中毒死亡。麦角为贵重药材，含 12 种生物碱，总称麦角碱，药用价值很高，为妇产科常用的药物，用以治疗产后出血和促进产后子宫复原等。

（4）青霉属（*Penicillium*）　属于不整囊菌纲（Plectomycetes）散囊菌目（Eurotiales）散囊菌科（Eurotiaceae）。

本属分布极为普遍，多生于水果、番茄等果实的伤口处，导致果实腐烂，也常见于淀粉性食物及酿酒原料上。青霉也常侵害皮革、衣物和纺织品。最常见的为青霉（*P. citrinum* Thom），多生于橘子、梨和苹果上。菌丝体淡绿色，主要以分生孢子进行繁殖，有性生殖极少见。分生孢子梗顶端数次分枝，呈扫帚状，最末小枝称小梗，从小梗上生一串绿色分生孢子。孢子成熟后，随风飞散，落在基质上，在适当的条件下，便萌发为菌丝（图2-15）。

本属应用很广，如工业上应用某些青霉制造有机酸、乳酸等，药用青霉素，即是由产黄青霉（*P. chrysogenum* Thom）、点青霉（*P. notatum* Westl.）中提取而来。

（5）其他常见的子囊菌

① 白粉菌属（*Erysiphe*）　属于白粉菌目（Erysiphales）。本目菌类几乎全是高等植物病害菌，子囊果为无孔的闭囊壳。

白粉菌属的闭囊壳内有数个子囊，子囊内有2～8个子囊孢子，附属菌丝丝状。如禾谷白粉菌（*E. graminis* DC.），寄生于小麦叶片、叶鞘、茎秆和花穗上，为害小麦，其闭囊壳、子囊和子囊孢子，如图2-16，*A*所示。

② 虫草属（*Cordyceps*）　属于肉座菌目（Hypocreales）。本属子座大部分从昆虫体上发生，肉质，一般为棒状，直立。本属好多种为药用真菌，其中最名贵的为冬虫夏草［*C. sinensis*（Berk.）Sacc.］寄生于鳞翅目幼虫体内，子座从幼虫前端发出，通常单一，头部褐色（图2-16，*D*）。为贵重中药，主用于强身滋补。

③ 羊肚菌属（*Morchella*）　属于盘菌目（Pezizales）。本目种类很多，为腐生菌，子囊果中型，在森林中最常见到。羊肚菌属的子实体有菌盖和菌柄。菌盖近球形或圆锥形，边缘全部和柄相连，表面有网状棱纹。柄平整或有凹槽。生于林地和林缘的羊肚菌［（*M. esculenta*（L.）Pers.］是滋味鲜美且名贵的食用菌（图2-16，*B*）。

④ 盘菌属（*Peziza*）　盘菌属是盘菌目中代表属，是最常见的腐生菌。子囊盘中型至大型，

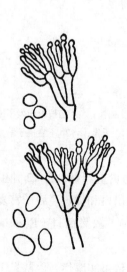

图2-15　橘青霉的分生孢子梗和分生孢子

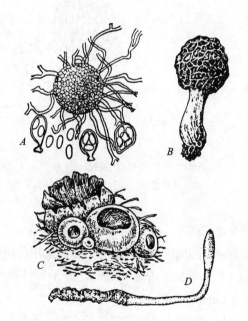

图2-16　其他常见的子囊菌

A. 禾谷白粉菌的闭囊壳、子囊和子囊孢子；*B.* 羊肚菌；

C. 盘菌；　*D.* 冬虫夏草

通常杯状，无柄或近于无柄。子囊常呈圆柱状，子囊孢子 8 个，椭圆形，无色，通常在子囊内排列成一行（图 2-16，C）。

（四）担子菌亚门（Basidiomycotina）

1. 担子菌亚门的特征　本亚门是一群多种多样的高等真菌，世界上已知有 900 属 12 000 多种，皆为陆生，其中多数种是植物的专性寄生菌和腐生菌，食用、药用和有毒的种类也很多。因此，与人类关系较大。

本亚门全是多细胞有机体，菌丝有横隔，有两种菌丝体，即初生菌丝体（primary mycelium）和次生菌丝体（secondary mycelium）（图 2-17）。初生菌丝体的细胞单核，在生活史中生命很短。次生菌丝体的细胞 2 核，又称双核菌丝体（dikaryotic mycelium），在生活史中活得很长。高等担子菌由次生菌丝体形成子实体，称担子果，为三生菌丝体，其营养菌丝仍为二核菌丝。次生菌丝体和三生菌丝体往往有锁状联合（clamp connection）（图 2-18）。

有性过程为冬孢子、厚壁孢子或担子内的双核结合，形成双相的担子，经减数分裂后，产生 4 个单相的担孢子，着生于担子柄上。冬孢子和厚壁孢子萌发后产生担孢子。

担孢子、典型的双核菌丝以及常具特殊的锁状联合，是担子菌亚门的 3 个明显特征。

初生菌丝体的菌丝通常从单核单相的担孢子发生，开始是单核的，经过几次核分裂后变为多核的菌丝，不久便产生分隔，把一条菌丝分隔为数个单核细胞。

两条初生菌丝生长不久，即进行配合，只质配，不核配。一条菌丝的每个细胞的原生质，流入另一条菌丝的每个细胞中，每个细胞中保持双核，两个核同时分裂为 4 个核，其中一对核（雌、雄各一）进入所繁殖的新细胞中，并始终保持着 2 个核（图 2-17）。

多种担子菌的双核菌丝，进行细胞分裂时，具有一种特殊的分裂方式，称为锁状联合，其分裂过程如图 2-18：

首先在细胞中央生出 1 个喙状突起，向下弯曲，双核中的一个核移入喙突的基部，另一个核在它的附近，两核同时分裂为 4 个核；其中两个核留在细胞的上部，1 个留在下部，另一个进入

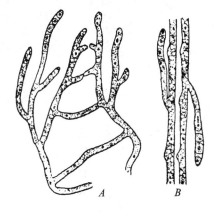

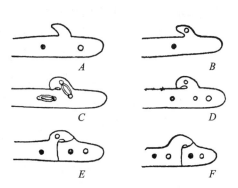

图 2-17　初生菌丝接合形成次生菌丝的过程

A. 两条初生菌丝进行质配；*B.* 形成双核
的次生菌丝并具锁状联合

图 2-18　锁状联合的模式图

A—F. 形成锁状联合的过程

喙突中。这时细胞中生出横隔，将上下分割为二部及喙突共形成3个细胞。上部细胞双核，下部细胞及喙突都是单核，以后喙突的尖端与下部的细胞接触并沟通。同时喙突中的核流入下部细胞内，又形成双核细胞，经过这一番变化，1个双核细胞分裂成两个双核细胞，在两个细胞之间残留一个喙状的痕迹，即锁状联合。

担子菌的无性生殖有芽殖、分生孢子、粉孢子和厚壁孢子等。锈菌的夏孢子和冬孢子，也是一种分生孢子。关于无性孢子的产生，结合实例中再谈。

2. 担子菌亚门的分类和主要类群　在传统的分类系统中，把本门当作担子菌纲处理，分为两个亚纲，即有隔担子菌亚纲（Phragmobasidiomycetidae）和无隔担子菌亚纲（Homobasidiomycetidae）。亚纲以下分若干目。

1973年安兹沃斯根据担子果（basidioma）的有无，担子果是否开裂分3纲，即冬孢菌纲（Teliomycetes）、层菌纲（Hymenomycetes）和腹菌纲（Gasteromycetes），下设20目。本书采取此分类方式。

（1）冬孢菌纲　本纲主要特征为不形成担子果，担子从冬孢子（teliospore）上发生。冬孢子成堆或散生于宿主组织中，大多数寄生于高等植物上，对农作物和林业危害严重。本纲共有174属，6 000种。根据担孢子的数目及放射情况分为黑粉菌目和锈菌目两目。

① 黑粉菌目（Ustilaginales）　本目菌类全是高等植物上的寄生菌，尤以禾本科植物和莎草科植物为多。在农作物中被害的主要有小麦、玉米、高粱、谷子和水稻，寄生性较强，接近于专性寄生，今将主要的黑粉菌概述于下。

玉蜀黍黑粉菌［*Ustilago maydis*（DC.）Corda］　本菌侵害玉蜀黍（又称玉米）植株，导致寄主患黑粉病。在植株地上部分均能发生，常发生在叶片和叶鞘衔接处、近节的腋芽上、雄花穗或雌花穗上。被害部分形成白色肿瘤（大者达10 cm以上），以后内部产生厚壁孢子，成熟后，肿瘤的外膜破裂，裸出黑褐色厚壁孢子，其生活史如图2-19。

厚壁孢子球形，2核，表面有明显的细刺，在土壤、堆肥、宿主的残体或玉蜀黍籽粒上越冬，以土壤越冬为主。翌年，当玉蜀黍种子萌发长为幼苗时，厚壁孢子开始萌发，首先2核结合形成双相的合子核，再减数分裂，产生4个单相的核，此时，从孢子破口处生出一条前菌丝，然后分割成4个细胞的担子。每个担子内有一个核，再分裂为2个核，一个核在担子细胞的侧面形成1个担孢子，另一个核仍留在担子细胞中，可继续分

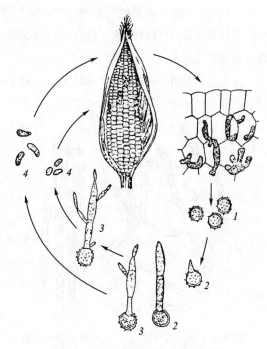

图2-19　玉蜀黍黑粉菌生活史

1. 厚壁孢子　2. 萌发；3. 担子；4. 担孢子

裂产生担孢子。担孢子也可以用出芽的方式，再产生无性芽。

担孢子或无性芽侵入宿主组织内，发育为单核的初生菌丝，两条异性初生菌丝接合，形成双核的次生菌丝，蔓延于宿主细胞间隙或伸入细胞内，形成菌丝体，吸收宿主营养。由于菌丝的刺激使宿主细胞胀大，并促进其他部分的养料向被害部分输送。因此，这部分细胞分裂旺盛，而形成肿瘤。以后受害部分的组织几乎全被菌丝消耗，受害部分充满菌丝，只留一层皮层。此时，双核菌丝分为若干节，每节长出厚壁而变为双核的厚壁孢子。厚壁孢子借风力散布，再浸染新宿主。黑粉病为局部浸染，一年中可以多次重复侵染。

小麦散黑粉菌［*Ustilago tritici*（Pers.）Jens.］ 本菌寄生于小麦和大麦的花穗上，使植株患黑粉病，是麦类的一种严重病害。病株略矮，抽穗比健康植株早5～7日，病粒初期包一层灰色薄膜，不久破裂，放出厚壁孢子，最后病穗只剩下光秆。孢子堆破坏花序上的全部小穗，外包灰白色薄膜。厚壁孢子黑绿色，球形至近球形，有细刺。

当健全小麦植株开花时，厚壁孢子随风传到小麦花雌蕊的柱头上，便发生芽管侵入子房内，发育为菌丝体，潜伏于籽粒的胚中，受害籽粒与健全籽粒外观上无差别。用病粒播种后，菌丝体随幼苗生长而在幼苗的生长点上逐渐发育，到小麦抽穗时，侵入麦花中，出穗时产生厚壁孢子，再传染到其他健全花穗上，重复感染。

防治方法 对于玉蜀黍黑粉菌的防治，首先是实行3年以上的轮作制；其次是秋收后要及时翻地，施肥前粪肥要充分腐熟。

对小麦散黑粉菌的防治是很困难的，因为病原菌的菌丝潜伏于麦种胚内，不易杀死。通常采取下列措施：（1）选择抗病品种；（2）在播种前进行恒温浸种。将麦种浸于44～46 ℃温水中3 h，再用冷水浸片刻，晒干后播种；（3）用药物浸种。在室温15 ℃左右下进行。用萎锈灵可温性粉剂，或用50%的多菌灵可温性粉剂200～300倍稀释液，浸种12 h，晾干后播种。

② 锈菌目（Uredinales） 本目菌类为专性寄生菌，寄生于种子植物和蕨类植物体上。初生菌丝体单核，形成性孢子。次生菌丝体双核，产生锈孢子、夏孢子和冬孢子。大部分锈菌以冬孢子越冬，核配在冬孢子内进行。冬孢子萌发时，经减数分裂，产生担孢子。

典型的长环锈菌具有上述5种孢子，各种孢子的产生均有一定顺序。有些锈菌在生活史中有2个不同宿主，称转主寄生（heteroecism）。有些锈菌只有一种宿主，称单主寄生（autoecism）。锈菌种类极多，有5 000余种。

禾柄锈菌（小麦秆锈病菌）（*Puccinia graminis* Pers.］为最常见的长环锈菌，本菌要在两种宿主上才能完成其生活史，第一宿主为小麦、大麦、燕麦及其他禾本科植物。第二宿主为小檗属（*Berberis*）或十大功劳属（*Mahonia*）等属的某些种，今将禾柄锈菌的形态和生活史概述于下（图2-20）。

冬孢子越冬时期，已经开始核配，产生双相的合子核，春季开始，冬孢子萌发，产生一条菌丝，合子核移入其中，进行减数分裂，产生4个单相核，再分化出4个细胞的担子，在同一侧，每个担子细胞产生1个小梗，在小梗上形成1个担孢子，4个担孢子（+）、（−）各2个（图2-20）。

担孢子被风吹到小檗的嫩叶上，即萌发出芽管，从宿主上表皮的气孔侵入，在栅状组织内形成（+）或（−）的瓶状性孢子器（pycnium）。性孢子器上端开一小孔，小孔的周围有一束不育细胞的长菌丝。性孢子器中有许多杆状的性孢子梗，顶端连续产生圆形成串的单核性孢子，性孢子器上部产生许多受精丝（图2-20，6）。禾柄锈菌是异宗配合的种类。性孢子随同性孢子器内所分泌的黏液徐徐流到孔外，此黏液有香味，能招引昆虫，借昆虫的传播，把（+）或（−）性孢子传到另一个（+）或（−）性孢子器内。（+）或（−）性孢子和（−）或（+）的受精丝进行交配，只有质配，形成双核菌丝。此菌丝蔓延到宿主海绵组织中，在下表皮内形成锈孢子器（春孢子器，aecium）（图2-20，6）。

锈孢子器杯状，其四周有1层包被，器内菌丝密集成束，菌丝的顶端分生出1串双核的锈孢子（春孢子，aecidiospore），每2个锈孢子之间夹1个扁小的细胞，当锈孢子成熟后，小细胞消失，锈孢子器突破宿主的下表皮，放出锈孢子。锈孢子黄色，球形，双核，表面有棘（图2-20，7）。

锈孢子被风吹到小麦的叶片、叶鞘或秆上，便萌发芽管，从气孔侵入，在组织内发育为双核

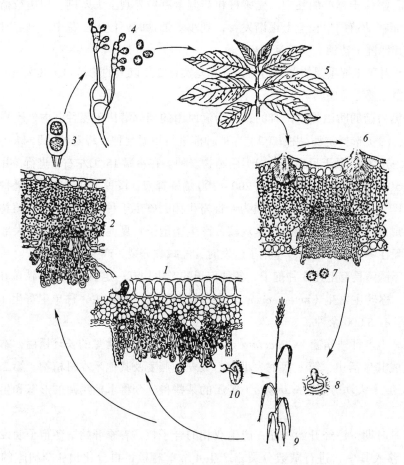

图 2-20　禾柄锈菌的生活史

1. 在小麦病斑处产生夏孢子堆和夏孢子；　2. 冬孢子堆和冬孢子的形成；　3. 冬孢子放大；　4. 冬孢子萌发产生担孢子；
5. 小檗叶的病斑；　6. 病斑横断面，上部表示性孢子器，下部表示锈孢子器；　7. 锈孢子；　8. 锈孢子萌发从
小麦气孔侵入；　9. 小麦病株；　10. 夏孢子再侵入小麦

菌丝体。不久就产生夏孢子堆和双核的夏孢子（urediniospore）。夏孢子单孢，长椭圆形，橙黄色，表面有细刺。由于夏孢子成长的压力，顶破宿主的表皮，此时病部产生锈红色的小疱，病部显现了病状，所谓"红锈期"（图2-20，1）。夏孢子很多，借风力或昆虫传播，落到同一植株或其他无病植株上，再萌发侵入新宿主（图2-20，10），再产生夏孢子。7~12日即可轮回一次，这个阶段能在整个夏季重复感染，病害传播迅速，局部麦苗发病，就会蔓延到全部田地，不久就流行到广大的产麦区，因此，夏孢子为传播锈病的主要方法。

到麦粒开始成熟时，在夏孢子堆中开始产生冬孢子（teliospore），就形成了冬孢子堆（图2-20，2），肉眼看为黑色，因此称为黑锈病。冬孢子2细胞，每细胞2核，壁厚，有柄（图2-20，3），冬孢子落地后，再萌发产生担孢子，以完成其生活史。

防治方法是选用抗病品种，必须执行留种制度；也可用20%的萎锈灵可湿性粉剂250倍稀释液或10%的萎锈灵乳油200倍稀释液，或敌锈钠200~250倍稀释液喷雾，每亩75~100 kg，隔7天喷1次，喷2~3次，喷时需在小麦出穗后使用，否则易生药害。

（2）层菌纲（Hymenomycetes） 本纲菌类一般都有发达的担子果（子实体），典型的裸果式、半被果式或假被果式。为膜质、蜡质、革质、木质、木栓质或肉质，形状多样。担子有横隔或纵隔，或无隔为单细胞，通常由菌丝上生出，整齐地排列成子实层。子实层分布在菌髓（trama）的两侧，菌髓和子实层构成子实层体（hymenophore）。子实层体有片状、疣状、管状、针状、褶状等多种形式。因种类不同，子实层中夹杂有侧丝、刚毛（seta）、囊状体（cystidium）和胶囊体等。

本纲已知有15 000余种，分为9目。主要和常见的有银耳目（Tremellales）、木耳目（Auriculariales）、非褶菌目［Aphyllophorales，原名多孔菌目（Polyporales）］和伞菌目（Agaricales）等。

① 银耳目 本目为裸果式，有柄或无柄，平伏、扁平、带状、棒状、匙状、珊瑚状或花瓣状等，通常胶质，子实层生于担子果的一侧。担子球形，有直立或倾斜的横隔，分为4个细胞，每个细胞上有一个小梗，其上生一个单细胞的担孢子。本目菌类几乎全是木材上的腐朽菌。

最常见的和经济价值大的有银耳（*Tremella fuciformis* Berk.），其担子果（子实体）为胶质，纯白色或常带褐色。瓣片宽3~8 mm，厚2~3 mm，边缘波状或瓣裂，两面平滑，担子埋于胶质体中。每个担子下部球形或卵形，纵分成4个细胞，横切面呈田字形，上部每个细胞呈管状，顶端形成小梗，每个小梗上产生1个担孢子（图2-21）。

生于栎属和多种阔叶树枯立木上，味美为贵重食用菌。中药用作强壮剂，有益气、活血、强心、补脑和提神等效能。华东、华南、西南各省均产。近年来许多地区人工培养，大大提高了产量。

黄金银耳（*Tremella mesenterica* Retz ex Fr.），子实体扁平脑状或疣状，不规则地皱卷，基部狭窄，从树皮缝隙间长出，宽1~3 cm，高0.5~2 cm，鲜橙黄色至金黄色，胶质。生于枯立木、倒木和伐桩上，味美可食。东北、华北、华东、西南各省均有。

② 木耳目 子实体胶质、耳状、壳状或垫状。子实层分布于表面，或大部分埋于子实体内，担子通常分隔为4个细胞，单列在同一侧，每个细胞上生一个小梗，其顶端产生一个单细胞的担孢子。本目大部分为木材腐朽菌。

木耳 [*Auricularia auricula*（L. ex Hook.）Underw.] 在我国东北、华北、华东、华南、西南、西北各省均产。

子实体耳状、叶状或杯形，薄、边缘波浪状，宽 3～10 cm，厚 2 mm 左右，以侧生的短柄或狭细的附着部固着于基质上，丛生，常屋瓦状叠生。初期为柔软的胶质，黏，富于弹性，以后带软骨质，干后强烈收缩变为脆硬的角质至近革质。背面外凸呈弧形，紫褐色至暗青灰色，疏生短绒毛，里面凹入，平滑，或稍有脉状皱纹，干后黑色。菌肉由具锁状联合的纤细菌丝构成。

子实层生于里面，有侧丝及担子。担子为 4 个细胞，排成 1 列，两端细；长圆柱形，每个担子细胞上侧生 1 个长的小梗，梗顶有 1 个担孢子（图 2-22）。

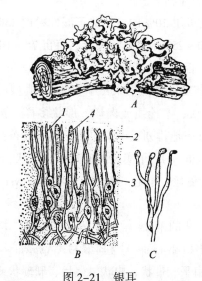

图 2-21　银耳

A. 子实体生状；　*B*. 子实层垂直切面；　*C*. 担子及担孢子

1. 担子；　2. 胶质；　3. 侧丝；　4. 隔胞

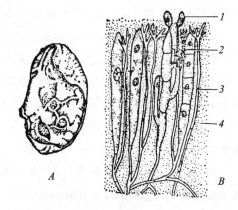

图 2-22　木耳

A. 子实体的外形；　*B*. 子实体的横切，示子实层

1. 担孢子；　2. 担子；　3. 侧丝；　4. 胶质

生于柞、椵、榆、赤杨及榕树等枯立木上。近几年来，好多省山区，进行人工培养，产量逐年大量增加，为主要农副业之一。

本菌除食用外，也用于中药，有益气强身、活血和止血效能。用于治风湿性腰腿疼，抽筋、麻木、便血、经脉不通等症，并有清痰功效。

毛木耳（*Auricularia polytricha*（Mont.）Sacc.] 子实体初期杯状，渐变为耳状至叶状，胶质，韧，平滑，直径 10～15 cm，不育面灰褐色至红褐色，有（500～600）μm×（4.5～6.5）μm 长的绒毛，比木耳绒毛长得多。生于柳、杨、桑、槐等枯立木或倒木上。食用价值仅次于木耳。东北、华北、华东、西南、西北各省均产。

③ 伞菌目（Agaricales）　本目担子果肉质，很少近革质、木栓质或膜质。有伞状或帽状的菌盖和菌柄。菌柄大多数中生，也有侧生或偏生的。菌盖的腹面为辐射或放射的菌褶，子实层生于菌褶的两面，担子果幼嫩时常有内菌幕遮盖着菌褶。菌盖充分发展时，内菌幕破裂，常在菌柄上残留着部分形成环状的菌环。还有些种类有外菌幕包围整个担子果，当菌柄延长时，外

菌幕破裂，其一部分残留在菌柄的基部称菌托，在菌盖上面的外菌幕往往破裂为鳞片，或消失。在伞菌中，有些种类具有菌环和菌托，有些种类只有菌环或菌托，或菌托、菌环全无，这些特征都是伞菌分属的重要依据。

子实层的构造主要为担子和侧丝，有些种的子实层中还有少数比担子长和粗的细胞，称囊状体。担子为单细胞，无隔，棒状，通常具4个小梗，每支小梗顶端有1个担孢子。

伞菌绝大部分为腐生菌，生于林地、草地、园地、粪土、树木以及植物死体上。多数伞菌是可食的或常食的食用菌，其中有少数是珍贵的食用菌。也有含毒的种类，误食中毒，甚至死亡。供药用的种类也不少。木生的种类大都为破坏木材的腐朽菌。本目种类繁多，今举最常见的几种略述于下。

蘑菇属（伞菌属，*Agaricus*）　菌盖肉质，形状规则，多为伞形，菌柄中生，肉质，易与菌盖分离。有菌环，菌褶离生，初期白色或淡色，后变为紫褐色或黑色。孢子印为暗紫褐色，孢子紫褐色。本属生于地上，许多种可供食用。

蘑菇（*Agaricus campestris* L. ex Fr.）（图2-23，*A*）是最常见的滋味鲜美的食用菌之一，生于园地、旷野、林缘或粪土上。在夏季园地的沃土上，常发现一片白色绒毛，即菌丝体，不久就见到菌索，在菌索上出现白色直径1至数毫米的小球，称担子果原基，再过几日，就形成广卵形或近球形，直径数厘米纯白色的菌蕾。不久菌蕾展开成伞状的担子果。担子果肉质，上部为菌盖（伞盖），充分展开时，直径可达10~20 cm。菌盖初期呈半球形，渐平展呈伞状，盖面光滑，有时后期有毛状鳞片，颜色纯白色至近白色，并带淡褐色，菌盖下为菌柄，连在菌盖的中央，与盖面同色。

在菌盖未展开前，菌柄短而粗，中实，充分发展时，菌柄近圆柱形，长5~12 cm，粗1~3 cm，内部松软，稍空，菌环白色，膜质，附于菌柄上部，老熟的担子果，菌环脱落。菌盖内部为菌肉，白色，肉质，由双核的长管状菌丝构成。

在菌肉的下部，有辐射状排列的薄片状菌褶，其基部与柄离生，中部宽，初期白色，后变为粉红色，最后变为黑褐色。从菌褶的横断面上看（图2-23，*B*），可以看到由3层组织构成，表面为子实层，是一层棒状细胞，其下面为子实层基，由等直径细胞构成，最里边是由长管形细胞构成的菌髓，这些细胞的长轴与子实层平行。

子实层是由棒状的担子，和近同形不育细胞侧丝相间排列的单层网状层。担子实质上是性器官，单细胞，双核（雌、雄各1）。先行核配，形成双相的合子核；再经减数分裂，形成4个单相核；然后在担子的顶端产生4个突起，称担子小柄，每个核流入突起中，形成担子。担孢子紫黑色，2个为雌性，2个为雄性（图2-24）。

毒伞属（鹅膏属，*Amanita*）　生于土地上，肉质，速腐性，菌盖伞形，具有菌环和菌托，菌柄易与菌盖分离，菌褶离生，孢子印白色，孢子无色。本属大部分有毒，可食的是少数。

豹斑毒伞〔豹斑鹅膏，*Amanita pantherina*（DC. ex Fr.）Secr.〕 是最常见的一种。单生至散生。菌盖半球形，后平展，直径5~12 cm，盖面灰色至黄褐色，中央色深，边缘有条纹，表面附有白色块状鳞片。菌肉白色、脆、薄。菌柄白色，圆柱形，中空，易与菌盖分离，长5~17 cm，粗0.5~2 cm，基部膨大。菌环白色，膜质，下垂，着生于菌柄的上、中或下部。菌

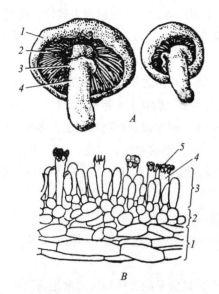

图 2-23 蘑菇的外形和菌褶构造

A. 蘑菇　1. 菌盖；　2. 菌褶；　3. 菌环；　4. 菌柄；

B. 菌褶横断面　1. 菌肉；　2. 子实层基；

3. 子实层；　4. 担子；　5. 担孢子

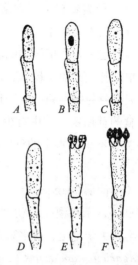

图 2-24　担子的发展和担孢子的形成模式图

A. 菌丝尖端；　*B*. 核配；　*C*. 减数分裂；

D. 二次分裂；　*E*. 幼担子在小梗上形成担孢子；

F. 具 4 个担孢子的担子

托白色，衣领状，有 3～5 轮环带。菌褶白色，较密，基部与柄离生。孢子印为白色，孢子椭圆形，无色，光滑（图 2-25，*A*），夏、秋季节生于阔叶林、混交林林地和林缘及牧场。我国东北、华北、西南、华东等省均有。

本菌极毒，误食后中毒，恶心，呕吐，腹泻。严重时，呓语，昏迷，出血，如抢救不及时，可以致死。

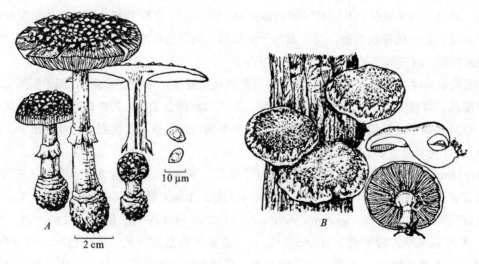

10 μm

2 cm

图 2-25　豹斑毒伞和香菇

A. 豹斑毒伞；　*B*. 香菇

香菇属（*Lentinus*） 担子果木生，半肉质至革质，坚韧，干时收缩，湿润时恢复原状。菌盖不规则，菌柄偏生或近中生。菌褶延生，薄，质韧，褶缘有锯齿。孢子印白色，孢子无色。本属为木材腐朽菌，经济价值最大的为香菇 [*Lentinus edodes*（Berk.）Sing]，担子果半肉质，丛生或群生，宽 3～12 cm，圆形，中部脐状至漏斗形，白色，盖面覆有淡褐色鳞片，中部较多。菌肉薄，白色。菌柄中生或偏生，内实，白色，有细鳞片，长 3～5 cm。菌褶白色，密，基部与柄相连并下延，孢子无色，椭圆形（图 2-25，*B*），生于阔叶树倒木上。我国西南、华东、华南各省均产，目前在好多地区实现了人工大量培养。

本菌除味美可食外，还供药用，其所含的多糖类抗癌效力很强。

④ 非褶菌目　担子果一年生至多年生，木质、木栓质、肉质、蜡质、炭质、海绵质、酪质，稀为胶质，形状差别很大，有蹄形、扇形、半球形、猬形或珊瑚枝等形。子实层生于菌管内，或菌针上，或在一个平面上。担子单细胞、棒状，通常有 4 个小梗，每小梗上有 1 个担孢子。

本目菌类大部分生于活立木、枯立木、倒木或木材上，导致木材腐朽。本目种类繁多，构造复杂，今举最常见的种类如下。

灵芝属（*Ganoderma*） 属于多孔菌科（Polyporaceae），担子果一年生，木质或木栓质，有侧生柄或无柄。有坚硬具油漆光泽的皮壳。子实层托管状，管口小。孢子卵形，有截头，双层壁，外壁无色光滑，内壁褐色，有微小突起，和多孔菌科其他属的孢子（均为单壁）完全不同。

本属最常见的为灵芝 [*Ganoderma lucidum*（Leyss. ex Fr.）Karst.]，菌盖半圆形至肾形，（5～12）cm ×（6～20）cm ×（1～2）cm，盖面红褐色，有明显的油漆光泽，有不明显的环棱和放射状细皱纹，边缘波状或平截有棱纹。菌柄侧生，稀偏生，通常与盖呈直角，色与盖面同，亦有漆光。菌管近白色，后变淡褐色，管口小，圆形。生于栎属或其他阔叶树干基部、干部或根部。分布几乎遍布全国。中药用于健脑，治神经衰弱、慢性肝炎、消化不良，对防止血管硬化和调节血压也有一定效能，亦用作滋补剂（图 2-26，*A*）。

猴头菌 [*Hericium erinaceus*（Bull.）Pers.]属于齿菌科（Hydnaceae），是本科经济价值最大的一种。担子果一年生，肉质，团块状，纯白色，基部侧生悬垂于树干上，长径 5～20 cm，菌针覆盖于菌体表面的中部和下部，菌针白色，长 2～6 cm，干后变黄色，再变黄褐色，尖端黑褐色，状似猿猴的头。生于栎、胡桃等立木及枯立木上。我国东北、华

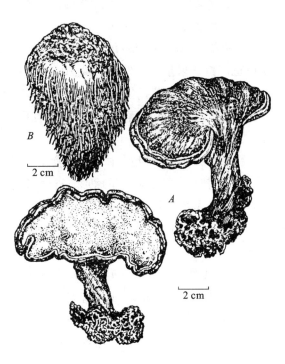

图 2-26　灵芝和猴头菌
A. 灵芝；*B*. 猴头菌

北、西北、西南等地均产（图 2-26，*B*）。

为常食的食用菌，有滋补、健生效能，所含的多糖类有抗癌效能，治疗胃炎和胃溃疡很见效。

（3）腹菌纲　本纲菌类的担子果很发达，为典型的被果型，有 1、2、3 至 4 层包被（peridium），内为产孢体（gleba），即产孢组织，通常多腔，担子沿着腔的边缘生出。有些种类的孢体和孢子到成熟时分解，另一些种类的孢子和孢体则持久而不分解。前者在担子果成熟时，只剩下一团孢子粉，有时掺杂些残余的菌丝，即孢丝（capillitium）。

本纲担子果大部分生于地下，成熟时露出地面；有些生在地面，也有些永久生在地下。

本纲有 700 余种，通常分为 5 目，150 属。其中食用与药用的种类颇多。经济价值最大的有鬼笔目（Phallales）、马勃目（Lycoperdales）。

① 鬼笔目　担子果生于地下或地面，近球形、卵形或梨形，成熟时包被开裂，孢托伸长，外露，包被遗留于孢托下部成为菌托。产孢组织成熟时有黏性，恶臭；担孢子卵形、约 10 μm×5 μm，表面光滑。最主要的种类概述于下：

短裙竹荪［*Dictyophora duplicata*（Bosc）Fischer］　菌蕾卵形，长径 5~10 cm，白色至灰白色，基部有白色绳状菌索 1 至数条。孢托灰白色至粉灰色，高 5~15 cm。菌盖钟形、（3.5~6）cm×（3~5）cm，有明显的网格，在网格中有青褐色，臭而黏的孢体；盖顶平，有孔。菌裙（菌幕）白色，长 3.5~6 cm。菌柄白色，中空，近筒状，中部粗 2~4 cm，长 5~12 cm，海绵状。孢子椭圆形，（4~4.5）μm×（1.5~2）μm，表面光滑（图 2-27，*A*）。

生于林缘或疏林地上，为珍贵的食用菌。吉林、辽宁、黑龙江、河北、江苏、浙江和西南诸省均产，现已由人工栽培成功。

白鬼笔（*Phallus impudicus* L.）　菌蕾大，球形，径 4~6 cm，地上生或半埋伏，粉灰色至粉白色。担子果呈粗毛笔状，高 10~15 cm。孢托（菌柄）柱形，中空，长 8~12 cm，粗约 2 cm；基部有白色菌托。菌盖钟形、高 3.5~5 cm，顶端开孔与中空的菌柄相通，白色，表面有大而深的网格。孢体青褐色、黏稠、有草药样香气。孢子椭圆形、深绿色，（3.5~4.5）μm×（2~2.5）μm。

夏末至秋季生于林地、林缘，可食。全国各省、区皆有分布（图 2-27，B）。

② 马勃目　担子果多呈球形、近球形或其他形状，无柄或有柄；基部有白色、根状菌索；或有不育的基部。包被 2 至多层，不开裂或有多种开裂方式。成熟后其内部全部变为青褐色、黑褐色或黑色的粉末，即其孢子；在其间亦常混有孢丝。担子球形，先端生有 4~8 个小梗，各生有一个担孢子。常见种如下：

梨形马勃（*Lycoperdon pyriforme* Schaeff.）　担子果群生至散生，梨形或近梨形，高 3~5 cm，粗 1.3~3 cm，不育的基部较发达，以白色根状菌索固定于基物上。幼时包被白色，光滑，后变为褐色至烟灰色；外包被表面附有细小的粒状疣；内包被初期呈白色，后变为青黄色，最后呈褐色。孢子青黄色，球形，3.5~4.5 μm，表面光滑。孢丝线形，分枝少，青褐色（图 2-28，*B*）。

幼时可食，孢子可用于止血。国内各省、区皆有分布。

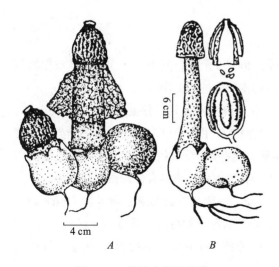

图 2-27　常见鬼笔目菌类

A. 短裙竹荪；　B. 白鬼笔

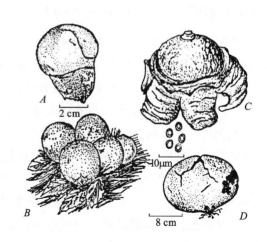

图 2-28　常见马勃目菌类

A. 头状秃马勃；　B. 梨形马勃；　C. 尖顶地星；　D. 大秃马勃

头状秃马勃 ［*Calvatia craniiformis*（Schw.）Fr.］　担子果头状或半球状，高 4.5～8 cm，宽 3.5～6 cm，淡赤褐色至茶褐色，不育基部发达。内包被 2 层，膜质，粘在一起不易剥离；外包被表面初期有细绒毛，渐光滑，后现皱纹及纵沟，成熟后顶部裂开成不规则的片状，并脱落。孢子淡青黄色，球形或近球形，径 3～4 μm，表面近光滑，或有极细微之小疣。孢丝长，少分枝，有横隔，与孢子同色（图 2-28，A）。

生于林地、林缘和草地上，幼时可食，孢子可作止血药。国内各省、区皆有分布。

大秃马勃 ［*Calvatia gigantea*（Batsch ex Pers.）Lloyd］　担子果大型，球形至近球形或扁球形，直径 15～35 cm，不育基部小或无；基底的中部有纽状菌丝束，深扎入地下。内包被较厚，外包被初期呈纯白色，后期变为淡黄色或青黄色，干后呈褐色。内部初呈白色，孢子成熟后则成青黄色至青褐色，同时包被顶部开裂，释放出孢子。孢子球形，径 3.5～5 μm，淡青黄色。孢丝长，少分枝，有横隔（图 2-28，D）。

生于草地或沃土上；幼时可食，孢子可作止血药，亦用于治疗咳嗽、咽炎、扁桃体炎等症。从其提取的马勃素有抗肿瘤作用，还可提取植物生长素。

黑龙江、吉林、辽宁、河北、内蒙古、山西、甘肃、新疆、青海、江苏、福建等省区皆有，分布极其广泛。

尖顶地星 ［*Geastrum triplex*（Jungh.）Fisch.］　菌蕾球形，径 3～4 cm，有突出的嘴部。外包被的基部呈浅袋形，上部裂为 5～8 个夹瓣，裂片反卷，深蛋壳色至褐色；外包被的内层为膜质，灰褐色至褐色，易与纤维质的外层分离，或部分脱落，仅基部留存。内包被烟灰色，无格，近球形；嘴部呈阔圆锥形，直径 2～3 cm，表面有放射状纵沟，基部凹陷。孢子球形，褐色，有小疣，直径 3.5～5 μm。孢丝褐色，不分枝（图 2-28，C）。

生于林地、林缘。孢子入药作止血剂。分布广泛，国内各省、区几乎均有。

（五）半知菌亚门（Deuteromycotina）

半知菌或称不完全菌，世界上已知有 1 800 余属，26 000 余种，其中约有 300 属是农作物和森林病害的病原菌，还有些属是能引起人类和一些动物皮肤病的病原菌。

1. 半知菌亚门的特征　本亚门的菌类中绝大部分是有隔菌丝，只以分生孢子（conidiospore，conidium）进行无性生殖；很少见有性生殖；甚至某些种连分生孢子也未发现。为了分类上的需要，人们把这一类型的真菌归纳为半知菌亚门，实际上这些菌类可以看作是子囊菌或担子菌的无性发育阶段，只是其有性阶段尚未发现，或很少进行有性生殖，或是有性阶段退化所致。

2. 半知菌亚门的分类　分类系统很繁杂，意见纷纭。一般是按真菌学家萨卡多（Saccardo）1899 年提出的分类系统。其分类的依据是分生孢子在自然情况下的特点，共分为 4 目。

（1）丛梗孢目（Moniliales）　分生孢子产于分生孢子梗（conidiophore）上，丛生于基物的表面。

（2）黑盘孢目（Melanconiales）　分生孢子产于分生孢子盘（acervulus）中。

（3）球壳孢目（Sphaeropsidales）　分生孢子产于分生孢子器（pycnidium）中。

（4）无孢菌目（Agonomycetales）　又名无孢菌类。不产生分生孢子，只有菌丝，及其形成的菌核和菌索。

本亚门中常见种类有以下几种：

① 丛梗孢目的稻梨孢（稻瘟病菌）（*Piriculaxia oryzae* Cav.）是水稻中最严重的病害，各水稻产区都有不同程度的发生，受害严重的稻田，可能全部被毁灭，颗粒不收。

本病菌侵害水稻各部分，可引起苗瘟、叶瘟、节瘟、穗颈瘟和谷粒瘟。南方稻区以苗瘟、叶瘟较多，北方稻区以谷粒瘟和穗颈瘟多。

苗瘟　初期在幼苗上出现灰绿色斑点，以后全苗变为黄褐色而枯死。

叶瘟　叶上病斑呈梭形，边缘黄褐色，中央灰色，渐汇合成不规则形状，在叶背面生灰色霉状物，即病菌的分生孢子。

节瘟　初期为黑色小斑点，渐扩大，稍凹陷，最后病节变黑，干枯，植株从病节处折断，倒伏。

穗颈瘟　抽穗后，在穗颈和小枝梗上发生黑色病斑，后来自病斑处折断，致使全穗或小穗枯死。

谷粒瘟　病斑发生在外颖表面，呈暗褐色纺锤形至不规则形，严重时，全粒变为黑褐色，谷粒不饱满或空粒（图 2-29，*C*）。

分生孢子梗 2～5 根，簇生，自宿主气孔伸出，其顶端生分生孢子。分生孢子长卵形或倒棒形，近无色，有 2 隔膜，将孢子分为 3 个细胞，因而每一分生孢子实为 3 个细胞组成。

分生孢子落于水中，发芽后再侵入新宿主，3 日内即可发病，再经 6～8 h 即可产生分生孢子。因此，部分稻田发病，不久即可蔓延全田。稻谷成熟时，分生孢子附于稻秆、稻谷或在稻田中越冬，菌丝体也可以越冬，翌年春萌发，再侵入新宿主。

防治方法　决定稻瘟发生、流行的因素很多，目前采用以预防为主的综合措施：（1）选用抗病品种，健全留种制度及育种制度，防止良种退化。（2）改进栽培技术，管好肥水，清除田边杂草，改良土壤等。（3）药剂防治是一种应急的措施，正确诊断病情，及时施用农药。如使用春雷霉素、克瘟散混合剂（春雷霉素 40 U、40% 克瘟散乳油 1 000 倍稀释液，按 1 : 1 配制），每亩喷施 75～100 kg；还可以用庆丰霉素 40 U 水溶液；每亩 75～100 kg，病势较重时，可用 60～80 U。如果使用 0.4% 春雷霉素粉剂，每亩施用 2.5 kg，其效果也很好，并且施用方便，易于推广（唯不宜在雨露较多的天气条件下施用）。此外，灭瘟素、克瘟散、异稻瘟净、稻瘟酞、多菌灵等，亦皆可收效。（4）应及时处理发病地区的稻草及田间和田边杂草、稻壳等，并应及时烧掉。

② 黑盘孢目的刺盘孢属（毛盘孢属）（*Colletotrichum*）是最常见的病原菌之一，葫芦科刺盘孢［*C. lagenarium*（Pass.）Ell. et Halst.］是最普遍的种。它寄生于冬瓜、西瓜、甜瓜及其他葫芦科植物上，侵染叶、蔓和果实。叶上病斑呈圆形，黄白色，后变褐色，有同心环纹，干时开裂。果实上病斑呈黄白色、圆形凹斑，后变为黑褐色，中央开裂。潮湿时病斑上产生粉红色黏稠物质，即病菌的孢子盘（图 2-29，*A*）。

孢子盘聚生，后期呈黑色。分生孢子梗圆筒形，单胞。分生孢子卵形至圆柱形，无色，单胞；在分生孢子梗间，散生有刚毛。

防治方法 （1）种子消毒，播种前用四氯苯醌粉剂拌种，用药量为种子质量的 0.4%。（2）改进栽培技术，实行 3～4 年轮作制；选择排水良好的高地种植瓜类；增施磷肥，钾肥，避免施用过多的氮肥；培育健壮植株，以提高其抗病能力。（3）药剂防治，50% 代森环 500 倍稀释液；65% 代森锌 500 倍稀释液（添加 0.05% 的水胶，作黏着剂）等农药，每亩喷施 85～90 kg。施用农药时要注意做到及时、均匀和连续喷施 5～7 次，每次间隔 3～12 天（视病情发展情况而定）。

③ 球壳孢目中的拟茎点霉属（*Phomopsis*）是本目中最习见的 1 属，茄褐纹拟茎点霉（茄褐纹病菌）［*P. vexans*（Sacc. et Syd.）Harter］是普遍发生的一种病菌；侵害茄子幼苗，叶片及果实。幼苗发病时，在茎基部生褐色凹斑，不久幼苗折倒；茎上病斑灰色，凹陷，干腐状，使茎易从病斑处折断；叶上病斑近圆形，有同心环纹，中央呈灰色，后期穿孔；果实上

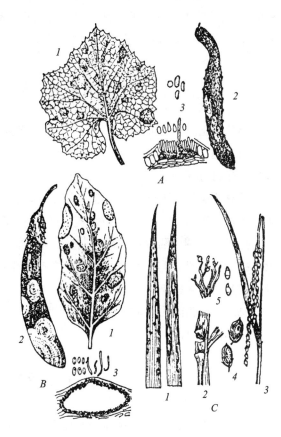

图 2-29 半知菌亚门的几种病害菌

A. 葫芦科刺盘孢 1. 被害叶； 2. 被害果实； 3. 孢子盘及分生孢子； *B.* 茄褐纹拟茎点霉 1. 被害叶； 2. 被害果实； 3. 孢壳及两种分生孢子； *C.* 稻梨孢 1. 叶瘟； 2. 节瘟； 3. 穗颈瘟； 4. 谷粒瘟； 5. 分生孢子梗和分生孢子

最易发病，病斑在生长期或后期发生，病斑棱形或圆形、凹陷、有轮纹，发病后期，病斑扩大，生出黑色孢壳，并导致病果腐烂。叶和茎上病斑，也能产生孢壳（图 2–29，*B* ）。

孢壳黑色，扁球形，埋伏，径（160～250）μm×（140～170）μm，有孔口。分生孢子有 2 种：一为长方形，两端尖；一为线形，稍弯曲。

防治方法 （1）选用无病种子。在播种前用 55°C 恒温水浸种 15 min，捞出后用冷水降温 15 min，再行催芽播种；（2）选用抗病品种；（3）改进栽培技术，选择排涝或通风良好的高地栽培，适当稀植；增施磷钾肥；深翻地；实行三年轮作；及时拔除病株，摘掉病果，将其烧掉或深埋；秋后收集病株，烂果烧掉；（4）在定植、缓苗或病期，可喷施 1∶1∶200 的波尔多液数次。果期可用 50% 代森环 600 倍稀释液，或 65% 代森锌 800 倍稀释液，每间隔 7 天喷药 1 次，每亩施用 75 kg。

④ 无孢菌目的丝核菌属（*Rhizoctonia*）的某些种类，是严重危害树木幼苗、农作物幼苗的立枯病菌。其菌核形状多样，因种而异，菌核外表往往有绒毛状菌丝。立枯丝核菌（*R. solani* Kühn）就是其中最常见的一种，它生于茄子、甜菜、棉花、洋麻、水稻及大豆的幼苗根部，导致幼根腐烂，幼苗枯死；也生于幼苗的茎基部，病斑缢缩，折断，通常称为猝倒性立枯病。

三、真菌门各亚门间的亲缘关系

鞭毛菌亚门，具游动孢子，水生。接合菌亚门与鞭毛菌亚门的菌丝具有相似的形态特征，只是在进化途中产生不动孢子，失去了游动孢子，并产生了接合生殖的特征，说明它们由水生向陆生演化的历程。

子囊菌亚门，不产生游动孢子和游动配子。子囊来源于两个细胞的结合，并形成子囊孢子，更适于陆地生活。它可能是由接合菌亚门中的某一支演化而来。

担子菌亚门，陆生性，次生菌丝为双核。子囊菌在子囊形成之前，也有一个较长的双核阶段。担子菌的性器官虽然退化了，但在有性生殖过程中，还保持很多相似的特点。因此，担子菌亚门是由子囊菌亚门发展而来的论据，还是较充分的。

总之，真菌门的各亚门，是由小到大，由简单到繁杂，由低级到高级，由水生向陆生的进化规律是非常明显的。

四、真菌的经济意义

许多种大形真菌是滋味鲜美的食用菌，如蘑菇、香菇、松口蘑、口蘑、草菇、猴头菌、木耳、银耳及羊肚菌等，总计全国可食的真菌不下 300 种。供药用的真菌亦很多，如冬虫夏草、竹黄、茯苓、猪苓、灵芝、云芝及药用层孔菌等。近年来，试用多种真菌多糖类以防治恶性肿瘤，也见成效，据文献统计，有抗癌作用的真菌，在 100 种以上，国内外许多从事筛选抗癌药物的研究单位，都对它非常重视。

在酿造工业上，利用酵母、曲霉、毛霉和根霉等菌种造酒。在食品工业上，利用酵母制作面包、馒头等发酵食物。真菌也广泛地应用于化学、造纸、制革和医药等各个行业的生产中。在石油工业方面，借助于真菌的发酵作用，已获得许多化工产品。利用真菌中的各种酶类，分解粗饲料以提高饲料的营养价值方面，也取得可喜的成果。此外，利用真菌提取生长激素，促进作物生长；以及利用白僵菌、黑僵菌杀灭玉米螟、松毛虫等多种害虫的工作，也卓有成效。

生于朽木、枯枝、落叶及土壤里的真菌，是分解木质素、纤维素和其他有机物质的主力，它们在增加土壤肥力和完成自然界的物质循环上，比细菌的贡献还大。

事物总是一分为二，真菌既对人类有益，同时，又直接或间接地对人类有害。如食品的霉烂、森林和作物的病害，大都是由于真菌的寄生和腐生所引起的。人和家畜的某些皮肤病也是由真菌寄生所引起的。误食有毒蘑菇而中毒，甚至致死的人，古今中外屡有所闻。

总之，真菌和人类之间关系密切，因此，我们需要更进一步研究真菌，识别有用和有害的真菌，掌握它们的生活环境、发育条件、培养方法，以便消灭有害的真菌，保护和繁殖有益的真菌。

复习思考题

1. 黏菌的一般特征及其与其他生物的关系。

2. 黏菌和真菌在二界系统中为何列为植物？它们和植物有何原则性区别？为何把它们划为独立的一界——真菌界？

3. 概述真菌门的主要特征，及其营养体的构造。

4. 真菌门分为几个亚门？各亚门的主要特征是什么？每一亚门举出 2 个菌或属的名称。

5. 就寄生水霉和寄生霜霉的形态构造特点和繁殖特点，总结出鞭毛菌亚门的特征。

6. 概述匍枝根霉的形态和繁殖方法。

7. 试以火丝菌为例，概述子囊、子囊孢子和子囊果的形成过程。

8. 概述麦角菌的生活史及麦角的经济价值。

9. 概述赤霉菌属和青霉属的形态特征及其经济意义。

10. 担子菌的初生菌丝和次生菌丝有何原则区别？概述由初生菌丝形成次生菌丝的过程。

11. 根据安兹沃斯的系统，把担子菌亚门分为几个纲？各纲的主要区别是什么？

12. 概述小麦散黑粉菌的特点及防治方法。

13. 概述禾柄锈菌的形态和生活史。

14. 概述蘑菇的发生、形态构造和孢子的产生。

15. 木耳、银耳、香菇、松口蘑、金顶侧耳（金顶蘑）、鸡枞各属于何目？都有什么用途？

16. 灵芝、猴头菌、树舌（平盖灵芝）、云芝、药用拟层孔菌（苦白蹄层孔菌）各有何药用价值？

17. 概述短裙竹荪、大秃马勃、尖顶地星的形态特征和经济价值，及其分类地位。

18. 试述半知菌亚门的主要特征和分目的依据。

19. 概述真菌门中各亚门的亲缘关系。

20. 概述真菌的经济意义。

第三章　地衣（Lichens）

一、地衣的通性

地衣是多年生植物，是由一种真菌和一种藻组合的复合有机体。因为两种植物长期紧密地联合在一起，无论在形态上、构造上、生理上和遗传上都形成一个单独的固定有机体，是进化发展的结果，因此，把地衣当作一个独立的门看待。本门植物全世界有 500 余属，25 000 余种。

构成地衣体的真菌，绝大部分属于子囊菌亚门的盘菌纲（Discomycetes）和核菌纲（Pyrenomycetes），少数为担子菌亚门的伞菌目和非褶菌目（多孔菌目）的某几属。还有极少数属于半知菌亚门。此外，在中欧发现一种 Cystocoleus racodium，是属于藻状菌的。

地衣体中的藻类为绿藻和蓝绿藻的 20 几个属。绿藻中的共球藻属（Trebouxia）、橘色藻属（Trentepohlia）和蓝绿藻门的念珠藻属（Nostoc），约占全部地衣体藻类的 90%。

地衣体中的菌丝缠绕藻细胞，并从外面包围藻类。藻类光合作用制造的有机物，大部分被菌类所夺取，藻类和外界环境隔绝，不能从外界吸取水分、无机盐和二氧化碳，只好依靠菌类供给，它们是一种特殊的共生关系。菌类控制藻类，地衣体的形态几乎完全是真菌决定的。

有人曾试验把地衣体的藻类和菌类取出，分别培养，而藻类生长、繁殖旺盛，菌类则被饿死。可见地衣体的菌类，必须依靠藻类生活。

大部分地衣是喜光性植物，要求新鲜空气，因此，在人烟稠密，特别是工业城市附近，见不到地衣。地衣一般生长很慢，数年内才长几厘米。地衣能忍受长期干旱，干旱时休眠，雨后恢复生长，因此，可以生在峭壁、岩石、树皮上或沙漠地上。地衣耐寒性很强，因此，在高山带、冻土带和南、北极，其他植物不能生存，而地衣独能生长繁殖，常形成一望无际的广大地衣群落。

二、地衣的形态和构造

（一）地衣的形态

地衣的形态基本上可分为 3 种类型：壳状、叶状和枝状（图 3-1）。

1. 壳状地衣（crustose lichen）　地衣体是彩色且深浅多种多样的壳状物，菌丝与基质紧密相连接，有的还生假根伸入基质中，因此，很难剥离。壳状地衣约占全部地衣的 80%。如生于岩石上的茶渍衣属（Lecanora）和生于树皮上的文字衣属（Graphis）。

2. 叶状地衣（foliose lichen）　地衣体呈叶片状，四周有瓣状裂片，常由叶片下部生出一些假根或脐，附着于基质上，易与基质剥离。如生在草地上的地卷衣属（Peltigera）、脐衣属

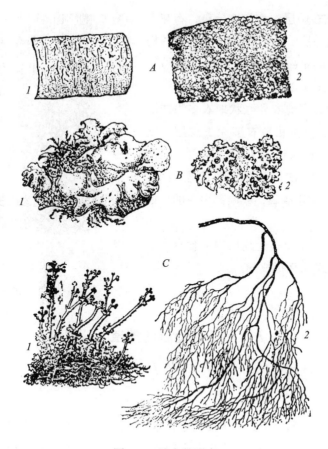

图 3-1　地衣的形态

A. 壳状地衣　1. 文字衣属；　2. 茶渍衣属；　*B*. 叶状地衣　1. 地卷衣属；　2. 梅衣属；

C. 枝状地衣　1. 石蕊属；　2. 松萝属

（*Umbilicaria*）和生在岩石上或树皮上的梅衣属（*Parmelia*）。

3. 枝状地衣（fruticose lichen）　地衣体树枝状，直立或下垂，仅基部附着于基质上。如直立地上的石蕊属（*Cladonia*）、石花属（*Ramalina*）、悬垂分枝生于云杉、冷杉树枝上的松萝属（*Usnea*）。

但这 3 种类型的区别，不是绝对的，其中有不少是过渡或中间类型，如标氏衣属（*Buelliu*）由壳状到鳞片状；粉衣科（Caliciaceac）地衣，由于横向伸展，壳状结构逐渐消失，呈粉末状。

（二）地衣的构造

叶状地衣的构造，可分为上皮层、藻胞层、髓层和下皮层。上皮层和下皮层均由致密交织的菌丝构成。藻胞层是在上皮层之下由藻类细胞聚集成一层。髓层介于藻胞层和下皮层之间，由一些疏松的菌丝和藻细胞构成，这样的构造称"异层地衣"（heteromerous lichen），如蜈蚣衣属（*Physcia*）、梅衣属（图 3-2，*B*）。

还有些属藻细胞在髓层中均匀地分布，不在上皮层之下集中排列成一层（即无藻胞层），这样的构造称"同层地衣"（homoeomerous lichen），如猫耳衣属（*Leptogium*）（图3-2，A）。

叶状地衣一般为异层地衣，壳状地衣多为同层地衣，也有异层地衣。壳状地衣多无下皮层，髓层与基质直接相连。枝状地衣为异层地衣，内部构造呈辐射式，上、下皮层致密，藻胞层很薄，包围中轴型的髓层，如松萝属，或髓部中空的，如石蕊属。

地衣的各种彩色，主要是上皮层内部含有大量的橙色、黄色或其他色素而形成的。

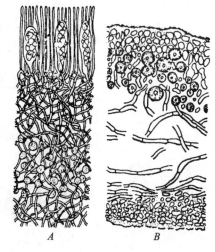

图3-2　地衣的构造
A. 同层地衣；　B. 异层地衣

三、地衣的繁殖

（一）营养繁殖

营养繁殖是最普通的繁殖形式，主要是地衣体的断裂，一个地衣体分裂为数个裂片，每个裂片均可发育为新个体。此外，粉芽、珊瑚芽和碎裂片等，都是用于繁殖的构造。

（二）有性生殖

有性生殖为地衣体中的子囊菌和担子菌进行的，产生子囊孢子或担孢子。前者称子囊菌地衣，占地衣种类的绝大部分；后者为担子菌地衣，为数很少。子囊菌地衣大部分为盘菌类和核菌类。

盘菌类在地衣体中有性生殖产生子囊盘。子囊盘内有子囊和子囊孢子，在子囊中间夹有侧丝。子囊盘裸露在地衣的表面并突出，称裸子器（图3-3）。子囊孢子放出后，落于藻细胞上，便萌发为菌丝，藻细胞和菌丝反复分裂，形成新的地衣体。如子囊孢子落到没有藻细胞和无养料的基质上，也能萌发为菌丝，但不久即饿死。

地衣体的子囊菌为核菌纲时，其子囊果为子囊壳（perithecium），埋于地衣

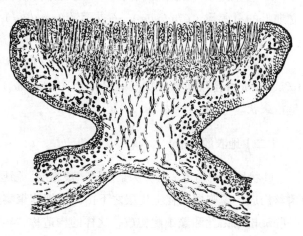

图3-3　地衣的裸子器

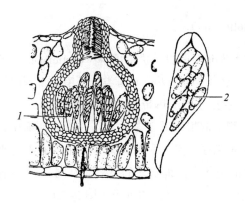

图 3-4　地衣的子囊壳

1. 子囊；　2. 子囊及子囊孢子的放大

体内或稍外露（图 3-4），此类地衣称核果地衣。

四、地衣的分类

通常将地衣分为 3 纲：子囊衣纲、担子衣纲和半知衣纲。

（一）子囊衣纲（Ascolichens）

地衣体中的真菌属于子囊菌，本纲地衣的数量占地衣总数量的 99%。

（1）松萝属　地衣体丛枝状，直立、半直立至悬垂。枝体圆柱形至棱柱形，通常具软骨质中轴。子囊盘茶渍型，果托边缘往往有纤毛状小刺。子囊内含 8 个孢子，无色，单胞，椭圆形。地衣体内含松萝酸。长松萝（*Usnea longissima* Ach.）是最常见的一种，分布普遍（图 3-1，*C*.2）。

（2）梅衣属　地衣体叶状，较薄，上、下皮层间无膨胀空腔。上表面灰色、灰绿色、黄绿色至褐色，具粉芽或裂芽，或无。下表面淡色、褐色至黑色，边缘淡色，有假根。子囊盘散生于上表面，子囊内 8 个孢子，孢子无色，单胞，近圆形至椭圆形（图 3-1，*B*.2）。

（3）文字衣属　地衣体壳状，生于树皮上，表生或内生，无皮层或具微弱的皮层。子囊盘曲线形，稀为长圆形，深陷于基物表面或突出。盘面狭缝状，有时缝隙较宽。子囊内含 4~8 个孢子，孢子无色，熟后暗色，长椭圆形或腊肠形，双胞至多胞（图 3-1，*A*.1）。

（4）地卷衣属　地衣体叶状或鳞片状。子囊盘半被果形，生于裂片的顶端表面或叶缘表面，或在叶面中央并凹陷。子囊盘大，子囊内含 4~8 个孢子。孢子长椭圆形至近针形，平行 5~9 孢子，无色或淡褐色（图 3-1，*B*.1）。

（5）石蕊属　果柄皮层菌丝排列方向与果柄垂直。果柄单一中空，柱状或树枝状多分枝，末端扩大或否。子囊盘蜡盘形。孢子无色，单胞，稀为 2~4 胞，卵形、长椭圆形至纺锤形。藻类为共球藻（图 3-1，*C*.1）。

（二）担子衣纲（Basidiolichens）

本纲组成地衣体的菌类多为非褶菌目的伏革菌科（Corticiaceae）菌类，其次为伞菌目口蘑科（Tricholomataceae）的亚脐菇属（Omphalina）菌类，还有属于珊瑚菌科（Clavariaceae）菌类。组成地衣体的藻类为蓝藻。主要分布于热带，如扇衣属（Cora）。生于土壤或树木上，地衣体似伏革菌属，生于树上的以侧生假根附着于基物上。在垂直切面中，分为3层，最上层为稀疏菌丝组成的毡状层；中层为藻胞层，是一种篮球藻，其中混有不规则方向的菌丝；下层为由方向混乱的菌丝组成的稍紧密的毡状层。地衣体的下表面有同心环状排列的弧状突起即子实层体，其表面为子实层，每个担子上长4个顶生的担孢子（图3-5）。

（三）半知衣纲或不完全衣纲（Deuterolichens）

根据地衣体的构造和化学反应属于子囊菌的某些属，未见到它们产生子囊和子囊孢子，是一类无性地衣。其中有些种具不完全分生孢子器时期（pycnidial stage），也有时见到子囊。器孢子（pycnidiospore）可以萌发为菌丝体，可以和蓝藻细胞汇合，并发现精子和受精丝，认为是有性生殖，但未发现其质配。如地茶属（Thamnolia）地衣体丝状，有分枝，地生，白色至灰白色，带红褐色，遇钾液变淡黄色或柠檬色（图3-6）。

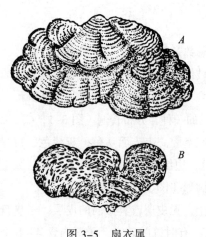

图 3-5　扇衣属

A. 外形；*B.* 横断面

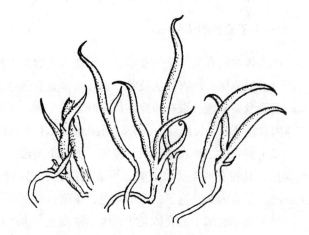

图 3-6　地茶属的外形

五、地衣在自然界中的作用及其经济价值

生长于峭壁和岩石上的地衣，能分泌地衣酸，腐蚀岩石，使岩石表面逐渐龟裂和破碎，再加上自然界的风化作用，使岩石表面变为土壤，为以后高等植物分布创造了条件，因此，认为地衣是植物分布的先导。

地衣体中含有淀粉和糖类，好多种地衣可供食用，如石耳、石蕊、冰岛衣等。在北极和高山苔原带，分布着数十里至数百里的地衣群落，为驯鹿和鹿等动物的主要饲料。北欧一些国家用地衣提取淀粉、蔗糖、葡萄糖和酒精。

地衣用于医药，我国古代祖先就利用地衣作药材。松萝、石蕊、石耳是沿用已久的中药。石蕊可以生津、润咽、解热、化痰。松萝用于疗痰、治疟、催吐和利尿。肺衣用于治疗肺病、肺气喘、滋补。狗地衣治狂犬病。绿皮地卷可治小儿鹅口疮。近来利用某些种地衣提取抗癌药物的研究已有报道。用松萝提取地衣酸，为抗菌素和"吡喃"的原料。地衣酊可治疗结核性淋巴腺炎。用地衣酸研制外科化脓药物已见成效；用它制成的消化脓剂、外科杀菌剂可使伤口防腐促进愈合；用地衣酸制成的绷带、急救包、填塞纱布，以及治疗子宫颈腐蚀、乳头龟裂等都有效。用松萝酸制一种软膏，治外伤、烧伤的效果比用青霉素的效果还好。

地衣可用于制香料，配制化妆品、香水和香皂原料。如利用扁枝属、树花属、梅衣属、肺衣属中的某些芳香料。

过去，从许多种地衣中提取天然染料，自煤焦油染料问世后，已不再利用地衣制染料。化学用的石蕊试纸，过去用染料衣（*Roccella tinctoria*）提取红靛（石蕊）为化学的指示剂，现在已为人工合成所代替。

地衣也有危害的一面。如森林中云杉、冷杉树冠上常为松萝等地衣挂满，几乎全为地衣所遮盖，其他种树木上的地衣满布于树枝表面，不仅影响树木的光照和呼吸，且易成为害虫的栖息地。某些种地衣生于茶树和柑橘树上，也危害树木的生长。

复习思考题

1. 试述地衣的通性及其在自然界中的作用。
2. 概述地衣的构造和繁殖方法。
3. 试述地衣的分类纲要，每纲或每目举出几个代表属名，并能识别代表属的标本。
4. 概述地衣的经济意义。

第四章　苔藓植物（Bryophyta）

第一节　苔藓植物的一般特征

苔藓植物是一群小型的多细胞的绿色植物，多适生于阴湿的环境中。最大的种类也只有数十厘米，简单的种类，与藻类相似，成扁平的叶状体。比较高级的种类，植物体已有假根和类似茎、叶的分化。植物体的内部构造简单，假根是由单细胞或由一列细胞所组成，无中柱，只在较高级的种类中，有类似输导组织的细胞群。苔藓植物体的形态、构造虽然如此简单，但由于苔藓植物具有似茎、叶的分化，孢子散发在空中，对陆生生活仍然有重要的生物学意义。

苔藓植物具有明显的世代交替。我们习见的植物体是它的配子体，配子体在世代交替中占优势，孢子体占劣势，并且寄生在配子体上面，这一点是与其他陆生高等植物的最大区别。

苔藓植物的雌、雄生殖器官都是多细胞组成的。雌性生殖器官称颈卵器（archegonium）（图 4-1，*A*、*B*），颈卵器的外形如瓶状，上部细狭，下部膨大。细狭的部分称颈部（neck），膨大的部分称腹部（venter），颈部的外壁由一层细胞构成，中间有一条沟，称颈沟（neck canal）。颈沟内有一串细胞，称颈沟细胞（neck canal cell）。腹部的外壁是由多层细胞构成，中间有一个大型的细胞，称卵细胞（egg cell）。在卵细胞与颈沟细胞之间的部分称腹沟（ventral canal），在腹沟内有一个腹沟细胞（ventral canal cell）。雄性的生殖器官称精子器（antheridium）（图 4-1，*C*），精子器的外形多成棒状或球状，精子器的外壁也是由一层细胞构成，精子器内具有多数的精子，精子的形状是长而卷曲，带有两条鞭毛（图 4-1，*D*）。

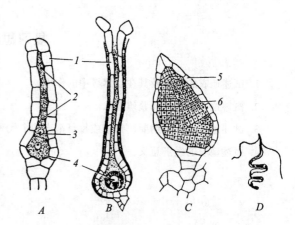

图 4-1　钱苔属的颈卵器、精子器和精子

A、*B*. 不同时期的颈卵器；　*C*. 精子器；　*D*. 精子

1. 颈卵器壁；　2. 颈沟细胞；　3. 腹沟细胞；　4. 卵；

5. 精子器壁；　6. 精子

苔藓植物的受精必须借助于水，由于卵的成熟，促使颈沟细胞与腹沟细胞的破裂，精子游到颈卵器附近，通过破裂的颈沟细胞、腹沟细胞而与卵结合。精子与卵结合后形成合子，合子不需经过休眠即开始分裂而形成胚（embryo）。胚即在颈卵器内发育成为孢子体，孢子体通常分为3 个部分：上端为孢子囊（sporangium），又称孢蒴（capsule），孢蒴下有柄，称蒴柄（seta），蒴柄最下部有基足，基足伸入配子体的组织中吸收养料，以供孢子体的生长，故孢子体寄生于配子体上，孢蒴中含有大量孢子，产生孢子的组织称造孢组织（sporogenous tissue），造孢组织产生孢子母细胞（spore mother cell），每个孢子母细胞经过减数分裂形成 4 个孢子，孢子成熟后散布于体外。孢子在适宜的生活环境中萌发成丝状体，形如丝状绿藻类，称原丝体（protonema），原丝体生长一个时期后，在原丝体上再生成配子体。

苔藓植物有颈卵器和胚的出现，是高级适应性状，因此，将苔藓植物、蕨类植物和种子植物，合称为有胚植物（embryophyte），并列于高等植物范畴之内。

苔藓植物约有 23 000 种，遍布于世界各地，我国约有 135 科，695 属，3 360 种。根据其营养体的形态结构，分为苔纲（Hepaticae）和藓纲（Musci）两纲。

第二节　苔纲（Hepaticae）

一、苔纲的一般特征

苔类（liverworts）多生于阴湿的土地、岩石和树干上，亦可生于树叶上。有的种类也可以飘浮于水面，或完全沉生于水中。苔类植物的营养体（配子体）形状很不一致，有的种类是叶状体，有的种类则有茎、叶的分化，但植物体多为背腹式。孢子体的构造比藓类（mosses）简单，孢蒴无蒴齿（peristome），多数种类亦无蒴轴（columella），孢蒴内除孢子外具有弹丝（elater）。孢子萌发时，原丝体阶段不发达。

苔纲通常分为 3 目，即地钱目（Marchantiales）、叶苔目（Jungermanniales）和角苔目（Anthocerotales）。

二、苔纲的代表植物

（一）地钱属（*Marchantia*）

地钱属是地钱目中习见的植物，本属中的代表植物地钱（*Marchantia polymorpha* L.），分布广泛，喜生于阴湿的土地上，故常见于林内、井边、墙隅。植物体较大，为绿色分叉的叶状体，平铺于地面（图 4-2，*A*、*B*）。上面表皮有斜方形网纹，网纹中央有一个白点。下面有多数假根及紫褐色鳞片，假根及鳞片都有吸收养料，保存水分，固定植物体的功能。叶状体颇厚，为多层细胞所组成。其前端凹入处有顶端细胞，此细胞能不断地分裂形成新细胞，是地钱的生长点部分。这些细胞继续生长分化，即形成地钱配子体的各种组织。将成熟的叶状体（配子体）横切，可以看到内部的构造（图 4-2，*E*），最上层是表皮，表皮下有一层气室，气室的底部有许多不整齐的细胞，排列疏松，细胞内含有许多叶绿体，这是地钱的同化组织。室与室之间有不含或微含叶绿体的细胞，成为两室的限界。每室的顶部中央有个气孔（stoma），孔的周围由数个细胞构成烟囱状。气孔无闭合能力，肉眼从叶状体背面看到的菱形网纹，即为气室的分界，而中央的白点即为气孔。气室以下是由多层细胞组成的薄壁组织，内含有淀粉或油滴。有时也可以看到黏液道。下表皮与薄壁组织的细胞紧紧相连。

地钱是雌雄异株植物，当有性生殖的时候，在雄株植物体的中肋上生出雄生殖托（antheridiophore）（图4-2，A、F），雄生殖托圆盘状，具有长柄。雄生殖托内生有许多精子器腔，每一腔内生一个精子器，精子器腔有小孔与外界相通。精子器卵圆形，其壁由一层细胞构成，下有一个短柄与雄生殖托组织相连。成熟的精子器内具有许多精子，精子细长，顶端生有两条等长的鞭毛。在雌株的中肋上，生有雌生殖托（archegoniophore）（图4-2，B—D），雌生殖托伞形，下垂8～10条指状芒线，在两芒线间生有一列倒悬的颈卵器，每行颈卵器的两侧各有一片薄膜将其遮住，称蒴苞（involucre），颈卵器成瓶状，具有颈部及腹部和一个短柄。雌、雄生殖器官成熟时，精子器内的精子逸出器外，以水为媒介，游入成熟的颈卵器内。精子与卵结

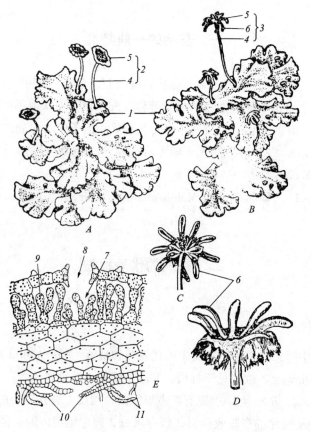

图4-2　地钱 I（A—E），示雌、雄生殖器官

A. 地钱的雄株（雄配子体）和雄生殖托；　*B.* 地钱的雌株（雌配子体）和雌生殖托；　*C、D.* 不同时期的雌生殖托；
E. 地钱的配子体横切面

1. 地钱的配子体（营养体）；　2. 雄株的雄生殖托；　3. 雌株的雌生殖托；　4. 托柄；　5. 托盘；　6. 指状芒线；
7. 气室；　8. 气孔；　9. 同化组织；　10. 鳞片；　11. 假根

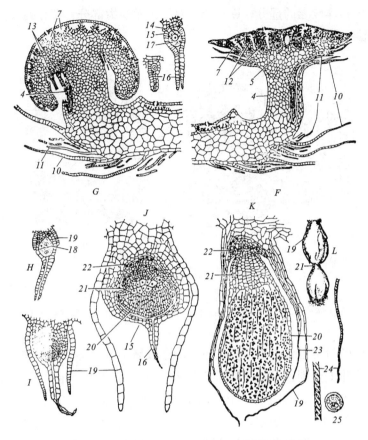

图 4-2　地钱Ⅱ（F—L），示胚和孢子体的发育

F. 雄生殖托的纵剖面；　G. 雌生殖托的纵剖面；　H. 两个细胞时期的胚体；　I. 略老的胚体；　J. 更老的胚体；

K. 成熟的胚体；　L. 正散放孢子和弹丝的孢子体

11. 假根；　12. 精子器；　13. 颈卵器；　14. 颈卵器柄；　15. 腹部；　16. 颈部；　17. 卵；　18. 孢子体；

19. 假蒴苞；　20. 孢蒴；　21. 蒴柄；　22. 基足；　23. 残留的颈部细胞；　24. 弹丝；　25. 孢子

合形成合子，合子在颈卵器内不经休眠，即发育为胚而形成孢子体（图 4-2，H—K）。地钱的孢子体分为 3 个部分，顶端为孢子囊（孢蒴），孢子囊基部有 1 个短柄（蒴柄），短柄先端伸入组织内而膨大，即为基足，基足吸收配子体的营养，供孢子体的生长发育。当无性生殖时，孢蒴内细胞，有的经减数分裂后形成同型孢子；有的不经减数分裂伸长，细胞壁螺旋状加厚而形成弹丝（elater）。孢蒴成熟后，撑破由颈卵器基部细胞发育的假蒴苞（假蒴萼，pseudoperianth），而伸出于外，由顶部不规则裂开，孢子借弹丝的作用散布出去。孢子同型异性，在适宜的环境中萌发雌性或雄性的原丝体，原丝体呈叶状，进一步发育形成新的植物体。

　　地钱除有性及无性生殖外，也有营养繁殖。地钱的营养繁殖主要是胞芽（gemmae），胞芽生于叶状体背面中肋上的绿色芽杯，即胞芽杯（gemma cup）中。胞芽形如鼓藻（*Cosmarium*）而一端具细柄，成熟时胞芽由柄处脱落，散发于土中，萌发成新的植物体。由于地钱是雌雄异株，都可以产生胞芽，胞芽发育形成的新植物体，性别不变，与母体相同（图 4-3）。地钱的营养繁殖，除胞芽外，植物体较老的部分，逐渐死亡腐烂，而幼嫩部分，即分裂成为两个新植物体，这种现象在苔藓植物中甚为普遍。

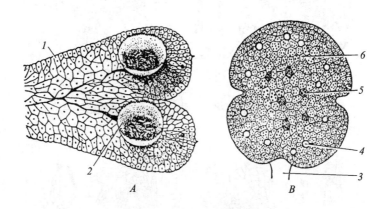

图 4-3　地钱的芽杯和胞芽

A. 胞芽杯；　*B*. 胞芽

1. 地钱的配子体；　2. 胞芽杯；　3. 胞芽柄；　4. 油细胞；　5. 产假根细胞；　6. 绿色细胞

综上所述，可以归结地钱的生活史如下：孢子发育为原丝体，原丝体发育成雌、雄配子体，在雌、雄配子体上分别形成精子器和颈卵器，在精子器内产生精子，颈卵器内产生卵，以上这个过程称有性世代或配子体世代，细胞核的染色体数目为单倍体（haploid），通常以（*n*）来表示。精子和卵结合成为受精卵，即合子，合子在颈卵器内发育成胚，由胚进一步发育成为孢子体，这个过程称无性世代或孢子体世代，细胞的染色体数目为二倍体（diploid），通常以（2*n*）来表示。孢子母细胞经减数分裂为四分孢子，使 2*n* 又变成 *n*。地钱的配子体是绿色的叶状体，能独立生活，在生活史中占主要地位。孢子体退化，不能独立生活，寄生在配子体上（图 4-4）。

（二）光萼苔属（*Porella*）

光萼苔属是叶苔目常见的苔类，在我国分布较广，多成片地匍匐丛生于阴湿石面或树干上。植物体有茎、叶分化。叶由单层细胞构成，共 3 列。左、右两列侧叶（lateral leaf）较大，每一侧叶二裂至基部形成两瓣，上面一瓣大的称背瓣（dorsal lobe），下面一瓣小的称腹瓣（ventral lobe），背瓣平展呈瓢形，腹瓣呈舌形与茎平行。与地面接触的一列称腹叶（underleaf），腹叶小，与腹瓣形状相似，由腹面观，叶片呈假 5 行排列。茎横断面呈圆形，细胞无组织分化。假根单细胞，着生于腹叶基部。光萼苔属为雌雄异株植物，生有精子器的雄器苞（perigonium）与生有颈卵器的雌器苞（perichaetium）生于侧生的短枝上。受精后卵发育为胚，胚形成孢子体。孢子体亦具有基足、蒴柄和孢蒴 3 个部分，蒴柄粗而柔软，孢蒴圆形，成熟时 4 瓣纵裂，孢子借弹丝作用散布体外，弹丝具有两条螺纹（图 4-5）。

叶苔目是苔类中种类最多的一目，全世界有 8 000 多种。多数生于热带及温暖的地区。在此目中，除多数的种类有茎、叶的分化外，有的仍为叶状体，如片叶苔属（*Riccardia*），也有的介

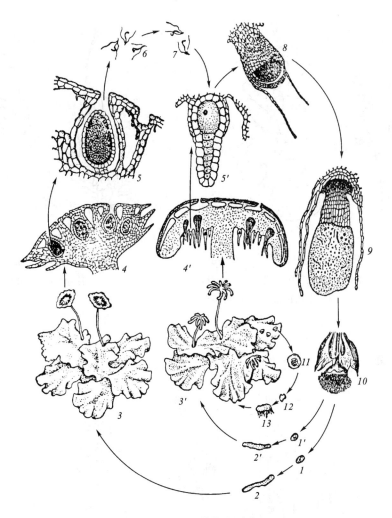

图 4-4　地钱的生活史

1、1′. 孢子；　2、2′. 原丝体；　3. 雄株；　3′. 雌株　4. 雄生殖托纵切面；　4′. 雌生殖托纵切面；　5. 精子器；
5′. 颈卵器；　6. 精子；　7. 精子借水的作用与卵结合；　8. 受精卵发育为胚；　9. 胚发育为孢子体　10. 孢子体
成熟后孢子及弹丝散发；　11. 胞芽杯内胞芽成熟；　12. 胞芽脱离母体；　13. 胞芽发育为新植物体
1—10. 为有性生殖；　11—13. 为营养繁殖

于两者之间，如塔叶苔属（*Schiffneria*）（图 4-6）。

（三）角苔属（*Anthoceros*）

角苔属（图 4-7）是角苔目的代表属，角苔属的植物体是有背腹面的叶状体，在叶状体的边缘有深缺刻，腹面生有假根。叶状体的内部构造简单，细胞无组织分化，每个细胞内含有一个大的叶绿体，在叶绿体上一般有一个蛋白核，此点与绿藻相似。在叶状体的腹面含有胶质穴，有念珠藻属植物附生于穴内。角苔属为雌雄同株植物，精子器和颈卵器均埋于叶状体内。孢子体细长呈长针状，基部有发达的基足埋于叶状体内。基足以上为孢子囊。孢子囊的基部组织有

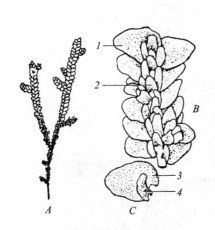

图 4-5　光萼苔

A. 植物体；　*B.* 植物体一段放大（腹面观）；　*C.* 侧叶放大

1. 侧叶；　2. 腹叶；　3. 侧叶背瓣；　4. 侧叶腹瓣

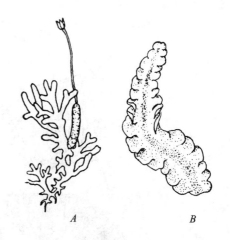

图 4-6　片叶苔和塔叶苔

A. 片叶苔；　*B.* 塔叶苔

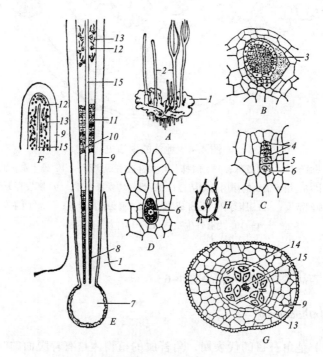

图 4-7　角苔

A. 植物体；　*B.* 精子器纵切面；　*C*、*D.* 不同发育时期的颈卵器；　*E.* 孢子体纵切面；　*F.* 孢子囊的顶部纵切
（尚未裂开）；　*G.* 孢子囊横切面；　*H.* 孢子囊表面的气孔

1. 配子体；　2. 孢子体；　3. 精子器；　4. 颈沟细胞；　5. 腹沟细胞；　6. 卵；　7. 基足；　8. 分生组织部分；

9. 孢子囊壁；　10. 孢子母细胞；　11. 形成弹丝的细胞；　12. 四分孢子；　13. 弹丝；　14. 孢子；　15. 蒴轴

继续分生能力，因此，孢子囊能继续生长，孢子囊的外壁由多层细胞构成，中央自上而下有由营养组织构成的蒴轴（columella），造孢组织形如长管，罩于蒴轴之外，造孢组织经减数分裂产生四分孢子，同时也产生弹丝。孢子的成熟期不一，由上而下渐次成熟，孢子成熟后，孢子囊壁由上而下逐渐纵裂成两瓣，孢子借弹丝的扭转力散出体外。而孢蒴轴仍残留于叶状体上（图4-7）。

角苔的孢子体外壁上含有叶绿体，表皮上有气孔，能进行光合作用制造养料，在配子体死亡后，能独立生活一个短的时期。

角苔目在其配子体、孢子体的构造上，与苔纲中其他两目有迥然不同的地方，如在细胞内只有一个大形叶绿体，并在叶绿体上有一个蛋白核，精子器、颈卵器均埋于配子体中，孢子体基部成熟较晚，能在一定时期内保持其分生能力，孢蒴中央有蒴轴，孢蒴壁上有气孔等。因此，有人主张角苔类植物应另成一纲为角苔纲（Anthocerotae）。

第三节　藓纲（Musci）

一、藓纲的一般特征

藓类植物种类繁多，遍布世界各地，由于它比苔类植物耐低温，因此，在温带、寒带、高山、冻原、森林、沼泽常能形成大片群落。

藓类植物的植物体有茎、叶的区别，为无背腹之分的茎叶体。有的种类的茎常有中轴分化，叶在茎上的排列多为螺旋式，故植物体呈辐射对称。有的叶具有中肋（nerve，midrib），孢子体构造比苔类复杂，蒴柄坚挺，孢蒴内有蒴轴，无弹丝，成熟时多为盖裂。孢子萌发后，原丝体时期发达，每个原丝体常形成多个植株。

藓纲分为3目，即泥炭藓目（Sphagnales）、黑藓目（Andreaeales）和真藓目（Bryales）。

二、藓纲的代表植物

（一）泥炭藓属（*Sphagnum*）

泥炭藓属是泥炭藓目的植物。泥炭藓目中只有泥炭藓科（Sphagnaceae）1科，泥炭藓属1属（图4-8）。

泥炭藓属是水湿地区或沼泽地区的藓类，植物体灰白色或灰黄色，有时紫红色，丛生成垫状，上部不断生长，下部逐渐死亡，无假根。茎直立，顶端分枝短而密集，成头状，侧枝丛生，有下垂的弱枝与上仰的强枝两种。叶片由单层细胞构成，无中肋，叶细胞有两种：一种是含有叶绿体的细长小型细胞，彼此相互连接成网状，是活细胞；一种是大型无色，细胞壁有螺纹加

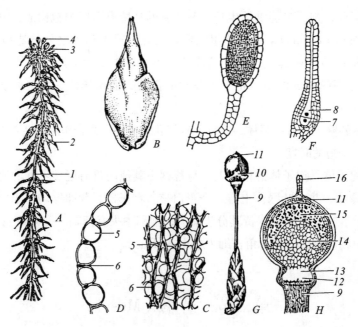

图 4-8 泥炭藓

A. 植物体； *B*. 枝叶； *C*. 枝叶一部分细胞放大； *D*. 枝叶横切面； *E*. 精子器； *F*. 颈卵器；
G. 孢子体； *H*. 孢子体纵切面

1. 茎； 2. 侧枝； 3. 顶枝； 4. 孢子体； 5. 无色贮水细胞； 6. 绿色细胞； 7. 卵； 8. 残存的腹沟细胞； 9. 假蒴柄；
10. 残余的颈卵器壁； 11. 蒴盖； 12. 基足； 13. 蒴柄； 14. 蒴轴； 15. 孢子； 16. 残留的颈卵器颈部

厚及小孔的死细胞。活细胞环绕着死细胞，能进行光合作用，制造有机养料。死细胞具有吸水和贮水的作用。茎横切面呈圆形，构造简单，分为皮部与中轴两部分，皮部细胞大形，无色，透明。中轴细胞小型，多为厚壁或薄壁。

泥炭藓的精子器和颈卵器，分别生于主茎顶端不同小枝上。精子器球形具有长柄，生于小枝的叶腋处。颈卵器也有柄，生于小枝的顶端。

泥炭藓的孢子体亦由孢蒴、蒴柄和基足3部分组成。孢蒴球形，上部有一圆形蒴盖（operculum），蒴盖外无蒴帽，孢蒴内有一半圆形蒴轴。造孢组织覆罩于蒴轴上面。造孢细胞经减数分裂后，形成四分孢子。蒴柄不延伸，极短，基足基部膨大，埋于配子体内。当孢子体生长时，生有孢子体的小枝顶端，也随着孢子体的生长而延长，发育为假蒴柄（pseudoseta），而将孢子体举于枝外，成熟后的孢蒴紫褐色，由蒴盖处裂开，成横裂。孢子散出体外，孢子萌发成为原丝体，原丝体为片状，每一个原丝体只形成一个植物体（配子体）。

泥炭藓属植物约有300多种，世界各地均有分布，尤以北温带分布较广。我国主要分布在东北、西北和西南部高寒地区。

（二）黑藓属（*Andreaea*）

黑藓属是属于黑藓目的藓类。黑藓目中只有1科2属，我国只有黑藓属。

黑藓属（图4-9）是生于高山、寒地或两极地方的小型藓类。植物体棕色或黑棕色，直立丛生。茎纯由厚壁细胞构成，无分化的中轴。叶片细胞亦为厚壁，细胞内含有油滴。中肋1～2条或退化。雌雄同株或异株。孢子体的孢蒴长卵形，有蒴帽（calyptra），无蒴盖，有蒴轴。孢蒴成熟时孢子囊壁四纵裂，但顶部与基部仍互相连接。蒴柄极短，基足插入由配子体延伸形成的假蒴柄内，孢子散落后萌发为原丝体。原丝体为片状。

全世界约有123种，我国种类不多，常见于1 800 m以上高山的花冈岩石上。

（三）葫芦藓属（*Funaria*）

葫芦藓属是真藓目中最常见的藓类。真藓目在藓类中种类最多，分布最广，遍布世界各地，是藓类中的一个大目。今以葫芦藓属的葫芦藓（*Funaria hygrometrica* Hedw.）为例，可以看到本目中的一般主要特征。

葫芦藓（图4-10）为土生喜氮的小型藓类。习见于田园、庭园、路旁，遍布于全国。植物体高约2 cm，直立，丛生，有茎、叶的分化。茎短小，基部生有假根。叶丛生于茎的上部，卵形或舌形，排列疏松。叶有明显的一条中肋，整个叶片除中肋外都是由一层细胞所构成。茎的构造比较简单，自表皮向内分作表皮、皮层和中轴3层组织。表皮、皮层基本是由薄壁细胞所组成。只有中轴部分的细胞比其他部分的细胞纵向延长而已，但并不形成真正的输导组织。茎的顶端具有生长点，生长点的顶细胞呈倒金字塔形，它能三面分裂，生成侧枝和叶。

葫芦藓为雌雄同株植物，但雌、雄生殖器官分别生在不同的枝上。产生精子器的枝，顶端叶

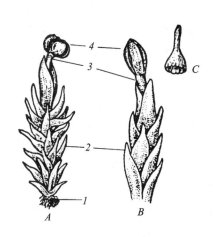

图4-9　黑藓

A. 植物体；　*B*. 植物体上部；　*C*. 蒴帽

1. 假根；　2. 叶；　3. 假蒴柄；　4. 纵裂的孢蒴

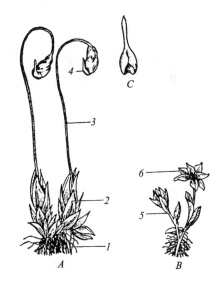

图4-10　葫芦藓

A. 具孢子体的植株；　*B*. 具颈卵器及精子器的植株；

C. 蒴帽

1. 假根；　2. 叶；　3. 孢子体；　4. 蒴帽；　5. 雌枝　6. 雄枝

形较大，而且外张，形如一朵小花，是为雄器苞，雄器苞中含有许多精子器和侧丝，精子器棒状，基部有小柄，内生有精子，精子具有两条鞭毛。精子器成熟后，顶端裂开，精子逸出体外。侧丝由一列细胞构成，呈丝状，但顶端细胞明显膨大。侧丝分布于精子器之间，将精子器分别隔开，这样能保存水分，保护精子器。产生颈卵器的枝，枝顶端如顶芽，其中有颈卵器数个。颈卵器瓶状，颈部细长，腹部膨大，腹下有长柄着生于枝端。颈部壁由一层细胞构成，腹部壁由多层细胞构成。颈部内有一串颈沟细胞，腹部内有一个卵细胞，颈沟细胞与卵细胞之间有一个腹沟细胞（图4-11）。

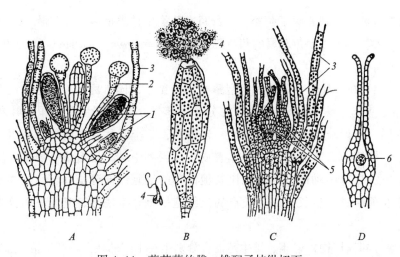

图 4-11　葫芦藓的雌、雄配子枝纵切面

A. 雄配子枝纵切面；　B. 成熟的精子器，精子正散发；　C. 雌配子枝纵切面；　D. 成熟的卵，颈沟细胞、腹沟细胞已溶解
1. 精子器；　2. 侧丝；　3. 叶；　4. 精子；　5. 颈卵器；　6. 卵

　　葫芦藓在生殖季节里，生殖器官成熟时，精子器的精子逸出，借助水游到颈卵器附近，进入成熟的颈卵器内，卵受精后形成合子。合子不经过休眠，即在颈卵器内发育为胚，胚逐渐分化形成基足、蒴柄和孢蒴，而成为一个孢子体。基足伸入母体之内，吸收养料，蒴柄初期生长较快，而将孢蒴顶出颈卵器之外，被撕裂的颈卵器部分，附着在孢蒴的外面，而形成蒴帽。蒴帽于孢蒴成熟后即行脱落。

　　孢子体的主要部分是孢蒴（图4-12），孢蒴的构造较为复杂，可分为3个部分：顶端为蒴盖，中部为蒴壶（urn），下部为蒴台（apophysis）。蒴盖的构造简单，由一层细胞构成，覆于孢蒴顶端。蒴壶的构造较为复杂，最外层是一层表皮细胞，表皮以内为蒴壁，蒴壁由多层细胞构成，其中有大的细胞间隙，为气室，中央部分为蒴轴，蒴轴与蒴壁之间有少量的孢原组织，孢子母细胞即来源于此。每个孢子母细胞经减数分裂后，形成四分孢子。蒴壶和蒴盖相邻处，外面有由表皮细胞加厚构成的环带（annulus），其内侧生有蒴齿（peristome）。蒴齿共有32枚，分内外两轮，各16枚。蒴盖脱落后，蒴齿露在外面，能行干湿性伸缩运动，孢子借蒴齿的运动弹出蒴外。蒴台在孢蒴的最下部，蒴台的表皮上有许多气孔，表皮内有2~3层薄壁细胞和一些排列疏松而含有叶绿素的薄壁细胞，能进行光合作用。

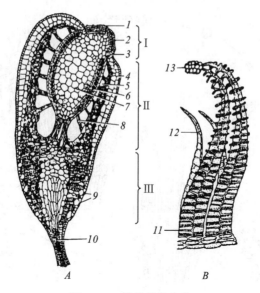

图 4-12　葫芦藓的孢蒴

A. 孢蒴；　B. 蒴齿

Ⅰ. 蒴盖；　Ⅱ. 蒴壶；　Ⅲ. 蒴台；　1. 蒴盖；　2. 蒴齿；　3. 环带；　4. 蒴壁；　5. 气室；　6. 孢原组织；　7. 蒴轴；

8. 气室中的营养丝；　9. 蒴台的气孔；　10. 蒴柄；　11. 外蒴齿；　12. 内蒴齿；　13. 孢子

孢蒴成熟后，孢子散出蒴外，在适宜的环境中萌发成为原丝体（图4-13）。原丝体是由绿丝体（chloronema）、轴丝体（caulonema）和假根构成。绿丝体的特征是每个细胞内含有多数椭圆形的叶绿体，其细胞的端壁与原丝体的长轴成直角，它的机能是进行光合作用；轴丝体的特征是每个细胞内叶绿体较少，多呈纺锤形，其细胞的端壁与原丝体的长轴呈斜交，它的机能是产生具有茎叶的芽；假根是由不含叶绿体的无色细胞构成，细胞的端壁亦是斜生，它的生理机能是固着与吸收作用。葫芦藓每一个孢子发生的原丝体，可以产生几个芽。每一个芽都能形成一个新植物体。当植物

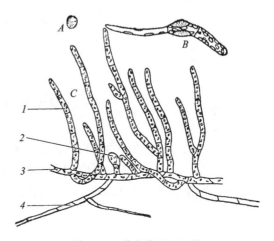

图 4-13　葫芦藓的原丝体

A. 孢子；　B. 孢子萌发；　C. 原丝体

1. 绿丝体；　2. 芽；　3. 轴丝体；　4. 假根

体生长一个时期后，又能在不同的枝上形成雌、雄生殖器官，进行有性生殖。

从葫芦藓的生活史看，和地钱相似，也是孢子体仍着生在配子体上，不能独立生活。但与地钱不同的是孢子体在构造上，比地钱较为复杂（图4-14）。

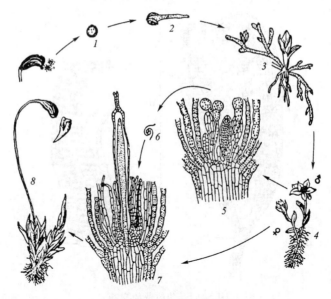

图 4-14　葫芦藓的生活史

1. 孢子；　2. 孢子萌发；　3. 具芽的原丝体；　4. 成熟的植物体，具有雌、雄配子枝；　5. 雄器苞的纵切面，示许多精子器和隔丝，外有许多苞叶；　6. 精子；　7. 雌器苞的纵切面，示许多颈卵器和正在发育的孢子体；　8. 成熟的孢子体仍着生于配子体上，孢蒴中有大量的孢子，蒴盖脱落后，孢子散发出蒴外

第四节　苔藓植物小结

一、苔藓植物的起源与演化

苔藓植物的生活史在高等植物中是很特殊的，它的配子体高度发达，支配着生活、营养和繁殖。而孢子体不发达，寄居在配子体上，居次要地位。从而对苔藓植物的来源问题，迄今尚未得出结论。根据现代植物学家的看法，主要有两种主张。

（一）起源于绿藻

主张起源于绿藻的人，认为苔藓植物的叶绿体和绿藻的载色体相似，具有相同的叶绿素和叶黄素。在角苔中并具有蛋白核，贮藏物质亦为淀粉。其代表植物体发育第一阶段的原丝体，也很像丝藻。在生殖时所产生的游动精子，具有两条等长的顶生鞭毛，也与绿藻的精子相似。其精卵结合后所产生的合子，在配子体内发育，这点在丝藻中的某些种类如鞘毛藻属（*Coleochaete*），也具有相似的迹象。此外，绿藻中的轮藻，植物体甚为分化，其所产生的卵囊与精子囊，也可与苔藓植物的颈卵器与精子器相比拟。而且轮藻的合子萌发时，也先产生丝状的芽体。但轮藻不产生二倍体的营养体，没有孢子行无性生殖，由轮藻演化而来，似乎可能性也不大。

另外在20世纪40年代到50年代末，先后在印度发现了佛氏藻（*Fritschiella tuberosa*）（图4-15），在日本本土及加拿大西部沿海地区，发现了藻苔（*Takakia lepidozioides*）（图4-16）两种植物。佛氏藻是绿藻门中胶毛藻科（Chaetophoraceae）植物，这种植物主要生长在潮湿的土壤上，偶尔也生长在树木上，植物体由许多丝状藻丝构成，并交织在一起而呈垫状，其中有的丝状体伸入土壤中成为无色的假根细胞，有的丝状体向上，形成单列细胞构成的气生枝，此种结构与叶状的苔类相似。而藻苔是苔藓植物门中的苔类植物，植物体的结构也非常简单，它的配子体没有假根，只有合轴分枝的主茎，在主茎上有螺旋状着生的小叶，小叶深裂成2～4瓣，裂瓣成线形。有颈卵器，侧生或顶生在主茎上。精子器、精子、孢子体迄今尚未发现。它的形态及结构都很像藻类，故以前在没有发现其颈卵器时，一直认为它是一种藻类植物。由于以上两种植物的发现，为认为苔藓植物来源于绿藻类植物者，或多或少地提供了例证。

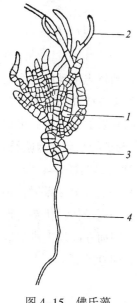

图4-15 佛氏藻

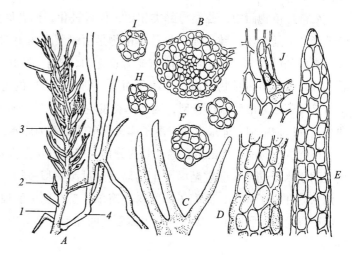

图4-16 藻苔

A. 植物体 1. 茎；2. 颈卵器；3. 叶；4. 鞭状枝；*B.* 茎的横切面；
C. 叶（示三深裂）；*D.* 叶的中部；*E.* 叶的尖部；*F—I.* 叶的横切面；
J. 叶基和茎的一部分，示黏液细胞

（二）起源于裸蕨类

主张起源于裸蕨类的人，见到裸蕨类中的角蕨属（*Hornea*）和鹿角蕨属（*Rhynia*）没有真正的叶与根，只在横生的茎上生有假根，这与苔藓植物体有相似处。在角蕨属、孢囊蕨属（*Sporogonites*）的孢子囊内，有一中轴构造，此点和角苔属、泥炭藓属、黑藓属的孢子囊中的蒴轴很相似。在苔藓植物中没有输导组织，只在角苔属的蒴轴内有类似输导组织的厚壁细胞。而在裸蕨类中，也可以看到输导组织消失的情况，如好尼蕨属（*Horneophyton*）的输导组织只在拟根茎中消失，而在孢囊蕨属中输导组织就不存在了。另外，按顶枝学说的概念，植物体的进化，是由分枝的孢子囊逐渐演变为集中的孢子囊。在裸蕨中的孢囊蕨已具有单一的孢子囊，而在藓类中的真藓（*Bryum argenteum* C.）中，就发现有畸形的分叉孢子囊（图4-17），似乎也可以证明苔藓植物起源于裸蕨类植物。由于以上原因，主张起源于裸蕨类的人，认为配子体占优势的苔藓植物，是由孢子体占优势的裸蕨植物演变而来，由于孢子体的逐步退化，配子体进一步复杂化的结果。此外，根据地质年代的记载，裸蕨类出现于志留纪，而苔藓植物发现于泥盆纪中期，苔藓植物比裸蕨类晚出现数千万年，从年代上也可以说明其进化顺序。

图 4-17 真藓

以上介绍有关苔藓植物起源的两种说法，直到今日尚不能确定何者为是，其主要原因是缺乏足够的论证，还有待于今后努力解决。

在苔藓植物门中，苔类与藓类相比，何者进化，何者原始，不同学者的见解也不一致。如认为苔藓植物是由绿藻中的鞘毛藻演化而来，则首先出现的类型是有背腹面的叶状体，再由叶状体演变为直立的、辐射对称的类型，因而苔类发生在前，藓类在后。假若认为苔藓植物是由轮藻演化而来，则首先出现的为具有茎、叶的辐射类型，然后再演变为具背腹之分的叶状体类型，因而藓类发生在先，苔类在后。若承认苔藓植物来源于裸蕨类，则在苔藓植物中孢子体最发达、配子体最简单的角苔为原始，再由角苔演变为其他苔类与藓类。

苔藓植物的配子体虽然有茎、叶的分化，但茎、叶构造简单，喜欢阴湿，在有性生殖时，必须借助于水，这都表明它是由水生到陆生的过渡类型植物。由于苔藓植物的配子体占优势，孢子体依附在配子体上，而配子体的构造简单，没有真正的根和输导组织，因而在陆地上难于进一步适应发展，所以不能像其他孢子体发达的陆生高等植物，能良好地适应陆生生活。

二、苔藓植物在自然界中的作用及其经济价值

（一）苔藓植物在自然界中的作用

苔藓植物在自然界中的作用有以下几点：

1. 苔藓植物能继蓝藻、地衣之后，生活于沙碛、荒漠、冻原地带及裸露的石面或新断裂的岩层上，在生长的过程中，能不断地分泌酸性物质，溶解岩面，本身死亡的残骸亦堆积在岩面之上，年深日久，即为其他高等植物创造了生存条件，因此，它是植物界的拓荒者之一。

2. 苔藓植物一般都有很大的吸水能力，尤其是当密集丛生时，其吸水量高时可达植物体干重的15～20倍，而其蒸发量却只有净水表面的1/5。因此，在防止水土流失上起着重要的作用。

3. 苔藓植物有很强的适应水湿的特性，特别是一些适应水湿很强的种类，如泥炭藓属、湿原藓属（*Calliergon*）、大湿原藓属（*Calliergonella*）、镰刀藓属（*Drepanocladus*）等，在湖边、沼泽中大片生长时，在适宜的条件下，上部能逐年产生新枝，下部老的植物体逐渐死亡、腐朽，因此，在长时间内上部藓层逐渐扩展，下部死亡、腐朽部分愈堆愈厚，可使湖泊、沼泽干枯，逐渐陆地化，为陆生的草本植物、灌木、乔木创造了生活条件，从而使湖泊、沼泽演替为森林（图 4-18）。

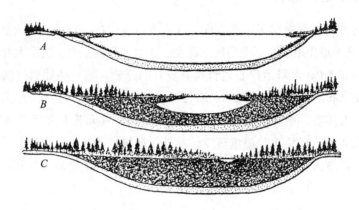

图 4-18 泥炭藓和苔藓泥炭的形成对湖泊演变的影响

A. 湖泊周边发生泥炭藓和其他沼泽植物，并逐渐向湖泊中部发展，湖泊已有浮堆的苔藓层，下面有沉积的泥炭，湖底有泥沙层；　B. 苔藓层逐年扩展，泥炭层沉积愈厚，湖面逐渐缩小，草原和森林随苔藓层的扩张，继沼泽植物之后向湖泊中部进展；　C. 湖泊仅余残迹，沼泽植物群落已为森林植物群落所演替

如果空气中湿度过大，上述一些藓类，由于能吸收空气中水湿气，使水长期蓄积于藓丛之中，亦能促成地面沼泽化，而形成高位沼泽。如高位沼泽在森林内形成，对森林危害甚大，可造成林木大批死亡（图 4-19）。因此，苔藓植物对湖泊、沼泽的陆地化和陆地的沼泽化，起着重要的演替作用。

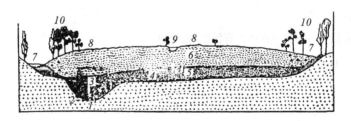

图 4-19 高位沼泽（高湿原）的形成和演变略图

1. 原始沼地的淤土；　2. 芦苇沼泽；　3. 苔草沼泽；　4. 森林沼泽；　5. 较老的泥炭沼泽；　6. 较新的泥炭沼泽；
7. 边缘湿原；　8. 高湿原的高出面；　9. 残留的"沼眼"；　10. 边缘的残林

图示由最初小面积的沼泽（图中 1），由于气候的潮湿和泥炭藓群落的发展，逐渐侵入森林地区，形成森林沼泽（图中 4），其后更扩展成为广大面积的高湿原，高湿原的水分是来自空中的水湿气，由于泥炭藓的吸水作用，而大量蓄积于地面。更由于沼泽化的扩大，对森林起了破坏作用。图中残留的树桩即是森林被破坏后的遗迹。森林的破坏也可能不是一次的，所以，图中上部也有局部森林的残迹。高湿原最主要的特点，在湿原的表面是高出而呈凸形。

4. 苔藓植物的生态发展是多方面的，对自然条件较为敏感，在不同的生态条件下，常出现不同种类的苔藓植物，因此，可以作为某一个生活条件下综合性的指示植物。如泥炭藓类多生于我国北方的落叶松和冷杉林中，金发藓多生于红松和云杉林中，而塔藓［*Hylocomium splendens*（Hedw.）B. S. G.］多生于冷杉和落叶松的半沼泽林中。在我国南方一些叶附生苔类，如细鳞苔科（Lejeuneaceae）、扁萼苔科（Radulaceae）植物多生于热带雨林内。

（二）苔藓植物在经济上的利用

苔藓植物有的种类可直接用于医药方面，如金发藓属（*Polytrichum*）的部分种（即本草中的土马鬃），有败热解毒作用，全草能乌发、活血、止血、利大小便。暖地大叶藓［*Rhodobryum giganteum*（Schwaegr.）Par.］对治疗心血管病有较好的疗效。而一些仙鹤藓属（*Atrichum*）、金发藓属等植物的提取液，对金黄色葡萄球菌有较强的抗菌作用，对革兰氏阳性菌有抗菌作用。

另外苔藓植物因其茎、叶具有很强的吸水、保水能力，在园艺上常用于包装运输新鲜苗木，或作为播种后的覆盖物，以免水分过量蒸发。此外，泥炭藓或其他藓类所形成的泥炭，可作燃料及肥料。总之，随着人类对自然界认识的逐步深入，对苔藓植物的研究利用也将进一步得到发展。

复习思考题

1. 苔藓植物门植物有哪些特征？为何植物学家把苔藓植物列入高等植物范畴？

2. 苔藓植物多生长在哪些地区？有何共同特点？

3. 如何区别苔类植物和藓类植物？

4. 苔类植物分哪些目？根据各目的代表植物看，它们之间有哪些主要异同点？

5. 详述地钱的生活史。

6. 藓类植物分哪些目？根据各目的代表植物看，它们之间有哪些主要异同点？

7. 详述葫芦藓的生活史。

8. 苔藓植物在自然界中有哪些作用？有何经济价值？

9. 试述苔藓植物的起源和两纲之间的演化关系。

第五章　蕨类植物（Pteridophyta）

第一节　维　管　植　物

一、维管植物的特征

凡是有维管系统（vascular system）的植物都称维管植物（vascular plant），包括蕨类和种子植物。它们与藻类、菌类、地衣、苔藓植物不同之处在于具有发达的维管系统。维管系统主要由木质部和韧皮部组成，木质部中含有运输水分的管胞或导管分子，韧皮部中含有运输无机盐和养料的筛胞或筛管。它们大多为陆生植物，只有少数在受精过程时需要在水中进行。它们的孢子体在生活史中占优势，只有在幼小的时候（即在胚胎阶段）才依赖配子体而生存。它们的配子体一般较小，在松柏类和有花植物中其配子体完全寄生在孢子体中，孢子体的形态结构有的较简单，仅为轴形，有的则分化成复杂的根、茎、叶系统。

二、中　柱　类　型

由初生木质部和初生韧皮部所组成的维管组织是一种初生结构。它们聚集而成中柱（stele）。按照维管组织排列方式的不同而形成多种类型的中柱。根据中柱类型可以判断植物类群之间的亲缘关系。

中柱可以分为下列 5 种类型：（1）原生中柱（protostele），包括单体中柱（haplostele）、星状中柱（actinostele）和编织中柱（plectostele）；（2）管状中柱（siphonostele），包括双韧管状中柱（amphiphloic siphonostele）和外韧管状中柱（ectophloic siphonostele）；（3）网状中柱（dictyostele）；（4）真中柱（eustele）；（5）散生中柱（atactostele）（图 5-1）。兹将各种类型中柱的特点分叙如下。

（一）原生中柱

原生中柱是最简单的中柱，被认为是中柱类型中最原始的类型。它出现于泥盆纪的化石中。具原生中柱的维管植物中有时可见到与角苔相似的蒴轴结构，这也说明其原始性。原生中柱的中央为木质部所占，其周围围绕着呈圆筒形的韧皮部（从横剖面看）。此种类型的中柱称单体中柱（图 5-1，*A*）。倘若木质部向四周生长出辐射排列的脊状突起，则形成星状中柱（图 5-1，

A'）。倘若韧皮部生长侵入木质部，使其在局部地区成为不连续的结构，这就演变成编织中柱（图 5-1，A''）。此种中柱见于裸蕨类、石松类及其他植物的幼茎中（有时也见于根中）。

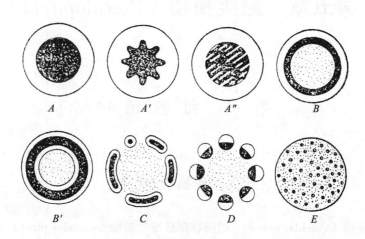

图 5-1　中柱类型横剖面图解

A—A''. 原生中柱：A. 单体中柱，A'. 星状中柱，A''. 编织中柱；　B. 外韧管状中柱；　B' 双韧管状中柱；
C. 网状中柱；　D. 真中柱；　E. 散生中柱（黑色表示木质部；白色表示韧皮部；黑点表示髓部）

（二）管状中柱

管状中柱的特点是木质部围绕中央髓形成圆筒状。若韧皮部在木质部的内外两边都出现则称为双韧管状中柱（图 5-1，B'），有许多蕨类植物具有此种中柱。若韧皮部位于木质部的外部表面则为外韧管状中柱（图 5-1，B）。管状中柱在蕨类植物中普遍存在。

（三）网状中柱

网状中柱（图 5-1，C）由管状中柱演变而来。由于茎的节间甚短，节部位叶隙密集，从而使中柱产生许多裂隙，从横剖面上看中柱被割成一束束。每一束中央为木质部，木质部外面围着韧皮部，而韧皮部外再围着内皮层。有不少蕨类植物具有此种类型的中柱。

（四）真中柱

真中柱（图 5-1，D）的木质部与韧皮部并列成束或索状。蕨类中的木贼属（*Happochaete*）及多数裸子植物、被子植物具此种类型的中柱。

（五）散生中柱

在单子叶植物中，维管组织分散于茎内。此种中柱称散生中柱（图 5-1，E）。

1963 年，韦特蒙（Wetmon）和里尔（Rier）曾用实验方法研究维管组织分化。将未分化的薄壁愈伤组织进行组织培养，发现若将与愈伤组织相同种的芽嫁接上去则导致在愈伤组织中产生维管组织的小结，但此种维管组织并不继续发展。这就清楚地说明维管组织的分化是受化学物质所控制。他们的进一步研究表明生长激素和糖能局部地导致维管组织的出现。他们对糖（葡萄糖和蔗糖）的浓度也进行了测定，发现 1.5%～2.0% 的蔗糖只导致产生木质部；若浓度提高到 3%～3.5%，则在愈伤组织中产生出中央为木质部，周围为韧皮部的维管组织，在木质部与韧皮部之间并能产生形成层；浓度若再提高到 4%～4.5% 则刺激产生韧皮部，使韧皮部逐渐占优势。若将生长激素与糖的混合物用毛细管注入愈伤组织，则导致形成筒状木质部和韧皮部，两者之间有形成层。此项研究充分说明了生长激素与糖在不同浓度情况下对愈伤组织分化所起的作用。

各种不同类型的中柱与植物的进化有何关系？对此有一种假说：若原生中柱中央的木质部被薄壁组织所取代则发展成筒状中柱。此种假说的佐证是有时在髓中会出现木质部的成分（管胞），此一过程被称为髓形成作用（medullation）。由于叶隙的大量出现，节间的缩短，便使管状中柱演化成真中柱和散生中柱，亦即在种子植物中所见到的中柱的最高级的形式。

三、维管植物的分类

对维管植物的分类目前尚存在分歧。一种观点认为维管植物有其共同祖先，它们是单元起源的（monophyletic），也就是说它只有一次起源，所有的维管植物都是由最初形成的原始祖先分化发展而来。因此，所有维管植物在分类系统中应归成一门，即维管植物门（Tracheophyta）。但是具有维管组织的植物千差万别，近年来，甚至在海藻中也发现了维管组织的分子，它与其他维管植物在系统演化上相差甚远，无法归成一类。

因此，另有一些学者基于下述现象提出了相反的意见。（1）根据化石记录，在同一时期如在古生代的泥盆纪同时出现了至少有 6 种类型的维管植物，由它们共同组成陆生植物区系；（2）现在维管植物种类繁杂，分化明显，实无法将其归为一类，因此将整个维管植物分成若干门。20 世纪 80 年代有些学者［博尔德（Bold）、亚历克索普洛斯（Alexopoulos）与德莱沃里斯（Delevoryas）］将其分得甚细，分成裸蕨门（Psilotophyta）、石松门（Microphynaphyta）、楔叶门（Arthrophyta）、真蕨门（Pteridophyta）、铁树门（Cycadophyta）、银杏门（Ginkgophyta）、松柏门（Coniferophyta）、买麻藤门（Gnetophyta）及有花植物门（Anthohyta）。为叙述简便起见，本书分别在蕨类植物、裸子植物和被子植物各章中予以论述。

第二节　蕨类植物的形态特征

蕨类植物又称羊齿植物，和苔藓植物一样具明显的世代交替现象，无性生殖是产生孢子，有性生殖器官为精子器和颈卵器。但是蕨类植物的孢子体远比配子体发达，并有根、茎、叶的分化，内有维管组织，这些又是异于苔藓植物的特点。蕨类植物只产生孢子，不产生种子，则有别于种子植物。蕨类的孢子体和配子体都能独立生活，此点和苔藓植物及种子植物均不相同。因此，就进化水平看，蕨类植物是介于苔藓植物和种子植物之间的一个大类群。

蕨类植物分布广泛，除了海洋和沙漠外，无论在平原、森林、草地、岩缝、溪沟、沼泽、高山和水域中都有它们的踪迹，尤以热带和亚热带地区为其分布中心。

现在地球上生存的蕨类约有 12 000 多种，其中绝大多数为草本植物。我国约有 33 科 247 属 2 574 种，多分布在西南地区和长江流域以南各省及台湾省等地，仅云南省就有 1 000 多种，在我国有"蕨类王国"之称。

蕨类植物大多为土生、石生或附生，少数为水生或亚水生，一般表现为喜阴湿和温暖的特性。

蕨类植物的孢子体一般为多年生草本，少数为一年生的。除极少数原始种类仅具假根外，均生有吸收能力较好的不定根。茎通常为根状茎，少数为直立的树干状或其他形式的地上茎。有些原始的种类还兼具气生茎和根状茎。

蕨类植物的中柱类型主要有原生中柱、管状中柱、网状中柱和多环中柱等。

维管系统是由木质部和韧皮部组成，分别担任水、无机养料和有机物质的运输。木质部的主要成分为管胞（图 5-2），壁上具有环纹、螺纹、梯纹或其他形状的加厚部分，也有一些蕨类具有导管，如一些石松纲植物和真蕨纲中的蕨［*Pteridium aquilinum*（L.）Kuhn］。不过蕨类植物的导管和管胞的大小，区别不甚显著。木质部除了管胞和导管外，还有薄壁组织。韧皮部的主要成分是筛胞和筛管以及韧皮薄壁组织。在现代生存的蕨类中，除了极少数如水韭属（*Isoetes*）和瓶尔小草属（*Ophioglossum*）等种类外，一般没有形成层的结构。

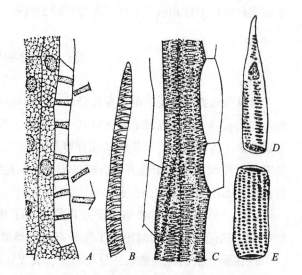

图 5-2　管胞和导管

A. 木贼属的环纹管胞；　*B.* 满江红属的螺纹管胞；　*C.* 苹属的梯纹管胞；　*D*、*E.* 卷柏属的梯纹导管

蕨类植物的叶有小型叶（microphyll）和大型叶（macrophyll）两类，小型叶如松叶蕨（*Psilotum nudum*）、石松（*Lycopodium clavatum*）等的叶，它没有叶隙（leaf gap）和叶柄，只具 1 个单一不分枝的叶脉（vein）。大型叶有叶柄，维管束有或无叶隙，叶脉多分枝。

蕨类植物的叶子中，有些进行光合作用的叶，称为营养叶或不育叶（foliage leaf, sterile frond）；也有些叶子的主要作用是产生孢子囊和孢子，称为孢子叶或能育叶（sporophyll, fertile frond）。有些蕨类的营养叶和孢子叶是不分的，而且形状相同，称同型叶（homomorphic leaf）；也有孢子叶和营养叶形状完全不相同的，称为异型叶（heteromorphic leaf）。在系统演化过程中，同型叶是朝着异型叶的方向发展的。

蕨类植物的孢子囊，在小型叶蕨类中是单生在孢子叶的近轴面叶腋或叶子基部，孢子叶通常集生在枝的顶端，形成球状或穗状，称孢子叶球（strobilus）或称孢子叶穗（sporophyll spike）。

较进化的真蕨类，其孢子囊通常生在孢子叶的背面、边缘或集生在一个特化的孢子叶上，往往由多数孢子囊聚集成群，称为孢子囊群或孢子堆（sorus）。水生蕨类的孢子囊群生在特化的孢子果（或称孢子荚，sporocarp）内。

多数蕨类产生的孢子大小相同，称为孢子同型（isospory），而卷柏植物和少数水生蕨类的孢子有大小之分，称孢子异型（heterospory）。无论是同型孢子（isospore）还是异型孢子（heterospore），在形态上都可分为两类（图5-3）：一类是肾形，单裂缝，两侧对称的两面型孢子；另一类是圆形或钝三角形，三裂缝，辐射对称的四面型孢子。孢子的周壁通常具有不同的突起和纹饰。孢子形成时是经过减数分裂的，所以孢子的染色体是单倍的。

孢子萌发后，形成配子体。配子体又称原叶体，小型，结构简单，生活期较短。原始类型的配子体呈辐射对称的块状或圆柱状体，埋在土中或部分埋在土中，通过菌根作用取得营养，如松叶蕨［*Psilotum nudum*（L.）Grised.］。极少数种类的配子体为丝状，像莎草蕨属（*Schizaea*）。绝大多数蕨类的配子体为绿色、具有腹背分化的叶状体，能独立生活，在腹面产生颈卵器和精子器，和苔类植物相似，但精子多鞭毛。像卷柏和水生蕨类等异孢种类，配子体是在孢子内部发育的，已趋向于失去独立性的方向发展。配子体产生的精子和卵，在受精时还不能脱离水的环境。受精卵发育成胚，幼胚暂时寄生在配子体上，长大后配子体死亡，孢子体即行独立生活。

蕨类植物的生活史（图5-4），有两个独立生活的植物体，即孢子体和配子体。从受精卵萌发开始，到孢子母细胞进行减数分裂前为止，这一过程称为孢子体世代，或称为无性世代，它的细胞染色体是双倍的（$2n$）。从孢子萌发到精子和卵结合前的阶段，称为配子体世代，或称有性世代，其细胞染色体数目是单倍的（n）。在它一生中世代交替明显，而孢子体世代占很大的优势。

但是，有少数蕨类植物为配子体占优

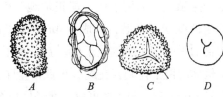

图5-3　孢子类型

A、B. 两面型孢子；*C*. 四面型孢子；*D*. 球形四面型孢子

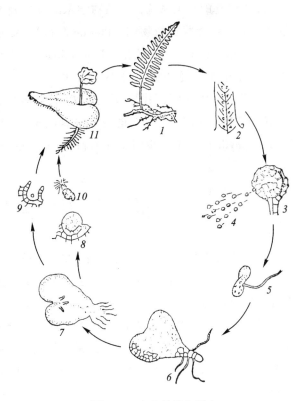

图5-4　水龙骨的生活史

1. 成熟孢子体；　2. 孢子叶的一部分；　3. 孢子囊；　4. 孢子；5. 孢子萌发；　6. 幼配子体；　7. 成熟配子体（具精子器及颈卵器）；　8. 精子器；　9. 颈卵器；　10. 精子；　11. 幼孢子体

势。现在已发现的至少有 3 科 4 属蕨类属于此种情况。例如广泛分布于北美洲温带地区的书带蕨属（*Vittaria*）中的 *V. lineata*，它的配子体为叶状体，宛如一薄层的淡绿色的叶状地衣，繁茂地生于岩石洞中。此外，尚有瓶蕨属（*Trichomanes*）中的 *T. bashianum*，其配子体犹如刚毛藻的分枝丝状体。它们从不产生孢子体或极少产生孢子体，在整个生活史中配子体始终占优势。

在蕨类植物中，存在着孢子体不经过孢子而产生配子体的现象，称为无孢子生殖。同时，配子体也可以不经过配子的结合，而直接产生孢子体的，这种现象称为无配子生殖。无配子生殖在蕨类植物中相当普遍，有时在一种植物中，同时可具有无配子生殖和无孢子生殖的现象，许多无孢子生殖产生的配子体，能正常地产生精子器和颈卵器，这种配子体的染色体数目为 $2n$，由此产生的配子配合后，形成了 $4n$ 的孢子体，这种四倍体（tetraploid）的孢子体，也可诱导形成四倍的无孢子生殖的配子体。真蕨类中这种诱导成的无孢子生殖的二倍体的配子体，也可以与单倍体的配子体相互交配，由此产生了三倍体（triploid）的孢子体。

无配子生殖时，孢子体可以从配子体单个营养细胞，或颈卵器附近，或颈卵器内除卵细胞以外的细胞产生，也可以由一个卵细胞不经过配子的结合，而直接形成孢子体，后者则称为单性生殖（孤雌生殖）。

蕨类植物的分类系统，各植物学家的意见颇不一致，过去常将蕨类植物作为一个自然群，在分类上被列为蕨类植物门（Pteridophyta），又将蕨类植物门分为松叶蕨纲（Psilotinae）、石松纲（Lycopodinae）、木贼纲（Equisetinae）[楔叶纲（Sphenopinae）] 和真蕨纲（Filicinae）。也有人在这 4 个纲外加水韭纲（Isoetinae）而成为 5 个纲的。也有将 4 个纲提升为 4 个门或 5 个门的。1978 年，我国蕨类植物学家秦仁昌教授将蕨类植物门分为 5 个亚门，即石松亚门（Lycophytina）、水韭亚门（Isoephytina）、松叶蕨亚门（Psilophytina）、楔叶亚门（Sphenophytina）和真蕨亚门（Filicophytina）。本书采用以 5 个亚门分类的新系统。

第三节　石松亚门（Lycophytina）

石松亚门植物的起源也是比较古老的，几乎和裸蕨植物同时出现。在石炭纪时最为繁茂，既有草本的种类，也有高大的乔木，到二叠纪时，绝大多数石松植物相继绝灭，现在遗留下来的只是少数草本类型。

孢子体有根、茎、叶的分化。茎多数二叉分枝，通常具原生中柱，木质部为外始式。小型叶，仅一条叶脉，无叶隙存在，螺旋状或对生排列，有的具叶舌结构。孢子囊单生于叶腋或近叶腋处，孢子叶通常集生于分枝的顶端，形成孢子叶球。孢子同型或异型，配子体两性或单性。

现代生存的石松亚门植物，有石松目（Lycopodiales）和卷柏目（Selaginellales）。

（一）石松目

叶螺旋状排列，无叶舌，多数种类的孢子叶集生于枝的顶端，形成孢子叶球，也有不分孢子叶和营养叶的，孢子囊生于叶腋基部，孢子同型。孢子萌发成配子体需要菌根共生，配子体为不规则的块状体，全部或部分埋在地下。本目有2科，即石松科（Lycopodiaceae）和石杉科（Huperziaceae）。两科的区别在于前者茎匍匐，孢子囊集成孢子叶球、孢子叶与营养叶异形，孢子壁具网状、拟网状或颗粒状纹饰；后者茎直立，孢子囊不成孢子叶球，孢子叶与营养叶同形或较小，孢子壁具蜂窝状纹饰。兹以本目中最大的属石松属（Lycopodium）为代表。本属约400种，分布于全世界。

石松属为多年生草本植物，茎匍匐或直立，也有悬垂的，具不定根，通常叉状分枝，小枝密生鳞片状或针状小叶，通常螺旋状排列，无叶脉或仅具1条中脉。茎分表皮、皮层和中柱3部分。表皮1层，具保护作用。皮层宽，内有机械组织及叶迹。机械组织的位置有靠近在中柱附近，也有在表皮下面的。茎的中央为中柱，无髓，也无形成层，呈辐射式星状中柱（图5-5）。有的种类木质部和韧皮部相间隔并几乎平行排列，这种类型的中柱，称为纺织中柱。木质部为外始式。

孢子囊生在孢子叶的近叶腋处，大多数种类的孢子叶集生在分枝的顶端，形成孢子叶球（图5-6）。但也有一些种类，孢子叶与营养叶同形，且不形成孢子叶球。孢子囊大、肾形，有短柄，囊壁由数层细胞组成。孢子四面型，黄色，为同型孢子。

石松的孢子落地后，通常经过多年的休眠才能萌发，而且需要有特定的真菌的共生才能生

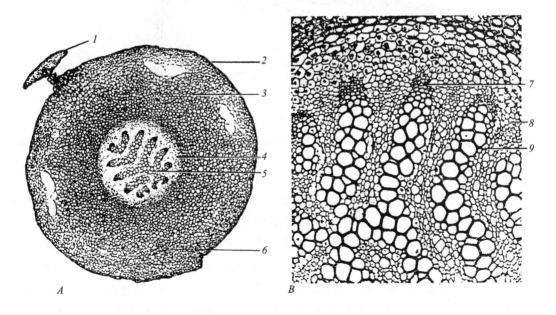

图 5-5　石松茎的横剖面，示原生中柱

A. 整个横剖面轮廓图；　*B.* 中柱局部放大

1. 叶；　2. 表皮；　3. 皮层；　4. 内皮层；　5. 中柱；　6. 叶迹；　7. 原生木质部；　8. 韧皮部；　9. 后生木质部

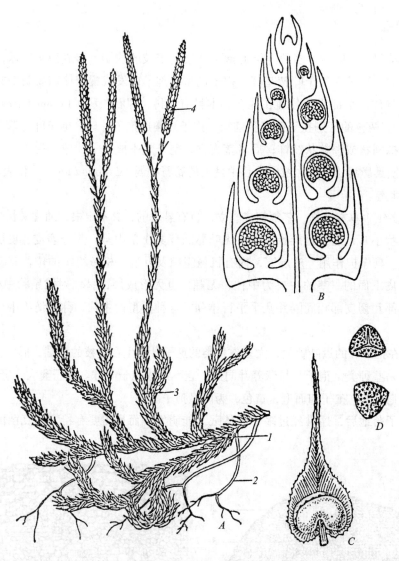

图 5-6　石松孢子体

A. 植株　1. 匍匐茎；　2. 不定根；　3. 直立茎；　4. 孢子叶球；　B. 孢子叶球纵切；　C. 孢子叶及孢子囊；　D. 孢子

长。石松属的配子体为不规则的块状体，有假根。有些种类的配子体全部埋在土中，无叶绿体，如石松的配子体（图 5-7）。有的种类是部分埋在土中，部分露出地面，气生部分有叶绿体，如地刷子石松（*L. complanatum* L.）（图 5-8）的配子体。也有的配子体生在土壤表面，具叶绿体，能营光合作用，如灯笼草［*Palhinhaea cernna*（L.）A. Franco et Vase.］的配子体。配子体生活期很长，部分或全部靠菌丝营养，精子器和颈卵器同生于配子体的上面，并埋在组织中（图 5-9）。精子器椭圆状，具厚壁。精子有两根鞭毛，能游动。颈卵器的颈部露出配子体外，内具颈沟细胞、腹沟细胞和卵。受精时颈沟细胞和腹沟细胞解体消失，精子游入其中并和卵受精，所以受精时脱离不了水，受精卵进行分裂发育成胚。胚有胚柄细胞、基足，并初步具有根、茎、叶的

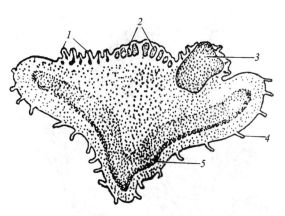

图 5-8　地刷子石松配子体

1. 颈卵器；　2. 精子器；　3. 胚

4. 假根；　5. 生长根菌的部分

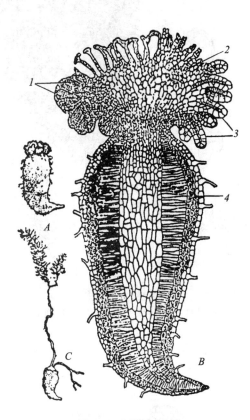

图 5-7　石松配子体

A. 配子体；　*B.* 配子体纵切面放大；

C. 配子体和幼孢子体

1. 精子器；　2. 胚；　3. 颈卵器；　4. 表皮、具菌丝的组织

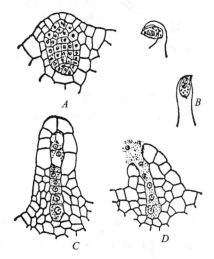

图 5-9　石松属的有性器官

A. 精子器；　*B.* 游动精子；　*C*、*D.* 颈卵器

雏形。胚长大即为孢子体，孢子体能独立生活时，配子体就死亡了。

　　石松属植物大都产于热带、亚热带，也有广布于温带及寒带地区的，喜酸性土壤，我国有 20 余种，常见的有石松、地刷子石松、灯笼草（图 5-10）、千层塔（*L. serratum* Thunb.）（图 5-11）。

（二）卷柏目

　　植物体通常匍匐，有背腹面，匍匐茎的中轴上有向下生长的根托（rhizophore），根托先端生许多不定根，叶为小型叶，有叶舌（ligule），孢子叶通常集生成孢子叶球，有大、小孢子之分，孢子囊异型，大孢子囊产生 1～4 个大孢子，小孢子囊有多数小孢子。

　　卷柏目仅有卷柏属（*Selaginella*）一属。

　　卷柏属　植物体分根、茎、叶 3 部分，茎匍匐或直立，匍匐生长的种类多数具根托，因根托

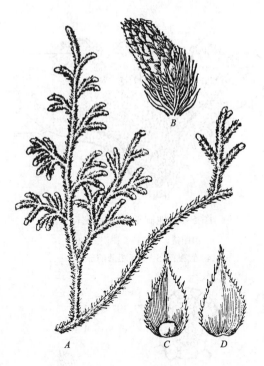

图 5-10 灯笼草

A. 植株一部分；B. 孢子叶球；C、D. 孢子叶 C 为腹面示孢子囊，D 为背面

图 5-11 千层塔

A. 植株；B. 叶；C. 孢子囊 D. 孢子

为外起源，故可视根托是无叶的枝，先端生不定根，如翠云草〔S. uncinata（Desv.）Spring〕。直立茎的种类，通常在茎的基部生根。茎的内部构造分表皮、皮层和中柱 3 部分（图 5-12）。表皮无气孔。皮层与中柱间有巨大的间隙，是被一种疏松的辐射状排列的长形细胞隔开所形成的，这些细胞称为横桥细胞。中柱是简单的原生中柱到多环式管状中柱等的中间形式，有些种类的茎中具有 2 到多个原生中柱，木质部为梯纹导管。叶为鳞片状，通常排列成 4 行，左右 2 行较大，称为侧叶，中央 2 行较小，称中叶，侧叶和中叶呈对生排列。直立茎类型的主茎上的叶，往往等大，螺旋状排列，如江南卷柏（S. mollandorfii Hieron.）。叶上面近叶腋处有一突出小片，称叶舌，其作用不明。

孢子囊生于孢子叶的叶腋内，每个孢子叶

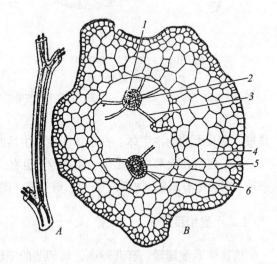

图 5-12 卷柏属茎的横切面

A. 透明化了的茎的一部分，可以看到输导系统；B. 茎的横切面，显示皮层，两个分体中柱和横桥细胞 1. 韧皮部；2. 中柱鞘；3. 横桥细胞；4. 皮层；5. 后生木质部；6. 原生木质部

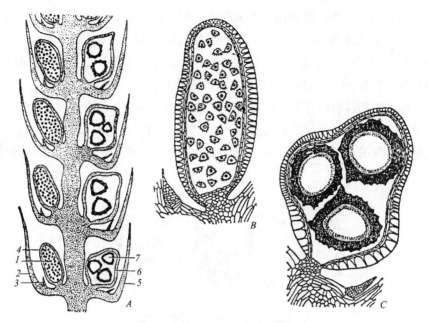

图 5-13　卷柏属的孢子叶球和孢子囊

A. 孢子叶球纵切；　*B.* 小孢子囊纵切；　*C.* 大孢子囊纵切

1. 小孢子囊；　2. 小孢子叶；　3. 叶舌；　4. 小孢子；　5. 大孢子叶；　6. 大孢子囊；　7. 大孢子

上着生 1 个孢子囊，和石松一样，但孢子囊有大小之别（图 5-13），大多数种类的大小孢子叶，集生于枝的顶端，形成四方柱的孢子叶球。有些种的孢子叶是同形的，也有的是异形的。大小孢子叶的着生位置，有些种类是小孢子叶生在球的上部，大孢子叶生在球的基部，也有的种类二者相间成纵行排列。大孢子囊通常较大，一般只有 1 个大孢子母细胞能分裂，产生 1～4 个大孢子；小孢子囊较小，产生许多小孢子。孢子的壁有瘤状、棒状或刺状等各种纹饰。

　　卷柏的大孢子萌发成雌配子体，小孢子萌发成雄配子体，其性的分化已经在孢子中形成。卷柏属的配子体极度退化，是在孢子壁内发育的，尤其是雄性配子体，当小孢子囊尚未开裂时，小孢子已分裂成大小 2 个，小的是原叶细胞（prothallial cell），不再分裂；大细胞分裂几次形成精子器，其外面的一层细胞称精子器壁。卷柏的雄配子体是由 1 个精子器和 1 个原叶细胞（营养细胞）所组成。精原细胞经过多次分裂产生 256 个精子，精子具双鞭毛，成熟后，壁破裂，精子游出（图 5-14）。

　　雌配子体的初期发育也是在大孢子壁内，同时也不脱离大孢子囊，大孢子的核经过多次

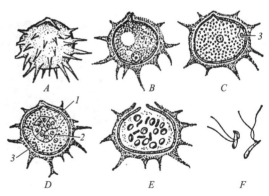

图 5-14　卷柏属雄配子体的发育过程图解

A. 小孢子；　*B.* 分裂；　*C.* 两个细胞的雄配子体；

D. 将成熟的雄配子体；　*E.* 成熟的雄配子体；　*F.* 精子

1. 精子器壁；　2. 精原细胞；　3. 原叶细胞

分裂，形成很多自由核，再由外向内产生细胞壁，成为营养组织，色绿，能进行光合作用，其中有一部分突出于大孢子顶端的裂口处，产生假根，颈卵器生在突出部分的组织中，有 8 个颈细胞（排成两层），1 个颈沟细胞，1 个腹沟细胞和 1 个卵（图 5-15），精子和卵结合形成受精卵，并发育为胚（图 5-16）。胚的形态和发育与石松属相似。

现代生存的卷柏属植物约有 700 种，我国有 50 余种，多分布在热带和亚热带，一般生长在潮湿林下、草地或岩石上，也有少数比较耐干旱的种类，如卷柏［*S. tamariscina*（Beauv.）Spr.］（图 5-17）和中华卷柏［*S. sinensis*（Desv.）Spr.］（图 5-18），当环境干旱时，卷柏的小枝向内

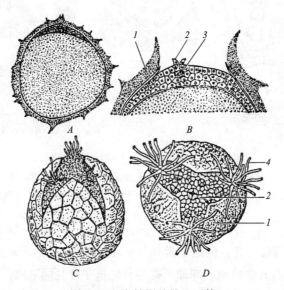

图 5-15　卷柏属的雌配子体

A. 雌配子体的发育；　*B*. 成熟雌配子体的一部分；　*C*. 雌配子体的侧面观；　*D*. 雌配子体的顶面观

1. 大孢子壁；　2. 颈卵器的颈部；　3. 卵；　4. 假根

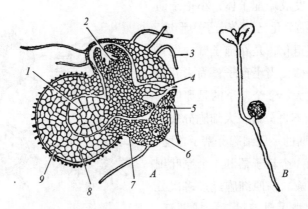

图 5-16　卷柏属的幼孢子体

A. 幼孢子体在雌配子体上；　*B*. 幼孢子体长大，还附着在雌配子体上

1. 足；　2. 茎；　3. 假根；　4. 胚柄；　5. 根；　6. 颈卵器；　7. 雌配子体的光合作用组织；

8. 雌配子体的贮藏组织；　9. 大孢子壁

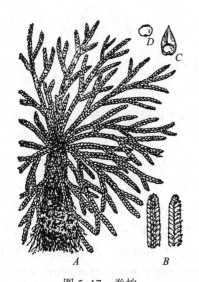

图 5-17　卷柏

A. 植株；　*B.* 带叶小枝的腹面观和背面观；
C. 孢子叶和孢子囊；　*D.* 孢子囊

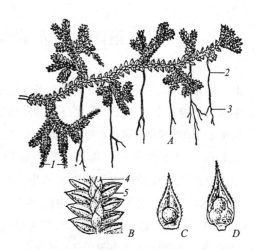

图 5-18　中华卷柏

A. 植株；　*B.* 枝的部分放大；　*C.* 小孢子叶和小孢子囊；
D. 大孢子叶和大孢子囊

1. 孢子叶球；　2. 根托；　3. 不定根；　4. 中叶；　5. 侧叶

拳卷，遇潮湿时又伸展开来，所以卷柏俗称为还魂草。另外，常见的还有江南卷柏（图 5-19）、翠云草、伏地卷柏（*S. nipponica* Franch et Sav.）等。

图 5-19　江南卷柏

A. 植株；　*B.* 主茎的一部分；　*C.* 分枝的一部分；　*D.* 侧叶；　*E.* 中叶

第四节　水韭亚门（Isoephytina）

孢子体为草本，茎粗短似块茎状，具原生中柱，有螺纹及网纹管胞。叶具叶舌，孢子叶的近轴面生长孢子囊，孢子有大、小之分。游动精子具多鞭毛。

水韭亚门植物现存的只有水韭目（Isoetales），水韭科（Isoetaceae），水韭属（*Isoetes*）（图5-20）。

水韭属　孢子体体形似韭菜，茎粗短块状，茎下部的纵沟内有许多须状不定根，具根托，茎内有次生生长的结构。叶细长丛生，螺旋状紧密排列，近轴面具叶舌，有大小孢子叶之分。茎的外周多为大孢子叶，而近中间多为小孢子叶。孢子囊生于孢子叶的叶舌下方的1个特殊的凹穴中，凹穴常被一些由不育细胞所组成的横隔片所隔开，外有缘膜。大孢子囊含大孢子150～300枚，小孢子囊含小孢子30万枚或更多。孢子囊没有适应散布孢子的特殊结构，仅靠孢子囊的壁腐烂后散发。

配子体极度退化，有雌、雄配子体之分，与卷柏的配子体相似，而水韭的精子是多鞭毛的。

水韭属大约70余种，绝大多数是亚水生或沼泽地生长的，我国有3种，最常见的为中华水韭（*I. sinensis* Palmer），普遍分布于长江下游地区，其次是水韭（*I. japonica* A. Br.），产于西南。

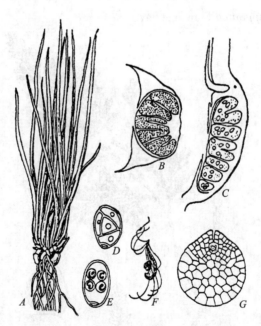

图 5-20　水韭属

A. 孢子体外形；　B. 小孢子叶横切面（示小孢子囊）；　C. 大孢子叶纵切面（示大孢子囊）；
D、E. 雄配子体；　F. 游动精子；　G. 雌配子体

第五节 松叶蕨亚门（Psilophytina）

松叶蕨亚门植物的孢子体分匍匐的根状茎和直立的气生枝，无根，仅在根状茎上生毛状假根，这和其他维管植物不同。气生枝二叉分枝，具原生中柱。小型叶，但无叶脉或仅有单一叶脉。孢子囊大都生在枝端，孢子圆形，这些都是比较原始的性状。

现代生存的松叶蕨亚门裸蕨植物，仅存松叶蕨目（Psilotales），包含2个小属，即松叶蕨属（*Psilotum*）和梅溪蕨属（*Tmesipleris*）。前者有2种，我国仅有松叶蕨［P. nudum（L.）Grised.］1种，产热带和亚热带地区。后者仅1种梅溪蕨［T. tannensis（Spreng.）Bernh.］（图5-21），产澳大利亚、新西兰及南太平洋诸岛。

松叶蕨（图5-22）孢子体分根状茎和气生枝，根状茎棕褐色，生于腐殖土或崖缝中，也有附生在树皮上。无真根，仅有假根，体内有共生的内生菌丝。气生枝多次叉状分枝，基部棕红色，上部绿色能营光合作用，主枝有纵脊3~5条，小枝扁平，具原生中柱或外始式管状中柱，表皮有气孔（图5-23）。叶为鳞片状，小型叶，无叶脉及气孔。

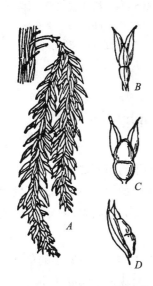

图5-21 梅溪蕨的孢子体

A. 孢子体外形，示植物体的附生状态；孢子叶生在枝的顶端； *B、C.* 孢子叶的顶面观，示未裂开和裂开的孢子囊； *D.* 孢子叶的侧面观

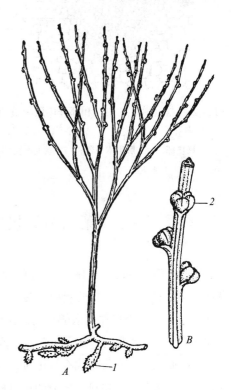

图5-22 松叶蕨外形

A. 孢子体全形； *B.* 放大的具有聚囊的小枝
1. 假根； 2. 孢子囊

孢子囊分 3 室，系由 3 个孢子囊聚合而成，具短柄，生在孢子叶的叶腋内。孢子同型。

配子体发育在腐殖土或石隙中（图 5-24），体小，呈不规则圆筒状，与初期发育的孢子体很相似，棕色无叶绿素，有单细胞的假根，内具断续的中柱，木质部的管胞为环纹或梯纹，维管束的边缘部分有菌丝共生。配子体的表面有颈卵器和精子器，其结构大致和苔藓植物相似，精子多鞭毛，受精时需要水湿条件，胚的发育也必须具有菌丝的共生。

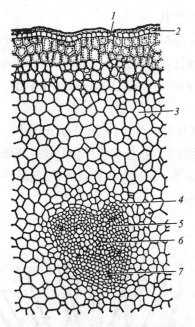

图 5-23　松叶蕨茎的中柱和部分皮层的横切面

1. 气孔；　2. 表皮；　3. 皮层；　4. 内皮层；
5. 韧皮部；　6. 后生木质部；　7. 原生木质部

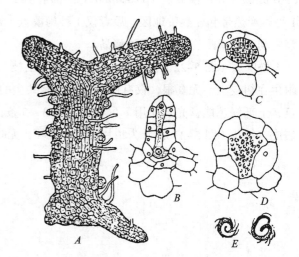

图 5-24　松叶蕨的配子体

A. 配子体外形；　*B*. 颈卵器；
C、*D*. 精子器；　*E*. 游动精子

第六节　楔叶亚门（Sphenophytina）

楔叶亚门植物的孢子体有根、茎、叶的分化。茎有明显的节与节间之分，节间中空，茎上有纵肋（stem rib）。中柱由管状中柱转化为具节中柱，木质部为内始式。小型叶，不发达，轮生成鞘状。孢子囊生于特殊的孢子叶上，这种孢子叶又称孢囊柄（sporangiophore），孢囊柄在某些枝干顶端聚集成孢子叶球。孢子同型或异型，周壁具弹丝。

楔叶亚门植物在古生代石炭纪时，曾盛极一时，有高大的木本，也有矮小的草本，生沼泽多水地区，现大都已经绝迹，孑遗的仅木贼科（Equisetaceae），木贼属（*Equisetum*）。

木贼属　孢子体均为多年生草本，具根状茎和气生茎，均有节与节间之分，间间中空，相邻 2 个节间的中央气腔互不相通。根状茎棕色，蔓延地下，节上生不定根，有时还生出块茎，以进行营养繁殖。气生茎多为一年生，直立，有纵肋，为脊与沟相间而生。茎表面粗糙，富含硅

质。节上生一轮鳞片状叶，基部联合成鞘状，边缘具锯齿。有些种类的气生茎有营养枝（sterile stem）和生殖枝（fertile stem）的区别。营养枝在夏季生出，节上轮生许多分枝，色绿，能行光合作用，而不产生孢子囊。生殖枝春季生出，短而粗，棕褐色，不分枝，枝端能产生孢子叶球，如问荆（*E. arvense* L.）（图5-25）。有些种类不分营养枝和生殖枝，绿色，节上轮生许多分枝，在分枝的顶端常产生孢子叶球，如节节草（*E. ramosissimum* Desf.）（图5-26）。茎的构造比较复杂，从节间的横切面看，最外层为表皮细胞，细胞外壁沉积着极厚的硅质，故表面粗糙而坚硬，具气孔，木贼属的皮层细胞多层，近周边的机械组织特别发达。每个凹槽下面的薄壁细胞中，有一个较大的空腔，称为槽腔（vallecular cavity），也有人把它称为皮层气腔（图5-27）。皮层与中柱之间为内皮层。

在内皮层里面，维管束对脊而生，排列成环，每维管束为外始式，木质部不甚发达，维管束下有气腔，称脊腔（carinal cavity）或称维管束腔，为原生木质部破裂所形成，茎中央为大空腔，称髓腔（medullary cavity），故木贼型的中柱被称为具节中柱（cladosiphonic stele）。

孢子叶球似毛笔头状，生于枝的顶端，是由许多特化的孢子叶聚生而成，这种孢子叶称孢囊

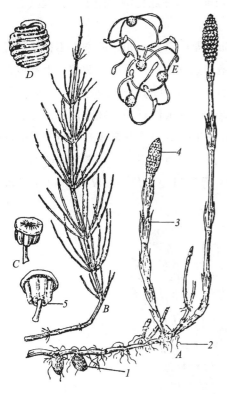

图 5-25 问荆

A. 根茎及生殖枝； *B.* 营养枝； *C.* 孢囊柄；
D、*E.* 孢子，示弹丝卷曲及伸开的状态
1. 块茎； 2. 不定根； 3. 轮生的叶； 4. 孢子
叶球； 5. 成熟的孢子囊

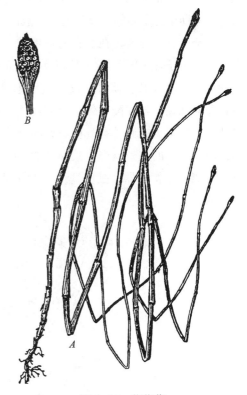

图 5-26 节节草

A. 植株； *B.* 孢子叶球

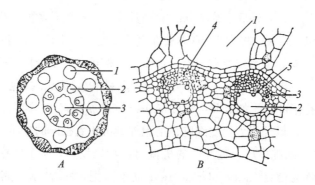

图 5-27　木贼属茎的结构

A. 横切面轮廓图；　*B*. 横切面一部分放大

1. 槽腔；　2. 脊腔；　3. 髓腔；　4. 韧皮部；　5. 原生木质部

柄，其形状与营养叶不同，为盾形，顶面为六角形的盘状体，下部有柄，密生在孢子叶球轴上，孢子囊 5～10 枚悬挂于孢囊柄内侧周围，孢子母细胞在减数分裂时，有 1/3 不发育。孢子同型，最外面的一层壁为孢子外壁（exosporium）分裂形成 4 条螺旋状弹丝包围着孢子，弹丝具有干湿运动，有助于孢子囊的开裂和孢子的散出。

　　孢子内含叶绿素，在适宜的环境中，经过 10～12 h，即可萌发，如环境条件不良，数天后即死亡。配子体（图 5-28）具腹背性，基部为多层细胞的垫状组织，下侧生假根，上侧成许多不规则的带状裂片，质薄，仅一层细胞厚，绿色，能行光合作用。木贼属的孢子虽然为同型，但颈卵器和精子器在配子体上有同体或异体的，这可能与营养条件有关，基质营养良好时多为雌性，否则多为雄性。有些种类如问荆，已表明大约有一半的孢子能发育成产生精子的配子体，而另一半的孢子仅产生颈卵器的配子体。如果没有进行受精作用时，其产生颈卵器的配子体，也能产生精子。颈卵器生在配子体带状裂片的基部裂口处，颈短，仅具 3～4 个颈沟细

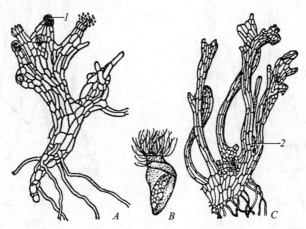

图 5-28　木贼属的配子体

A. 雌配子体；　*B*. 游动精子；　*C*. 雌配子体

1. 精子器；　2. 颈卵器

胞，突出于配子体外，腹部有 1 个腹沟细胞和 1 个卵。精子器生于裂片的先端或在颈卵器的周围，一般下陷在配子体的组织内。受精卵经过分裂形成胚，幼胚在配子体中取得养料，发育成为小型孢子体时，即生出幼根，配子体亦随之死亡。

木贼科现在生存的约有 25 种，在全世界广泛分布，我国有 10 余种，生于河边、林下、草原、沼泽地，有的生在阴湿环境，也有的生在开旷干燥之处。常见的种类有节节草、木贼（*E. hyemale*）、问荆等。

第七节　真蕨亚门（Filicophytina）

真蕨亚门植物的孢子体发达，有根、茎和叶的分化。根为不定根。除了树蕨类外，茎均为根状茎，根状茎有直立、匍匐或中间形式。茎的中柱在蕨类中最为复杂，有原生中柱、管状中柱和多环网状中柱等，除原生中柱外，均有叶隙。木质都有各式管胞，仅少数种类具导管。茎的表皮上往往具有保护作用的鳞片或毛，鳞片或毛的形态也是多种多样（图 5-29）。

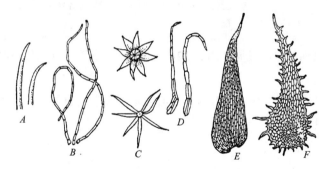

图 5-29　蕨类植物的毛和鳞片

A. 单细胞毛；　*B.* 节状毛；　*C.* 星状毛；　*D.* 鳞毛；　*E.* 细筛孔鳞片；　*F.* 粗筛孔鳞片

真蕨亚门植物的叶，无论是单叶还是复叶，都是大型叶。幼叶拳卷，长大后伸展平直，并分化为叶柄和叶片两部分。叶片有单叶或一回到多回羽状分裂或复叶，叶片的中轴称为叶轴（rachis），第一次分裂出来的小叶称为羽片（pinna），羽片的中轴称为羽轴（pinna rachis），从羽片分裂出来的小叶称为小羽片（pinnule），小羽片的中轴称小羽轴，最末次小羽片或裂片上的中肋称为主脉。蕨类植物的叶脉多式多样，有单一不分枝的，有羽状或叉状分离的，也有小脉联结成网状的（图 5-30），网状的为进化类型。

孢子囊生在孢子叶的边缘、背面或特化了的孢子叶上，由多数孢子囊聚集成为各种形状的孢子囊群，生于叶背的种类较为高等。有的孢子囊群具有囊群盖，也有无囊群盖的，囊群盖的形状通常和囊群一致，常见的囊群有圆形、肾形、长形或汇生在叶背网脉上（图 5-31）。不同演化过程的蕨类，其孢子囊的形状和结构也不相同。原始种类的孢子囊壁是多层细胞，无环带；较进化的种类，孢子囊壁薄，仅一层细胞，有环带。环带的着生位置，在演化过程中是由

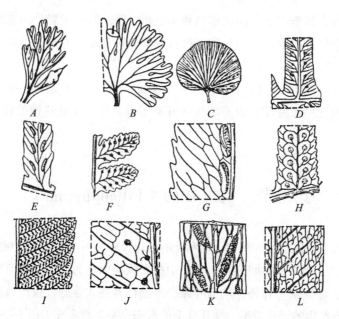

图 5-30　蕨类植物脉型

A—F. 分离型；　*G、H.* 中间型；　*I—L.* 网络型

顶生、横生、斜生向纵列的方向发展（图 5-32），所以比较高等的真蕨目植物的孢子囊的环带是纵行的。

　　配子体小，绝大多数种类为腹背性叶状体，心脏形，绿色，有假根，精子器和颈卵器均生在腹面，精子螺旋状，具多数鞭毛。

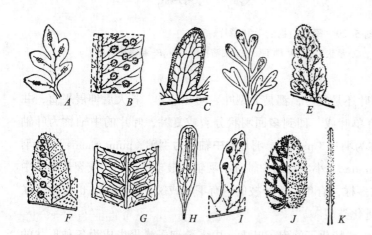

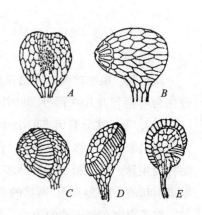

图 5-31　蕨类植物孢子囊群的类型

A. 无盖孢子囊群；　*B.* 有盖孢子囊群；　*C.* 边生孢子囊群；

D. 顶生孢子囊群；　*E.* 脉端生孢子囊群；　*F.* 脉背生孢子囊群；

G、H. 条形孢子囊群；　*I.* 穴生孢子囊群；　*J.* 网状

孢子囊群；　*K.* 瓶尔小草孢子囊穗

图 5-32　蕨类植物孢子囊类型

A. 环带成盾状；　*B.* 顶生环带；

C. 横行中部环带；　*D.* 斜行环带；

E. 纵行环带

真蕨亚门植物的起源也很早，在古代泥盆纪时已经出现，到石炭纪时极为繁茂，种类也相当多，而到二叠纪时都已绝迹，但在中生代的三叠纪和侏罗纪，却又演化出一些能够适应新环境的种系来，这些蕨类一直延续到现在，它们和古代的化石蕨类有很大的不同。在分类上，通常将古代的化石真蕨类归为原始蕨纲。现在生存的真蕨植物约有 1 万种以上，广布全世界，我国有 56 科，2 500 多种，广布全国。

真蕨亚门植物是现代生存的最繁茂的一群蕨类植物，它们可分为厚囊蕨纲、原始薄囊蕨纲和薄囊蕨纲。

一、厚囊蕨纲（Eusporangiopsida）

厚囊蕨纲植物的孢子囊壁厚，由几层细胞组成，孢子囊的发生是由几个细胞同时起源的，孢子囊较大，内含孢子的数量也较多，而且都是同型孢子。配子体的发育需要有菌根共生，精子器埋在配子体的组织内。本纲包括瓶尔小草目和观音座莲目两个目。

（一）瓶尔小草目（Ophioglossales）

孢子体为小草本。茎短，深埋在土中，通常每年在茎上只生一叶。孢子囊生在由叶柄腹面所生出的特化的叶片上，呈穗状或复穗状的孢子囊序。

瓶尔小草属（*Ophioglossum*） 生林下、山坡或草地。根肉质，无根毛，有菌根共生。茎短，通常每年生出一叶。叶卵形，单一，有时也有 2 ~ 3 叶，全缘，叶脉网状（图 5-33）。在叶柄的腹面生出 1 个孢子囊穗，穗上生 2 行孢子囊。孢子囊大，具厚壁。孢子数多，四面型。配子体块状，多年生，与真菌共生，在土中生活 2 ~ 3 年后长出地面，产生有性器官，雌雄同体，精子器和颈卵器绝大部分均埋在配子体组织中，精子具多鞭毛。

我国约有 6 种，常见的有瓶尔小草（*O. vulgatum* L.）。

（二）观音座莲目（Angiopteriales）

茎呈块状，半埋土内。叶为羽状复叶，在叶柄基部有 1 对托叶。孢子囊聚合成孢子囊群，生在叶子的背面。常见的有观音座莲属（*Angiopteris*）（图 5-34）。

图 5-33　瓶尔小草
A. 植株；*B.* 孢子囊穗一部分；*C.* 孢子
1. 孢子囊穗；2. 孢子囊

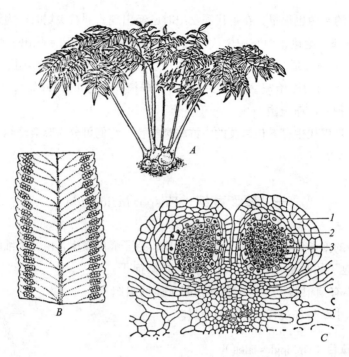

图 5-34　观音座莲

A. 孢子体；　*B*. 部分羽片的背面观；　*C*. 孢子囊切面

1. 孢子囊壁；　2. 绒毡层；　3. 造孢组织

二、原始薄囊蕨纲（Protoleptosporangiopsida）

原始薄囊蕨纲植物既具有厚囊蕨纲植物较原始的性状，也具有薄囊蕨纲植物较进化的性状，是介于厚囊蕨纲和薄囊蕨纲之间的中间类型。

原始薄囊蕨纲的孢子囊可由一个原始细胞发育而来，但囊柄可由多数细胞发生。孢子囊的壁系单层细胞构成，仅在一侧有数个细胞的壁是加厚的，形成盾形的环带。配子体为长心形的叶状体。

紫萁属（*Osmunda*）　孢子体的根状茎粗短，直立或斜升，外面包被着宿存的叶基。叶簇生于茎的顶端，幼叶拳曲并被棕色茸毛，成熟的叶平展，茸毛脱落。一回至二回羽状复叶，有些种类的孢子叶和营养叶分开，营养叶比孢子叶生长期长；另一些种不分孢子叶和营养叶，生孢子的羽片缩短成狭线形，红棕色，无叶绿素，先于营养羽片枯萎。孢子囊较大，生于羽片边缘，同时成熟。孢子为四面型。

我国约有 9 种，常见的有紫萁（*O. japonica* Thunb.）（图 5-35）、华南紫萁（*O. vachellii* HK.）等。

图 5-35 紫萁

A. 植株； *B.* 孢子叶； *C.* 孢子

三、薄囊蕨纲（Leptosporangiopsida）

薄囊蕨纲的孢子囊起源于一个原始细胞，孢子囊壁薄，由一层细胞构成，具有各式的环带，孢子囊通常聚集成孢子囊群，着生在孢子叶的背面、边缘或特化的孢子叶边缘，囊群盖有或无，孢子少，有定数，大多数种类为同型孢子；仅少数水生蕨类形成孢子果，具异型孢子。

薄囊蕨纲通常分为 3 个目，即水龙骨目（Polypodiales）或称真蕨目（Filicales，Eufilicales）、苹目（Marsileales）和槐叶苹目（Salviniales）。

（一）水龙骨目

本目植物绝大多数为陆生或附生种类。孢子囊聚生成各式孢子囊群。孢子同型。为蕨类植物门中最大的一目。

蕨属（*Pteridium*） 多年生植物，高达 1 m 左右。孢子体分根、茎、叶 3 部分（图 5-36），茎为根状茎，有分枝，横卧地下，在土壤中蔓延生长，生不定根并被有棕色的茸毛。叶每年从根状茎上生出并钻出地面，有长而粗壮的叶柄。叶片大，幼叶拳曲，成熟后平展，呈三角形，

2~4回羽状复叶。

茎的内部构造，从横切面上看（图 5-37），最外层为表皮，长大后，表皮破裂，其内为皮层机械组织，机械组织以内为薄壁组织。皮层组织与维管束之间相连的一层细胞称为内皮层。维管束分离，在茎内排成二环，称为多环中柱。在内、外二环维管束之间，也有机械组织，每维管束具木质部和韧皮部，木质部为中始式，维管束的外面被维管束鞘所包围。

孢子囊群生于孢子叶的背面，沿叶缘生长（图 5-38）。囊群有一条纵裂的环带，环带除少数细胞为薄壁外，多数细胞的内壁和侧壁均木质化增厚，其中有 2 个不加厚的细胞，称为唇细胞（lip cell），孢子成熟时，由于环带的反卷作用，使孢子囊从唇细胞处横向裂开，并将孢子弹出（图 5-39）。一般每个孢子囊有孢子母细胞 16 个，产生孢子 64 个。

孢子散落在适宜的环境中，到了第二年开始萌发，成为配子体（图 5-40）。配子体形小，宽

图 5-37　蕨属根状茎的横切面

A. 根状茎的横切面轮廓图；*B.* 茎部分

横切面放大，示维管束构造

1. 厚壁组织；　2. 维管束；　3. 薄壁组织

图 5-38　蕨的孢子叶

A. 孢子叶一部分；　*B.* 孢子叶的横切面，示孢子囊及囊群盖

1. 维管束，　2. 孢子囊；　3. 囊群盖

图 5-36　蕨的孢子体

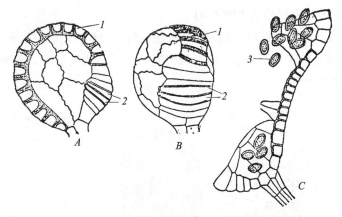

图 5-39　孢子囊的形态和开裂

A. 孢子囊侧面观；　*B*. 孢子囊正面观；　*C*. 开裂情况

1. 环带；　2. 唇细胞；　3. 孢子

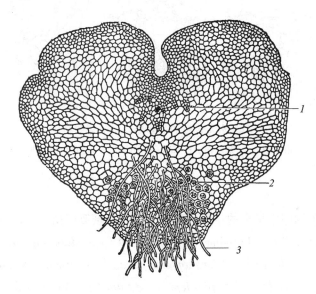

图 5-40　蕨配子体

1. 颈卵器；　2. 精子器；　3. 假根

约 1 cm，为心脏形的扁平体，四周仅一层细胞，中部为多层细胞，细胞内含叶绿体，能行光合作用。腹面（接触地面的一面）生有起固定作用的假根。雌、雄器官都生在配子体的腹面，颈卵器是着生在配子体心脏形凹口附近，颈卵器的腹部是埋在配子体组织内，含有腹沟细胞和卵细胞各一个，颈卵器的颈较短，高仅 5 ~ 7 层颈壁细胞，并突出体外。当卵成熟时，颈口开裂，颈沟细胞和腹沟细胞分解为胶质体，并部分流出体外，这种物质对精子具有趋化性的刺激。精子球形，外层细胞即精子器的壁，突出于配子体的表面，每个精子器产生精细胞 30 ~ 50 个，成熟后，成为螺旋形多鞭毛的游动精子。精子游出后，循着腹沟细胞分解的物质进入颈卵器的腹部，但仅有 1 个精子能和卵受精（图 5-41）。

受精卵在受精后 2~3 h 就开始分裂，至 4 个细胞时，即形成幼胚，幼胚已初具发育成子叶、初生根、茎及基足的发生区域。当茎、叶及根发育后，幼胚从配子体下面伸出，成为独立生活的孢子体，配子体亦随之死亡。

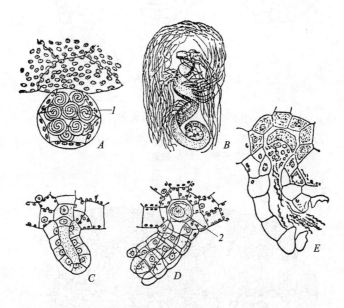

图 5-41　水龙骨目的颈卵器、精子器和精子
A. 精子器的侧面观；　B. 游动精子；　C、D. 颈卵器；　E. 游动精子进入颈卵器内
1. 精子；　2. 卵

水龙骨目是蕨类植物门中最大的一目，现在生存的真蕨亚门植物中，有 95% 以上的种属于此目。常见的种类有海金沙科（Lygodiaceae）的海金沙（*Lygodium japonicum* SW.）（图 5-42）、里白科（Gleicheniaceae）的芒萁 [*Dicranopteris pedata*（Houttuyn.）Nakaike]（图 5-43）、骨碎补科（Davalliaceae）的肾蕨 [*Nephrolepis cordifolia*（L.）Prest]（图 5-44）、凤尾蕨科（Pteridaceae）的井栏边草（*Pteris multifida* Poir.）（图 5-45）、铁线蕨科（Adiantaceae）的铁线蕨（*Adiantum capillus-veneris* L.）（图 5-46）、乌毛蕨科（Blechnaceae）的狗脊 [*Woodwardia japonica*（L. F.）Sm.]（图 5-47）、鳞毛蕨科（Dryopteriaceae）的贯众（*Cyrtomium fortunei* J. Sm.）（图 5-48）、水龙骨科（Polypodiaceae）的瓦韦 [*Lepisorus thunbergianus*（Kaulf.）Ching]（图 5-49）。

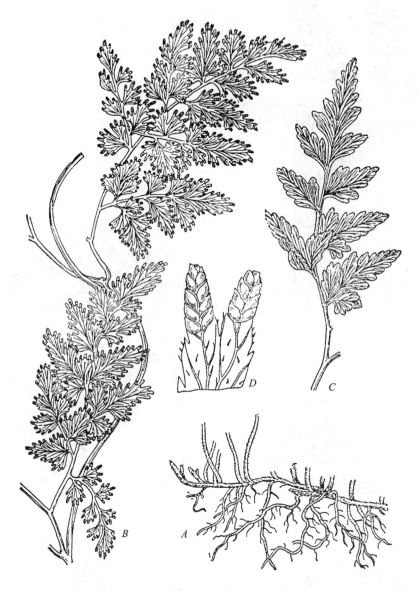

图 5-42　海金沙

A. 根状茎；　B. 植株的一部分，示孢子叶；　C. 营养叶的小羽片；　D. 孢子囊穗（放大）

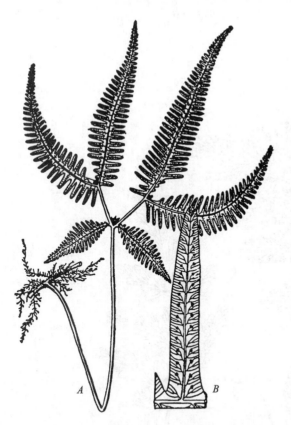

图 5-43　芒萁

A. 植株；　*B.* 一枚裂片，示叶脉和孢子囊群着生的位置

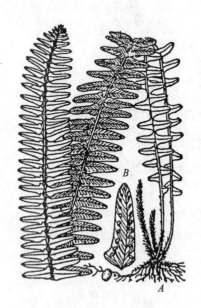

图 5-44　肾蕨

A. 植株；　*B.* 一枚羽片，示孢子囊群

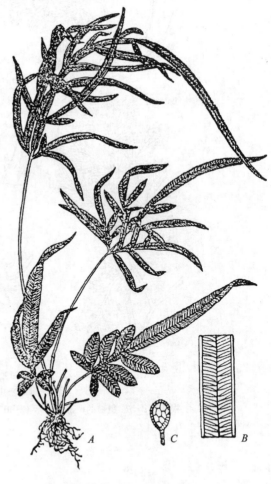

图 5-45　井栏边草

A. 植株；　*B.* 羽片一部分；　*C.* 孢子囊

图 5-46　铁线蕨

A. 植株；　*B.* 羽片；　*C.* 囊群盖，示孢子囊的着生

图 5-47　狗脊蕨

A. 植株；　*B.* 羽片一部分，示孢子囊群

图 5-48　贯众

A. 植株；　*B.* 羽片

图 5-49　瓦韦

A. 植株；　*B.* 囊群上的隔体

（二）苹目（Marsileales）

苹目植物是浅水或湿生性植物，孢子异型，孢子囊生长在特化的孢子果中，孢子果的壁是由羽片变态所形成的。孢子果内具有很多大、小不同的两种孢子囊群。

苹目仅苹科（Marsileaceae）1 科，有 3 属。我国只有苹属（*Marsilea*）的苹，广泛分布于我国南北各地。

苹（*M. quadrifolia* L.）（图 5-50），又称四叶苹或田字草。草本，亚水生植物，生长在水田溪边、沟渠或池塘中。茎长而匍匐，二叉分枝，能无限生长，腹面生不定根；茎具双韧维管中柱，皮层组织有气腔。叶有长柄，幼时拳曲，长大后开展。水生的个体，叶柄长而软，能随水位高涨而伸长，使叶片漂浮在水面上；生长在浅水或湿地的个体，叶柄短而粗。叶片生长在叶柄的顶端，由 4 片小叶组成。小叶倒卵形，基部楔形，外侧弧形而全缘，成熟的叶片光滑无毛。叶脉由小叶基部呈辐射状伸向叶边。

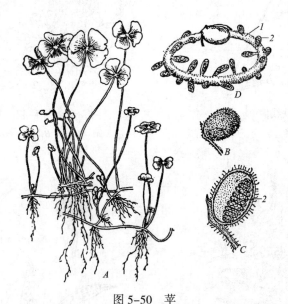

图 5-50　苹

A. 植株；　*B*. 孢子果；　*C*. 孢子果纵切面；　*D*. 孢子果开裂，伸出胶质环，其上着生孢子囊群

1. 胶质环；　2. 孢子囊群

苹在生殖时产生孢子果（孢子荚），着生在叶柄基部。孢子果矩圆状肾形，幼时绿色，密生细毛，成熟后棕黑色，质坚硬，光滑无毛。孢子果是由叶片变态而成，内生多数孢子囊群，大小孢子囊同生在 1 个孢子囊群中。大孢子囊内含 1 个大孢子，小孢子囊内含有多数小孢子。孢子果成熟后，要到第二年或第三年才能开裂。开裂时其内着生有大、小孢子囊群的胶质体，吸水膨胀，并伸出孢子果外，同时将所有孢子囊也带出果壁外。小孢子萌发为雄配子体，大孢子萌发为雌配子体，配子体在孢子内发育的情况与卷柏属相似。

（三）槐叶苹目（Salviniales）

槐叶苹目是飘浮水生植物。和苹目一样，也产生孢子果及异型孢子。孢子果壁系由变态的囊群盖形成。孢子果球圆形，单性，大、小孢子囊分别着生在不同的孢子果内。

槐叶苹目有 2 属，即槐叶苹属（*Salvinia*）和满江红属（*Azolla*），在我国均广泛分布。

槐叶苹属（图 5-51） 属槐叶苹科（Salviniaceae）。生池塘、湖泊、水田和静水小河中，是小型浮水植物。茎横卧，有毛，无根。每节 3 叶轮生，上侧 2 叶矩圆形，表面密布乳头状突起，背面被毛，漂浮水面；下侧 1 叶细裂成须状，悬垂水中，形如根，称沉水叶，孢子果成簇地着生在沉水叶基部的短柄上。孢子果有大、小 2 种，大孢子果较小，果内生少数大孢子囊，囊内含大孢子 1 枚；小孢子果较大，内含多数小孢子囊，每个小孢子囊内含小孢子 64 枚。

满江红属（图 5-52） 又称绿苹或红苹，属满江红科（Azollaceae）。生水田或静水池塘中。植物体小，呈三角形、菱形或类圆形，漂浮水面。茎横卧，羽状分枝，须根下垂水中。叶无柄，深裂为上、下 2 瓣，上瓣漂浮水面，营光合作用；下瓣斜生水中，无色素，覆瓦状排列于茎上，内侧的空隙中含有胶质，并有鱼腥藻（*Anabena azollae*）共生其中。孢子果成对生在侧枝的第一片沉水叶裂片上，有大、小之分，与槐叶苹相似，满江红的叶内含有大量红色花青素，幼时绿色，到秋冬季，转为红色，使江河湖泊中呈现一片红色，因此称它为满江红。鱼腥藻能固定空气中的游离氮，故满江红可作为良好的绿肥。

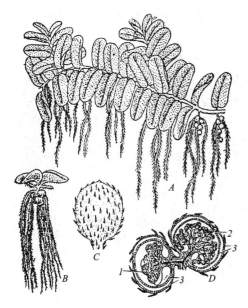

图 5-51　槐叶苹

A、*B*. 植株一部分；　*C*. 孢子果；　*D*. 孢子果纵切面，
示大、小孢子囊

1. 大孢子囊；　2. 小孢子囊；　3. 囊群盖

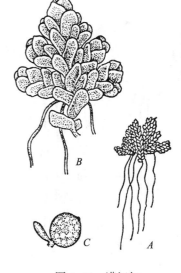

图 5-52　满江红

A. 植株；　*B*. 植株部分放大；　*C*. 大、小孢子果

第八节　古代蕨类举例

蕨类植物是一群最古老的高等植物，根据化石材料，大概在上志留纪到中泥盆纪时，已大量出现，而到二叠纪以前相继绝迹，成为古代的蕨类化石植物。在系统演化上最具有代表性的有松叶蕨亚门的莱尼蕨属（*Rhynia*）、裸蕨属（*Psilophyton*）、星木属（*Asteroxylon*），石松亚门的鳞木属（*Lepidodendron*）和封印木属（*Sigillaria*），木贼亚门的芦木属（*Calamites*）等。

莱尼蕨属　在苏格兰的中泥盆纪地层的莱尼（Rhyuie）矿区中发现的，可作为裸蕨目的典型代表。莱尼蕨属的发生可追溯到古生代的志留纪（距今 3.5 亿年到 4 亿年之间），到下泥盆纪时最为繁茂，在地球上分布极广，但在泥盆纪中期以后即完全绝迹。莱尼蕨属有 2 种（图 5-53）：大莱尼蕨（*Rhynia major* K. et L.）高达 50 cm；莱尼蕨（*R. gwynne-vaughani*）高仅约 10 cm。莱尼蕨属的孢子体分横卧的根状茎与直立的气生茎两部分，无根，仅有单细胞突出的假根。直立枝二叉分枝，光滑无叶，或在气生枝上生不定枝（adventitious shoot），茎内已具有原生中柱的分化（图 5-54），中柱极小，木质部由管胞构成；韧皮部只有筛管。茎的最外层为表皮，外壁具角质层，皮层厚，表皮和皮层均含叶绿体。孢子囊圆筒形，生于分枝的顶端，孢子囊壁厚，成熟时不开裂，孢子囊腐烂后，孢子才散出，孢子同型。

裸蕨属　此属与莱尼蕨属甚相似，亦有根状茎和分叉的气生茎。无叶，在气生茎基部生有刺状突起，裸蕨的枝尖，有时卷曲，孢子囊位于枝的尖端，常呈成对生长并向下垂（图 5-55）。

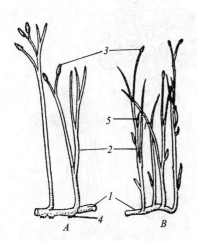

图 5-53　大莱尼蕨和莱尼蕨

A. 大莱尼蕨的孢子体；　*B*. 莱尼蕨的孢子体

1. 根状茎；　2. 气生茎；　3. 孢子囊；

4. 假根；　5. 不定枝

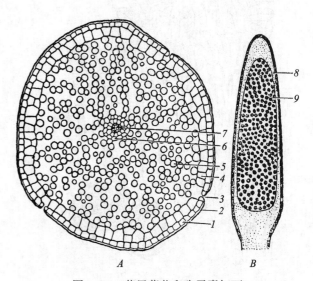

图 5-54　莱尼蕨茎和孢子囊切面

A. 莱尼蕨气生茎的横切面；　*B*. 孢子囊纵切面

1. 表皮；　2. 角质层；　3. 气孔；　4. 外部的皮层；　5. 内部的皮层；

6. 韧皮部；　7. 木质部；　8. 孢子囊壁；　9. 四分孢子

星木属　星木属的化石也是在苏格兰中泥盆纪与莱尼蕨属相同地层中发现的，我国、德国和西伯利亚地区均有发现。孢子体有更高度的分化，横卧的根状茎上生具分枝的原始根，以代替假根。直立的气生茎具主轴和分枝，分枝二歧，茎上密生呈螺旋状排列的细长鳞片状突出物。这些突起长不过 3 mm，能行光合作用，与叶的机能相同，它可增加光合作用的面积，使植物体能更有利地生长和发展，鳞片无叶脉的结构。茎的解剖构造和石松属很相似，有原生中柱，木质部呈星芒状，故称星状中柱，此属因此得名；韧皮部在木质部外面；皮层分化为内、外两层，具叶迹。孢子囊着生在无叶枝的顶端（图 5-56）。

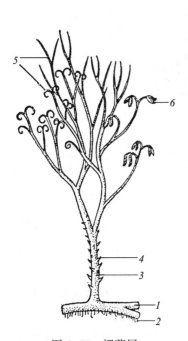

图 5-55　裸蕨属

1. 根状茎；2. 假根；3. 气生茎；
4. 刺状突起；5. 枝尖；6. 孢子囊

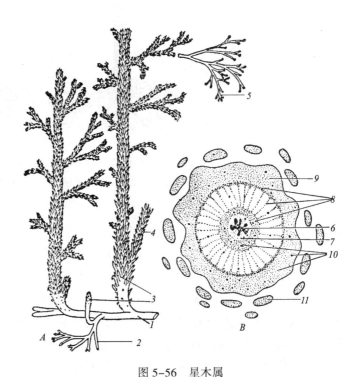

图 5-56　星木属

A. 植株；*B.* 气生茎的横切面

1. 根状茎；2. 自根状茎生出的根状分枝；3. 气生茎；4. 叶；
5. 无叶而具孢子囊的枝；6. 木质部；7. 韧皮部；8. 内部的皮层；
9. 外部的皮层；10. 叶迹；11. 叶的横切面

鳞木属和封印木属（图 5-57）同属于鳞木目。在泥盆纪已出现，到石炭纪达到了最高度的发展，而在二叠纪时完全消失。除少数为草本外，大多数皆为高大乔木，它们的化石在我国也有较多的发现。

鳞木属　植物高达 30 ~ 50 m，有主干，直径 2 m，二叉分枝，形成树冠，树皮极厚。枝上密生针形小叶，呈螺旋状排列。叶具叶舌，老叶脱落后，留有鳞片状的叶基（leaf base），故称鳞木。茎内有形成层，具次生结构。树干基部有类似根的器官，称为根座（stigmaria），根座二叉分枝，其上密生小根。孢子叶球着生在小枝的顶端，有大、小孢子囊之分，大孢子囊通常含

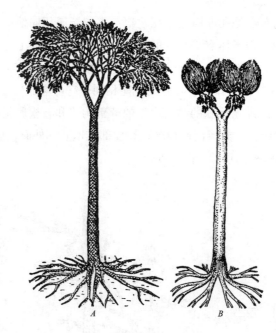

图 5-57　鳞木和封印木

A. 倒卵鳞木（鳞木属）；　*B.* 封印木属的一种

大孢子 8～16 个，小孢子囊含小孢子多数。

封印木属　植物体也为乔木，高达 30 m，直径约 60 cm。主干圆柱形，不分枝或仅在顶端有少数分枝。叶线形，长可达 1 m，有叶舌，叶基多作六角形。茎内有形成层，与鳞木属相似。孢子叶球大，长达 15～30 cm，由大、小两种孢子叶组成。

芦木属　是古代楔叶亚门植物，为古代楔叶亚门植物巨大类型的代表。芦木属在泥盆纪已有出现，石炭纪盛极一时，到二叠纪消失，为石炭纪时形成煤层的主要成分之一。

芦木属植物高大（图 5-58）。虽然其外貌为乔木状，但其形态结构似现代的木贼属植物，有匍匐的根状茎和直立的气生茎两部分。不定根生在根状茎节上，气生茎高 20～30 m，分节与节间，节间长 3～8 m，节中实而节间中空，节间空腔的径达 30 cm，节上多分枝。叶细小，轮生在分枝的节上，基部联合成鞘状。茎内有形成层，故有次生构造。孢子叶集生于茎枝顶端，形成孢子叶球；孢子叶球由许多孢囊柄及苞片组成，每个孢囊柄上悬垂 2 个孢子囊。孢子同型或异型。

海尼蕨属（*Hyenia*）和古芦木属（*Calamophyton*）　兼具有楔叶亚门和松叶蕨亚门的性状，代表着由松叶蕨亚门发展到楔叶亚门的过渡类群。它们出现在泥盆纪，为小型灌木植物。古芦木属（图 5-59）的孢子体茎上有节，小枝上轮生狭楔形的叶子，叶子顶端分叉。某些分枝顶上形成了疏松的孢子叶球，每个孢子叶球为由许多具分叉的孢囊柄轮状排列而成，孢囊柄的顶端弯曲，各着生一枚大孢子囊。

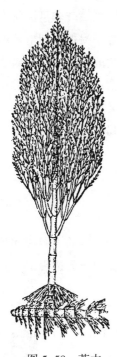

图 5-58 芦木

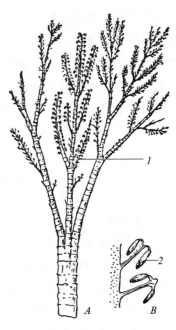

图 5-59 古芦木属

A. 气生茎；　*B.* 孢囊柄

1. 孢子叶球；　2. 孢子囊

第九节　蕨类植物的起源和演化

一、蕨类植物的起源

　　蕨类植物的起源，根据已发现的古植物化石推断，一般认为，古代和现代生存的蕨类植物的共同祖先，都是距今4亿年前的古生代志留纪末期和下泥盆纪时出现的裸蕨植物。

　　裸蕨植物在下、中泥盆纪最为繁盛，在它们生存的时期里，衍生出来的种类很多，形式也复杂。据近来的研究，也有不少人认为裸蕨植物可能并不代表植物界的一个自然分类单元，而是一个内容极为庞杂的大类群，近来发现于西伯利亚寒武纪的阿丹木（*Aldanophyton antiguis-simum* Krysht.）以及发现于澳大利亚志留纪的刺石松（*Baragwanathia longifolia* Lang et Cookson）等化石植物，因其形态特征和地质年代的古老性，认为蕨类植物并不完全是起源于裸蕨植物，而是起源于比它们更原始的类型或是共同的祖先，但是由于化石保存条件的限制，现在的认识还是很不完善，需要进一步研究。

　　裸蕨植物起源问题，植物学家的意见并不一致。多数人认为，古老的蕨类植物是起源于藻类；也有人认为，可能起源于苔藓植物。至于裸蕨植物起源于哪一类藻类植物，意见又有分歧。

有的认为裸蕨起源于绿藻，主要理由是它们都有相同的叶绿素，贮藏营养是淀粉类等物质，游动细胞具有等长鞭毛等特征都和绿藻相似；也有人认为蕨类起源于褐藻，理由是褐藻植物中不但有孢子体和配子体同样发达的种类，也有孢子体比配子体发达的种类，而且褐藻植物体结构复杂，并有多细胞组成的配子囊。至于蕨类植物起源于苔藓植物，其理由主要是裸蕨植物孢子体有某些性状与苔藓植物中的角苔类相似，但缺乏足够证据，又难以解释两者生活史上孢子体和配子体优势的转变；也有人认为，裸蕨植物和苔藓植物都是起源于藻类，并且是平行发展而来的。

二、蕨类植物的演化

裸蕨植物远在晚志留纪或泥盆纪已经登陆生活，由于陆地生活的生存条件是多种多样的，这些植物为适应多变的生活环境，而不断向前分化和发展。在漫长的历史过程中，它们是沿着石松类、木贼类和真蕨类 3 条路线进行演化和发展。

石松植物是蕨类植物中最古老的一个类群，在下泥盆纪就已出现，中泥盆纪时，其木本类型已分布很广，到石炭纪为极盛时代，二叠纪则逐渐衰退，而今只留下少数草本类型。其最原始的代表植物，是发现于大洋洲志留纪地层中的刺石松（图 5-60），茎二叉分枝，具星芒状原生中柱，密被螺旋状排列的细长拟叶，每一拟叶具一简单的叶脉，孢子同型。这些特征很像裸蕨植物的星木属植物，但是，它的孢子囊着生的位置是在各拟叶之间或近拟叶的基部，而不像真正裸蕨植物那样生在枝的顶端，这可能由于载孢子囊的枝轴部分缩短，并趋于消失，因而孢子囊从顶生的位置转移到侧生位置。由此推测出具有侧生位置的孢子囊特征的石松类植物，是由裸蕨植物起源的，而刺石松是裸蕨植物和典型的石松类植物之间的过渡类型。

图 5-60　刺石松

现代生存的松叶蕨目植物没有根的结构，甚至在其胚的发育阶段，也没有任何根的性状，由此可见，它们先前从来就未曾有过根，所以根的不存在现象，乃是原始性状，而并非由于退化的结果。很多植物学家认为它们是裸蕨植物的后裔。但是，松叶蕨迄今尚未发现过有化石的代表，虽然它有极大的原始性，但是其顶枝起源的叶器官和孢子囊合成为聚囊现象，显然与裸蕨植物不同，故难以断定它们的亲缘关系。

木贼类植物出现在泥盆纪，最古老的木贼类植物是泥盆纪地层中的叉叶属（海尼属）（*Hyenia*）和古芦木属。其特征与裸蕨类及木贼属均相似，故被认为是裸蕨类与典型木贼植物之间的过渡类型。

真蕨类植物最早出现在中泥盆纪，但它们与现代生存的真蕨类植物有较大差别，故被分成为原始蕨类。其孢子囊呈长形，囊壁厚，纵向开裂或顶上孔裂。重要的代表有 1936 年在我国云南省泥盆纪地层中发现的小原始蕨（*Protopteridium minutum* Halle）（图 5-61），及发现于中泥盆纪的古蕨属（*Archaeopteris*）（图 5-62）等。小原始蕨是具有一种合轴分枝的小植物，侧枝的

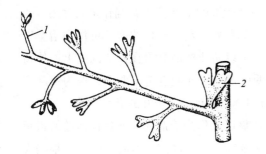

图 5-61　小原始蕨
1. 具顶生孢子囊的小枝；
2. 扁化成叶片状的小枝

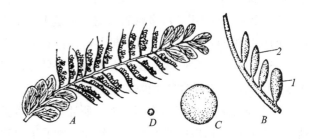

图 5-62　古蕨属
A. *Archaeopteris hibernica* 的 1 个羽片；　B—D. 古蕨（*A. latifolia*）
B. 小羽片的一部分；　C. 大孢子；　D. 小孢子
1. 大孢子囊；　2. 小孢子囊

末端扁化成扁平二叉分枝的叶片状，孢子囊着生在具有维管束的小侧枝顶上。古蕨属具有大型、二回羽状的真蕨形叶子，在一个平面上排列着小羽片，孢子囊着生在小羽片轴上，孢子异型。这些植物在体形上很可能代表介于裸蕨类和真蕨类之间的类型。古蕨属的发现，加强了真蕨亚门和裸子植物门之间在系统发育上的联系。许多人认为，最早的裸子植物是通过古蕨这一途径发展出来的。在长远的地质年代中，这些古代的真蕨植物到二叠纪时大多已灭绝。到三叠纪和侏罗纪又演化发展出一系列的新类群。现代生存的真蕨大多具大型叶，有叶隙，茎多为不发达的根状茎，孢子囊聚集成孢子囊群，生在羽片下面或边缘，绝大多数是中生代初期发展的产物。

第十节　蕨类植物的经济价值

蕨类植物和人类的关系非常密切，除形成了煤炭的古代蕨类植物，为人类提供大量能源外，现代蕨类植物的经济利用，也是多方面的。

1. 医药上的应用　我国劳动人民很早就用蕨类植物来治病。明代李时珍的《本草纲目》中所记载的，就有不少是蕨类植物。作药用的蕨类，至少有 100 多种。例如，用海金沙治尿道感染、尿道结石；用卷柏外敷，治刀伤出血；用江南卷柏治湿热黄疸、水肿、吐血等症；用阴地蕨治小儿惊风；骨碎补能坚骨补肾、活血止痛；金毛狗的鳞片能止刀伤出血；槲蕨能补骨镇痛，治风湿麻木；贯众的根状茎可治虫积腹痛、流感等症，亦用作除虫农药；乌蕨在民间作治疮毒，及毒蛇咬伤药；等等。

2. 食用　早在我国周朝初年，就有伯夷、叔齐二人采蕨于首阳山（今陕西省西安市西南）下，以蕨为食的记载，可见我国劳动人民早已开始食用蕨类了。被人们食用的种类有蕨、菜蕨、紫萁以及莲座蕨目的大部分种类。蕨的根状茎富含淀粉（称为蕨粉）。它的营养价值不亚于藕粉，不但可食，也可酿酒；蕨的幼叶有特殊的清香美味，但在食前须先用米泔水或清水浸泡数日，除去其有毒成分，再炒食或干制成蔬菜。美国就有很多上等餐馆，向国外购买嫩蕨叶（通常称为绿提琴头）作为高级食品以飨客。紫萁、菜蕨、水蕨等幼叶，也常常被当作蔬菜食用。

3. 工业上的利用　许多蕨类植物，也是工业生产上的重要原料。石松的孢子可作为冶金工业上的优良脱模剂，将孢子撒在机器铸件模具的壁上，可以防止铸液黏附在模子的壁上，使铸件的表面光滑，减少砂眼；还可在火箭、信号弹、照明弹等各种照明制造工业上，作为引起突然起火的燃料。木贼含硅质很多，可代替砂皮摩擦木器和金属器械，是极好的磨光剂。

4. 林业生产上的指示作用　如前所述，许多蕨类植物可以作为营造和发展各种林地的指示植物。如长江以南地区要发展适宜酸性土壤的茶树和油茶等亚热带经济林木时，就可以根据天然植被中，生长芒萁、里白、狗脊蕨、半边旗、石松等蕨类的地方，作为选择的营造林地。要寻找喜钙植物林地，可选择碎米蕨、肿足蕨、铁线蕨、肾蕨等喜钙蕨类生长的地方。又如生长有桫椤、莲座蕨、鸟巢蕨、崖姜、地耳蕨等属蕨类的地区，是热带或亚热带潮湿气候的标志。生长绵马的地区，则是亚寒带或北温带气候的标志。所以有许多蕨类，可作为气候的指示植物。

5. 农业上的利用　有些蕨类植物是农业生产中优质饲料和肥料。例如，满江红是很好的绿肥，其干重含氮量达 4.65%，比苜蓿还要高，也是猪、鸭等家畜、家禽的良好饲料。蕨、里白和芒萁的叶子富含单宁，不易腐朽，质地坚实，容易通气，用它垫厩，不但可作厩肥，还可减少厩圈病虫害的滋生；也是常绿树苗蔽荫覆盖的极好材料。

6. 观赏　很多蕨类体态优美，有观赏价值。目前在温室和庭院中广泛栽培的有肾蕨、铁线蕨、卷柏、鸟巢蕨、鹿角蕨、桫椤、槲蕨等。另外，像银粉背蕨、乌蕨、松叶蕨、千层塔、江南卷柏、翠云草、阴地蕨、阴石蕨、黄山鳞毛蕨、水龙骨等，都是千姿百态，为良好的观赏植物。

复习思考题

1. 中柱有哪几种主要类型？它们彼此之间存在什么系统演化关系？

2. 蕨类植物有哪些主要特征？它和苔藓植物有何异同？

3. 石松和卷柏有何共同特征和不同之处？

4. 水韭外形似种子植物，根据哪些特征将它归入蕨类的？

5. 松叶蕨在哪些方面表现出其原始性？试从其孢子体和配子体的结构以及生态分布诸方面加以分析。

6. 木贼有哪些基本特征？

7. 真蕨亚门分几个纲？它们之间有何区别？试从各方面进行分析比较。

8. 古代蕨类反映了哪些特点，它们与现在生存的蕨类有何关系？

9. 试述蕨类植物的起源演化中的主要问题。

10. 蕨类植物有哪些用途？

第六章 孢子植物小结

一、植物的起源

植物界不仅类群繁多，形态多种多样，而且分布也极广泛。然而，当地球形成之初，表面非常炽热，而且外面还没有大气圈，不具备产生生命物质的条件，直到以后，地球表面出现了大气层，生命的出现才有了可能。

估计在距今40亿～35亿年前就开始出现了原始的生物，最先出现的植物是细菌和蓝藻，这两类植物的形态结构都非常简单，它们没有定型的细胞核，也没有质体和其他细胞器。因此，它们被称为原核生物（Procaryote）。蓝藻和一部分具有色素的细菌在一起，利用日光以制造养料，并放出大量的氧气，从而逐渐改变大气的性质，使它由还原性变为氧化性，这样，就为喜氧植物的出现准备了条件。

到距今15亿～14亿年前，开始出现了具有真核细胞的藻类。它们有定型的细胞核和细胞器，这一转变在植物界的进化途中是一次巨大的飞跃。由于细胞器的出现，使细胞内各部分的分工更为明确，从而提高了整个细胞生理活动的机能。

最初出现的真核生物，可能是生活在水中的鞭毛生物。鞭毛生物是单细胞体，它们有一根或两根鞭毛。可以自由活动，有的细胞，体外具有一层膜，能改变体形。在以后进一步的系统发育过程中，鞭毛生物体表产生一层坚固的厚壁，此厚壁是由与纤维素相近似的物质所组成；有的鞭毛生物具有典型的色素体，这与细菌和蓝藻有着很大的不同。鞭毛生物有具色素体能独立营养的植物类型，也有借吞食现成有机物营养的动物类型。从能独立营养的鞭毛生物，又不断演化成多种多样的藻类植物。

到距今9亿～7亿年前，便开始出现了多细胞的藻类。最初的多细胞藻是丝状体的类型，到距今6亿年前又出现了囊状、柱状或其他形状的类型，这些藻类分别属于绿藻门、红藻门、褐藻门，它们不但在体形上和大小上有千差万别的变化，就是在内部结构上也日趋复杂化。这些藻类植物群主要生活在海洋里，因此，从太古代到古生代的志留纪中期，为海产藻类繁盛时期。由于藻类植物群在海洋中的大量繁衍，它们在光合作用的过程中，放出了大量的氧气，这不仅使大气的成分逐渐改变，也使海水中的含氧量增高，有利于海洋动、植物的生存。另外，也由于一部分的氧在大气上层形成了臭氧（O_3），便阻挡了杀伤力甚强的紫外线辐射，从而使植物从海水登上陆地生活成为可能。在志留纪晚期，一批生于水中的裸蕨类植物，开始逐渐地进入了陆地，这是植物进化史中的一次重大的飞跃。登陆了的裸蕨类植物，进一步向适应陆生生活方向演进。到古生代的石炭纪，世界各地出现了参天的茂密蕨类植物森林，而这些早期出现的种类繁多的裸蕨类植物，却在泥盆纪末期、石炭纪以前消逝了。从石炭纪到二叠纪下期这一段地质年代中，是蕨类植物鼎盛时期，此期中有的蕨类遗体大量地被埋到地下，年长日久形成煤层，被现代人挖掘出来作为能源利用。在蕨类植物繁盛时期的同时，苔藓植物也以其独特的生活方式。成功地适应着陆生生活，繁茂地生长着。在古生代末期的二叠纪时，由于地球上出现了明显的气候带，许多地区变得不适于蕨类植物的生长，多数蕨类植物开始走向衰亡。裸子植物开始兴起，逐渐地取代了蕨类植物的优势。由古生代末期的二叠纪到中生代的白垩纪早期，这长达1亿年之久的历史期间，是裸子植物繁盛时期。裸子植物取代了蕨类植物成为地球上优势植物类群，高大的裸子植物广布南北半球的各个气候带。到中生代末期，距今约1亿年前后，地球上气候带分带现象更趋明显，而且后来又出现了几次冰川时期，气温大幅度地下降，在这严酷的环境下，裸子植物类群中，多数种类由于不能适应气候的变化，逐渐消逝了，代之而起的是被子植物。被子植物与裸子植物相比，有更优越的适应环境能力，主要表现在其繁殖器官的

表 6-1　地质年代和不同时期占优势的植物和进化情况

代	纪		距今大概的年数/百万年	进 化 情 况	优势植物
新生代	第四纪	现代		被子植物占绝对优势，草本植物进一步发展	被子植物
		更新世	2.5		
	第三纪	晚	25	经过几次冰期之后，森林衰落，由于气候原因，造成地方植物隔离。草本植物发生，植物界面貌与现代相似	
		早	65	被子植物进一步发展，占优势。世界各地出现了大范围的森林	
中生代	白垩纪	晚	90	被子植物得到发展	裸子植物
		早	136	裸子植物衰退。被子植物逐渐代替了裸子植物	
	侏罗纪		190	裸子植物中的松柏类占优势，原始的裸子植物逐渐消逝。被子植物出现	
	三叠纪		225	木本乔木状蕨类继续衰退。真蕨类繁茂。裸子植物继续发展，繁盛	
古生代	二叠纪	晚	260	裸子植物中的苏铁类、银杏类、针叶类生长繁茂	蕨类植物
		早	280	木本乔木状蕨类开始衰退	
	石炭纪		345	气候温暖湿润，巨大的乔木状蕨类植物如鳞木类、芦木类、木贼类、石松类等，遍布各地，形成森林，造成日后的大煤田。同时出现了许多矮小的真蕨植物。种子蕨类进一步发展	
	泥盆纪	晚	360	裸蕨类逐渐消逝	
		中	370	裸蕨植物繁盛。种子蕨出现，但为数较少。苔藓植物出现	
		早	390	为植物由水生向陆生演化的时期，在陆地上已出现了裸蕨类植物。有可能在此时期出现了原始维管束植物。藻类植物仍占优势	藻类植物
	志留纪		435		
	奥陶纪		500	海产藻类占优势。其他类型植物群继续发展	
	寒武纪		570	初期出现了真核细胞藻类，后期出现了与现代藻类相似的藻类类群	
元古代			570～1 500		
太古代			1 500～5 000	生命开始，细菌、蓝藻出现	

结构与机能方面；另外，也表现在其营养体生活的多样化，如木本、草本、一年生、多年生等多方面。因此，在此时期，被子植物成了世界上的优势植物群，而代替了以前的裸子植物群，直至今日（表6-1）。

二、植物营养体的演化

孢子植物营养体的形态和结构是多种多样的，但它们遵循着演化规律，由简单到复杂，由低级到高级地向前发展着。一般认为，单细胞鞭毛藻类是植物界中最简单、最原始的类型，也是藻类植物和一切高等植物的祖先。

植物营养体的演化过程，在绿藻植物中最为明显，各种类型都具备（参看藻类小结）。像衣藻、盘藻、实球藻、空球藻、杂球藻到团藻，是代表着能活动的、营养体细胞有定数的、营养时期不分裂的类型。由单细胞至群体再到多细胞的发展过程中，到团藻成为这一路线的顶端，然而这一路线在植物界中是不可能得到发展的。另外，像绿球藻目植物，营养体不能活动，细胞有定数的类型，其中有些种类（如水网藻）的营养体细胞也能分裂，成为多核细胞的群体，但这条路线同样也是不可能发展的。另一类营养体为多细胞，失去活动能力，而成丝状体的类型（如丝藻目植物）成为植物界发展的主干，进一步由丝状体到异丝状体和片状体，并由此发展出高等植物来。

在褐藻门和红藻门中，较高级的种类，其体型更为复杂，有的分化成类似高等植物的根、茎、叶的体型，并有类似组织的结构。像褐藻门中的马尾藻属、巨藻属、海棕榈属（*Postelsia*）和红藻门中的红叶藻属（*Delesseria*）等。但褐藻门和红藻门植物营养体的发展进程，仍然是和绿藻门相似，遵循着从单细胞到多细胞、能游动到不能游动、分化简单到分化复杂的路线发展，这是一种和绿藻平行发展的结果。

高等植物的营养体都是多细胞的，苔类植物一般为叶状体，有背腹之分，具有单细胞的假根，而苔类以上植物已具有了气孔的结构，合子萌发也必须经历胚的阶段。藓类具有"叶"和"茎"的辐射对称的拟茎叶体，假根为多细胞。到了蕨类植物，营养体有了更进一步的演化，具有真正的根、茎、叶等器官和较完善的组织构造，特别是具有了适应陆生生活的输导系统，中柱类型复杂，由原生中柱向网状中柱发展，茎、叶上有毛或鳞片等附属物保护。叶脉由叉状分枝发展到网状分枝，孢子囊由枝端向叶缘到叶背着生等各种类型，使植物体更能向适应环境而演变。到了种子植物，营养体变得更为多样化，内部结构也更趋完善。

三、有性生殖方式的进化

一切生物都有繁殖后代的能力，原始的细菌、蓝藻植物是以营养繁殖和无性生殖来繁衍后代的，而真核植物则普遍存在着有性生殖的繁殖方式。有性生殖有同配、异配和卵式配合3种类型。

在同配生殖中，雌、雄配子的形态、大小几乎一样而难以区分。这种生殖类型又可分为同宗配合和异宗配合两类，如某些真菌的菌丝体是行同宗配合的，而衣藻属有同宗配合的，也有异宗配合的，到盘藻、水网藻、丝藻等则均属异宗配合的类型。异宗配合比同宗配合在细胞分化上是较进化的。

异配生殖的两种配子在形态、大小上均有区别，像空球藻的有性生殖在产生雄配子时，每个细胞经纵分裂成 64 个细长的配子，每个配子有 2 根鞭毛，能单独游动；产生雌配子的是由 1 个不经分裂的普通细胞转变而成，而且比雄配子大好多倍，形状也不同，也不能脱离母体行单独游动。

卵式生殖是精子和卵的受精过程，在植物界中是一种最进化的有性生殖形式。

从有性生殖进化的过程来看，同配生殖是最为原始的，异配生殖其次，卵式生殖最为高等。这从团藻目植物如盘藻、实球藻、空球藻、团藻等一系列植物中，可以明显看到有性生殖进化过程，除团藻目以外，同样，还可以在丝藻目、管藻目中出现，这就表现出各个类群是各自独立地完成着有性生殖的进化。

比较高级的低等植物都是营异配卵式生殖，雄性生殖器官称为精子囊，雌性生殖器官称为卵囊，只有少数褐藻植物开始具有多室的配子囊结构。

高等植物的有性生殖器官都是多细胞结构，苔藓植物和蕨类植物的雌性生殖器官称为颈卵器，雄性生殖器官称精子器。在苔藓植物中，颈卵器和精子器最为发达，但随着类群越来越进化，有性生殖器官则变得越来越简化，到裸子植物仅有部分种类还保留着颈卵器，被子植物以胚囊和花粉管来代替精子器和颈卵器，从而完全摆脱了受精时需要水的条件。

关于有性生殖的起源问题，至今尚未完全解决。但可以发现植物体的细胞不经过分裂和转化，直接变为配子相结合的现象，如接合藻植物普遍如此；有些单细胞鞭毛植物，是以与一般的细胞完全相同的细胞结合的方式，进行有性生殖的，如衣藻属和丝藻属的游动孢子和配子，在形状、大小、结构等各方面都可以完全相同，在形态上没有区别，正常的配子在适当条件下，也可以单独发育成新的植物体。此外，正常的孢子也可能作为配子进行配合。这些事实说明，配子和孢子没有绝对界线，也就是说，有性生殖可能起源于无性生殖。

四、植物对陆地生活的适应

古生代以前，地球上一片汪洋，最原始的植物就是在这里产生和生活的，在 20 多亿年的漫长岁月里，它们在形态、结构、代谢和繁殖等方面，已和水生环境相适应，并演化成形形色色的水生植物类群。到志留纪末期，整个地球发生了沧海桑田的大变动，陆地逐渐上升成为沼泽，海域逐渐缩小，不少生存在滨海或浅海潮汐地带的藻类，在适应新的环境过程中朝着各个方面发展。某些藻类的后裔，逐渐加强其孢子体有利于陆生生活环境的变异性能，终于舍水登陆，产生了最早的以裸蕨植物为代表的第一批陆生植物。但是，陆地的生活环境显然和水里完全不同。首先登陆的裸蕨，它们在陆地生活中，摄取阳光和空气比在水中容易，这对于植物的生长发育非常有利。但是，在陆地生活易受到干旱的威胁，养料的摄取也不像整个身躯浸沉在水里那样容易，同时对如何支撑植物体直立在地上，也发生了很多困难，尤其是原来植物体的周围，赖以繁殖的水域条件已不存在。能否解决这些问题，关系到新生的陆生植物生死存亡的大问题，因而新生陆生植物的躯体，必须有一个适应和变异的过程。裸蕨植物能从水域到陆地生长，这是一个巨大的飞跃，在植物界的发展史上，标志着一个重要的里程碑。

裸蕨植物是形态结构简单，种类庞杂的一群植物，其中最有代表性的种类为莱尼蕨属。它虽然没有像一般高等植物那样有真正的根、茎和叶的分化，但是，它的根状茎和气生茎已出现了原始的维管组织，这就不仅有利于水和养料的吸收和运输，同时，也加强了植物体的支撑和固着作用；它的气生茎表面生有角质层和气孔，可以调剂水分的蒸腾；孢子囊大都生在枝的顶端，并且产生具有坚韧外壁的孢子，以利于孢子的传播和保护。凡此种种，裸蕨类植物已初步具有了适应多变的陆生环境的条件。但是，到泥盆纪末期，发生地壳的大变动，陆地进一步上升，气候变得更加干旱，裸蕨植物已不能再适应改变了的新环境，而趋向绝灭，盛极一时的裸蕨世界，让位于分化更完善、更能适应陆地生长的其他维管植物了。

维管植物的进化和发展，是向孢子体占优势的方向前进的。由于无性世代能够较好地适应陆生生活，孢子体得到充分的发展和分化，在形态、结构和功能上，都保证了陆生生活所必需的条件。它们的配子体在适应陆地生活上，受到了一定的限制，苔藓植物是朝着配子体发达的方向发展，这也是苔藓植物不能在植被中占重要地位的原因。

蕨类植物的孢子体，已具备各种适应陆地生活的组织机构，虽然这些组织还是初级的类型，但它已经能够在陆地上生长和发育，不过它的配子体还不能完全适应陆地生活，特别在受精作用时，还不能脱离水的环境。在蕨类植物中，有的出现了大、小孢子的分化，这两种孢子不仅形状、大小、结构不同，而且发育的前途也完全不同。大孢子发育成雌配子体，小孢子发育成雄配子体，而且雌、雄配子体终生不脱离孢子壁的保护，最后导致种子植物的出现。种子植物的配子体更为退化，几乎终身寄生在孢子体上，受精时，借花粉管将精子送入胚囊，与卵受精，从而克服了有性生殖时不能脱离水的缺点。被子植物又有了更进一步的发展，所以，它在如此复杂多变的陆地环境中占绝对优势，这是发展的必然趋势。

五、生活史的类型及其演化

原核生物的生殖方式是细胞分裂和营养繁殖，所以它们的生活史非常简单。在真核生物发生之后的一定阶段，才出现了有性生殖。凡是进行有性生殖的植物，在它们的生活史中都有配子的配合过程和进行减数分裂过程。也就是说在它们生活史中存在着双相（$2n$）和单相（n）的核相的交替。进行有性生殖的植物，根据其减数分裂进行的时期，可分为 3 种类型：

1. 减数分裂是在合子萌发前进行（合子减数分裂）。这种类型在藻类植物中相当普遍，如绿藻中的衣藻、团藻、丝藻、轮藻都属于这一类型。以衣藻为例：植物体是单倍的，除了有性生殖方式外，还有无性生殖或营养繁殖。有性生殖时，两个配子互相配合成合子，合子一萌发就进行减数分裂，形成单倍的孢子。在植物体的整个生活史中，合子实际上就成了唯一的二倍体阶段，而不再出现第二个二倍体的植物体。所以，这一类植物只存在着单倍的和二倍的核相的交替，而没有世代交替。

2. 减数分裂在配子产生时进行（配子减数分裂）。这种类型在绿藻门中的管藻目和褐藻门中的无孢子纲植物，以及多种硅藻中普遍存在。以褐藻门的鹿角菜为例：这些植物的营养体为二倍的，减数分裂在配子产生前进行，合子萌发又成为二倍的植物体。在它们的生活史中，配子是生活史中唯一的单倍体阶段，没有再出现第二个单倍体植物体，所以也没有世代交替出现。动物和人类也是属于这个类型的。

3. 减数分裂在二倍体的植物体产生孢子时进行（居间减数分裂）。绿藻中的石莼、浒苔，褐藻门除了无孢子纲植物外的各种类，红藻门的石花菜、多管藻，以及所有的高等植物全都属于这一类型。在这一类型的植物中，是二倍体的孢子体在产生孢子时进行减数分裂，孢子萌发成为单倍体的配子体，配子体所产生的精子和卵，结合成二倍的合子，分裂后形成胚，胚发育仍为二倍体的孢子体。所以这一类型的生活史中有产生孢子的二倍体植物，也有能产生配子的单倍体植物，而且在整个生活史中，二者是相互交替出现的。

在居间减数分裂类型中，有同型世代和异型世代之分，同型世代的像石莼、水云；异型世代又有配子体世代占优势的和孢子体世代占优势的两种，前者像苔藓植物，后者如褐藻中的海带以及所有维管植物的生活史。在低等植物中，除配子体有性别之外，孢子本身在形态上完全相同，但在蕨类植物的卷柏属和水生真蕨植物，孢子的形态、大小和生理机能都不相同，小孢子发育成雄配子体，大孢子发育成为雌配子体，配子体已更进一步简化，而且雌、雄配子体都是在孢子壁内萌发和发育的，并始终不脱离孢子壁的保护，在植物生活史上，这又是新的发展。

总之，植物生活史类型的演化过程，是随着整个植物界的进化而发展着，它经历了由简单到复杂，由低级到高级的演化过程。像细菌和蓝藻等原核植物是没有世代交替，也没有核相交替的。到真核生物出现以后，才开始出现了有性生殖的核相交替，随后再出现世代交替。世代交替中，以居间减数分裂类型在植物界中最为高等，其中尤以不等世代交替中的孢子体世代越占优势，则越是进化。

六、高等植物营养体和孢子叶的发展与分化

在裸蕨植物没有发现以前，高等植物的根、茎、叶等器官如何发生和起源问题，很早就有了争论，但大都建立在缺乏充足的科学论据基础上，仍是模糊不清。譬如，有人认为最早出现的是叶子，茎和根是后来在进化过程中产生的。也有人认为被子植物的根、茎、叶、花、果实和种子等器官，在植物界和植物体的出现是同时产生的。自从发现了裸蕨植物以后，大大扩大了我们对这方面的知识，认识到最早的原始维管植物，大都无根，无叶，只有一个具二叉分枝的和能独立生活的体轴。这表明茎轴是原始维管植物最先出现的器官，并且能代行光合作用；其后，茎轴上发生了叶，才有茎、叶分化；最后出现的是根。

20 世纪初，裸蕨植物的化石陆续发现，顶枝学说（telome theory）逐步得到充实，并且得到较为普遍的承认。顶枝学说认为，原始维管植物中，无叶的植物体（茎轴）是由顶枝（telome）构成的；顶枝是二叉分枝的轴的顶端部分，具有孢子囊或不具孢子囊，它的形体与莱尼蕨属（见图 5-53）相似，若干顶枝共同联合组成顶枝束，顶枝束的基部也有二叉分枝的部分，其表面生有假根。

关于叶的起源问题，顶枝学说认为，无论大型叶或是小型叶，都是由顶枝演变而来的，大型叶是由多数顶枝联合并且变扁而形成的（图6-1）。小型叶则是由单个顶枝扁化而成（图6-2，A—E）。

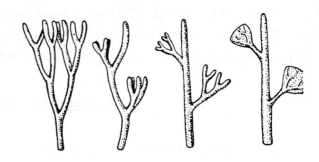

图 6-1　大型叶的起源图解（根据顶枝学说）

关于小型叶的来源，另一种是突出学说（enation theory），有完全不同的解释。突出学说认为，石松类的小型叶起源于茎轴表面的突出体，叶脉是后来才发生的（图6-2，F—J）。古植物学的有些资料，如裸蕨属植物（见图5-55）的刺状突出物和星木属（见图5-56）叶的结构情况，是和这种学说的观点基本相符合的。

关于孢子叶的起源问题，根据顶枝学说，通常认为这是由一个能育顶枝束中的分子侧面结合的结果（图6-3，A—C），原来生在枝端的孢子囊成为生在孢子叶的边缘。

石松亚门植物孢子叶的起源，有两种说法。顶枝学说认为，孢子叶不育部分和

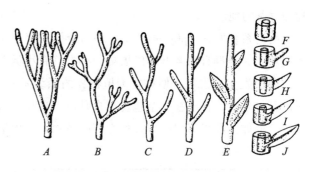

图 6-2　小型叶的起源图解
A—E. 根据顶枝学说；　F—J. 根据突出学说

孢子囊本身是同一个顶枝束发展而来的（图6-3，D—F）；突出学说则认为，首先有孢子囊，后来形成突出体，突出体再和孢子囊组成孢子叶（图6-3，G—I）。

楔叶亚门植物的盾形孢囊柄，一般认为是特化了的孢子叶。根据顶枝学说，是由具孢子囊的顶枝束，经过顶部的弯曲和并联而形成的（图6-3，J—L）。

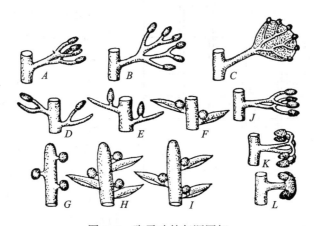

图 6-3　孢子叶的起源图解
A—C. 真蕨亚门孢子叶的起源（根据顶枝学说）；　D—I. 石松亚门孢子叶的起源（D—F. 根据顶枝学说；
G—I. 根据突出学说）；　J—L. 楔叶亚门孢囊柄的起源（根据顶枝学说）

根的起源问题，由于化石资料不足，研究得还不够，有人认为是从裸蕨目的根状茎转变而成，是星木属的拟茎部分向下伸出的那种根状分枝发展而来的；也有人认为，根是从裸蕨植物地下部分的假根转变而来；还有人认为，根是后来产生的新结构。

七、植物的个体发育与系统发育

植物分类的基本单位是种，每个种又是由无数的个体组成。每一个体都有发生、生长、发育，以至成熟的过程，这一过程便称为个体发育（ontogeny）。在植物发育过程中，除外部形态发生一系列的变化外，其内部结构也随之出现组织分化，直到这一分化过程完全成熟，才达到比较完善的地步。

所谓系统发育（phylogenesis）是与个体发育相对而言的，它是指某一个类群的形成和发展的过程。大类群有大类群的发展史，小类群有小类群的发展史，从大的方面看，如果考察整个植物界的发生与发展，便称之为植物界的系统发育。同样，也可以考察某个门、纲、目、科、属的系统发育，甚至在一个包含较多种以下单位的种（亚种，变种）中，也存在种的系统发育问题。例如，在绿藻门中有各种类型的植物，有单细胞的（其中又包括有鞭毛能活动和无鞭毛不能活动的两种类型），有群体的，有丝状体型的（其中又可分为分枝的和不分枝的），有片状体型的，等等。各种类型之间在进化上有何联系？哪种类型较为原始？哪种类型较为进化？何者低级？何者高级？对这类问题的探讨就是探讨绿藻门的系统发育。种是分类的基本单位，但在种之下又有亚种、变种、变型，这说明在一个种的范围内，也有变化和发展，这就是种的系统发育。同样道理，纲、目、科、属，各个分类等级均有其系统发育（图6-4）。

个体发育与系统发育，是推动生物进化的两种不可分割的过程，系统发育建立在个体发育的基础上，而个体发育又是系统发育的环节。在个体发育过程中，新一代的个体，既有继承上一代个体特性的遗传性，又有不同于上一代的变异性，种瓜得瓜，种豆得豆，这是遗传性决定的。但世上找不到两个完全相同的个体，即使是孪生兄弟，也有微小的差别，这就是变异

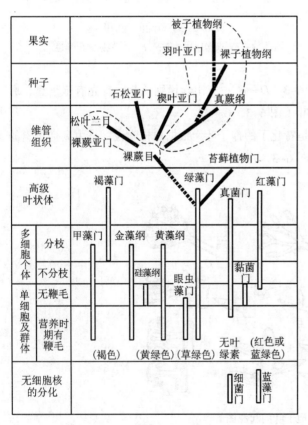

图6-4 植物界的系统树

（引自张景钺，梁家骥. 植物系统学，1965）

性。自然界对新一代无数的大同而小异的个体进行选择，使有利于种族生存的变异得以巩固和发展，由量的积累而到质的飞跃，这就产生出了新的物种。只要生命物质存在一天，这一过程就永远不会休止。

在植物界中，任何高等植物的个体发育，都是从一个受精卵细胞开始的，这相当于进化过程中的单细胞阶段。由此细胞经过一系列的横分裂成为短小的丝状体，相当于丝状藻阶段。继之出现了多方面的分裂，外形趋于复杂化，这与片状藻和分枝丝状藻阶段大体相符，最后内部出现组织分化，出现了维管组织，这又象征着进入了维管植物的阶段。重演（recapitulation）现象的发现，在进化论与有神论进行激烈争论的19世纪，为进化论提供了有力的佐证。

复习思考题

1. 植物界从其出现到如今经过了哪几个主要发展阶段？这与地球环境的变迁有何关系。

2. 试述植物界由单细胞到群体、到多细胞体的发展过程。

3. 植物有性生殖经历了怎样的发展过程？

4. 试从生态适应方面论述植物界的发展过程。

5. 植物的生活史有哪几种主要类型？它们是怎样演化的。

6. 何谓顶枝学说？它是怎样解释植物营养体和孢子叶进化的？

7. 何谓个体发育？何谓系统发育？两者之间存在什么关系？

第七章　裸子植物（Gymnosperm）

第一节　裸子植物的一般特征

裸子植物在植物界中的地位，介于蕨类植物和被子植物之间。它是保留着颈卵器，具有维管束，能产生种子的一类高等植物。

一、裸子植物的主要特征

（一）孢子体发达

裸子植物的孢子体特别发达，都是多年生木本植物，大多数为单轴分枝的高大乔木，枝条常有长枝和短枝之分。网状中柱，并生型维管束，具有形成层和次生生长；木质部大多数只有管胞，极少数有导管；韧皮部中无伴胞。叶多为针形、条形或鳞形，极少数为扁平的阔叶；叶在长枝上螺旋状排列，在短枝上簇生枝顶；叶常有明显的、多条排列成浅色的气孔带（stomatal band）。根有强大的主根。

（二）胚珠裸露

孢子叶（sporophyll）大多数聚生成球果状（strobiliform），称孢子叶球（strobilus）。孢子叶球单生或多个聚生成各种球序，通常都是单性，同株或异株；小孢子叶（雄蕊）聚生成小孢子叶球（staminate strobilus，又称雄球花），每个小孢子叶下面生有贮满小孢子（花粉）的小孢子囊（花粉囊）；大孢子叶（心皮）丛生或聚生成大孢子叶球（ovulate strobilus，又称雌球花），胚珠裸露，不为大孢子叶所形成的心皮所包被，大孢子叶常变态为珠鳞（松柏类）、珠领（银杏）、珠托（红豆杉）、套被（罗汉松）和羽状大孢子叶（铁树）。而被子植物的胚珠则被心皮所包被，这是被子植物与裸子植物的重要区别。

（三）具有颈卵器的构造

裸子植物除百岁兰属（*Welwitschia*）、买麻藤属（*Gnetum*）外，具颈卵器。配子体完全寄生在孢子体上，雌配子体的近珠孔端产生颈卵器，但结构简单，埋藏于胚囊中，仅有 2~4 个颈壁细胞露在外面。颈卵器内有 1 个卵细胞和 1 个腹沟细胞，无颈沟细胞，比起蕨类植物的颈卵器更为退化。

（四）传粉时花粉直达胚珠

在被子植物中，花粉粒需先到柱头后萌发，形成花粉管，然后到达胚珠。而裸子植物则不同，花粉粒由风力（少数例外）传播，并经珠孔直接进入胚珠，在珠心上方萌发，形成花粉管，进达胚囊，使其内的精子与卵细胞受精。从传粉到受精这个过程，在裸子植物需经相当长的时间。有些种类在珠心的顶部具有贮粉室（花粉室，pollen chamber），以准备花粉粒在萌发前的逗留。

（五）具多胚现象

大多数裸子植物都具有多胚现象（polyembryony），这是由于1个雌配子体上的几个或多个颈卵器的卵细胞同时受精，形成多胚，称为简单多胚现象；或者由于1个受精卵，在发育过程中，胚原组织分裂为几个胚，这是裂生多胚现象（cleavage polyembryony）。

此外，花粉粒为单沟型，具气囊或缺如，无孔沟、3孔沟或多孔的花粉粒等也是裸子植物的特征。

在裸子植物这一章中，有两套名词时常并用或混用：一套是在种子植物中习用的，如"花""雄蕊""心皮"等；一套是在蕨类植物中习用的，如"孢子叶球""小孢子叶""大孢子叶"等。这种情况的产生是有其历史原因，19世纪中叶以前，人们不知道种子植物的这些结构和蕨类植物的结构有系统发育上的联系，所以出现了这两套名词。1851年，德国植物学家荷夫马斯特（Hofmeister）将蕨类植物和种子植物的生活史完全贯通起来，人们才知道裸子植物的球花相当于蕨类植物的孢子叶球，前者是后者发展而来。

二、裸子植物的分类

裸子植物在植物分类系统中，通常作为一个自然类群，称为裸子植物门（Gymnospermae）。裸子植物门通常分为苏铁纲（Cycadopsida）、银杏纲（Ginkgopsida）、松柏纲（球果纲）（Coniferopsida）、红豆杉纲（紫杉纲）（Taxopsida）及买麻藤纲（倪藤纲）（Gnetopsida）（盖子植物纲）（Chlamydospermopsida）5纲。近年来，根据分子系统学证据，多数学者们主张将红豆杉纲并入松柏纲，称为松杉纲。本书仍按5个纲来讲述。

裸子植物发生发展的历史悠久，最初的裸子植物出现，约在距今36 000万年前至39 500万年之间的古生代泥盆纪，历经古生代的石炭纪、二叠纪，中生代的三叠纪、侏罗纪、白垩纪，新生代的第三纪、第四纪。从裸子植物发生到现在，地史气候经过多次重大变化，裸子植物种系也随之多次演变更替，老的种类相继灭绝，新的种类陆续演化出来，种类演替繁衍至今。现代的裸子植物有不少种类，是从距今约250万年前至6 500万年前之间的新生代第三纪出现的，又经过第四纪冰川时期保留下来。现代裸子植物的种类分属于5纲，9目，12科，71属，近800种。我国是裸子植物种类最多、资源最丰富的国家，有5纲，8目，11科，41属，236种。其中引种栽培1科，7属，51种。有不少是第三纪的子遗植物，或称"活化石"植物。我国的裸子植物多为林业经营上的重要用材树种，也是纤维、树脂、单宁等原料树种，少数种类的枝叶、花粉、种子、根皮等可供药用。

第二节　苏铁纲（Cycadopsida）

常绿木本植物，茎干粗壮，常不分枝。叶螺旋状排列，有鳞叶及营养叶，二者相互成环着生；鳞叶小，密被褐色毡毛；营养叶大，羽状深裂，集生于树干顶部。孢子叶球亦生于茎顶，雌雄异株。游动精子有多数纤毛。染色体：X = 8、9、11、13。

苏铁纲（旧称铁树纲）植物在古生代的末期（二叠纪）兴起，中生代的侏罗纪相当繁盛，以后逐渐趋于衰退，现存的仅有1目、1科，共9属，约110种，分布于南、北半球的热带及亚热带地区，其中4属产美洲、2属产非洲、2属产大洋洲、1属产东亚。我国仅有苏铁属（Cycas），8种。

苏铁科（Cycadaceae）的苏铁（Cycas revoluta Thunb.）（图7-1，A）具柱状主干，常不分枝，顶端簇生大型羽状深裂的叶。茎中有发达的髓部和甚厚的皮层，网状中柱，内始式木质部，次生木质部的管胞具多列圆形的缘孔，形成层的活动期较短，后为由皮层相继发生的形成层环所代替。叶为一回羽状深裂，革质，坚硬，幼时拳卷，脱落后茎上残留有叶基。侧根具有特化的菌根，菌根内还有鱼腥藻属（Anabaena）共生。

苏铁的大、小孢子叶异株。小孢子叶扁平，肉质，鳞片状窄楔形，具短柄，紧密地螺旋状排列成椭圆形的小孢子叶球，生于茎顶。每个小孢子叶下面生有许多由3~5个小孢子囊组成的小孢子囊群（图7-1，B、C）。小孢子囊是厚囊性发育，囊壁由多层细胞构成，借表皮细胞壁不均匀增厚而纵裂，散发小孢子。这是裸子植物中孢子囊机械组织构造与蕨类植物相似的唯一代表。小孢子多数，两侧对称，宽椭圆形，具一纵长的深沟。大孢子叶丛生于茎顶，密被淡黄色绒毛，上部羽状分裂，下部成狭长的柄，柄的两侧生有2~6枚胚珠。胚珠较大，直生，有一层珠被，珠心顶端有喙及花粉室，与珠孔相通，珠心内的胚囊发育有2~5个颈卵器（图7-2，A、B、C）。颈卵器位于珠孔下方，颈部短小，通常仅由2个细胞组成，受精的前几天，中央细胞的核分为2，下面一个变为卵核，上面一个是不发育的腹沟细胞，并很快消失。

小孢子萌发，形成具有3个核的雄配子体（图7-2，D），即基部1个原叶体细胞（营养细胞），此细胞不再分裂；上面的1个细胞再分裂一次成为1个管细胞（吸器细胞）及1个生殖细胞，并以3个细胞状态从小孢子囊中散出，随风传播到珠孔上。由珠孔溢出一滴液体，名为传粉滴（pollination drop），雄配子体随着液滴的干涸而被吸入花粉室。随后生殖细胞分裂为2，大的叫体细胞，小的叫柄细胞。体细胞又分裂为2个精细胞，成熟的精子为陀螺形，端有纤毛，能游动，长可达0.3 mm，是生物界中最大的精子。管细胞的主要功用不是输送精子，而是吸取养料，当先端生长伸至颈卵器旁时即炸裂，2个游动精子进入颈卵器，一个与卵结合，形成合子，另一个消失。

合子在长时间内重复进行游离核分裂，形成未分化的原胚。原胚分化缓慢，基部一些细胞伸长形成胚柄，原胚的末端则分化发育成胚。种子成熟时，胚已发育成具有2片子叶和稍指向珠

图 7-1 苏铁

A. 植株外形； *B.* 小孢子叶； *C.* 聚生的小孢子囊； *D.* 大孢子叶及种子

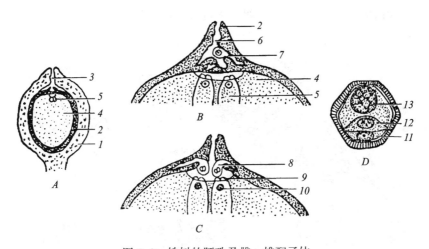

图 7-2 铁树的胚珠及雌、雄配子体

A. 胚珠纵切面； *B.* 珠心及雌配子体部分放大； *C.* 受精前的珠心及雌配子体； *D.* 雄配子体（三细胞期）

1. 珠被； 2. 珠心； 3. 珠孔； 4. 雌配子体； 5. 颈卵器； 6. 花粉室； 7、8. 吸器细胞，示柄细胞及 2 精子；
9. 颈细胞； 10. 卵核； 11. 营养细胞； 12. 生殖细胞； 13. 吸器细胞

孔的胚根的大形圆柱体，并陷于充满营养物质的雌配子体中，雌配子体此时又称为胚乳。珠被变成种皮，分为 3 层：外层肉质甚厚，中层为石细胞所成的硬壳，内层为薄纸质。种子无休眠期，萌发时，根由珠孔穿出，子叶则永留种子中吸取养料。

苏铁栽培极为广泛，为优美的观赏树种；茎内髓部富含淀粉，可供食用；种子含油和丰富的淀粉，微有毒，供食用和药用，有治痢疾、止咳及止血之效。

第三节 银杏纲（Ginkgopsida）

落叶乔木，枝条有长、短枝之分。叶扇形，先端2裂或波状缺刻，具分叉的脉序，在长枝上螺旋状散生，在短枝上簇生。球花单性，雌雄异株，精子具多纤毛。种子核果状，具3层种皮，胚乳丰富。

本纲现仅残存1目，1科，1属，1种，为我国特产，国内外栽培很广。染色体：X = 12。

银杏科（Ginkgoaceae）的银杏（*Ginkgo biloba* L.）（图7–3，*A*）为落叶乔木，树干高大，枝分顶生营养性长枝和侧生生殖性短枝。两种枝的解剖构造亦极不同：长枝髓小，皮层薄，木质部甚厚；短枝则正相反，髓大，皮层厚，木质部甚窄。网状中柱，内始式木质部，原生木质部仅有螺纹管胞，后生木质部为孔纹管胞，次生木质部则由具缘纹孔的管胞组成，年轮明显。各种器官内均有分泌腔。叶扇形，有柄，长枝上的叶大都具2裂，短枝上的叶常具波状缺刻。

银杏雌雄异株，营养体雌、雄株的主要区别有：雄株树冠狭圆锥形，雌株阔圆锥形；雄株长枝斜上伸展，大枝基部具乳状突瘤；雌株长枝开展和下垂，无乳状突；雄株叶柄横切无树脂隙，雌株具树脂隙；雄株实生苗幼根直伸，无乳状突；雌株稍屈曲，具乳状突；雄株苗木形大、干细、横枝少，叶大而多裂；雌株形小、干粗、横枝多、叶小裂少。

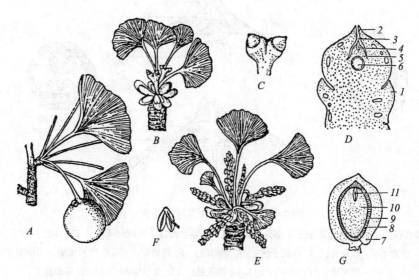

图7–3 银杏

A. 短枝及种子；*B*. 生大孢子叶球的短枝；*C*. 大孢子叶球；*D*. 胚珠和珠领纵切面；

E. 生小孢子叶球的短枝；*F*. 小孢子叶；*G*. 种子纵切面

1. 珠领；2. 珠被；3. 珠孔；4. 花粉室；5. 珠心；6. 雌配子体；7. 外种皮；

8. 中种皮；9. 内种皮；10. 胚乳；11. 胚

球花单性。小孢子叶球呈柔荑花序状，生于短枝顶端的鳞片腋内。小孢子叶有一短柄，柄端有由 2 个（稀为 3～4 个，或甚至 7 个）小孢子囊组成的悬垂的小孢子囊群。大孢子叶球很简单，通常仅有一长柄，柄端有 2 个环形的大孢子叶，称为珠领，也叫珠座。2 个大孢子叶上各生一个直生胚珠，但通常只有一个成熟，偶有若干个胚珠，这是一种返祖现象（atavism）。珠被 1 层，珠心中央凹陷为花粉室。雌配子体发育极似苏铁，不同的是珠被发育时含有叶绿素，并有明显的腹沟细胞。雄配子体的发育和受精过程等，也都与苏铁相似。具纤毛的游动精子是受精时需水的遗迹，这是苏铁与银杏所具有的原始性状。

胚的发育步骤和成熟种子，也与苏铁相似，不过胚柄不强烈伸长，胚的体积较小。种子近球形，熟时黄色，外被白粉，种皮分化为 3 层（图 7-3，*G*）：外种皮厚，肉质，并含有油脂及芳香物质；中种皮白色，骨质，具 2～3 纵脊；内种皮红色，纸质。胚乳肉质。子叶 2，不出土。

银杏为著名的孑遗植物，为我国特产，现广泛栽培于世界各地，仅浙江西天目山有野生状态的树木，生于海拔 500～1 000 m。栽培的银杏有数百年或千年以上的老树，树形优美，春季叶色嫩绿，秋季鲜黄，颇美观，可做行道树及园林绿化的珍贵树种。木材优良，可供建筑、雕刻、绘图板、家具等用材。种仁（白果）供食用（多食易中毒）及药用，入药有润肺、止咳、强壮等功效，时供药用和制杀虫剂，树皮含单宁。

第四节　松柏纲（Coniferopsida）

一、松柏纲的主要特征

常绿或落叶乔木，稀为灌木，茎多分枝，常有长、短枝之分；茎的髓部小，次生木质部发达，由管胞组成，无导管，具树脂道（resin canal）。叶单生或成束，针形、鳞形、钻形、条形或刺形，螺旋着生或交互对生或轮生，叶的表皮通常具较厚的角质层及下陷的气孔。孢子叶球单性，同株或异株，孢子叶常排列成球果状。小孢子有气囊或无气囊，精子无鞭毛。球果的种鳞与苞鳞离生（仅基部合生）、半合生（顶端分离）及完全合生。种子有翅或无翅，胚乳丰富，子叶 2～10 枚。松柏纲植物因叶子多为针形，故称为针叶树或针叶植物；又因孢子叶常排成球果状，也称为球果植物。

二、松柏纲植物的生活史

以最普遍而研究最详尽的松科（Pinaceae）的松属（*Pinus*）为代表，介绍如下。

（一）孢子体

松属的孢子体为高大多年生常绿乔木，单轴分枝，主干直立，旁枝轮生，具长枝和短枝。

网状中柱，90%～95% 由管胞组成，树脂道约占 1%，木射线约占 6%。长枝上生鳞叶，腋内生短枝，短枝极短，顶生 1 束针形叶，每束通常 2、3、5 个叶，基部常有薄膜状的叶鞘 8～12 枚（由芽鳞变成）包围，叶内有 1 或 2 条维管束和几个树脂道。

孢子叶球单性，同株。小孢子叶球排列如穗状，生在每年新生的长枝条基部，由鳞片叶腋中生出。每个小孢子叶球有 1 个纵轴，纵轴上螺旋状排列着小孢子叶，小孢子叶的背面（远轴面）有 1 对长形的小孢子囊。小孢子囊内的小孢子母细胞，经过两次的连续分裂（其中一次为减数分裂），形成 4 个小孢子（花粉粒）。小孢子有 2 层壁，外壁向两侧突出成气囊，能使小孢子在空气中飘浮，便于风力传播。

大孢子叶球 1 个或数个着生于每年新枝的近顶部，初生时呈红色或紫色，以后变绿，成熟时为褐色。大孢子叶球是由大孢子叶构成的，大孢子叶也是螺旋状排列在纵轴上的，但它们不是简单的孢子叶，而是由两部分组成：下面较小的薄片称为苞鳞（bract）；上面较大而顶部肥厚的部分称为珠鳞（ovuliferous scale），也叫果鳞或种鳞，一般认为珠鳞是大孢子叶，苞鳞是失去生殖能力的大孢子叶。在松科各属植物苞鳞和珠鳞是完全分离的，每一珠鳞的基部近轴面着生 2 个胚珠，胚珠由一层珠被和珠心组成，珠被包围着珠心，形成珠孔。珠心即大孢子囊，中间有 1 个细胞发育成大孢子母细胞，经过两次连续分裂（其中一次是减数分裂），形成 4 个大孢子，排列成一列称为"链状四分体"。通常只有合点端的 1 个大孢子发育成雌配子体，其余 3 个退化。

（二）雄配子体

雄配子体是一个大为减退了的结构，只由少数几个细胞构成（图 7-4，A、B、C、D）。小孢子（单核时期的花粉粒）是雄配子体的第一个细胞，小孢子在小孢子囊内萌发，细胞分裂为 2，其中较小的一个是第一个营养细胞（原叶体细胞），另一个大的叫胚性细胞，胚性细胞再分裂为 2，即第二营养细胞及精子器原始细胞（中央细胞），精子器原始细胞再分裂为 2，形成管细胞和生殖细胞。成熟的雄配子体有 4 个细胞：2 个退化营养细胞、1 个管细胞和 1 个生殖细胞。

（三）雌配子体

由大孢子发育而成。因此，大孢子是雌配子体的第一细胞，它在大孢子囊（珠心）内萌发，进行游离核分裂，形成具 16～32 个游离

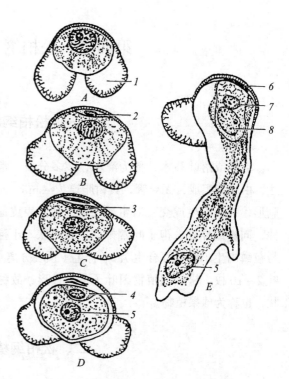

图 7-4　松属雄配子体发育及花粉管

A. 小孢子；B、C. 小孢子萌发成早期配子体；

D. 雄配子体；E. 花粉管

1. 气囊；2、3. 第一、二个营养细胞；4. 生殖细胞；

5. 管细胞；6. 营养细胞；7. 柄细胞；8. 体细胞

核，不形成细胞壁。雌配子体的四周具一薄层细胞质，中央为1个大液泡，游离核多少均匀分布于细胞质中。当冬季到来时，雌配子体即进入休眠期。翌年春天，雌配子体重新开始活跃起来，游离核继续分裂，主要表现游离核的数目显著增加，体积增大。以后雌配子体内的游离核周围开始形成细胞壁，这时珠孔端有些细胞明显膨大，成为颈卵器的原始细胞。之后，原始细胞进行一系列的分裂，形成几个颈卵器，成熟的雌配子体包含2~7个颈卵器和大量的胚乳（图7-5）。

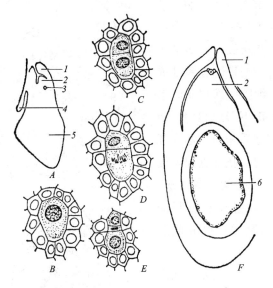

图 7-5　松属的胚珠和大孢子的发育

A. 胚珠和珠鳞纵切；　*B.* 大孢子母细胞；　*C.* 大孢子母细胞分裂为2；　*D.* 远离珠孔的细胞继续分裂；

E. 形成3个大孢子（仅远离珠孔1个有效）；　*F.* 雌配子体游离核时期

1. 珠被；　2. 珠心；　3. 大孢子母细胞；　4. 苞鳞；　5. 珠鳞；　6. 雌配子体

（四）传粉与受精

传粉在晚春进行，此时大孢子叶球轴稍为伸长，使幼嫩的苞鳞及珠鳞略为张开。同时，小孢子囊背面裂开一条直缝，处于雄配子体阶段的花粉粒，借风力传播，飘落在由珠孔溢出的传粉滴中，并随液体的干涸而被吸入珠孔。这时大孢子叶球的珠鳞又继续闭合。雄配子体中的生殖细胞分裂为2，形成1个柄细胞及1个体细胞，而管细胞则开始伸长，迅速长出花粉管（见图7-4，*E*）。但这时大孢子尚未形成雌配子体，花粉管进入珠心相当距离后，即暂时停止伸长，直到第二年春季或夏季颈卵器分化形成后，花粉管才再继续伸长，此时体细胞再分裂形成2个精子（不动精子）。受精作用通常是在传粉以后13个月才进行，即传粉在第一年的春季，受精在第二年夏季。这时大孢子叶球已长大并达到或将达到其最大体积，颈卵器已完全发育。当花粉管伸长至颈卵器，破坏颈细胞到达卵细胞处，其先端随即破裂，2个精子、管细胞及柄细胞都一起流入卵细胞的细胞质中，其中1个具功能的精子随即向中央移动，并接近卵核，最后与卵核结合形成受精卵，这个过程称受精。

（五）种子

松属的胚胎发育过程，颇复杂，具明显的阶段性，通常可分原胚阶段、胚胎选择阶段、胚的器官和组织分化阶段、胚的成熟阶段。但这些阶段是按顺序连续发育的，是相互联系和相互制约的（图7-6）。

1. 原胚阶段　从受精卵分裂开始到细胞型原胚的形成，先后经过游离核的分裂、细胞壁的产生和原胚的形成（图7-6）。受精卵接连进行3次游离核的分裂，形成8个游离核，这8个游离核在颈卵器基部排成上、下两层，每层4个，细胞壁即在此时形成，但上层4个细胞的上部不形成胞壁，使这些细胞的细胞质与卵细胞质相通，称为开放层；下层4个细胞称为初生胚细胞层。接着开放层和初生胚细胞层各自再分裂1次，形成4层，分别称为上层、莲座层、胚柄层（初生胚柄层）和胚细胞层，组成原胚（proembryo）。

2. 胚胎选择阶段　胚柄系统的发育和多胚现象的产生是这个阶段的主要特征。原胚的4层细胞从上到下，第一层（上层），初期有吸收作用，不久即解体；第二层莲座层，分裂数次之后消失；第三层胚柄层，它的4个细胞称为初生胚柄（primary suspensor），不再分裂，但伸长；第四层胚细胞层的胚细胞，在胚柄细胞继续延长的同时，紧接着后面的胚细胞进行分裂并伸长，称为次生胚柄（secondary suspensor），由于胚柄和次生胚柄（胚管）迅速伸长，形成多回卷曲的胚柄系统

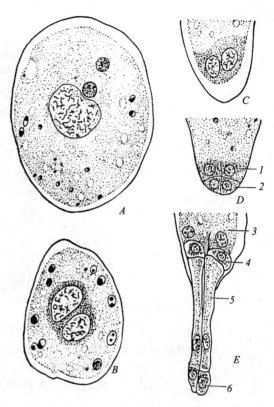

图7-6　松属的胚胎发育过程

A. 受精卵；　B. 受精卵核分为2；　C. 再分裂成4，并在颈卵器基部排成1层；　D. 再分裂1次成为2层8个细胞；　E. 上、下层各再分裂1次，形成4层16个细胞，组成原胚

1. 开放层；　2. 初生胚细胞层；　3. 上层；　4. 莲座层；

5. 胚柄层；　6. 胚细胞层

（图7-7，A、B）。而胚细胞层的最前端的细胞发育成胚的本身，但它们不组成1个胚，而在纵面彼此分离，各个单独发育成胚，称为多胚现象。常见的多胚现象有两种：一种是简单多胚现象（图7-7，C），即在同一个胚珠内有2个以上的颈卵器的卵细胞，可以同时受精，因而在胚胎发育的早期，可以产生2个以上的原胚；另一种是裂生多胚现象（图7-7，D），即由1个受精卵形成的4个胚细胞，分别单独发育成为4个幼胚。在胚胎发育过程中，通过胚胎选择，通常只有1个（很少2个或更多）幼胚正常分化、发育，成为种子中成熟的胚。

大多数松柏类植物具有2个以上的颈卵器，所以简单多胚现象是普遍发生的，至于裂生多胚

现象，则仅限于松柏类植物的几个属可见。

3. 胚的器官和组织分化阶段　胚在进一步的发育中成为一个伸长的圆柱体。这个圆柱体的近轴区（基部）同胚柄系统相接，主要是横分裂，细胞略大，形成较规则的行列，进而发育成根端和根冠组织；而在远轴区内，细胞分裂似无特定的方向，细胞较小，由这些细胞进一步分化，最后分裂出下胚轴、胚芽和子叶。

4. 胚的成熟阶段　成熟的胚包括胚根、胚轴（胚茎）、胚芽和子叶（通常 7～10 枚）（图 7-8）。包围此胚的雌配子体（胚乳）继续生长，最后珠心仅遗留一薄层。珠被发育成种皮，种皮分为 3 层：外层肉质（不发达）、中层石质、内层纸质。

胚、胚乳和种皮构成种子。裸子植物的种子是由 3 个世代的产物组成的，即胚是新的孢子体世代（$2n$）；胚乳是雌配子体世代（n）；种皮是老的孢子体（$2n$）。受精后，大孢子叶球继续发育，珠鳞木质化而成为种鳞，种鳞顶端扩大露出的部分为鳞盾，鳞盾中部有隆起或凹陷的部分为鳞脐，珠鳞的部分表皮分离出来形成种子的附属物即翅，以利风力传播。种子萌发时，主根先经珠孔伸出种皮，并很快产生侧根，初时子叶留在

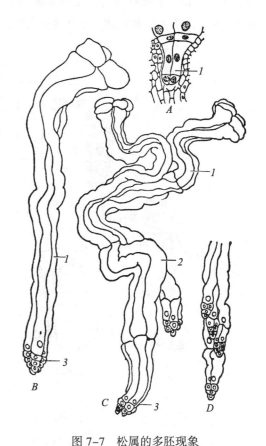

图 7-7　松属的多胚现象

A. 初生胚柄细胞开始伸长；*B*. 胚细胞最前端的细胞发育成胚；*C*. 简单多胚现象；*D*. 裂生多胚现象

1. 初生胚柄；2. 次生胚柄；3. 胚

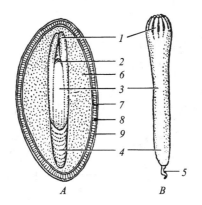

图 7-8　松属成熟的胚和种子

A. 种子纵切面；*B*. 胚的侧面观

1. 子叶；2. 胚芽；3. 胚轴；4. 胚柄；5. 胚根；6. 胚乳；7. 内种皮；8. 中种皮；9. 外种皮

种子内，从胚乳中吸取养料，随着胚轴和子叶的不断发展，种皮破裂，子叶露出，而随着茎顶端的生长，产生新的植物体。松属生活史图解见（图7-9）。

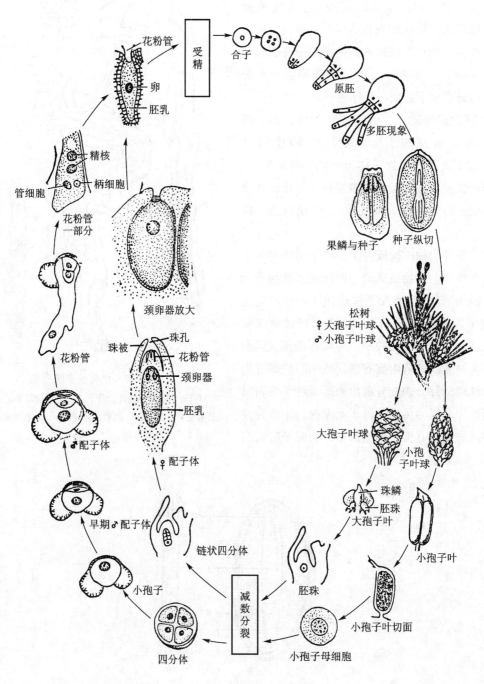

图 7-9　松属生活史图解

三、分类及代表植物

松柏纲植物是现代裸子植物中数目最多、分布最广的类群。现代松柏纲植物有 44 属，约 400 余种，隶属于 4 科，即松科、杉科、柏科和南洋杉科（Araucariaceae），它们分布于南、北两半球，以北半球温带、寒温带的高山地带最为普遍。我国是松柏纲植物最古老的起源地，也是松柏植物最丰富的国家，并富有特有的属、种和第三纪孑遗植物，有 3 科，23 属，约 150 种，为国产裸子植物中种类最多，经济价值最大的一个纲，分布几遍全国。另引入栽培 1 科，7 属，50 种，多为庭园绿化及造林树种。

（一）松科（Pinaceae）

乔木，稀灌木，大多数常绿。叶条形或针形：条形叶扁平，稀呈四棱形，在长枝上螺旋状散生，在短枝上簇生；针形叶常 2~5 针成束，着生于极度退化的短枝顶端，基部包有叶鞘。孢子叶球单性同株，小孢子叶球，具多数螺旋状着生的小孢子叶，每个小孢子叶有 2 个小孢子囊，小孢子多数有气囊；大孢子叶球，由多数螺旋状着生的珠鳞与苞鳞所组成，每珠鳞的腹面（上面）具两枚倒生的胚珠，背面（下面）的苞鳞与珠鳞分离（仅基部结合），花后珠鳞增大发育成种鳞。球果直立或下垂。种子通常有翅；胚具 2~16 枚子叶。染色体：X = 12、13、22。

本科是松柏纲植物中最大而且在经济上又是重要的一科，有 10 属，约 230 余种，多产于北半球。我国有 10 属，113 种（包括引种栽培 24 种），分布遍于全国，绝大多数都是森林树种和用材树种，以及许多还是特有属和孑遗植物。

1. 冷杉属（Abies） 枝具圆形而微凹的叶痕。叶条形，上面中脉凹下。叶内具 2 个（稀 4~12）树脂道。球果直立，当年成熟，种鳞和种子一同脱落。约 50 种，分布于亚洲、欧洲、北美及非洲北部高山地带。我国有 19 种，分布于东北、华北、西北及浙江、台湾等省区的高山地带，常组成大面积的纯林，用途很广，为今后开发利用的主要森林资源，亦为森林更新的主要树种。常见的有臭冷杉 [A. nephrolepis（Trautv.）Maxim.]，一年生枝有毛，树脂道中生，产于东北、华北。冷杉 [A. fabri（Mast.）Craib]，一年生枝无毛，树脂道边生，为我国特有树种，产于四川。百山祖冷杉（A. beshanzuensis M. H. Wu），是 20 世纪 70 年代在我国发现的稀有珍贵树种，产于浙江南部百山祖。

2. 银杉属（Cathaya）（图 7-10） 枝分长、短枝。叶条形扁平，上面中脉凹陷，在枝节间的顶端排列紧密成簇生状，在其下则排列疏散。球果腋生，初直立后下垂，种鳞远较苞鳞大，宿存。仅银杉（C. argyrophylla Chun et Kuang）1 种，分布于广西及四川，为我国特产的稀有树种，材质优良，供建筑、家具等用材。

3. 云杉属（Picea） 小枝有显著隆起的叶枕。叶四棱状条形或条形，无柄，四面有气孔线或仅上面有气孔线。孢子叶球单性同株。球果下垂。种鳞宿存，苞鳞短小。约 40 种，分布于北半球。我国有 16 种，另引种栽培 2 种，产于东北、华北、西北、西南等省区及台湾省的高山地带，常组成大面积的自然林，为我国主要的林业资源之一。材质优良，纹理细致，结构紧密，有弹性，可供建筑、飞机、舟车、家具等用材，树干可取松脂，树皮可制栲胶。常见的有云杉（*P. asperata* Mast.），一年生枝褐黄色或淡黄褐色，多少有白粉，叶横切面为四棱形，球果长通常 6～10 cm，为我国特有树种，产陕西、甘肃及四川。鱼鳞云杉［*P. jezoensis* var. *microsperma*（Lindl.）Cheng et L. K. Fu］，叶横切面扁平。球果长 4～6 cm，产我国东北。

4. 落叶松属（*Larix*） 落叶乔木，枝有长枝和距状短枝。叶条状扁平，在长枝上螺旋状散生，在短枝上呈簇生状。孢子叶球单生于短枝顶端，球果直立，当年成熟，种鳞革质，宿存。种子上部具膜质长翅。约 18 种，分布于北半球的亚洲、欧洲及北美洲的温带高山与寒温带、寒带地区。我国产 10 种，广布于东北、华北、西北、西南等省区，常组成纯林。材质坚韧，结构细致，抗腐性强，可供建筑、桥梁、舟车、家具等用材，树干可提取树脂，树皮可提取栲胶，亦可栽培作庭园树种。落叶松［*L. gmelini*（Rupr.）Rupr.］小枝不下垂，球果卵圆形或椭圆形，苞鳞较种鳞为短，为我国东北林区的主要森林树种。红杉（*L. potaninii* Batal.）小枝下垂，球果圆柱形或卵状圆柱形，苞鳞较种鳞为长，显著露出，为我国特有树种，产于甘肃、陕西及四川。

5. 金钱松属（*Pseudolarix*） 落叶乔木，枝有长枝与短枝，短枝距状。叶条形，柔软、扁平，在长枝上螺旋状散生，距状短枝上呈簇生状，辐射平展呈圆盘形。小孢子叶球穗状，数个簇生。球果当年成熟，种鳞木质，成熟后脱落，种子有宽大种翅。仅有金钱松［*P. amabilis*（Nelson）Rehd.］1 种（图 7–11），为我国特有属种，产华东和华中及四川等省区。金钱松生长较快，喜生于温暖、多雨和土层深厚、肥沃、排水良好的酸性土山区。木材纹理通直，硬度适中，材质稍粗，性较脆，可作建筑、板材、家具、器具等用，树皮可提栲胶，入药（俗称土槿

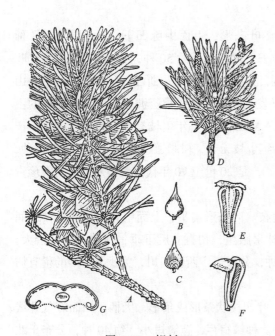

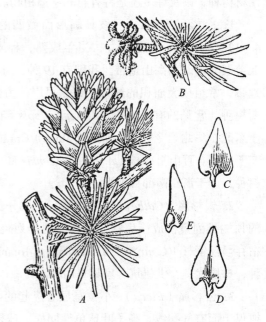

图 7–10　银杉

A. 球果枝；*B*、*C.* 苞鳞背、腹面；*D.* 小孢子叶球枝；

E—F. 小孢子囊；*G.* 叶的横切面

图 7–11　金钱松

A. 球果枝；*B.* 小孢子叶球枝；*C.* 种鳞背面及苞片；

D. 种鳞腹面；*E.* 种子

皮）可治顽癣和食积等症，种子可榨油。树姿优美，秋后叶呈金黄色，颇为美观。为优良有用材树种及庭园树种。

6. 雪松属（*Cedrus*） 常绿乔木，枝有长枝和短枝。叶针形，坚硬，通常三棱形，或背脊明显而呈四棱形。球果第二年（稀三年）成熟，熟后种鳞从宿存的中轴上脱落，种子有宽大膜质的种翅。有 4 种，分布于非洲北部、亚洲西部及喜马拉雅山西部。我国有 1 种和引种栽培 1 种。雪松［*C. deodara*（Roxb.）Loud］，材质坚实，致密而均匀，具香气，少翘裂而耐久用，可作建筑、桥梁、造船、家具等用。雪松终年常绿，树形美观，我国各大城市广泛栽培作庭园树种。

7. 松属（*Pinus*） 常绿乔木，稀灌木。冬芽显著。叶有两型：鳞叶（原生叶）单生，螺旋状着生，在幼苗为扁平条形，后逐渐退化成膜质苞片状；针叶（次生叶）螺旋状着生，常 2、3 或 5 针一束，生于苞片状鳞叶的腋部，着生于不发育的短枝的顶端，每束针基部由 8～12 枚芽鳞组成的叶鞘所包，叶鞘脱落或宿存。孢子叶球单性同株，小孢子叶球多数，集生于新枝下部；大孢子叶球单生或 2～4 个生于新枝近顶端。球果第二年（稀第三年）秋季成熟，种鳞木质，宿存，种子上部具长翅。约 80 余种，广布于北半球。我国产 22 种，分布几遍全国，为我国森林中的主要树种。木材含有松脂，材质较硬或软，纹理直或斜，结构中至粗，可供建筑、枕木、桥梁、舟车、板材、家具及造纸等用材；树干可用以采脂；树皮、针叶、树根等可综合利用，制成各种化工产品；种子可榨油，有些可供食用；药用的松花粉、松节、松针及松节油是从各种松树采取和提取；多数种类为森林更新、造林、绿化及庭园树种。本属又可分 2 个亚属：即软松亚属或称单维管束亚属和硬松亚属或称双维管束亚属。

（1）单维管束亚属（*Strobus*） 木材软，色淡。叶鞘早落，针叶基部的鳞叶不下延。叶内有 1 条维管束。常见的有：红松（*P. koraiensis* Sieb. et Zucc.），小枝密被黄褐色或红褐色柔毛，针叶 5 针一束，横切面近三角形，树脂道 3 个中生，种鳞的鳞脐顶生，产于我国东北。华山松（*P. bumandii* Franch.），小枝无毛，针叶 5 针一束，稀 6～7 针一束，横切面三角形，树脂道常 3 个中生或背面 2 个边生，腹面中生，种鳞鳞脐不明显，产于我国山西、陕西、河南、四川及云南等省山地。白皮松（*P. bungeana* Zucc. ex Endl.），幼树树皮光滑，灰绿色，老树皮成不规则的薄片块状脱落，呈淡褐灰色或灰色；小枝无毛；针叶 3 针一束，横切面扇状三角形，树脂道 6～7 个边生，稀背面角处 1～2 个中生；种鳞鳞脐背生，顶端有刺。为我国特有树种，产于山西、河南、陕西、甘肃、四川及内蒙古等地。

（2）双维管束亚属（*Pinus*） 木材硬，色深。叶鞘宿存，针叶基部的鳞叶下延。叶内有 2 条维管束。鳞脐背生，种子上部具长翅。常见的有：油松（*P. tabulaeformis* Carr.），小枝无毛，微被白粉，针叶 2 针一束，叶边缘有细锯齿，横切面半圆形，树脂道 5～8 个或更多，边生，鳞脐凸起有尖刺。为我国特有树种，产于华北、东北等地；马尾松（*P. massoniana* Lamb.），枝条无毛，针叶 2 针一束，稀 3 针一束，横切面半圆形，树脂道 4～8 个边生，鳞脐微凹无刺。主要分布于我国中部、长江流域以南各省区；黄山松（*P. taiwanensis* Hayata），枝条无毛，针叶 2 针一束，横切面半圆形，树脂道 3～7 个中生，鳞脐具短刺。为我国特有树种，产于台湾、安徽、福建、浙江及江西等省，海拔 600～2 800 m 山地；黑松（*P. thunbergii* Parl.），小枝淡褐黄色，无毛，冬芽银白色，针叶 2 针一束，粗硬，横切面半圆形，树脂道 6～11 个中生，鳞脐小而平，常有小棘。原产日本、朝鲜，我国辽宁及华东各省引种栽培，为造林和庭园观赏树种。

此外，本科植物我国产还有油杉属（*Keteleeria*）、黄杉属（*Pseudotsuga*）、铁杉属（*Tsuga*）等。

本科植物以具针形叶或条形叶，叶及种鳞螺旋状排列，种鳞与苞鳞离生，每种鳞具2粒种子等为特色。

（二）杉科（Taxodiaceae）

乔木。叶螺旋状排列，同一树上的叶同型或二型；孢子叶球单性同株，小孢子叶及珠鳞螺旋状排列（仅水杉的叶和小孢子叶、珠鳞对生），小孢子囊多于2个（常3～4个），小孢子无气囊，珠鳞与苞鳞多为半合生（仅顶端分离），珠鳞的腹面基部有2～9枚直立或倒生胚珠。球果当年成熟，种鳞（或苞鳞）扁平或盾形，木质或革质，能育种鳞有2～9粒种子，种子周围或两侧有窄翅。染色体：X = 11、33。

本科有10属，16种，主要分布于北半球。我国产5属，7种，引入栽培4属，7种，分布于长江流域及秦岭以南各省区。

1. 杉木属（*Cunninghamia*） 常绿乔木。叶条状披针形，边缘有锯齿，螺旋状着生，叶的上、下两面均有气孔线。苞鳞与珠鳞的下部合生，螺旋状排列，苞鳞大，边缘有不规则细锯齿，珠鳞小，先端3裂，腹面基部生3枚胚珠。球果近球形或卵圆形，种子两侧具窄翅。共2种，为我国特产，分布于长江流域以南各省区及台湾省。杉木［*C. lanceolata*（Lamb.）Hook.］（图7-12），叶在主枝上辐射伸展，在侧枝上叶基扭转成二列状，叶缘有细锯齿，下面中脉两侧各有10条白色气孔线，种子两侧边缘有窄翅。杉木为秦岭以南面积最大的人造林，生长快，经济价值高，材质优良，易于加工，可供建筑、桥梁、枕木、板材、家具等用材；树皮可提栲胶。台湾杉木（*C. konishii* Hayata），特产于我国台湾中部以北山区，为台湾省主要用材树种之一。

2. 柳杉属（*Cryptomeria*） 常绿乔木。叶钻形，螺旋状排列略成5行列，背腹隆起。小孢子叶球单生叶腋，大孢子叶球单生枝顶，每一珠鳞有2～5枚胚珠，苞片与珠鳞合生，仅先端分离，球果近球形，种子有极窄的翅。共2种，分布于我国及日本。树干高大，材质轻软，纹理直，可供建筑、桥梁、板材及家具等用材，也是优美的园林树种。柳杉（*C. fortunei* Hooibrenk ex Otto et Dietr.），叶

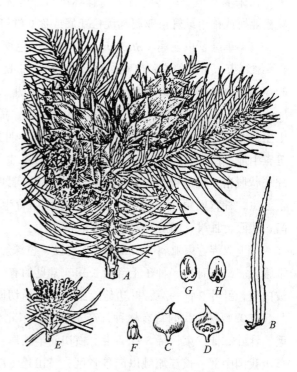

图7-12 杉木

A. 球果枝；B. 叶；C. 苞鳞背面；D. 苞鳞腹面
及珠鳞、胚珠；E. 小孢子叶球枝；
F. 小孢子囊；G. H. 种子背、腹面

先端向内弯曲,种鳞较少,每一种鳞有2粒种子,为我国特有树种,产于浙江天目山、福建、江西等地。日本柳杉 [*C. japonica* (Linn. f.) D. Don],叶先端微内曲,种鳞较多,每一种鳞有 2 ~ 5 粒种子,原产日本。

3. 水松属（*Glyptostrobus*） 叶螺旋状着生,有3种类型:鳞形叶较厚,辐射伸展;条形叶薄,常排成2列状;条状钻形叶,辐射伸展成3列状。鳞形叶宿存,条形或条状钻形叶均于秋后连同侧生短枝一同脱落。球果直立,种鳞木质,上部边缘有 6 ~ 10 个三角状尖齿,能育种鳞有 2 粒种子,种子具向下生长的长翅。

在白垩纪和新生代广布于北半球,第四纪冰期后期,在欧洲、美洲、日本及其他各地均已绝灭,现存水松 [*G. pensilis* (Lamb.) K. Koch] 1 种,仅产我国,分布于华南、西南,现各大城市均有栽培。材质轻软,纹理细,耐水湿,供建筑、家具等用材;根部材质轻松,浮力大,可作救生用品及瓶塞材料;树形优美,可作庭园树种。

4. 落羽杉属（*Taxodium*） 小枝有 2 种,主枝宿存,侧生小枝冬季脱落。叶螺旋状排列,异型,钻形叶在主枝上斜上伸展,宿存;条形叶在侧生小枝上排成 2 列,冬季与枝一同脱落。小孢子叶球生于小枝顶端,常排成总状或圆锥状花序形。球果球形,角状,小尖头,能育种鳞有 2 粒种子,种子呈不规则三角形,有明显而锐利的棱脊。共有 3 种,原产北美及墨西哥,我国均有引种,作庭园和造林树种。落羽杉 [*T. distichum* (Linn.) Rich.],叶条形,扁平,排成 2 列,原产北美。池杉（*T. ascendens* Brongn.）,叶钻形,在枝上螺旋状伸展,原产北美,现已成为长江流域广大地区的优良造林树种。

5. 水杉属（*Metasequoia*） 落叶乔木。小枝对生或近对生。条形叶交互对生,基部扭转排成 2 列,冬季与侧生小枝一同脱落。球果的种鳞盾形,木质,交互对生,能育种鳞有种子 5 ~ 9 粒,种子扁平,周围有窄翅。

本属在中生代白垩纪及新生代约有 10 种,曾广布于北美、中国、日本及俄罗斯。第四纪冰期之后,几全部绝灭,现仅有水杉（*M. glyptostroboides* Hu et Cheng）（图 7-13）1 种,为我国特产,是稀有珍贵的孑遗植物,分布于四川石柱、湖北利川、湖南西北部等地,现各地普遍栽培。在国外,约有 50 多个国家和地区亦引种栽培。材质轻软、优良,可供建筑、板材及家具等用材;又因生长快,树姿挺直优美,为著名的庭园、绿化树种。

水杉在系统发育上与水松属、北美红杉属（红杉属,*Sequoia*）、巨杉属（世界爷属,*Sequoia-dendron*）和落羽杉属可能有亲缘关系,不过这 4 个属的叶及球果的种鳞都是互生的,而水杉的叶及种鳞是对生的,似又接近于柏科。因此在分类学上的位置,曾被认为介乎杉科和柏科之间,而单列为水杉科（Metasequoiaceae）。

杉科植物,我国引种栽培的还有:巨杉属的巨杉（世界爷）[*Sequoiadendron giganteum* (Lindl.) Buchholz],常绿高大乔木,高达 142 m,胸径 12 m,树龄在 3 500 年以上,原产北美。北美红杉属的北美红杉（长叶世界爷）[*Sequoia sempervirens* (Lamb.) Lindl.],常绿高大乔木,高可达 104 m,最高达 110 m,胸径 8 m,树龄达 4 000 年以上,原产北美。巨杉、红杉都是北美单种属。

本科植物以种鳞和苞鳞半合生,种鳞具 2 ~ 9 粒种子,叶披针形、钻形、条形或鳞状,互生,

图 7-13 水杉

A. 球果枝； *B*. 小孢子叶球枝； *C*. 叶； *D*. 球果； *E*. 种子； *F*. 小孢子叶球； *G*、*H*. 小孢子叶背、腹面

螺旋状排列或 2 列（除水杉属对生外），小孢子无气囊等为特色。

（三）柏科（Cupressaceae）

常绿乔木或灌木。叶交互对生或轮生，稀螺旋状着生，鳞形或刺形，或同一树上兼有两型叶。孢子叶球单性，同株或异株。小孢子叶交互对生，小孢子囊常多于 2 个，小孢子无气囊。珠鳞交叉对生或 3～4 片轮生，珠鳞腹面基部有 1 至多枚直立胚珠，苞鳞与珠鳞完全合生。球果通常圆球形，种鳞盾形，木质或肉质，熟时张开或肉质合生呈浆果状。种子两侧具窄翅或无翅，或上端有 1 长 1 短的翅。染色体：X = 11。

本科共 22 属，约 150 种，分布于南、北两半球。我国产 8 属，29 种，分布几遍全国，另引入栽培 1 属，15 种。

1. 侧柏属（*Platycladus*） 生鳞叶的小枝扁平，排成一平面，直展或斜展。叶鳞形交叉对生。孢子叶球单性同株，单生于短枝顶端。大孢子叶球有 4 对交互对生的珠鳞，仅中间 2 对各生 1~2 枚胚珠。球果当年成熟，熟时裂开，种鳞木质、扁平，背部近顶端具反曲的钩状尖头，种子无翅，稀有极窄的翅。仅有侧柏 [*P. orientalis*（Linn.）Franco] 1 种（图 7-14，*A*），我国特产，除新疆、青海省外，分布几遍全国。材质细密，坚实，可供建筑等用材；枝叶药用，能收敛止血、利尿健胃；种子可榨油，入药滋补强壮、安神润肠；树姿优美，常栽培作庭园树种。

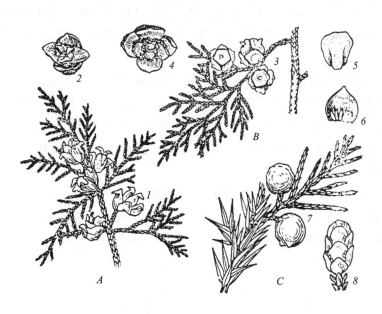

图 7-14　侧柏属侧柏、柏木和圆柏

A. 侧柏；　*B.* 柏木；　*C.* 圆柏

1. 侧柏球果；　2. 侧柏大孢子叶球；　3. 柏木球果；　4. 柏木大孢子叶球；　5、6. 柏木珠鳞背、腹面；
7. 圆柏球果；　8. 圆柏大孢子叶球

　　2. 柏木属（*Cupressus*）　小枝斜上伸展，稀下垂，生鳞叶的小枝四棱形或圆柱形，不排成一平面，稀扁平而排成一平面。叶鳞形，交叉对生，排成 4 行，同型或 2 型，仅幼苗或萌生枝之叶为刺形。孢子叶球单性同株，单生枝顶。球果第二年成熟，种鳞 4~8 对，熟时张开，木质，盾形，顶端中部常具凸起的短尖头。种子具棱，两侧有窄翅。

　　本属约 20 种，分布于北美、东亚及地中海。我国产 5 种，分布于秦岭及长江流域以南各省，另引入栽培 4 种。柏木（*C. funebris* Endl.）（图 7-14，*B*），生鳞叶小枝扁平，排成平面，下垂，球果小，直径 0.8~1.2 cm，每种鳞具 5~6 枚种子。我国特有树种，分布很广，产于华东、中南、西南以及甘肃、陕西南部。材质优良，可供建筑、桥梁、造船、家具等用材；枝叶可提取芳香油；亦栽培作园林绿化及观赏树种。干香柏（*C. duclouxiana* Hickel），生鳞叶小枝四棱形，不下垂，球果大，直径 1.6~3 cm。我国特有树种，产于云南中部及四川西部。

　　3. 圆柏属（*Sabina*）　叶刺形或鳞形，或同一植株上兼有鳞形及刺形叶。孢子叶球单性异株或同株，单生于枝顶。球果熟时种鳞愈合，肉质，不张开。种子无翅。约 50 种，分布于北半球。我国产 15 种，另引入栽培 2 种。常见的有圆柏 [*S. chinensis*（Linn.）Ant.]（图 7-14，*C*），叶兼有鳞叶与刺叶，刺叶 3 叶轮生，小枝不下垂。原产我国，分布于华北、华东、西南及西北等省区。朝鲜、日本也有分布。木材坚韧耐用，有香气，可供建筑等用材；枝叶及种子可提取挥发油和润滑油。

4. 刺柏属（*Juniperus*） 冬芽显著。叶全为刺形，3 叶轮生，基部有关节。大孢子叶球有 3 枚轮生的珠鳞，胚珠 3 枚，生于珠鳞之间。球果近球形，浆果状，熟时种鳞合生，肉质、不张开。种子无翅。有 10 余种，分布于亚洲、欧洲及北美。我国产 3 种，另引入栽培 1 种。常见有刺柏（*J. formosana* Hayate），我国特产，分布很广，木材可供建筑、家具等用，树形美观，各地均有栽培作庭园树种。

本科植物在我国常见的还有福建柏 [*Fokienia hodginsii*（Dunn.）Henry et Thomas]，为我国特产，分布于福建、浙江等省。日本花柏 [*Chamaecyparis pisifera*（Sieb. et Zucc.）Endl.] 和日本扁柏 [*C. obtusa*（Sieb. et Zucc.）Endl.]，均自日本引种，作观赏树。

本科植物以叶对生或轮生，具两型叶，种鳞和苞片完全合生，珠鳞交互对生或 3 ~ 4 片轮生，胚珠直立等为特色。

此外，分布于南半球热带及亚热带地区的南洋杉科（Araucariaceae），共 2 属，约 40 种。我国引入栽培 2 属，4 种，如南洋杉（*Araucaria cunninghamia* Sweet）和异叶南洋杉 [*A. heterophylla*（Salisb.）Franco]，均原产大洋洲，我国南方常栽培作庭园树。

第五节　红豆杉纲（Taxopsida）

常绿乔木或灌木，多分枝。叶为条形、披针形、鳞形、钻形或退化成叶状枝。孢子叶球单性异株，稀同株。胚珠生于盘状或漏斗状的珠托上，或由囊状或杯状的套被所包围。种子具肉质的假种皮或外种皮。

虽然依据近代的分子系统学证据，不少学者主张将红豆杉纲并入松柏纲，统称松杉纲，但根据它们的大孢子叶特化为鳞片状的珠托或套被，不形成球果以及种子具肉质的假种皮或外种皮等特点，本书仍采纳将红豆杉纲从松柏纲中分出而单列一纲的分类方法。

红豆杉纲（又称紫杉纲）植物有 14 属，约 162 种，隶属于 3 科，即罗汉松科、三尖杉科和红豆杉科。我国有 3 科，7 属，33 种。这 3 科在系统发育上有紧密关系，可能来自共同的祖先。

（一）罗汉松科（Podocarpaceae）

常绿乔木或灌木。管胞具单列稀 2 列的缘孔，木质射线单列，无树脂道。叶常为条形、披针形，稀为鳞状钻形，或退化成叶状枝，螺旋状散生，稀近对生。孢子叶球单性异株，稀同株；小孢子叶球穗状，单生或簇生于叶腋，或生于枝顶，小孢子叶多数，螺旋状排列，各有 2 个小孢子囊，小孢子通常有气囊；大孢子叶球单生叶腋或苞腋，或生于枝顶，稀穗状，具多数至少数螺旋状着生的苞片，部分或全部或仅顶端之苞腋着生 1 枚倒生的胚珠（稀有为直生的），胚珠为 1 囊状或杯状的套被所包围，稀无套被。雄配子体的营养细胞 6 ~ 8 个或 4 ~ 6 个，精子 2 个，通常仅一个具有机能，另一个很快衰退。雌配子体有发达的大孢子囊，颈卵器2个，稀3～5个或更多。种子核果状或坚果状，成熟时，珠被分化成薄而骨质的外层和厚而肉质的内层2层种皮，套被变为革质的假种皮；或珠被变成极硬而骨质的种皮，套被变成肉质的假种皮，有时苞片与轴愈合发育成肉质种托。染色体：X = 9～13、15、17、19。

本科共8属，约130种。分布于热带、亚热带及南温带地区，在南半球分布最多。我国产2属，14种，分布于长江以南各省区。

1. 罗汉松属（*Podocarpus*） 大孢子叶球生于叶腋或苞腋，套被与珠被合生，种子当年成熟，核果状，常有梗。全部为肉质假种皮所包，常生于肉质肥厚或微肥厚的种托上，稀苞片不发育成肉质种托。约100种，主要分布于南半球。我国有13种，3变种，分布于长江以南各省和台湾省。常见的有竹柏 [*P. nagi*（Thunb.）Zoll. et Mor.]。叶对生，革质，卵形或卵状披针形，有多数并列的细脉，无中脉。小孢子叶球穗状圆柱形，单生叶腋，常呈分枝状。材质细致均匀，硬度中等，可供建筑、家具、文具、工艺等用材；种子榨油供食用或工业用。罗汉松 [*P. macrophyllus*（Thunb.）D. Don]（图7-15）， 叶条状披针形，中脉显著隆起。种子卵圆形，成熟时呈紫色，颇似一秃顶的头，而其下的肉质种托，膨大呈紫红色，仿佛罗汉袈裟，故名罗汉松。产于江苏、浙江、云南、广西等省区。鸡毛松（*P. imbricatus* Bl.），叶小，异型，钻状条形

图7-15 罗汉松
A. 种子枝； B. 种子与种托； C. 小孢子叶球枝

叶排成两列，鳞状叶覆瓦状排列。种子顶生，种托红色、肉质。产于海南岛、广西及云南等地。

2. 陆均松属（*Dacrydium*） 大孢子叶球生于小枝顶端，套被与珠被离生。种子坚果状，仅基部为杯状肉质或较薄而干的假种皮所包，苞片不增厚成肉质种托。约20种，主要分布南半球热带地区，我国仅有陆均松（*D. pierrei* Hickel）1种，产海南省。

（二）三尖杉科（粗榧科）（Cephalotaxaceae）

常绿乔木或灌木，髓心中部具树脂道。管胞具单列纹孔及2条或1条大型螺纹增厚。小枝近对生或轮生，基部有宿存芽鳞。叶条形或披针状条形，交互对生或近对生，在侧枝上基部扭转排成两列。孢子叶球单性异株，稀同株；小孢子叶球6～11聚生成头状，每个小孢子叶球由4～16个小孢子叶组成，各具2～4个（通常为3）小孢子囊，小孢子球形，无气囊；大孢子叶变态为囊状珠托，生于小枝基部（稀近枝顶）苞片的腋部，成对组成大孢子叶球，由3～4对交互对生的大孢子叶球组成大孢子叶球序。种子第二年成熟，核果状，全部包于由珠托发育成的

肉质假种皮中，外种皮质硬，内种皮薄膜质，胚具子叶2枚。染色体：X = 12。

本科仅有三尖杉属（粗榧属）（*Cephalotaxus*）1属，9种。我国产7种，3变种。常见的有三尖杉（*C. fortunei* Hook. f.）（图7-16），叶长4~13 cm，宽3.5~4.4 mm，先端渐尖成长尖头。小孢子叶球有明显的总梗，长6~8 mm。为我国特有树种，分布较广。材质优良，富有弹性，可供制农具、文具、工艺等用；枝、叶、根、种子可提取多种植物碱，供制抗癌药物；种子榨油供工业用；树冠优美，可作庭园树种。粗榧〔*C. sinensis*（Rehd. et Wils.）Li〕，叶较短，长2~5 cm，宽约3 mm，先端常渐尖或微凸尖，基部近圆形，几无柄。小孢子叶球总梗长约3 mm，为我国特有树种，第三纪孑遗植物，分布广泛。

三尖杉属在系统发育上与罗汉松属的原始代表密切相关，是罗汉松科与红豆杉科之间的一个中间环节。在北半球的白垩纪和第三纪地层中曾发现它们的代表。

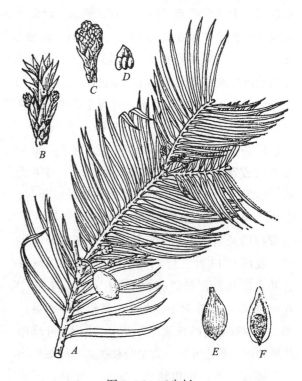

图7-16　三尖杉

A. 种子及大孢子叶球枝；*B.* 大孢子叶球序；*C.* 小孢子叶球序；*D.* 小孢子叶；*E、F.* 核果状种子及纵切

（三）红豆杉科（紫杉科）（Taxaceae）

常绿乔木或灌木。管胞具大形螺纹增厚，木射线单列，无树脂道。叶条形或披针形，螺旋状排列或交互对生，叶腹面中脉凹陷，叶背沿凸起的中脉两侧各有1条气孔带。孢子叶球单性异株，稀同株；小孢子叶球单生叶腋或苞腋，或组成穗状花序状球序集生于枝顶，小孢子叶多枚，各有3~9个小孢子囊，小孢子球形，无气囊，外壁具颗粒状纹饰，单核状态时即传播；大孢子叶球通常单生，或少数2~3对组成球序，生于叶腋或苞腋，基部具多数覆瓦状或交互对生的苞片，胚珠1枚，基部具辐射对称的盘状或漏斗状珠托。雄配子体完全没有营养细胞。雌配子体具1~3个或8个颈卵器。成熟种子核果状或坚果状，包于肉质而鲜艳的假种皮中。染色体：X = 11、12。

本科有5属，约23种，主要分布于北半球。我国有4属，12种及1栽培种。

1. 红豆杉属（紫杉属）（*Taxus*）（图7-17）小枝不规则互生。叶条形，螺旋状着生，背面有两条淡黄色或淡灰绿色的气孔带，叶内无树脂道。孢子叶球单生叶腋。种子当年成熟，坚果状，生于杯状肉质的假种皮中，上部露出，成熟时肉质假种皮红色。约11种，分布于北半球。我国有4种，广布全国。红豆杉〔*T. chinensis*（Pilger）Rehd.〕，为我国特有树种，第三纪孑遗植物，甘肃南部、陕西、四川、云南、湖南、湖北、广西、安徽等省均有。材质结构细致，防腐力强，为水上工程优良木材；种子含油60%以上，供制皂、润滑油及药用；叶常绿、深绿色、假种皮肉质红色，颇为美观，可作庭园树。

2. 白豆杉属（*Pseudotaxus*）　本属与红豆杉属的主要区别是小枝近对生或近轮生。叶背面有两条白色气孔带，种子成熟时，肉质假种皮白色。仅有白豆杉［*P. chienii*（Cheng）Cheng］1种，为我国特有的单属种，产于浙江、湖南、广东、广西等省区。木材供雕刻及器具等用。

3. 穗花杉属（*Amentotaxus*）　叶交互对生，有树脂道。小孢子叶球多数，聚生成穗状花序状，常2~4穗生于近枝顶之苞腋；大孢子叶球单生于新枝上的苞腋或叶腋，有长梗。种子除顶端尖头裸露外，几全为囊状鲜红色肉质

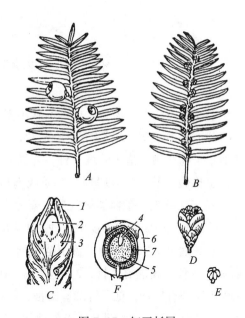

图7-17　红豆杉属

A. 大孢子叶球枝；*B.* 小孢子叶球枝；*C.* 大孢子叶球纵切；*D.* 小孢子叶球；*E.* 小孢子囊；*F.* 种子纵切

1. 珠被；　2. 珠心；　3. 假种皮原基；　4. 胚；

5. 胚珠；　6. 假种皮；　7. 种皮

假种皮所包，基部有宿存的苞片。本属为我国特属，共3种，分布于我国南部、中部、西部。穗花杉［*A. argotaenia*（Hance）Pilger］，叶下面白色气孔带通常与绿色边带等宽或较窄，穗状小孢子叶球通常2穗，长2~2.5 cm，为我国特有树种，产于江西、四川、西藏及华中、华南等地。木材结构细致，耐腐力强，供雕刻、模型、工艺品等用材；种子含油50%，可制肥皂等；叶常绿，较长，种子大，成熟时假种皮鲜红色，垂于绿叶之间，极为美观，可作庭园树种。云南穗花杉（*A. yunnanensis* Li），叶下面淡褐色或淡黄白色气孔带较绿色边带宽；小孢子叶球聚成穗状，通常4或4穗以上，长10~15 cm，为我国特有树种，产于云南东南部。台湾穗花杉（*A. formosana* Li），我国特有树种，产台湾省南部。

4. 榧树属（*Torreya*）　枝轮生；小枝近对生或近轮生，基部无宿存芽鳞。叶交互对生或近对生，先端有刺状尖头；叶面中脉不明显，背面有两条较窄的气孔带；叶内有树脂道。小孢子叶球单生叶腋；大孢子叶球两个成对生于叶腋，胚珠1个，生于漏斗状的珠托上。种子第二年成熟，核果状，全部包于肉质假种皮中，基部有宿存的苞片。共7种，分布于我国、日本及北美。我国产4种，引入栽培1种。香榧（榧树）（*T. grandis* Fort.），叶先端有凸起的刺状短尖头，基部圆或微圆，长1.1~2.5 cm。为我国特有树种，产华东、湖南及贵州等地。材质优良，可作土木建筑及家具等用材；香榧的种子"香榧子"为著名的干果，亦可榨油，供食用；假种皮与叶，可提取香榧油，供药用。日本榧（*T. nucifera* Sieb. et Zucc.），叶先端有较长的刺状尖头，基部微圆或楔形，长2~3 cm。原产日本，我国各大城市有引种栽培，作庭园树。

第六节　买麻藤纲（Gnetopsida）

灌木或木质藤本，稀乔木或草本状小灌木。次生木质部常具导管，无树脂道。叶对生或轮生，叶片有各种类型；有细小膜质鞘状，或绿色扁平似双子叶植物；也有肉质而极长大，呈带状似单子叶植物。孢子叶球单性，异株或同株，或有两性的痕迹，孢子叶球有类似于花被的盖被，也称假花被，盖被膜质、革质或肉质；胚珠 1 枚，珠被 1~2 层，具珠孔管（micropylar tube）；精子无纤毛；颈卵器极其退化或无；成熟大孢子叶球球果状、浆果状或细长穗状。种子包于由盖被发育而成的假种皮中，种皮 1~2 层，胚乳丰富。

买麻藤纲 [又称倪藤纲，盖子植物纲（Chlamydospermopsida）]，本纲植物共有 3 目，3 科，3 属，约 80 种。我国有 2 目，2 科，2 属，19 种，分布几遍全国。这类植物起源于新生代。茎内次生木质部有导管，孢子叶球有盖被，胚珠包裹于盖被内，许多种类有多核胚囊而无颈卵器，这些特征是裸子植物中最进化类群的性状。

（一）麻黄科（Ephedraceae）

灌木、亚灌木或草本状，多分枝，小枝对生或轮生，具节。节间有多条细纵槽纹，横切面常有棕红色髓心。叶退化成鳞片状，对生或轮生，2~3 片合生成鞘状，先端具三角状裂齿。孢子叶球单性，异株稀同株；小孢子叶球单生，或数个丛生，或 3~5 个成复穗状，具膜质苞片数对，每苞片生一小孢子叶球，其基部具 2 片膜质盖被及一细长的柄，柄端着生 2~8 个小孢子囊，小孢子椭圆形，具 5~10 条纵沟槽；大孢子叶球有数对交互对生或 3 片轮生的苞片，仅顶端 1~3 苞片生有 1~3 枚胚珠，每个胚珠均由 1 层较厚的囊状盖被包围着，胚珠具 1~2 层膜质珠被，珠被上部（2 层者仅内被）延长成充满液体的珠孔管。小孢子萌发基本上与松属相似，最后形成 1 个管细胞核和 1 个生殖细胞核，后者再分裂为 1 个足核和 1 个精核，精核分裂成 2 个无鞭毛的精子。成熟的雌配子体充满了细胞。通常有 2 个（有时 1 个或 3 个）颈卵器，颈卵器具有 32 个或更多的细胞构成的长颈，中央细胞核分裂为卵核和腹沟细胞核。种子成熟时，盖被发育为革质或稀为肉质的假种皮，大孢子叶球的苞片，有的变为肉质，呈红色、橘红色或橙黄色，包于其外面，呈浆果状，俗称"麻黄果"；有的则变为干膜质甚至木质化。染色体：X = 7。

本科隶属于麻黄目（Ephedrales），仅麻黄属（*Ephedra*）1 属，约 40 种，分布于亚洲、美洲、欧洲东南部及非洲北部干旱、荒漠地区。我国有 12 种及 4 变种，分布较广，以西北各省区及云南、四川、内蒙古等地种类较多。本属植物，多数种类含有生物碱，为重要的药用植物；生于荒漠及土壤瘠薄处，有固沙保土作用；"麻黄果"供食用。草麻黄（*E. sinica* Stapf.）（图 7-18），植株无直立木质茎，呈草本状，小枝节间较长。大孢子叶球成熟时矩圆状卵圆形或近圆球形，种子常 2 粒。广布于我国东北、华北及西北等省区，习见于山坡、平原、干燥荒地及草原等处。木贼麻黄（*E. equisetina* Bunge），有直立木质茎，呈灌木状，节间细而较短。小孢子叶球有苞片3~4 对；大孢子叶球成熟时长卵圆形或卵圆形。种子通常 1 粒。产于内蒙古、河北、山西、陕西、甘肃及新疆等地，习见于干旱地区的山脊山顶或石壁等处。

（二）买麻藤科（Gnetaceae）

大多数为常绿木质大藤本，极少为直立灌木或乔木，茎节由上、下两部接合而成，呈膨大关节状。次生木质部具多列圆形具缘纹孔的管胞和导管，宽的射线，厚的皮部及多数黏液沟，以及位于韧皮部外侧的针状细胞层。单叶对生，椭圆形或卵形，革质或半革质，具羽状侧脉及网状细脉，极似双子叶植物。孢子叶球单性，异株，稀同株；孢子叶球序伸长成细长穗状，具多轮总苞，总苞浅杯状，由多数苞鳞愈合而成。小孢子叶球序单生或数个组成顶生或腋生聚伞花序状，各轮总苞有多数小孢子叶球，排成 2~4 轮，小孢子叶球具管状盖被，每个小孢子叶，1~2 个或 4 个小孢子囊，小孢子圆形。大孢子叶球

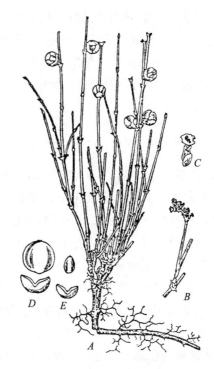

图 7-18　草麻黄

A. 大孢子叶球植株；B. 小孢子叶球植株；C. 小孢子叶球的一对苞片及小孢子囊；D. 大孢子叶球及苞片；E. 种子及苞片

序每轮总苞内有 4~12 个大孢子叶球，各具 2 层盖被，外盖被极厚，是由 2 个盖被片合生而成，内盖被是外珠被，珠被的顶端延长成珠孔管。大孢子囊内通常有 2~3 个大孢子母细胞，各自形成 4 个大孢子，其中若干个能够发育为雌配子体，但除了最下面一个雌配子体继续发育外，其他的均退化。雌配子体在受精前始终处于自由核状态，到受精时分化出来 1、2 或 3 个游离核，在其周围形成细胞质，而近似于被子植物的卵核，不形成颈卵器，这是裸子植物（颈卵器植物中发展到最高水平的一群）中的例外情况，可称之为"没有颈卵器的颈卵器植物"。小孢子萌发成 4 核状态时，似乎是由昆虫传至珠孔管分泌的传粉滴上，随着滴液的干涸而被吸入珠孔管中，并形成花粉管，花粉管生长到达雌配子体时，2 个精子、管核和一些细胞质即流入雌配子体，2 个精子向卵核移动，其中 1 个与卵核结合。胚的发育无游离核阶段，具有发达的胚足，长的胚轴和 2 枚子叶。在配子体中，虽可有数个卵核同时受精，但最后只有一个胚发育成熟。种子核果状，包于红色或橘红色肉质假种皮中，胚乳丰富。染色体：X = 11。

本科隶属于买麻藤目（Gnetales），仅买麻藤属（*Gnetum*）（图 7-19）1 属，共 30 余种，分布于亚洲、非洲及南美洲等的热带及亚热带地区。我国有 1 属，7 种，分布于福建、广西、贵州、云南、江西及湖南等省区，最北分布在福建约达北纬 26.6° 处，这也是现在全世界已知的最北记录。买麻藤属植物茎皮富含纤维，为织麻袋、渔网、绳索等原料；种子可炒食或榨油，供食用或作机器润滑油。常见的有买麻藤（*G. montanum* Markgr.），大藤本，高达 10 m 以上。叶通常呈矩圆形，革质或半革质，长 10~25 cm，宽 4~11 cm。小孢子叶球序 1~2 回三出分枝，排

列疏松。成熟种子，常有明显种子柄。小叶买麻藤［*G. parvifolium*（Warb.）C. Y. Cheng］，缠绕藤本，高达 4～12 m，叶椭圆形，革质，长 4～10 cm，宽 2.5 cm。小孢子叶球序不分枝或一次分枝。成熟种子无种柄或近无种柄。

（三）百岁兰科（Welwitschiaceae）

植物体的形态非常奇特（图 7-20，图 7-21），不同于其他裸子植物。茎部粗短，块状，有圆锥根深入地下。植物体除了在幼苗时期还有 1 对子叶（2～3 年后脱落）外，终生只有 1 对大型带状叶子，长达 2～3 m，宽约 30 cm，可生存百年以上，故名百岁兰。孢子叶球序单性异株，生于茎顶凹陷处；孢子叶球序的苞片交互对生，排列整齐，呈鲜红色。小孢子叶球具 6 个基部合生的小孢子叶，中央有 1 个不完全发育的胚珠。这说明百岁兰是来自两性花

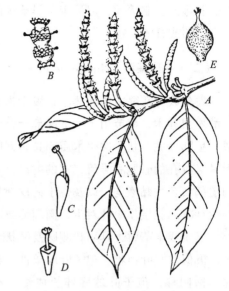

图 7-19　买麻藤属

A. 小孢子叶球序枝；B. 小孢子叶球序部分放大；
C、D. 小孢子叶；E. 大孢子叶

的祖先。大孢子叶球盖被筒状，胚珠具一层珠被，珠被顶端延伸成珠孔管。百岁兰也没有颈卵器，其受精作用是由雌配子体的顶部向上生出的管状突起和珠心中向下生长的花粉管相遇而进行的。染色体：X = 21。

本科隶属于百岁兰目（Welwitschiales），仅百岁兰属（*Welwitschia*）1 属，百岁兰［*W. bainesii*（Hk. f.）Carr.］（图 7-20，图 7-21）1 种，为典型的旱生植物，分布于非洲西南部，靠近海岸的沙漠地带。

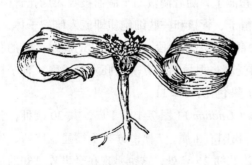

图 7-20　百岁兰外形

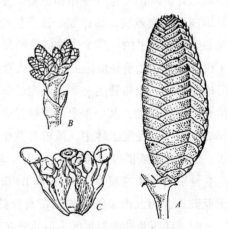

图 7-21　百岁兰大、小孢子叶球

A. 大孢子叶球序；B. 小孢子叶球序；C. 小孢子叶球，示轮生小孢子叶和不完全发育的胚珠

第七节　裸子植物的起源与进化

裸子植物在系统发育过程中，植物体的次生生长由微弱到强；茎干由不分枝到多分枝；孢子叶由散生到聚生成各式孢子叶球；大孢子叶逐渐特化；雄配子体由吸器发展为花粉管；雄配子由游动的、多纤毛精子，发展到无纤毛的精核；颈卵器由退化、简化发展到没有；等等。这一系列的发展变化都是和系统演化密切相关。尤其是生殖器官的演化，使裸子植物有可能更完善地适应陆生生活条件，而达到较高的系统发育水平。

在二叠纪的早期，亚洲、欧洲和北美部分地区开始出现酷热、干旱的气候环境，许多在石炭纪繁盛一时的造煤植物，因不能适应自然环境的变化，而趋于衰落和绝灭。而一群以种子繁殖的高等植物，即裸子植物，因适应当时自然环境的变化却得到了发展而繁荣兴旺，成为当时地球上植被的主角。

古生代的石炭纪、二叠纪是地球上蕨类植物、种子蕨和苛得狄植物（Cordaitinae）繁荣昌盛时期。随着岁月的流逝，自石炭纪的中、晚期起，地球上由于气候和其他自然因素的影响，丛林中的面貌，即植被也在发生变化，逐渐形成了 4 个不同的植物群：分布在欧洲、北美洲大部地区的称为欧美植物群；发育在亚洲东部的就称为华夏植物群 [大羽蕨（Gigantopteris）]。欧美植物群和华夏植物群生长于气候湿热的条件，植被与今日的雨林、季雨林相似。在亚洲北部季节明显、湿度高而温度较低的生境，分布着安加拉植物群（或称通古斯植物群、库兹涅茨克植物群）和在南半球各大洲和北半球南亚地区季节明显，湿度和温度变化显著的环境，分布着冈瓦纳植物群 [舌蕨（Glossopteris）]。

在石炭纪和二叠纪之交，地球上自然环境开始发生了一系列的变化，华夏植物群和欧美植物群分布的地区先后出现了季节性的干旱，并逐渐增加着强度和幅度，严重地威胁着生长在湿润环境中的各种植物。与此同时，大规模的地壳运动，使陆地上升，面积和相对高度迅速增加，大片的沼泽干涸或消失。又随着海水的退却，滨海湿润而均匀的海洋性气候，也被严酷而多变的大陆性气候所代替，这些自然因素的变化，对于植物界的影响，更起了推波助澜的作用。盛极一时的蕨类植物大量衰亡，新型的裸子植物逐渐兴旺起来。

裸子植物虽然到古生代末期之后，方始成为陆地植物中的主要代表，它的历史可远溯到 3.5 亿年前，也就是地质史上称为中、晚泥盆世的时候。从化石记载表明，那时裸子植物正处于形成和开始发展阶段。最古老的裸子植物或称原裸子植物（Progymnosperm），因为它们尽管在某些方面比蕨类植物进化，但尚未具备裸子植物全部的基本特征。下面我们从在地层中保存下来的生物历史的化石记录，简述裸子植物的发生和发展（图 7-22）。

无脉蕨（Aneurophyton）是中泥盆世的一种原裸子植物。树干高、茎粗的乔木，茎顶端有一个由许多分枝组成的树冠，它的末级"细枝"形状就像分叉的叶片，但其中无叶脉。孢子囊小而呈卵形，生于末级"细枝"之上。茎干内部具次生木质组织，这种组织由具缘纹孔的管胞组成。它没有发达的主根，只有许多细弱的侧根。

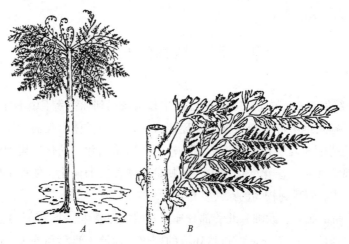

图 7-22　无脉蕨和古蕨

A. 无脉蕨；　*B*. 古蕨

古蕨（*Archaeopteris*）是晚泥盆世特有的一群较为进化的原裸子植物的代表。树干高、茎粗的塔形乔木，茎干具有次生生长的组织，输导组织中的木质成分是具缘纹孔的管胞，茎干的顶端有一个由枝叶组成的树冠；叶是扁平而宽大的羽状复叶；根系较无脉蕨发达；孢子囊单个或成束地着生在不具叶片的小羽片上，孢子囊内曾发现大、小两种孢子。

无脉蕨、古蕨这一类十分奇特的植物，却具有大、小孢子，羽状复叶，具缘纹孔的管胞等原裸子植物的重要特征。所以，被认为与裸子植物的祖先有关。但是它们没有胚珠更没有种子，大概是原始蕨类向着原裸子植物演进的低级的过渡类型。1974 年伯恩（Burn）将古蕨算作原裸子植物。到了石炭纪、二叠纪时，从原裸子植物繁衍出更高级的类型。

裸子植物的进一步繁衍就是种子蕨（Pteridospermae）的发现。种子蕨在上泥盆世地层中已发现，上石炭纪是其极盛时期，少数代表曾生存到三叠纪末期之前。在1903 年英国的古植物学家发现了凤尾松蕨（*Lyginopteris oldhamia*）的"真蕨"，竟然以种子来进行繁殖，是当今知道得最清楚的种子蕨（图 7-23）。叶为多回羽状复叶，甚大，叶轴上部分二叉；茎甚细，髓颇大，有形成层，维管束的大部分由次生木质部和次生韧皮部组成；小型的种子，外有一杯状包被，其上生有腺体，种子中央为一颇大的雌配子体组织和颈卵器，珠心的顶端有一突出的喙，喙外又有一垣围之，二者之间为贮粉室，其中有

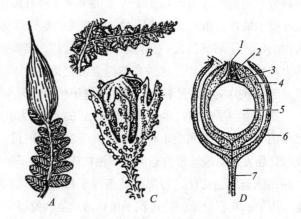

图 7-23　种子蕨

A. 脉蕨，示顶生种子的羽片；　*B*. 织蕨，示种子生在叶的裂片上；

C. 凤尾松蕨胚珠与杯状结构；　*D*. 凤尾松蕨胚珠纵切

1. 珠心喙；　2. 贮粉室；　3. 珠孔室；　4. 珠被；

5. 雌配子体；　6. 杯状结构；　7. 维管束

时可看见花粉粒，珠心之外有一厚的珠被，珠被是由若干个单位联合而成的，每一个单位代表着一个不育的大孢子叶，所以整个胚珠不是单个的孢子叶，而是聚合囊（synangium），珠心才是有效的大孢子囊。

在石炭纪、二叠纪化石中，还发现以髓木（*Medullosa*）为代表的植物，也是当时北半球广泛分布的种子蕨。在我国地质史的石炭纪、二叠纪时期，也有许多种子蕨繁盛生长，不仅有凤尾松蕨和髓木的家族成员，还有若干特殊的类型。最著名的是大羽蕨（*Gigantopteris*），这种植物的整个形状和内部结构虽然不很清楚，但从叶的形态特征来看，很可能是一种比较进化的种子蕨，它的叶子像被子植物茄科的烟草叶，长可达数十厘米，叶脉也相似，都是属于"复杂网状脉序"。大羽蕨是迄今所知具有这种高级脉序的先驱者。由于我国和东亚地区在二叠纪时，繁荣着以大羽蕨为代表的独特的植物群，故称之为华夏植物群。

在这一类群最古老、最原始的裸子植物中，有几个方面值得特别注意：（1）它们还没有花，但已形成种子，这在植物系统发育过程中，种子的出现比花和果实更早；（2）在种子中始终没有发现发育完善的胚，这是一种原始的性状；（3）在胚珠的贮粉室中，只看到花粉粒，而未发现花粉管，这也是原始的性状之一。所以，种子蕨是介于蕨类植物和裸子植物之间的一个极其重要的类型，并成为许多现代裸子植物的起点。

拟苏铁植物（Cycadeoideinae）即本内苏铁（Bennettitinae）和科得狄植物的发现，对由种子蕨植物直接演化出来的苏铁植物和一些古植物，具有重要意义。

拟苏铁植物，是直接起源于髓木类种子蕨植物。其中拟苏铁属（*Cycadeoidea*）（图7-24），植物体皆矮小，茎有块状或柱状，茎的解剖构造上有一大髓，一薄层维管组织及一厚的皮层，茎的表面覆满已脱落的叶基，茎顶端有一丛羽状复叶。孢子叶球遍布于茎的周围；孢子叶球两性，即大、小孢子叶合成一孢子叶球；在孢子叶的下部为螺旋状排列的苞片，其上为一轮大型羽状的小孢子叶，基部相连成盘，小孢子囊排成两列，每个小孢子囊又分数室，为聚合囊；每

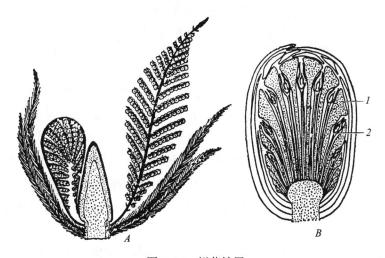

图7-24　拟苏铁属

A. 孢子叶球纵切；　*B.* 大孢子叶球纵切

1. 种子间生鳞片；　2. 大孢子叶及顶生的胚珠

个大孢子叶只有 1 个短柄和 1 个顶生的胚珠夹于大孢子叶之间，又有另一种苞片，棒形，顶端膨大，称为间生鳞片（interseminal scale）（图 7-24，B）。种子无胚乳，而含有 2 片子叶的胚。拟苏铁属植物，极似苏铁植物，但孢子叶球两性，成熟种子无胚乳，这在裸子植物中颇为特殊。因此，被认为是和某些具有两性结构的裸子植物的起源有关的一群古植物。

苛得狄植物，植物体为高大乔木，茎粗一般不超过 1 m，茎干的内部构造和种子蕨颇相似。但木材较发达而致密，木质部或薄或厚，通常无年轮，构造特殊的髓心，是由许多薄壁细胞形成的横裂成片，仿佛被子植物胡桃的髓；具较发达的根系和高大的树冠；叶皆是全缘的单叶，形态大、小颇不一致，其上有许多粗细相等、分叉的、几乎是平行的叶脉，脉间尚有硬组织形成细纹；已有了"花"，即孢子叶球，大、小孢子叶球分别组成松散的孢子叶球序。小孢子叶球的基部有多数不育的苞片，小孢子叶由小孢子叶柄和小孢子囊组成。大孢子叶的结构与小孢子叶相似，基部具不育的苞片，胚珠顶生，珠心和珠被完全分离。有胚珠，但还没有真正的种子，有贮粉室，其内曾多次发现有花粉粒，但未发现有花粉管（图 7-25）。

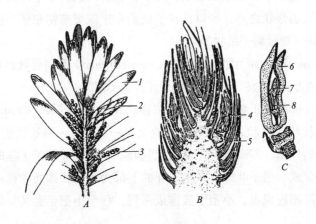

图 7-25　苛得狄属

A. 小枝；　*B*. 大孢子叶球纵切；　*C*. 胚珠纵切

1. 叶；　2. 芽；　3. 孢子叶球序；　4. 胚珠；　5. 苞片；　6. 珠被；　7. 珠心；　8. 雌配子体

苛得狄植物具胚珠，叶的形态、结构等类似种子蕨。而茎的构造和孢子叶球等又类似裸子植物。它是种子蕨的后裔或具有共同的起源。它在裸子植物的起源和系统发育上都具有重要的意义。

关于真蕨类（Filicinae）、原裸子植物和裸子植物的系统发育，20 世纪 60 年代贝克（Beck）把古蕨属和科得狄属的植物归属原裸子植物，并认为可能是种子植物的直接祖先；70 年代班克（Bank）提出真蕨、原裸子植物都是来自裸蕨（Psilophyton），再由原裸子植物进化到裸子植物（图 7-26）。

综上所述，现代裸子植物的起源和进化，根据地质年代的历史记载和古植物学的研究，概述于下。

苏铁纲植物　苏铁纲植物起源开始于古生代二叠纪，甚至可能起源于石炭纪，繁盛于中生

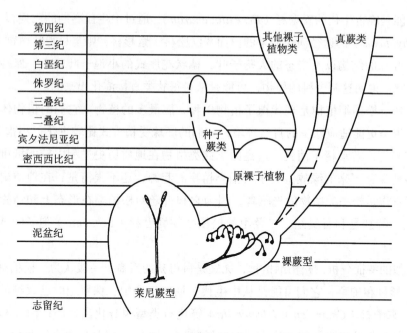

图 7-26　真蕨类、原裸子植物和裸子植物的演化史

（引自班克，1970）

代，是现代裸子植物最原始的类群。从种子蕨的发现、研究表明，它们有着密切的关系。在形态上，茎干都不甚高大，少分枝或不分枝，茎干表面残留叶基，顶生一丛羽状复叶；内部构造上，都具有较大的髓心和厚的皮层，木材较疏松；生殖器官结构上，小孢子叶保存着羽状分裂的特征，大孢子叶的两侧着生数个种子，呈羽状排列；它们的种子结构也很接近。这些都说明苏铁类植物是由种子蕨演化而来的。

银杏纲植物　地质历史时期植物化石的研究，提供了可靠而丰富的依据。从化石材料记载，它的历史可远溯至石炭纪，晚石炭纪出现的二歧叶（*Dichophyllum*）。之后，早二叠纪的毛状叶（*Trichopitys*），晚二叠纪的拟银杏（*Ginkgoites*）、拜拉（*Baiera*），三叠纪的楔银杏（*Sphenobaiera*）等或许是银杏的远祖。到了中侏罗纪已有许多银杏生存。又从楔银杏、拜拉的孢子叶的情况看，它们的小孢子叶上有 5～6 个（偶有 3～7 个）小孢子囊，而银杏有 3 个小孢子囊；毛状叶、拜拉和拟银杏等的大孢子叶上的胚珠数目，也多于现代的银杏。由此看来，现存银杏的小孢子囊和大孢子囊，可能是经历了一系列"简化"过程演变而成的。另一方面，银杏类和科得狄也有一些相似之处，比较重要的是它们单叶的叶基构造和叶脉形式一致；又科得狄的胚珠具有贮粉室，可能以游动精子进行受精等特点和银杏相似，这些都说明它们起源于共同的祖先。

红豆杉纲植物　古植物学的研究，为我们提供了地质历史时期这类植物盛衰的情况和演化趋向的资料，但是由于化石材料的不完整和研究程度所限，现存的红豆杉纲各科、属和已灭绝的类型之间的演化线索，还未能完全搞清。一般认为红豆杉纲 3 个科：罗汉松科、三尖杉科（粗榧科）和红豆杉科（紫杉科），在系统发育上有密切关系。三尖杉科植物的孢子叶球中，没有营养鳞片，很可能是晚古生代的安奈杉（*Ernestiodendron*），通过中生代早期的巴列杉（*Palissya*）、穗果杉（*Stachyotaxus*）的途径演化而来的。而罗汉松科、紫杉科，则与科得狄植物有相似之处，尤其是大孢子叶球的结构以及变态的大孢子叶；穗状花序式的小孢子叶球序，保持着和科得狄类似的原始性状。说明这两个科的植物，可能是从科得狄类直接演化出来的。

松柏纲植物　松柏纲植物是现代裸子植物中种、属最多的植物。它们的植物体的形态结构比苏铁类、银杏类更能适应寒旱的自然环境；它们的胚珠受精方式比较进化，小孢子（花粉粒）萌发时产生花粉管，游动精子消失。这是由于此类植物在地质历史进程中较能抵御自然环境的变动，而较多地保存下来的缘故。关于松柏类植物的起源，还不很清楚，在地质史上出现较早的科得狄，可看作是松柏类植物的先驱者，因为它和古老的松柏类在形态上和结构上，有不少重要的相似点，特别是和石炭纪、二叠纪的松柏植物勒巴杉（*Lebachia*）孢子叶球的结构非常近似。

从这些相似的特征分析，松柏纲植物，无疑是科得狄的后裔。一般认为，松柏纲植物各科的演化路线是：杉科和柏科，它们可能是从中生代早期的三叠纪、侏罗纪时已灭绝的类型，伏脂杉（*Voltzia*）、掌鳞杉（*Cheirolepis=Hirmerella*）等化石类型中分化出来的；南洋杉科，在木材的形态结构上与科得狄极为相似，称为"南洋杉型"，所以，可能是从它直接演化出来的；松科的可靠化石，虽出现较晚，但也许很早就已成为一个独立的演化支，因为它的球果具有分离的苞鳞，是相当原始的性状。

买麻藤纲植物　买麻藤纲植物在现代裸子植物中，是完全孤立的一群。现存的3个属即麻黄属、买麻藤属和百岁兰属，这3个属缺乏密切关系的类群，各自形成3个独立的科和目。它们在外形上和生活环境相差很大，地理分布上又较遥远。但从这3个属植物中，都可以或多或少地看到由生殖器官两性到单性，雌雄同株到异株的发展趋势，它们都是属于比较退化和特化的类型。

根据买麻藤纲植物形体的结构和明显的分节，被认为与木贼类植物有一定的亲缘关系；根据它们的孢子叶球的结构来看，其祖先曾具有两性的孢子叶球，而具有两性孢子叶球的，只有起源于种子蕨类的拟苏铁植物，它们孢子叶球序二叉分枝、珠孔管、胚珠的特性等，说明这个纲的植物很可能是强烈退化和特化了的拟苏铁植物的后裔。但是这个纲的植物，又都具有导管、精子无纤毛、颈卵器趋于消失，甚至受精作用是在雌配子体的自由核状态下进行的；20世纪90年代，Friedman 和 Carmichael 在麻黄属和买麻藤属均发现了有规律的双受精现象，虽然并未形成三倍体胚乳，但这些特征又都是堪与被子植物相比拟的高级性状。

裸子植物在其漫长的历史过程中，地史、气候经过多次的重大变化，裸子植物的种系也随之多次演替更新，老的种系相继绝灭，新的种系陆续演化出来，并沿着不同的进化路线不断地更新、发展、繁衍至今。

复习思考题

1. 裸子植物有什么主要特征？它与苔藓植物和蕨类植物有什么共同点？有什么区别？

2. 试以松属为例，简述松柏纲植物的生活史。

3. 银杏、水杉均为我国特产，它们的发现在生物学上有什么重要意义？

4. 试比较松科、杉科和柏科的异同点。

5. 为什么说买麻藤纲是裸子植物中最进化的类群？

6. 简述裸子植物的起源与进化。

7. 试述裸子植物在自然界中的作用及其在经济上的重要性。

第八章　被子植物（Angiosperm）

被子植物一词，早在 1732 年林奈就提到过，但林奈只是用以说明玄参科的种子生于蒴果内，区别于唇形科、紫草科的露出的小坚果的，而这 3 个科都是属于被子植物的。可见，林奈的概念和现在的全然不同。直到 1851 年荷夫马斯特（Hofmeister）才第一次把被子植物单独列出来，并和裸子植物一起合称显花植物（phanerogam），其后艾克勒（A. W. Eichler，1883）、恩格勒（A. Engler，1887）、伦德尔（A. B. Rendle，1925）加以采用。在这里，"显花植物"是一个广义的概念。但是裸子植物的孢子叶球（球穗花）（strobilus）严格地说还不能看作真正的花，所以现在多数学者如哈钦松（J. Hutchinson，1926）、古德（R. Good，1956）、塔赫他间（A. Takhtajan，1968）、克朗奎斯特（A. Cronquist，1968、1981）、伯恩斯（C. Burnes，1974）、博尔德（H. Bold，1977）等都采用狭义的"显花植物"概念，即有花植物（flowering plant）或显花植物（anthophyte）都仅指被子植物，不包括裸子植物。被子植物因为有雌蕊，所以也称作雌蕊植物（gynoeciatae），与高等植物中具有颈卵器的其他类群相区别。

第一节　被子植物的一般特征

被子植物是植物界最高级的一类，自新生代以来，它们在地球上占着绝对优势。现知被子植物共 1 万多属，20 多万种，占植物界的一半，我国有 287 科 3 956 属，约 34 023 种。被子植物能有如此众多的种类，有极其广泛的适应性，这和它的结构复杂化、完善化分不开的，特别是繁殖器官的结构和生殖过程的特点，提供了它适应、抵御各种环境的内在条件，使它在生存竞争、自然选择的矛盾斗争过程中，不断产生新的变异，产生新的物种。下面我们列举的被子植物的五个进化特征，是与裸子植物相比较而得出的，至于能产生种子、精子靠花粉管传送、有胚乳等种子植物共有的特征，在此就不赘述了。

（一）具有真正的花

典型的被子植物的花由花萼、花冠、雄蕊群、雌蕊群 4 部分组成，各个部分称为花部。

被子植物花的各部在数量上、形态上有极其多样的变化，这些变化是在进化过程中，适应虫媒、风媒、鸟媒或水媒传粉的条件，被自然界选择，得到保留，并不断加强造成的。

（二）具雌蕊

雌蕊由心皮所组成，包括子房、花柱和柱头 3 部分。胚珠包藏在子房内，得到子房的保护，避免了昆虫的咬噬和水分的丧失。子房在受精后发育成为果实。果实具有不同的色、香、味，多种开裂方式;果皮上常具有各种钩、刺、翅、毛。果实的所有这些特点,对于保护种子成熟,帮助种子散布起着重要作用,它们的进化意义也是不言而喻的。

(三)具有双受精现象

双受精现象,即两个精细胞进入胚囊以后,一个与卵细胞结合形成合子,另一个与 2 个极核结合,形成 $3n$ 染色体,发育为胚乳,幼胚以 $3n$ 染色体的胚乳为营养,使新植物体内营养增加,适应性增强,因而具有更强的生活力。所有被子植物都有双受精现象,这也是它们有共同祖先的一个证据。

(四)孢子体高度发达

被子植物的孢子体,在形态、结构、生活型等方面,比其他各类植物更完善化、多样化。有世界上最高大的乔木,如杏仁桉(*Eucalyptus amygdalina* Labill.),高达 156 m;也有微细如沙粒的小草本,如芜萍(无根萍)[*Wolffia arrhiza* (L.)Wimm.],每平方米水面可容纳 300 万株个体;有重达 25 kg 仅含 1 颗种子的果实,如王棕(大王椰子)[*Roystonea regia* (Kunth.) O. F. Cook];也有轻如尘埃,5 万颗种子仅重 0.1 g 的植物,如热带雨林中的一些附生兰;有寿命长达 6 000 年的植物,如龙血树(*Dracaena draco* L.);也有在 3 周内开花结籽完成生命周期的植物(如一些生长在荒漠的十字花科植物);有水生、砂生、石生和盐碱地生的植物;有自养的植物,也有腐生、寄生的植物。在解剖构造上,被子植物的次生木质部有导管,韧皮部有伴胞;而裸子植物中一般均为管胞(只有麻黄和买麻藤类例外),韧皮部无伴胞。被子植物输导组织的完善使体内物质运输畅通,适应性得到加强。

(五)配子体进一步退化(简化)

被子植物的小孢子(单核花粉粒)发育为雄配子体,大部分成熟的雄配子体仅具 2 个细胞(2 核花粉粒),其中 1 个为营养细胞,1 个为生殖细胞,少数植物在传粉前生殖细胞就分裂 1 次,产生 2 个精子,所以这类植物的雄配子体为 3 核的花粉粒。如石竹亚纲的植物和油菜、玉米、大麦、小麦等。被子植物的大孢子发育为成熟的雌配子体称为胚囊,通常胚囊只有 8 个细胞:3 个反足细胞、2 个极核、2 个助细胞、1 个卵。反足细胞是原叶体营养部分的残余。有的植物(如竹类)反足细胞可多达 300 余个,有的(如苹果、梨)在胚囊成熟时,反足细胞消失。助细胞和卵合称卵器,是颈卵器的残余。由此可见,被子植物的雌、雄配子体均无独立生活能力,终生寄生在孢子体上,结构上比裸子植物更简化。配子体的简化在生物学上具有进化的意义。

被子植物的上述特征,使它具备了在生存竞争中,优越于其他各类植物的内部条件。被子植物的产生,使地球上第一次出现色彩鲜艳、类型繁多、花果丰茂的景象,随着被子植物花的形态的发展,果实和种子中高能量产物的贮存,使得直接或间接地依赖植物为生的动物界(尤其是昆虫、鸟类和哺乳类),获得了相应的发展,迅速地繁茂起来。

第二节　被子植物的分类原则

被子植物的分类，不仅是把几十万种植物安置在一定的位置上（纲、目、科、属、种），还要建立起一个分类系统，反映出它们之间的亲缘关系。这方面的工作常常是很困难的，首先是因为被子植物在地球上，几乎是在距今 1.4 亿年的白垩纪突然地同时兴起的，所以就难于根据化石的年龄，论定谁比谁更原始；其次是由于几乎找不到任何花的化石，而花部的特点又是被子植物分类的重要方面，这就使整个进化系统成为割裂的许多片段。然而，人们还是根据现有资料进行了分类，并尽可能地反映出它的起源与演化关系（表 8-1）。

表 8-1　一般公认的被子植物形态构造的演化规律和分类原则

	初生的、原始的性状	次生的、较完整的性状
茎	1. 木本 2. 直立 3. 无导管，只有管胞 4. 具环纹、螺纹导管	1. 草本 2. 缠绕 3. 有导管 4. 具网纹、孔纹导管
叶	5. 常绿 6. 单叶全缘 7. 互生（螺旋状排列）	5. 落叶 6. 叶形复杂化 7. 对生或轮生
花	8. 花单生 9. 有限花序 10. 两性花 11. 雌雄同株 12. 花部呈螺旋状排列 13. 花的各部多数而不固定 14. 花被同形，不分化为萼片和花瓣 15. 花部离生（离瓣花，离生雄蕊，离生心皮） 16. 整齐花 17. 子房上位 18. 花粉粒具单沟 19. 胚珠多数 20. 边缘胎座、中轴胎座	8. 花形成花序 9. 无限花序 10. 单性花 11. 雌雄异株 12. 花部呈轮状排列 13. 花的各部数目不多，有定数（3、4 或 5） 14. 花被分化为萼片和花瓣，或退化为单被花、无被花 15. 花部合生（合瓣花，具各种形式结合的雄蕊，合生心皮） 16. 不整齐花 17. 子房下位 18. 花粉粒具 3 沟或多孔 19. 胚珠少数 20. 侧膜胎座、特立中央胎座及基底胎座
果实	21. 单果、聚合果 22. 真果	21. 聚花果 22. 假果
种子	23. 种子有发育的胚乳 24. 胚小，直伸，子叶 2	23. 无胚乳，种子萌发所需的营养物质贮藏在子叶中 24. 胚弯曲或卷曲，子叶 1
生活型	25. 多年生 26. 绿色自养植物	25. 一年生 26. 寄生、腐生植物

根据被子植物的化石，最早出现的被子植物多为常绿、木本植物，以后地球上经历了干燥、冰川等几次大的反复，产生了一些落叶的、草本的类群，由此可以确认落叶、草本、叶形多样化、输导功能完善化等是次生的性状。再者根据花、果的演化趋势，具有向着经济、高效的方向发展的特点，由此确认花被分化或退化、花序复杂化、子房下位等都是次生的性状。

基于上述的认识，一般公认的形态构造的演化规律和分类原则（如表8-1），我们不能孤立地、片面地根据一两个性状，就给一个植物下一个进化还是原始的结论，这是因为：

1. 同一种性状，在不同植物中的进化意义不是绝对的

如对于一般植物来说，两性花、胚珠多数、胚小是原始的性状，而在兰科植物中，恰恰是它进化的标志。

2. 各器官的进化不是同步的

常可见到，在同一植物体上，有些性状相当进化，另一些性状则保留着原始性；而另一类植物恰恰在这些方面得到了进化，因而，不能一概认为没有某一进化性状的植物就是原始的，如对常绿植物与落叶植物的评价。

第三节　被子植物的分类

被子植物分为两个纲——双子叶植物纲（木兰纲）和单子叶植物纲（百合纲），它们的基本区别如表8-2：

表 8-2　双子叶植物纲和单子叶植物纲的基本区别

双子叶植物纲（木兰纲）	单子叶植物纲（百合纲）
1. 胚具 2 片子叶（极少 1、3 或 4）	1. 胚内仅含 1 片子叶（或有时胚不分化）
2. 主根发达，多为直根系	2. 主根不发达，由多数不定根形成须根系
3. 茎内维管束作环状排列，具形成层	3. 茎内维管束散生，无形成层，通常不能加粗
4. 叶具网状脉	4. 叶常具平行脉或弧形脉
5. 花部通常 5 或 4 基数，极少 3 基数	5. 花部常 3 基数，极少 4 基数，绝无 5 基数
6. 花粉具 3 个萌发孔	6. 花粉具单个萌发孔

这些区别点只是相对的、综合的，实际上有交错的现象：

（1）一些双子叶植物科中有 1 片子叶的现象，如睡莲科、毛茛科、小檗科、罂粟科、胡椒科、伞形科、报春花科等。

（2）双子叶植物中有许多须根系的植物，尤其在毛茛科、车前科、茜草科、菊科等科中为多。

（3）毛茛科、睡莲科、石竹科等双子叶植物科中有星散维管束，而有些单子叶植物的幼期也有环状排列的维管束，并有初生形成层。

（4）单子叶植物的天南星科、百合科等也有网状脉。

（5）双子叶植物的樟科、木兰科、小檗科、毛茛科有 3 基数的花，单子叶植物的眼子菜科、百合科有 4 基数的花。

从进化的角度来看，单子叶植物的须根系、缺乏形成层、平行叶脉等性状，都是次生的，它的单萌发孔花粉却保留了比大多数双子叶植物还要原始的特点。在原始的双子叶植物中，也具有单萌发孔的花粉粒，这也给单子叶植物起源于双子叶植物提供了依据。

双子叶植物纲（Dicotyledoneae）[木兰纲（Magnoliopsida ）]

一、木兰目（Magnoliales）

木本。花单生或为聚伞花序，花托显著，花常两性，花部螺旋状排列至轮状排列；花被多为 3 基数；雄蕊 6 至多数，偶 3；心皮，多数离生或少至 1 个。胚乳丰富，胚小。花粉单孔、无孔或双孔。

本目包含木兰科、番荔枝科（Annonaceae）、肉豆蔻科（Myristicaceae）等 10 科。

木兰科（Magnoliaceae） $*P_{6\sim15}A_{\infty}\underline{G}_{\infty}$

木本。树皮、叶和花有香气。单叶互生，全缘或浅裂；托叶大，包被幼芽，早落，在节上留有托叶环。花大型，单生，两性，偶单性，整齐，下位；花托伸长或突出；花被呈花瓣状，多少可区分为花萼及花冠；雄蕊多数，分离，螺旋状排列在伸长的花托的下半部；花丝短，花药长，药 2 室，纵裂；雌蕊多数，稀少数，分离，螺旋状排列于伸长花托的上半部；花粉具单沟（远极沟），较大，左右对称，外壁较薄；每心皮含胚珠 1~2（或多数）（图 8-1）。蓇葖果，稀不裂，或为带翅的坚果，聚合成球果状。种子具小胚，胚乳丰富，成熟时常悬挂在细丝上，该丝是由珠柄部分的螺纹导管展开而形成的。染色体：X = 19。

图 8-1 木兰科花图式

本科有 12 属，220 种，分布于亚洲的热带和亚热带，少数在北美南部和中美洲，集中分布于我国西南部、南部及中南半岛。我国有 11 属，130 余种。

1. 木兰属（*Magnolia*） 花顶生，花被多轮，每心皮有胚珠 1~2，蓇葖果，背缝线开裂。荷花玉兰（洋玉兰）（*M. grandiflora* L.），叶常绿革质，花大，直径在 15 cm 以上，无花萼、花瓣之别；原产北美大西洋沿岸，我国栽培供观赏。厚朴（*M. officinalis* Rehd. et Wils.），落叶乔木，叶大，顶端圆；我国特产，分布于长江流域及华南；树皮、花、果药用。凹叶厚朴 [*M. biloba*（Rehd. et Wils.）Cheng]，叶二裂，产我国东部、中南部等。辛夷（木兰、紫玉兰）（*M. liliflora* Desr.）（图 8-2），叶倒卵形，外轮花被 3，披针形，其余的矩圆状卵形，外面紫红色或紫色；原产湖北，各地栽培；花蕾入药。玉兰（*M. denudata* Desr.），花大，白色，有芳香，花被 3 轮，共 9 片，大小约相等；黄山有野生，各地栽培，供观赏，花蕾药用。

2. 含笑属（*Michelia*） 花腋生，开放时不全部张开，雌蕊轴在结实时伸长成柄，每心皮有胚珠 2 个。含笑花 [*M. figo*（Lour.）Spreng.]，常绿灌木，嫩枝、芽及叶柄均被棕色毛；产华南；花芳香，供观赏。白兰花（*M. alba* DC.），叶披针形，花白色，花瓣狭长有芳香；原产印度尼西亚，我国华南各地栽培，供观赏；花及叶可提取芳香油和药用。

3. 鹅掌楸属（*Liriodendron*） 叶分裂，先端截形，具长柄。单花顶生，萼片 3，花瓣 6。翅果不开裂。本属自白垩纪至第三纪广布于北半球。现仅残留 2 种，分别在北美和中国。鹅掌楸（马褂木）[*L. chinense*（Hemsl.）Sarg.]，小枝灰色或灰褐色，叶中部每边有 1 宽裂片；内面的花被片黄色；产我国长江以南各省区；因其叶形奇特，常栽植于庭园，树皮入药。北美鹅掌楸（百合木）（*L. tulipifera* L.），小枝褐色或紫褐色；叶片每边有 1～2 个，少为 3～4 个短而渐尖的裂片，花被片灰绿色；产北美大西洋岸；我国栽培，供观赏。

图 8-2 辛夷
A. 花枝；　B. 果枝；　C. 雄蕊群和雌蕊群；　D. 雄蕊；　E. 雌蕊群

4. 木莲属（*Manglietia*） 常绿，单叶，花顶生，每心皮具 4 至较多胚珠。木莲 [*M. fordiana*（Hemsl.）Oliv.]，叶长椭圆状，披针形，叶柄红棕色；产浙江、安徽以南。

本科重点特征 木本。单叶互生，有托叶。花单生；花被 3 基数，两性，整齐花；常同被；雄蕊及雌蕊多数、分离、螺旋状排列于伸长的花托上，子房上位。蓇葖果。有胚乳。

木兰目是被子植物中最原始的一个目，其原始性表现在木本，单叶，全缘，羽状脉，虫媒花，花常单生，花部螺旋状排列，花药长，花丝短，单沟花粉，胚小，胚乳丰富等。

二、樟目（Laurales）

木本，常有油细胞。单叶全缘。虫媒花，常集成不明显的聚伞花序或总状花序，花 3 基数；花被离生，同形；雄蕊 5 至多数，偶 3，轮状或螺旋状排列，花药与花丝常能明显区分；雌蕊 1 至多数心皮，合生，胚珠 1～2 个，仅 1 个成熟。内胚乳有或无。

本目包括樟科、蜡梅科（Calycanthaceae）、莲叶桐科（Hernandiaceae）等 8 科。

樟科（Lauraceae） $*P_{3+3}A_{3+3+3+3}\underline{G}_{(3:1)}$

常绿或落叶木本，仅无根藤属（*Cassytha*）是无叶寄生小藤本。叶及树皮均有油细胞，含挥发油。单叶互生，革质，全缘，三出脉或羽状脉，背面常有灰白色粉，无托叶。花常两性，辐射对称，圆锥花序、总状花序或头状花序，花各部轮生，3 基数；花被 6 裂，很少为 4 裂，同形，排成 2 轮，花被管短，在结实时增大而宿存，或脱落；雄蕊 3~12，常 9，3~4 轮，每轮 3 枚，常有第 4 轮退化雄蕊；花药 4 或 2 室，瓣裂，第 3 轮雄蕊花药外向，花丝基部有腺体；花粉球形至近球形，无萌发孔，外壁薄，表面常具小刺或小刺状突起；子房上位，1 室，有 1 悬垂的倒生胚珠，花柱 1，柱头 2~3 裂（图 8-3）。核果，种子无胚乳。染色体：X = 7、12。

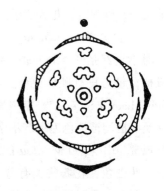

图 8-3　樟科花图式

本科约 45 属，2 000~2 500 种，主产热带及亚热带，我国产 20 属，约 423 种，5 变种，多产于长江流域及以南各省，为我国南部常绿林的主要森林树种，其中有许多是优良木材、油料及药材。

1. 樟属（*Cinnamomum*）　叶常为 3 出脉。发育雄蕊 3 轮，花药 4 室，第 1、2 轮花药内向，第 3 轮外向，基部有腺体，第 4 轮为退化雄蕊。圆锥花序，萼片脱落。樟树［*C. camphora*（L.）Pres.］（图 8-4），叶具离基 3 大脉，脉腋间隆起为腺体。产长江以南；木材及根可提取樟脑，枝、叶、果可提樟油，为工业、医药及选矿原料。肉桂（*C. cassia* Pres.），叶大，近对生，基出 3 大脉；产华南各省；桂皮、桂油供药用。

2. 山胡椒属（*Lindera*）　花单性异株，有总苞 4 片，花被 6~9，雄蕊 9，花药 2 室，内向，第 3 轮雄蕊有腺体。山胡椒［*L. glauca*（Sieb. et Zucc.）Bl.］，叶椭圆形，叶背灰白绿色，叶至冬季枯而不落；主产江南；可作材用及提芳香油。乌药［*L. aggregata*（Sims）Kosterm.］，常绿灌木，叶卵形渐尖头，基出 3 大脉，背面灰白色；产长江以南各省区；根入药。

3. 润楠属（*Machilus*）　花的结构同樟属，但花被宿存，结实时花被裂片向外反曲，叶脉羽状。材质常坚硬。刨花润楠（*M. pauhoi* Kanehira），叶倒披针形，背面淡肉红色；产东

图 8-4　樟树

A. 花枝；B. 果枝；C. 花的全形；D. 外 2 轮的雄蕊；
E. 第 3 轮雄蕊；F. 退化雄蕊；G. 雌蕊；
H. 叶具离基 3 大脉

南部各省；木材制刨花，是主要糊料。红楠（*M. thunbergii* Sieb. et Zucc.），叶长倒卵形，叶脉红色，背面灰白色；产我国长江以南各省区及日本；木材供建筑用，树皮药用。

4. 楠属（*Phoebe*）花、叶和润楠属一样，只是花被裂片在果时伸长，托住果实基部。滇楠[*P. nanmu*（Oliv.）Gamble]，叶革质，广披针形，背面有灰棕色短柔毛；产四川、贵州、广西、湖南；树干高大挺直，材质优良，供建筑与造船。紫楠[*P. sheareri*（Hemsl.）Gamble]，叶长倒卵形，背面网脉密集，有绒毛；产长江以南和西南地区；材质良好，供制家具。

5. 木姜子属（*Litsea*）叶多为羽状脉。伞形或聚伞花序，药4室，内向，萼6裂。山鸡椒（山苍子）[*L. cubeba*（Lour.）Pers.]，叶膜质，背面灰白色，干后黑色；产长江以南各省；花、叶、果皮是提制柠檬醛的原料，供药用及工业用。

6. 檫木属（*Sassafras*）花单性，叶常3浅裂。檫木[*S. tzumu*（Hemsl.）Hemsl.]，产长江以南山区，为速生造林树种，木材供造船、建筑及制家具。

7. 无根藤属（*Cassytha*）仅无根藤（*C. filiformis* L.）1种，寄生草质藤本，茎线状，借盘状吸根附于宿主上。叶鳞状或退化，穗状花序，小苞3，萼6裂，雄蕊9，浆果球形。产我国南部，全草药用。

本科重点特征 木本，有油腺。单叶互生，革质。两性花，整齐，轮状排列，花部3基数；花被2轮；雄蕊4轮，其中1轮退化，药瓣裂；雌蕊由3心皮所成，子房1室。核果。无胚乳。

克朗奎斯特（1981）将樟科、莲叶桐科等8个科从木兰目分出，另立樟目，并认为樟目是由木兰目起源的较进化的类群，表现在花部定数、轮状排列、3基数、雄蕊的花丝明显、心皮结合、胚珠少数、花粉无孔或双孔。另一方面，樟目具单叶隙的节，可能比木兰目的三叶隙、多叶隙的节更原始。

三、胡椒目（Piperales）

草本或木本。茎内维管束分散，似单子叶植物。单叶全缘，有油细胞，常含辛辣味，有托叶。花小，无花被，生于苞腋，密集成穗状花序；雄蕊1~10；心皮分离或结合。种子有胚乳，胚小。多产热带。

本目包括金粟兰科（Chloranthaceae）、三白草科（Saururaceae）和胡椒科3科。

胡椒科（Piperaceae） $*P_0 A_{1\sim10} \underline{G}_{(1\sim4 : 1)}$

木质和草质藤本，或为肉质小草本，藤本种类的节常膨大，长有不定根。叶互生、对生或轮生，有辛辣味，基部两侧常不等，具离基3出脉；托叶常与叶柄合生或缺。穗状花序或肉穗花序，花小，单性，雌雄异株，或两性；无花被；雄蕊1~10，花粉球形至近球形，直径28~45 μm，无萌发孔，外壁薄，表面经常具小刺或小刺状突起；子房上位，1室，心皮1~4；有1个直生胚珠。核果。维管束散生，导管细小。染色体：X=8、11、12、14、16、20。

本科约有12属，1 400~2 000种。分布于热带、亚热带。我国有3属，60余种，产西南至东南部。

胡椒（*Piper nigrum* L.）（图8-5），藤本；花单性，雌雄异株，有时杂性同株；苞片基部与花序轴合生成浅杯状；原产东南亚，我国华南和云南省有栽培；果实晒干后，果皮皱缩变黑，为黑胡椒；成熟果实去皮后色白，称白胡椒，供调味和药用。蒌叶（*P. betle* L.），原产印度尼西亚，我国南部有栽培；叶含芳香油，有辛辣味，裹以贝类煅烧成的粉末与鲜槟榔一起咀嚼，口腔染成红色，是我国海南省和东南亚的民间嗜好品，据说有护牙作用。草胡椒（*Peperomia pellucida* Kunth.），直立小草本，一年生，生阴湿处；原产热带美洲。

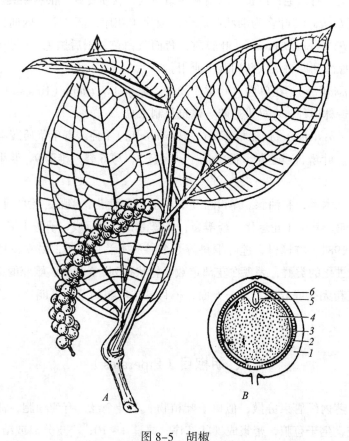

图 8-5 胡椒

A. 果枝；B. 果实纵切

1. 外、中果皮；2. 内果皮；3. 种皮；4. 外胚乳；5. 内胚乳；6. 胚

本科重点特征　叶常有辛辣味，离基3出脉。花小，无花被；子房上位，1室，1胚珠。核果。本目的金粟兰科草珊瑚属（*Sarcandra*）有管胞，反映出它可能来自某些不具导管的木兰目植物。

四、睡莲目（Nymphaeales）

水生草本，茎内维管束分散。花常两性，单生于叶腋；花部3至多数，心皮常多数，子房上位或下位，每室有1至多数胚珠。坚果。

本目包括莲科、睡莲科、莼菜科（Cabombaceae）、金鱼藻科（Ceratophyllaceae）5 科。

（一）莲科（Nelumbonaceae） $*K_{4\sim5}C_\infty A_\infty \underline{G}_\infty$

直立水生草本，有乳汁。根茎平伸，粗大。叶盾状，近圆形，常高出水面。花大，单生，花柄常高于叶；花被 22～30 片螺旋状着生，外面 4 片绿色，花萼状，较小，向内渐大，花瓣状；雄蕊多数（200～400），螺旋状着生，早落，花药狭，有一阔而延伸的药隔；花粉长球形，具 3 沟，外壁 2 层，外层较厚，表面具短棒状雕纹，花粉轮廓凸波形；心皮多数，常 12～40，埋藏于一大而平顶、海绵质的花托内，每一心皮顶有一孔。果皮革质，平滑。种皮海绵质。染色体：X = 8。

本科仅 1 属，2 种，一种产亚洲和大洋洲，另一种产美国东部。种子在适宜的情况下，可在土中埋藏 3 000 年以上仍具有发芽力。

莲（荷，*Nelumbo nucifera* Gaertn.）（图 8-6），具根状茎（藕）。叶（荷叶）盾状圆形。心皮多数埋藏于倒圆锥形的花托中，即为莲蓬。坚果（莲子）卵形。叶、茎节（藕节）、莲蓬、莲心（子叶）均供药用。藕、莲子供食用。

本科重点特征 水生草本。有根状茎。叶盾形。花大，单生。果实埋于海绵质的花托内。

图 8-6　莲

A. 叶；*B.* 花；*C.* 莲蓬；*D.* 果实和种子；*E.* 雄蕊；*F.* 藕

（二）睡莲科（Nymphaeaceae） $*K_{4\sim6\,(\sim14)}C_{8\sim\infty}A_{\infty,\,(0)}\underline{G}_{(3\sim5\sim\infty)}$

水生草本。有根状茎。叶心形、戟形到盾状，浮水。花大，单生；花萼 4~6（稀 14），有时多少呈花瓣状；花瓣 8 至多数，常过渡成雄蕊，稀缺花瓣（紫箭莲属 *Ondinea*）；雄蕊多数，花粉扁球形，具环状萌发孔，偏于远轴面，将花粉切成不等的两半；外壁 2 层，内层较厚，表面具极模糊的颗粒，萌发孔膜上具清楚的颗粒状雕纹；雌蕊由 3~5~∞ 心皮结合成多室子房，子房上位到下位，胚珠多数。果实浆果状，海绵质，至少下部如此，不裂或不规则开裂。染色体：X = 12~29。

本科有 5 属，约 50 种。我国有 3 属，11 种。产北部至东部。

芡（*Euryale ferox* Salisb.），叶面脉上多刺。子房下位。果浆果状，海绵质，包于多刺之萼内，状如鸡头。内含种子 8~20 粒，是为鸡头米，或称芡实。胚乳淀粉质，胚小，种子供食用、药用。萍蓬草 [*Nuphar pumilum*（Hoffm.）DC.]，叶长卵形，基部深心形；子房上位；萼片 5，花瓣状，黄色；花瓣小而长方形；分布于我国北部至东部，日本、欧洲也有。睡莲（*Nymphaea tetragona* Georgi），叶近圆形，基部深心形弯缺；子房半下位，花有白、黄、蓝紫、红紫等色；分布于我国北部，北美也有。王莲（*Victoria regia* Lindl.），叶圆形，直径可达 2 m，四周卷起，花大，由白色转为粉红色乃至深紫色；原产南美亚马孙河，我国有栽培，为世界著名观赏植物。

本科重点特征 水生草本。有根状茎。叶心形至盾状。花单生；花萼、花瓣与雄蕊逐渐过渡；心皮多数，结合。果浆果状。

睡莲目的金鱼藻科，是一个原始的水生多心皮类，表现在花单生，常两性整齐，花部 3 基数，心皮多数离生等方面。其维管束为分散状态，花部的 3 基数均为单子叶植物的特征，因而被看作是单子叶植物的近缘祖先。

五、毛茛目（Ranales）

草本或木质藤本。花两性至单性，辐射对称至两侧对称，异被或单被；雄蕊多数，螺旋状排列，或定数而与花瓣对生；心皮多数，离生，螺旋状排列或轮生。种子具丰富的胚乳。

本目包括毛茛科、小檗科（Berberidaceae）、大血藤科（Sargentodoxaceae）、木通科（Lardizabalaceae）、防己科（Menispermaceae）、清风藤科（Sabiaceae）等 8 科。

毛茛科（Ranunculaceae） $*K_{3\sim\infty}C_{3\sim\infty}A_{\infty}\underline{G}_{\infty\sim1}$

多年生至一年生草本，偶为灌木或木质藤本。维管束在某些种（升麻属 *Cimicifuga*、类叶升麻属 *Actaea*）是散生的。叶基生或互生（铁线莲属 *Clematis* 是对生的），掌状分裂或羽状分裂，或为 1 至多回 3 小叶复叶。花两性、整齐，花部分离；萼片 3 至多数；花瓣 3 至多数；雄蕊多数，花粉近球形至长球形，萌发孔是多型的，有散孔的、多沟至散沟的、3 沟的以及无萌发孔的各种类型，外壁 2 层，内、外层约相等，表面一般具小刺状或颗粒状雕纹；心皮多数（图 8-7）。各部常螺旋状排

图 8-7 毛茛属花图式

列，但亦有轮状排列和缺花瓣的，也有萼片呈花瓣状的，也有萼片和花瓣变为距而成特殊蜜腺的，也有心皮结合的，也有两侧对称花的，所有这些都属次生特化的性状。果为瘦果或蓇葖果，偶有浆果；种子有胚乳。染色体：X = 6～10、13。

本科有 50 属，2 000 种，广布于世界各地，多见于北温带与寒带。我国有 40 属，约 707 种。

1. 毛茛属（*Ranuculus*） 直立草本。花黄色；萼片、花瓣各 5，分离，花瓣基部有一蜜腺穴；雄蕊和心皮均为多数，离生，螺旋状排列于突起的花托上（图 8-7）。瘦果集合成头状。本属有 300 余种。毛茛（*R. japonicus* Thunb.）（图 8-8），广布于我国各地，日本、朝鲜也有；生于沟边、田边；全草外用为发泡药，治疟疾、关节炎，也作土农药。

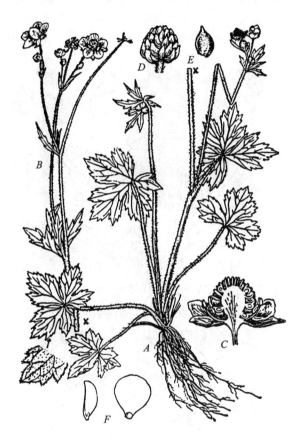

图 8-8　毛茛

A. 植株； *B.* 花枝； *C.* 花纵切（此花为石龙芮 *R. sceleratus*）； *D.* 聚合果； *E.* 瘦果； *F.* 花瓣基部的蜜腺穴

2. 黄连属（*Coptis*） 黄连属的黄连（*C. chinensis* Franch.），草本。根状茎黄色，味苦，可提取黄连素。叶三角状卵形，3 全裂，中央裂片具细柄。花两性；萼片线形；花瓣 5；心皮 8～12。蓇葖果。产于我国中部、南部和西南各省。

3. 铁线莲属（*Clematis*） 攀缘草本或木质蔓生藤本。羽状复叶对生。花萼 4～5，镊合状排列；无花瓣；雄蕊和雌蕊多数。瘦果集合成一头状体，具宿存的羽毛状花柱。本属有 230 种，我国南北均产。威灵仙（*C. chineniss* Osbeck），藤本，叶干时变黑，小叶 5；根入药，能祛风镇痛。

4. 乌头属（*Aconitum*）（图 8-9，图 8-10）　乌头属的乌头（*A. carmichaelii* Debx.），多年生草本，根肥厚；叶掌状，3 至 5 裂；总状花序，密生白色柔毛；花萼蓝紫色，最上萼片呈盔状；花瓣有 2 片退化成蜜腺，另 3 片消失；雄蕊多数；心皮 3，分离；蓇葖果；产欧亚；块根即乌头，入药能祛风镇痛，子根为中药"附子"，均含多种乌头碱，有大毒。黄花乌头（关白附）［*A. coreanum*（Levl.）Raipaics］，叶 3 全裂，裂片细裂，小裂片条形；萼片 5，淡黄色；分布于我国河北北部、辽宁和吉林；朝鲜、俄罗斯东部也有；块根入药。

图 8-10　黄山乌头（*Aconitum carmichaelii* var. *hwangshanicum* W. T. Wang et Hsiao）

A. 花枝及茎下部的叶；　*B.* 块根；　*C.* 盔状萼片；　*D.* 花瓣；　*E.* 除去 3 片萼片之花，示侧生萼片、花瓣及雄、雌蕊；
F. 雄蕊；　*G.* 5 个蓇葖果

5. 侧金盏花属（*Adonis*）　为毛茛科中最原始的一属。花被数目还不甚固定。草本。单花顶生；萼片 5～8；花瓣 5～16；雄蕊多数。瘦果聚合。侧金盏花（*A. amurensis* Regel et Radde），花黄色；产我国东北；朝鲜、日本也有。

6. 翠雀属（*Delphinium*） 草本。总状或穗状花序；萼片 5，后上方之一片伸长成距；退化雄蕊 2，有爪，花瓣 2，分生；雄蕊多数；心皮 3～7。还亮草（*D. anthriscifolium* Hance），叶 2～3 回羽状全裂；花蓝紫色；广布我国各地，全草药用。

本科尚有白头翁 [*Pulsatilla chinensis*（Bunge）Regel]，全株被白色绵毛，有宿存、延伸的羽毛状花柱；根含白头翁素，入药。打破碗花花（野秋牡丹）（*Anemone hupehensis* Lemoine），三出复叶，具长柄；花萼花瓣状，为良好的杀虫农药。升麻（*Cimicifuga foetida* L.）、天葵 [*Semiaquilegia adoxoides*（DC）Makino]、唐松草属（*Thalictrum*）的一些种，均可药用。

本科重点特征 草本。叶分裂或复叶。花两性，整齐，5 基数；花萼和花瓣均离生；雄蕊和雌蕊多数，离生，螺旋状排列于膨大的花托上。瘦果聚合。

本科是草本多心皮类的一个最原始的，似乎很早就由木兰科中单独演化出来的科，其中的高级类型如乌头属、翠雀属等，已在虫媒传粉的道路上，发展到了相当高级的程度。毛茛科植物含有多种生物碱，多数为药用植物和有毒植物。

毛茛目植物大多保持着离生的心皮，和木兰科有着明显的亲缘关系。

六、罂粟目（Papaverales）

草本或灌木。花两性，辐射对称或两侧对称，异被；雄蕊多数至少数，分离或联合成 2 束；心皮合生，子房 1 室，侧膜胎座。种子有丰富的胚乳，胚小。本目由 2 个科组成。

罂粟科（Papaveraceae） $*K_2 C_{4~6} A_\infty, _4 \underline{G}_{(2~16:1)}$

草本或灌木，常有黄、白色汁液。叶互生或对生，常分裂，无托叶。花多单生；萼片 2～3，早落，呈苞叶状；花瓣 4～6 或 8～12，2 轮；雄蕊多数，分离，花药 2 室，纵裂；花粉长球形至扁球形，具 2～6 沟或散孔，表面具网状或颗粒状雕纹；子房上位，由数个心皮合成一室，侧膜胎座，稀为离生心皮。蒴果，瓣裂或孔裂。胚乳油质。染色体：X=5～11、16、19。

本科有 25 属，200 种，主产北温带，少数产于中南美洲。我国产 11 属，55 种。

罂粟（*Papaver somniferum* L.），一年生草本，茎叶及萼片均被白粉；花大，绯红色；未成熟果实的乳汁可制鸦片，内含吗啡、可卡因、罂粟碱等 30 多种生物碱；花果入药，能镇咳、镇痛、麻醉止泻；原产亚洲西部。同属植物虞美人（丽春花）（*P. rhoeas* L.）（图 8-11），花瓣 4，大型，红色，有黑斑；原产欧洲，栽培供观赏。

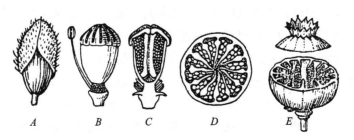

图 8-11　虞美人（*A—D*）及罂粟（*E*）

A. 即将开放的花；　*B.* 雌、雄蕊；　*C.* 子房纵切；　*D.* 子房横切；　*E.* 罂粟蒴果横切

博落回 [*Macleaya cordata*（Willd）R. Br.]，含黄色汁液。叶掌状分裂，背面白色。萼片2；花瓣缺。蒴果扁平。生于长江流域中、下游各省的向阳荒野上。全草入药，外用治癣疮、溃疡，亦作杀虫药。

白屈菜（*Chelidonium majus* L.），为多年生草本，有黄色汁液。叶羽状全裂。产华北、东北、新疆和四川。全草含有毒生物碱。

本科重点特征 有白或黄色汁液，无托叶。萼早落；雄蕊多数，分离；子房上位，侧膜胎座。蒴果。

本目还有紫堇科（Fumariaceae）（图8-12），花两侧对称，花瓣4片，其中1片基部成囊状或距状；雄蕊4，离生，或6个联合成2束；子房1室，有两个侧膜胎座。常见的有紫堇属（*Corydalis*），我国约有100种，多可入药。

图8-12　紫堇科花图式

罂粟目在系统分类上，属于多心皮类，除个别的属（宽丝罂粟属 *Platystemon*）的心皮基部结合，上部分离外，全部是合生心皮，并具有2个以上的侧膜胎座，由此设想和毛茛目的小檗科具有侧膜胎座的类群（北美桃儿七属 *Podophyllum*）有联系。

七、昆栏树目（Trochodendrales）

木本。单叶，叶柄长，叶缘锯齿状。花两性或单性；花单被，4片，或无花被；雄蕊4至多数；心皮4～10个，排成一轮；胚珠1至数个。木质部仅具管胞。

本目包括昆栏树科和水青树科。

（一）昆栏树科（Trochodendraceae）　$* K_0 C_0 A_\infty \underline{G}_{5 \sim 10}$

乔木。叶轮生。花两性或杂性，排成总状花序；花粉近球形，具3拟孔沟，拟孔不明显，外壁外层略厚，具明显网状雕纹；胚珠倒生，1至数个。染色体：X=19。本科仅1属，1种。昆栏树（*Trochodendron aralioides* Sieb. et Zucc.），产我国台湾省，日本、朝鲜也有。

（二）水青树科（Tetracentraceae）　$* K_4 C_0 A_4 \underline{G}_4$

落叶乔木。花小、两性，排成穗状花序；花粉近球形，具拟3孔沟，沟边不平，拟孔不明显，外壁外层厚于内层，表面具明晰的网状雕纹；胚珠4个倒生。染色体：X = 19。仅1属，1种。水青树（*Tetracentron sinense* Oliv.）（图8-13），产我国陕西、湖北及西南；尼泊尔、缅甸也有分布。水青树的化石广泛分布于世界各地，最早发现于中生代中期新喀里多尼亚的侏罗纪地层。在马拉尔的下白垩纪地层、日本的白垩纪地层、格陵兰的第三纪地层均有分布。从水青树的化石出现的地质年代来看，并不比木兰科迟。况且它和昆栏树的木质部都具管胞。染色体基数和木兰科一样为19。由此推断它可能来自原始的木兰目，或者和木兰目出自同一祖先。昆栏树的雄蕊从螺旋排列过渡到成轮排列。心皮数目已从多数减少，趋于定数，且排成1轮，并

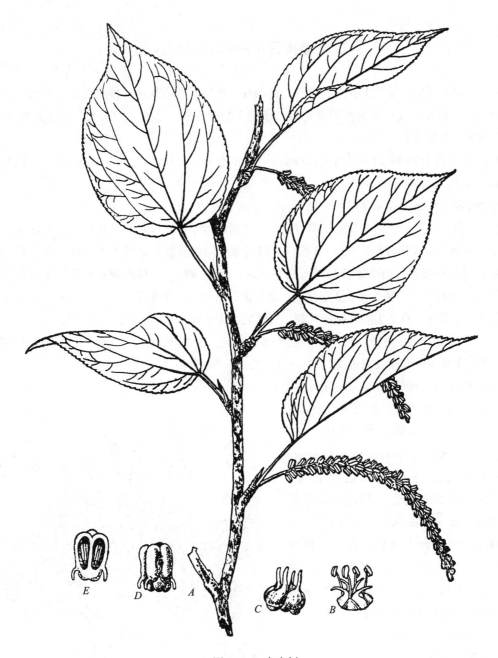

图 8-13　水青树

A. 花枝；　*B.* 花；　*C.* 花之一部，示雌蕊着生情形；　*D.* 果实，示在子房发育过程中花柱被推向下方；　*E.* 果实的纵切

且沿腹缝线多少粘合起来，这些都比木兰科有所发展。另外，昆栏树目的花被退化，可能由它通过金缕梅目发展成柔荑花序类的许多目。

　　昆栏树目有时还包括领春木科和连香树科，克朗奎斯特将这 2 科列入金缕梅目。

八、金缕梅目（Hamamelidales）

木本。单叶互生，稀对生，多有托叶。花两性、单性同株或异株，排成总状、头状或柔荑花序；异被、单被或无被；雄蕊多数至定数；子房上位至下位，心皮1至多数，离生或合生。胚珠1至多数，有胚乳。

本目包含连香树科（Cercidiphyllaceae）、领春木科（云叶科）（Eupteleaceae）、悬铃木科（Platanaceae）、金缕梅科等5科。

金缕梅科（Hamamelidaceae） $*K_{(4 \sim 5)} C_{4 \sim 5, 0} A_{\infty, 4 \sim 5} \overline{G}_{(2 : 2)}$

木本。具星状毛。单叶，互生，多有托叶。花两性或单性同株，头状花序或总状花序；萼筒多少与子房结合，缘部截形，成4～5裂；花瓣与萼片同数或缺；雄蕊4或5数，或更多，花药2～4室，纵裂或瓣裂；退化雄蕊与雌蕊同数或缺；花粉球形、扁球形或长球形，多具散孔或3（稀4）沟；子房下位，稀上位，2室，上半部分离，各室有1个至数个下垂的胚珠；花柱2，宿存。蒴果，木质化，有2尖喙。种子具翅，有胚乳。染色体：X = 8、12、15、16。

本科有26属，130余种，主产亚洲的亚热带地区，少数产北美、大洋洲及非洲马达加斯加岛。一半以上集中分布于我国南部，有17属，75种，16变种。

枫香树（*Liquidambar formosana* Hance）（图8-14），落叶大乔木；叶互生，掌状3裂；头状花序；产黄河以南；树脂、根、叶、果入药。檵木 [*Loropetalum chinense* （R. Br.）Oliver]，小枝有褐色星状毛，产长江中下游以南地区；药用。蚊母树（*Distylium racemosum* Sieb. et Zucc.），常绿小乔木，叶背面有细纹；栽培，供观赏。蜡瓣花（*Corylopsis sinensis*），花瓣5，黄色狭匙形；药用，观赏。金缕梅（*Hamamelis mollis* Oliver）（图8-15），花瓣4，黄色条形，供观赏。

本科重点特征 木本，具星状毛。单叶互生。萼筒与子房壁结合，子房下位，2室，花柱宿存。蒴果，木质化。

本目由木兰目、昆栏树目向着适应风媒传粉的方向发展而来，同时，因有穗状花序，花被常一轮且不甚发育，雄蕊与花被对生，而推断其与柔荑花序类有关。

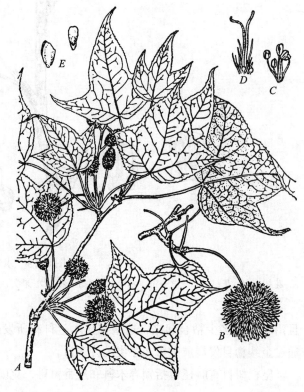

图8-14 枫香树
A. 花枝；*B.* 果枝；*C.* 雄花；*D.* 雌蕊；*E.* 种子

图 8-15　金缕梅

A. 枝；　*B.* 花平展；　*C.* 雄蕊背、腹面；　*D.* 雌蕊；　*E.* 蒴果；　*F.* 叶背之星状毛

九、杜仲目（Eucommiales）

本目仅 1 科，1 属，1 种。

杜仲科（Eucommiaceae）　♂：$*P_0A_{10}$　♀：$*P_0\underline{G}_{(2:1)}$

落叶乔木。无托叶。雌雄异株；无花被；花与叶同时由鳞芽开出；雄花簇生，有柄，由 10 个线形的雄蕊组成，花药 4 室；花粉具 3 孔沟，在每条沟中有一未充分发育的孔；雌花具短梗，子房 2 心皮，仅 1 个发育，扁平，顶端有 2 叉状花柱，1 室，胚珠 2，倒生，下垂。翅果。种子有胚乳。染色体：X = 17。

杜仲（*Eucommia ulmoides* Oliv.）（图 8-16），树皮含硬橡胶，为制海底电缆的重要材料。树皮入药，能补肝肾，强筋骨，降血压。特产我国中部及西南各省。

杜仲目可能由金缕梅目的领春木科向着雄蕊定数、心皮减少的方向发展而来，而它的两个心皮，翅果呈环状，很像榆树果。因而认为它和荨麻目的榆科有共同的起源。

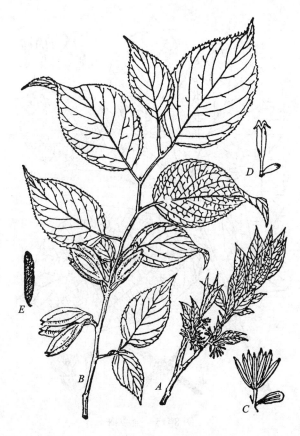

图 8-16 杜仲

A. 花枝； *B.* 果枝； *C.* 雄花及苞片； *D.* 雌花及苞片； *E.* 种子

十、荨麻目（Urticales）

草本或木本。叶多互生，常有托叶。花小，两性或单性，辐射对称；单被或无被；雄蕊少数与花被对生，稀多数；子房上位，2~1室，胚珠2~1。坚果或核果，多为风媒花，若为虫媒花，则较专一性。

本目包括榆科、桑科、大麻科、荨麻科等6科。

（一）榆科（Ulmaceae） $*K_{4\sim8}C_0A_{4\sim8}\underline{G}_{(2:1)}$

木本。单叶，互生，叶缘常有锯齿，基部常不对称；托叶早落。花小，两性或单性，雌雄同株，单生、簇生、短的聚伞花序或总状花序；花单被，花萼近钟形，4~8裂，宿存；雄蕊4~8，对萼，花丝在芽内直伸；花粉扁球形至近球形，直径可达17.5~45 μm，具2~5（稀7）孔，外壁常具脑纹状或颗粒状雕纹；子房上位，2心皮，1~2室，每室1胚珠，花柱2。翅果、坚果或核果；种子无胚乳。染色体：X = 10、11、14。

本科有18属，150余种，主要分布在北温带，少见于热带及亚热带。我国约有8属，50余种，8变种。自东北大兴安岭至海南省均有分布。

1. 榆属（*Ulmus*） 叶缘多重锯齿，羽状脉直伸叶缘，下面侧脉常在叶缘处分叉。花两性，稀杂性。翅果，果核扁平，具宿萼。南北均产，多生于石灰岩山地。木材坚韧，耐朽力强，多为优良用材树；树皮富含纤维及黏液；叶、皮及果可食；为荒山及"四旁"绿化树种。榆树（*U. pumila* Linn.），树皮纵裂而粗糙；叶常具单锯齿；花先叶开放；翅果近圆形，长 1~2 cm；产东北、西北至华东；生长快、寿命长，对烟和有毒气体的抗性较强；材质硬重，花纹美丽，可作车辆、家具、农具等用材；为绿化、材用、防护林和轻盐碱地主要造林树种。榔榆（*U. parvifolia* Jacq.）（图 8-17），树皮呈圆片状剥落；秋季开花，翅果较小；产长江流域各省，华北较少；为庭园及材用树种。

2. 榉属（*Zelkova*） 落叶乔木。羽状脉，侧脉不分叉，直伸叶缘。花杂性同株，子房卵形，柱头歪生。坚果小，呈不规则的扁球形，果皮皱，上部歪斜，有棱但不为翅状。我国有 4 种，东北南部至华南均有生长。木材坚实，为优良用材及绿化树种。榉树［*Z. serrata*（Thunb.）Makino］，一年生枝红褐色，产黄河流域以南，喜石灰性土壤。

3. 朴属（*Cellis*） 多乔木。叶基部脉 3 出，侧脉弧曲向上，不直达叶缘。花杂性。核果近球形。朴树（*C. sinensis* Pers.）（图 8-18），叶宽卵形至狭卵形，核果径 4~5 mm，果柄与叶柄

图 8-17 榔榆

A. 花枝； *B*. 果枝； *C*. 花药； *D*. 雌蕊；

E. 花； *F*. 翅果

图 8-18 朴树

A. 花枝； *B*. 果枝； *C*. 雄花；

D. 两性花； *E*. 果核

近等长；产黄河流域以南；材质硬，茎皮纤维供造纸及人造棉原料，种仁可榨油。黑弹树（小叶朴）（*C. bungeana* Bl.），果柄比叶柄长 2 倍或更长，东北南部至西南、西北均有分布，材质优良，根皮入药。

4. 青檀属（*Pteroceltis*）乔木。树皮暗灰色，薄片状剥落，露出灰绿色内皮。叶卵形，基部叶脉 3 出。花单性同株。坚果，两侧具翅，先端凹缺，熟后木质。本属仅 1 种，我国特产。青檀（*P. tatarinowii* Maxim.），产我国东部，从长城东段向南直至华南、西南各地均有散生，常见于石灰岩的低山区及河流溪谷两岸；材质硬，纹理直，结构细，为优良细木工用材；茎皮纤维为安徽宣城所产著名的中国画纸张——"宣纸"的原料。

本科重点特征 木本。单叶互生。花小，单被。翅果、核果或有翅坚果。

（二）桑科（Moraceae） ♂：*K$_{4\sim6}$C$_0$A$_{4\sim6}$ ♀：*K$_{4\sim6}$C$_0$$\underline{G}_{(2:1)}$

木本。常有乳汁，具钟乳体。单叶互生；托叶明显、早落。花小、单性，雌雄同株或异株；聚伞花序常集成头状、穗状、圆锥状花序或隐于密闭的总（花）托中而成隐头花序；花单被；雄花萼 4 裂，雄蕊 4，对萼（图 8-19，A）；花粉近球形到扁球形，最小的花粉见于薜荔（长径 7.2 μm）接近于被子植物最小的花粉（勿忘草属 *Myosotis* 5 μm），一般为 20 μm 左右，具 2～3（稀 4）孔，孔膜上往往具颗粒，孔边缘常稍加厚；雌花萼 4 裂，雌蕊由 2 心皮结合；子房 1 室，花柱 2（图 8-19，B）。坚果或核果，有时被宿存之萼所包，并在花序中集合为聚花果，如桑椹、构果、榕果等。染色体：X = 7，12～16。

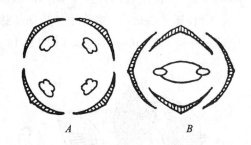

图 8-19 桑科花图式
A. 雄花；B. 雌花

本科约 40 属，1 000 种，主要分布在热带、亚热带。我国有 16 属，160 余种，主产长江流域以南各省区。

1. 桑属（*Morus*） 乔木或灌木，叶互生。花单性，穗状花序，花丝在芽中内弯；子房被肥厚的肉质花萼所包。聚花果。桑（*M. alba* L.）（图 8-20），落叶乔木；单叶互生，广卵形，有时 3 裂，基出 3 脉，边缘有圆齿状锯齿，脉腋有毛；雌雄异株，雌花为下垂柔荑状的假穗状花序，萼片 4，交互对生；雌蕊由 2 心皮结合，无花柱，子房 1 室，胚珠 1；核果被以肥厚之萼，再集合成紫黑色的聚花果，是为桑椹；原产我国，各地栽培；桑叶饲蚕；桑椹、根内皮（称桑白皮）、桑叶、桑枝均药用；茎皮纤维可制桑皮纸。鸡桑（*M. australis* Poir.），叶常多裂，尾尖头，花柱细长；广布于华北至西南地区；茎皮纤维可制纸，果供酿酒。

2. 无花果属（榕属）（*Ficus*） 约 1 000 种。木本，有乳汁。托叶大而抱茎，脱落后在节上留有环痕。花单性，生于中空的肉质总（花）托（称隐头花序或称隐花果）的内壁上，总（花）托口部为覆瓦状排列的总苞片所封闭；雄花被 2～6 片，雄蕊 1～2，雌花分结实花（长花柱花）与瘿花（短花柱花）两种，后者不能结实；花柱侧生，子房 1 室，1 胚珠。瘦果小。无花果属植物与膜翅目的昆虫（如榕小蜂）有着密切的共生关系，无花果属植物为榕小蜂提供栖身

场所（瘿花子房）及发育所需的一切营养；榕小蜂在花序中爬动，寻找产卵场所（瘿花）的过程中把花粉留给长花柱花，为无花果属植物进行了必不可少的传粉。无花果（*F. carica* L.），落叶灌木，叶掌状，原产地中海沿岸，我国有栽培；果可食或制蜜饯。印度橡胶树（*F. elastica* Roxb.），常绿乔木；芽被托叶所包呈红色；叶大型，厚革质，全缘光滑；原产印度，我国各地有栽培；乳汁含硬橡胶。薜荔（*F. pumila* L.）（图 8-21），常绿藤本；叶 2 型，在不生花序托的枝上者小而薄，心状卵形，基部斜，长约 2.5 cm 或更短；在生总（花）托的枝上者大，卵状椭圆形，长 4~10 cm。果大、腋生，呈梨状或倒卵状；广布于华南、华东与西南；隐头果俗称"鬼馒头"可制凉粉。菩提树（*F. religiosa* L.），叶圆心形，尾尖头；原产印度，我国有栽培。榕树（*F. microcarpa* L.），常绿大乔木，有气生根，广布于我国南部、西南部、东南亚亦产，生长于村边和山林中；树皮纤维制网和人造棉，提栲胶或入药，亦栽作行道树。

3. 构属（*Broussonetia*） 落叶木本，有乳汁。雌雄同株或异株；雄花集成圆柱状或头状的聚伞花序；雌花集成头状花序。核果集成头状肉质的聚花果。构树［*B. papyrifera*（L.）Vent.］，乔木；叶被粗绒毛；雌雄异株；聚花果头状，成熟后每个核果的果肉红色，内具 1 种子；广布种，栽培，供绿化、造纸和药用。楮（*B. kazinoki* Sieb.），落叶灌木，雌雄同株，广布江南各地；

图 8-20　桑

A. 雄花枝；　*B.* 雌花枝；　*C.* 雄花；
D. 雌花；　*E.* 叶

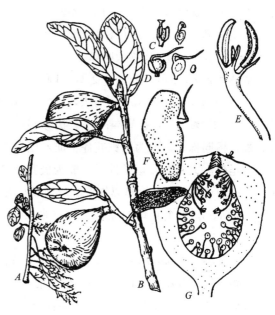

图 8-21　薜荔

A. 不育幼枝；　*B.* 果枝；　*C.* 瘿花，右图示小蜂产卵于子房；
D. 结实花，右二图示子房内含 1 胚珠；　*E.* 雄花；　*F.* 瘦果；
G. 隔年的花序纵剖，示当年开放的雄花在上部，去年开花的瘿花在中、下部，此时子房已成虫瘿，成熟的小蜂钻出花序时，带上花粉，飞去产卵或传粉

树皮作纤维用。

本科植物还有见血封喉 [*Antiaris toxicaria* (Pers.) Lesch.]，常绿乔木；叶矩圆形，树液有剧毒，可制毒箭，猎兽用；分布于我国云南南部和海南省，印度、中南半岛等地也有。柘 [*Cudrania tricuspidata* (Carr.) Bur. ex Lavall.]，落叶灌木或小乔木，具硬棘刺，叶卵形不裂或有时分裂；聚花果近球形，红色，直径约 2.5 cm；广布于我国中部、东部；茎皮作纤维用；根皮和枝药用；叶可饲蚕；果可食并酿酒。波罗蜜（*Artocarpus heterophyllus* Lam.），常绿乔木，是一种热带果树；叶革质，倒卵形，全缘；花单性，雌雄同株，雌花序为椭圆形之假穗状花序，生树干或大枝上，花被管状，包着子房；聚花果肉质，熟时长 25～60 cm，重可达 20 kg，外皮有六角形的瘤状突起；花被生食；种子富含淀粉，炒熟食用；树液和叶药用。

本科重点特征 木本，常有乳汁。单叶互生。花小，单性，集成各种花序，单被花，4 基数。坚果、核果集合为各式聚花果。

（三）大麻科（Cannabaceae） ♂：*K_5A_5 ♀：$K_5\underline{G}_{(2:1:1)}$

直立或攀缘状灌木。叶互生或对生，不分裂或掌状分裂。花单性异株，腋生，雄花为圆锥花序；雄花萼 5 裂，雄蕊 5；花粉近球形，具 3 孔，孔小，圆至椭圆形，具孔膜，孔边加厚；雌花聚生，花萼包围着子房，膜质，全缘，与子房紧贴；子房 1 室，内有胚珠 1 枚，花柱 2 裂（图 8-22）。坚果。染色体：X = 8（葎草属）、10（大麻属）。

本科有 2 属，5 种，我国产 2 属，4 种。

1. 大麻属（*Cannabis*） 只有大麻（*C. sativa* L.）（图 8-23）1 种；一年生草本；叶掌状分裂；花单

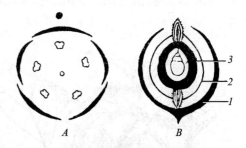

图 8-22 大麻科花图式
A. 葎草属的雄花花图式； *B.* 大麻属的雌花花图式
1. 苞片； 2. 花被； 3. 子房

性异株，稀同株；雄花为圆锥花序；雌花团聚于叶腋内；雄花萼分离，雌花萼不明显，与子房紧贴。坚果。大麻在栽培条件下，成为极其多样化的 2 个亚种：一个是以利用纤维为目的，栽于北方的原亚种；另一个是以提取麻醉剂或刺激剂为目的，栽于热带的亚种印度大麻（*C. sativa* subsp. *indica*）。每个栽培的亚种，都有难以与其区别的野生型，因而本属的野生原产地难以确定。

2. 葎草属（*Humulus*） 草质藤本，茎粗糙。叶对生，3～7 裂。花单性异株，雄花为圆锥花序式；萼 5 裂；雄蕊 5。雌花 2 朵，生于宿存、覆瓦状排列的苞片内，排成一假柔荑花序，结果时变成球果状体。每花有一全缘萼抱持着子房，花柱 2；果为一扁平的坚果。啤酒花（*H. lupulus* L.），种子含挥发油，掺入麦酒中，可增加香味，入药有健胃之效。葎草 [*H. scandens* (Lour.) Merr.] 亦入药，我国西南部至东南部盛产。

本科重点特征 草本。叶常掌状分裂。花单性异株，5 基数。坚果。

大麻科与桑科有明显的亲缘关系，因而常被放在桑科中，作为一个亚科。因其无乳汁，草本，故另列为科。

图 8-23 大麻

A. 根；B. 雄花枝；C. 雄花；D. 雌花示苞片、
小苞片及雌蕊；E. 外被苞片之果实；F. 果实

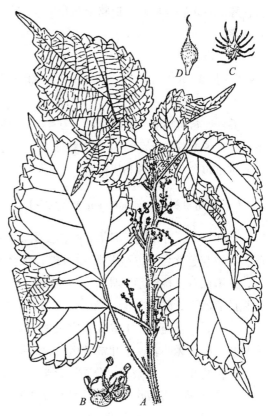

图 8-24 苎麻

A. 茎的上部；B. 雄花；C. 雌花族；D. 果

（四）荨麻科（Urticaceae） ♂：$*K_{4\sim5}C_0A_{4\sim5}$ ♀：$*K_{4\sim5}C_0\underline{G}_{(1:1)}$

草本，稀为灌木，无乳状汁，茎皮有较长的纤维。表皮细胞有钟乳体，在干叶上显出点状或长形斑纹。单叶互生或对生，常两侧不对称，通常有托叶。花细小，多单性，聚伞花序常集成头状或假穗状花序；花单被；花丝在芽中内曲，开放时伸直；花粉扁球形，具 $3\sim4$ 孔，外壁层次不清，表面雕纹模糊；子房 1 室，胚珠单个，基生。坚果或核果，有胚乳。染色体：$X = 7$，12，13。

本科有 45 属，700 余种，分布于热带和温带。我国产 23 属，220 余种，全国各地均有分布。

1. 苎麻属（Boehmeria） 有多种纤维用植物，如苎麻 [B. nivea（L.）Gaud.]（图 8-24），叶互生，基出 3 脉，边缘有粗齿，背面白色；我国各省广为栽培，已有 3 千多年的利用历史，茎皮纤维为制夏布及优质纸的原料，是我国重要纤维作物之一，产量占世界第一位；根、叶入药；叶可养蚕；种子油供食用。

2. 蝎子草属（Girardinia） 茎叶生螫毛，刺激皮肤引起红肿，茎皮纤维亦可制绳索等用。

本科重点特征 草本，无乳汁，茎皮纤维发达。花单性，聚伞花序，单被花。坚果或核果。

荨麻目植物是向风媒道路上演化的一支，共同的特征是花小，单性、单被或无被，常集成各式花序。

十一、胡桃目（Juglandales）

乔木，常有树脂。羽状复叶，互生，常无托叶。花单性同株。单花被，雄蕊3至多数，子房下位，1室或不完全的2~4室，胚珠1个，直立，无胚乳。

本目包含马尾树科和胡桃科。

（一）胡桃科（Juglandaceae）♂：$*P_{(3\sim6)}A_{3\sim\infty}$　♀：$P_{3\sim5}\overline{G}_{(2:1)}$

落叶乔木，有树脂。羽状复叶，互生，无托叶。花单性，雌雄同株；雄花排成下垂的柔荑花序，花被与苞片合生，不规则3~6裂；雄蕊3至多数；花粉扁球形，极面观为钝三角形或多角形，赤道面观为椭圆形，具3~7（稀18）孔，孔排列于赤道上或稍偏于一个半球，孔的周围具明显的盾状区；雌花单生、簇生，或为直立的穗状花序，无柄，小苞片1~2个；花被与子房合生，浅裂；子房下位，1室或不完全的2~4室；花柱2，羽毛状；胚珠1个基生。坚果核果状或具翅；种子无胚乳，子叶常皱褶，含油脂。染色体：X=16。

本科共8属，60余种，分布于北半球。我国有7属，27种，1变种，南北均产。

1. 胡桃属（*Juglans*）　坚果有不规则的皱纹，基部2~4室，不开裂或最后分裂为2。此坚果为一肉质的"外果皮"所包藏，成核果状；"外果皮"由2~5裂的苞片和小苞片及4裂的花被所成，先为肉质，干后成纤维质，萌发时亦开裂。约15种，我国有5种。胡桃（*J. regia* L.）（图8-25），羽状复叶，小叶5~9，全缘或呈波状，无毛；雌花1~3朵成穗状花序；果大型；子叶肉质、多油；原产我国西北部及中亚，栽培已有2千多年历史；种子为强壮剂，能治疗慢性气管炎、哮喘等症；果皮可制活性炭；木材坚实，可制枪托等；为重要的木本油料植物。

2. 山核桃属（*Carya*）　坚果核果状，"外果皮"木质4裂，核平滑，有纵棱。山核桃（*C. cathayensis* Sarg.），羽状复叶，小叶背面有黄色腺体；分布于华东地区，主产浙江临安；为油料作物和著名干果，俗称"小核桃"。

3. 枫杨属（*Pterocarya*）　总状果序下垂，坚果有翅。枫杨（麻柳、元宝树）（*P. stenoptera* C. DC.）（图8-26，图8-27），雌花单生苞腋，左右各有一小苞；花被4，下部与子房合生，子房下位；小坚果，两侧带有小苞发育而成的翅；南北各省均产，栽培作行道树；叶可放养野蚕。

本科尚有青钱柳［*Cyclocarya paliurus*（Batal.）Iljinskaja］、化香树（*Platycarya strobilacea* Sieb. et Zucc.）、黄杞（*Engelhardia roxburghiana* Wall.）等，也是我国东部至西南部常见的树种。

本科重点特征　落叶乔木。羽状复叶。花单性，雄花序柔荑状；子房下位，1室或不完全2~4室。坚果核果状或具翅。

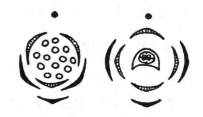

图 8-26　枫杨花图式

图 8-25　胡桃

A. 花枝；　B. 果序；　C. 雄花背面；　D. 雄花侧面；
E. 雌花；　F. 雌花纵剖；　G. 果核；　H. 果核纵剖，
　　　示不完全 2 室；　I. 果核横剖

图 8-27　枫杨

A. 花枝；　B. 果枝；　C. 幼枝；　D. 具苞片的雌花；
E. 除去苞片的雌花；　F. 带翅小坚果；　G. 雄花

（二）马尾树科（Rhoipteleaceae）

奇数羽状复叶。圆锥花序；萼片 4；雄蕊 6；花粉具 3~4 孔沟子房不完全 2 室，1 室退化，胚珠 1。果为有翅坚果。1 属，1 种。产我国云南、贵州和广西，越南也产。

胡桃目可能和壳斗目、杨梅目有联系。

十二、壳斗目（Fagales）

木本。单叶互生，有托叶。花单性，风媒，雌雄同株，单花被。柔荑花序，每苞片内常有 3 花，成二歧聚伞花序排列；雄蕊和花被片对生；雌蕊由 2~3 心皮结合而成，子房下位，悬垂胚珠。坚果。

本目包括壳斗科、桦木科等3科。

（一）壳斗科（山毛榉科）（Fagaceae） ♂：$K_{(4\sim8)}C_0A_{4\sim12}$ ♀：$K_{(4\sim8)}C_0\overline{G}_{(3\sim6:3\sim6:2)}$

常绿或落叶乔木，稀为灌木。单叶互生，革质，羽状脉，有托叶。花单性，雌雄同株，无花瓣，雄花排成柔荑花序；每苞片有1花；萼4～8裂；雄蕊和萼裂同数或为其倍数，花丝细长，花药2室，纵裂；花粉粒多为长球形，少数近球形或扁球形；除水青冈属和栎属2属外，花粉粒一般较小，多具3孔沟，外壁表面具颗粒状雕纹或模糊不清；雌花单生或3朵雌花二歧聚伞式生于一总苞内，总苞由多数鳞片覆瓦状排列组成，萼4～8，与子房合生；子房下位，3～6室，偶达12室，每室胚珠2个，但整个子房仅有1个胚珠成熟为种子；花柱与子房室同数，宿存（图8-28）。坚果单生或2～3个生于总苞中，总苞呈杯状或囊状，称为壳斗（cupule）。壳斗半包或全包坚果，外有鳞片或刺，成熟时不裂、瓣裂或不规则撕裂。种子无胚乳，子叶肥厚。染色体：X = 12。

图8-28 壳斗科3个属的雌花花图式
A. 栗属；*B*. 水青冈属；*C*. 栎属

本科依不同观点，有6～8属，800种，主要分布于热带及北半球的亚热带，南半球只有南青冈属（*Nothofagus*）1属。我国有6属，约300种。

1. **水青冈属**（山毛榉属）（*Fagus*） 落叶乔木。雄花序下垂、头状。坚果三角形。约14种，产于北温带，我国有8种。水青冈（山毛榉）（*F. longipetiolata* Seem.），叶卵形，壳斗被褐色绒毛和卷曲软刺；分布于长江流域以南地区。

2. **栗属**（*Castanea*） 落叶乔木，小枝无顶芽，借侧芽延长。雄花为直立柔荑花序；雌花单独或2～5朵生于总苞内；子房6室。总苞完全封闭，外面密生针状长刺，内有1～3个坚果。栗（板栗）（*C. mollissima* Bl.）（图8-29，图8-30），叶背有密毛，每总苞内含2～3个坚果；原产我国，各地多栽培，为著名的木本粮食作物。珍珠栗［*C. henryi*（Skan）Rehd. et Wils.］，总苞内含有1个坚果，产华东至华中。茅栗（*C. seguinii* Dode），叶背有鳞片状腺体；总苞含3个坚果。

3. **栲属**（*Castanopsis*） 常绿乔木。叶全缘或有锯齿。雄花为直立柔荑花序；雌花单生，稀3朵歧伞排列，子房3室。总苞封闭，有针刺。苦槠［*C. sclerophylla*（Lindl.）Schottky］，乔木，叶椭圆形，革质，中部以上有锯齿，背面光亮；总苞扁球形，全包小坚果，总苞片三角形，顶端针刺形，排成4～6个同心环；花柱3；产长江以南各省区。红锥（刺栲）（*C. hystrix* A. DC.），叶矩圆状披针形，全缘或顶部有数对浅锯齿，背面红棕色，广布于长江以南各省区。甜槠［*C*.

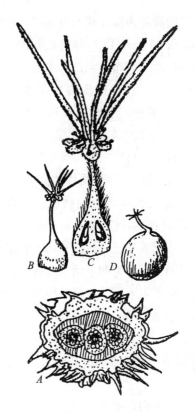

图 8-29　栗

A. 花枝；　*B.* 果枝；　*C.* 雄花

图 8-30　栗雌花

A. 雌花序横剖，总苞内有 3 朵雌花，子房多室，中轴胎座；　*B.* 1 朵雌花；　*C.* 雌花放大，示子房下位，每室 2 胚珠，花被常 6，退化雄蕊 6，柱头 7；　*D.* 坚果，顶部有宿存的芒状柱头

eyrei（Champ. ex Benth.）Tutch.]，叶厚革质，卵圆形，基偏斜，钝尾尖，光滑；除云南和海南省外，广布于长江以南各省区。

4. 稠属（石栎属、柯属，*Lithocarpus*）　常绿乔木。叶革质，常全缘；雄花成柔荑花序，直立，雌花单生，子房 3 室，总苞杯状，鳞片覆瓦状、螺旋状或轮状排列，含坚果 1 枚。绵柯（*L.henryi* Rehd. et Wils.），叶长椭圆形，长 12～14 cm，全缘，厚革质，光滑；壳斗集成穗状；分布于长江流域及华南。稠（石栎）[*L. glaber*（Thunb.）Nakai]，叶披针形，厚革质，光滑；产江南山地。

5. 青冈属（*Cyclobalanopsis*）　多为常绿乔木。雄花序下垂；雌花单生，子房 3～5 室。坚果，仅基部为总苞所包，鳞片环状。青冈（铁椆）[*C. glauca*（Thunb.）Oerst.]，常绿乔木；叶中部以上有锯齿，背面灰白色，有短柔毛，侧脉 8～10 对；壳斗浅杯状，鳞片同心圆状排列；除云南外，广布于长江流域及以南各省区。小叶青冈（面槠）[*C. myrsinaefolia*（Bl.）Oerst.]，叶自下部至上部皆有钝齿，侧脉 13 对以上，背面灰青白色；广布于长江流域及以南各省区。

6. 栎属（*Quercus*）（图 8-31）　多为落叶乔木。雄花序下垂；雌花 1～2 朵簇生；子房 3～5

室。总苞的鳞片为覆瓦状或宽刺状。麻栎（*Q. acutissima* Carr.），叶脉直达锯齿，并突出为长芒状，广布于全国。栓皮栎（*Q. variabilis* Bl.），叶背密生白色星状细绒毛，树皮黑褐色，木栓层发达，厚可达10 cm；主产于我国东部、北部地区。

壳斗科植物材质坚韧，是建筑、制造车船的主要用材。种子统称"橡子"，含淀粉；树皮及壳斗可提制栲胶，用以鞣革。栎属的柞栎（*Q. dentata* Thunb.）等多种，叶片可养柞蚕；栓皮栎的木栓层作软木，供隔音、救生圈等用。有些种类的根、果、壳斗可入药。希腊至伊朗产的没食子栎（*Q. infectoria*）上寄生的一种没食子蚜，由它刺激而成的虫瘿即没食子，含大量鞣酸，用以制革、染织，并可作收敛药。

壳斗科植物是亚热带常绿阔叶林的主要树种，在温带则以落叶的栎属植物为多。本科植物种类多，用途广，分布面积大，因而在国民经济中占有重要的地位。

本科重点特征　木本。单叶互生，羽状脉直达叶缘。雌雄同株，无花瓣；雄花成柔荑花序；雌花2~3朵于总苞中；子房下位，3~7室，每室2胚珠，仅1个成熟。坚果。

图 8-31　白栎（*Q. fabri* Hance）（A—E）、
欧洲白栎（*Q. robur* L.）（F）

A. 果枝；　B. 雄花枝；　C. 雌花序一部分；
D、E. 雄花；　F. 欧洲白栎雌花的纵剖

1. 胚珠；　2. 总苞；　3. 花被；　4. 花柱

（二）桦木科（Betulaceae）　♂: $*P_4A_{2\sim20}$　♀: $*P_0\overline{G}_{(2:2)}$

落叶乔木或灌木。单叶互生，羽状脉，边缘有锯齿，托叶早落。花单性，雌雄同株；雄花为下垂的复合性的柔荑花序，每一苞片内有雄花3朵，花被膜质，4裂或缺如（榛亚科），雄蕊2~20；花粉扁球形，具2~8孔，排列于赤道上，显著突出于花粉轮廓线的表面，形成桦木型的孔，孔间常见带状加厚，形成弧形，外壁的内、外2层在孔边结合与加厚的程度在各属不同，是鉴定属的主要形态特征；雌花为圆柱形或头状的穗状花序，每苞片内有雌花2~3朵，无花被或花萼与子房合生，而成子房下位，花萼顶部不规则分裂（榛亚科）；子房2室，由2个心皮组成，每室有胚珠1~2个。坚果有翅或无翅。种子单生，无胚乳。染色体：X = 8、14。

本科有6属，200种以上，产于北温带，少数在南美洲。我国有6属，约70种。

1. 桦木属（*Betula*）　雌花序单生；果苞片膜质，3裂，雄蕊2个。亮叶桦（*B. luminifera* H. Winkl.），落叶乔木，树皮光滑；叶卵形；坚果有宽膜质翅。白桦（*B. platyphylla* Suk.），树皮白

色；叶卵状三角形，背面淡绿色，有腺点；产华北、东北及陕西、甘肃、四川、云南等省。

2. 桤木属（赤杨属）（*Alnus*）　雌花序总状排列，2朵雌花并生于苞片内，花裸露；子房2室，每室1胚珠；苞片不脱落或木质球果状，雄蕊4个。江南桤木（*A. trabeculosa* Hand.-Mazz.），叶脉显然突出，常红棕色；产华东、华中及广东、贵州各省区。

图 8-32　榛属花图式

A. 雄花序；　*B.* 雌花序

3. 鹅耳枥属（*Carpinus*）　叶缘重锯齿；具7~24对直侧脉，先端达齿。每一雌花有1苞片及2小苞片，结果后，苞与小苞结合为叶状的总苞。坚果生于总苞腋内，果顶冠以萼的残部。鹅耳枥（*C. turczaninowii* Hance），主产我国北部，西南及华东亦产。雷公鹅耳枥（*C. viminea* Wall.），产华东、华中、西南及广西。千金榆（*C. cordata* Bl.），产东北、华北及河南、陕西、甘肃等省区。

4. 榛属（*Corylus*）（图 8-32）　落叶灌木。叶常卵圆形，具重锯齿。先叶开花，雄花序圆筒状下垂，雄花无花被，苞片1枚，内具2小苞及4~8枚雄蕊，花丝2裂；雌花序短头状，每苞内2雌花。坚果外包叶状、囊状或管状的总苞，此总苞由1苞片和2小苞片结合而成。榛（*C. heterophylla* Fisch. ex Bess.），叶背有短柔毛，总苞裂片几全缘；产东北、华北、华东、西南及陕西、甘肃等省区；果供食用。川榛（*C. heterophylla* var. *sutchuenensi* Franch.）（图 8-33），叶背无毛或几无毛；总苞裂片有粗齿，稀全缘；产华东至西南。

桦木科可分为桦木亚科和榛亚科。桦木属和桤木属为桦木亚科，它们的雄花2至6朵，合生于每一苞片的腋间，有花萼，坚果无总苞，连同其苞片成球果状；而其他各属所归的榛亚科，则雄花单生于每一苞片的腋间，无花萼，坚果多少为总苞所包。

桦木科的鹅耳枥属、铁木属（*Ostrya*）、桦木属、桤木属等植物，木质坚韧，不易割裂，可制器具、农具柄；榛的果实可食；桤木可提制酒精。国外产的桦木属植物，如美加甜桦（*B. lenta*）、垂枝桦（*B. pendula*），从树皮及幼枝可蒸桦木油，用以制油膏，治皮肤病。

本科重点特征　落叶木本。单叶互生，羽状脉。雌雄同株，复合性的柔荑花序下垂，每一苞片内为一簇短聚伞花序；常无花被；子房下位，

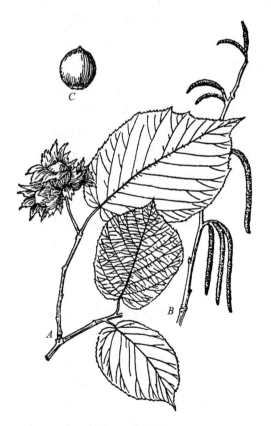

图 8-33　川榛

A. 果枝；　*B.* 雄花枝；　*C.* 坚果

2室。坚果。

壳斗目具有柔荑花序；花单性，单被或无被；子房下位，2~6室，胚珠1~2个，无胚乳。这些特征反映出它们可能来自金缕梅目。

金缕梅亚纲的演化关系 金缕梅亚纲共有11个目，24个科（见书后附表），本书的昆栏树科至桦木科均属此亚纲。对这一类植物的起源、演化、分类范畴等，一直是植物学家讨论的问题。在此作一简单的介绍。

金缕梅亚纲植物的化石记录，可以追溯到古老的地质年代。例如，连香树属，见于北美下白垩世的波托麦克层；水青冈属，见于英国始新世，木麻黄科的木麻黄属（*Casuarina*），发现于欧洲第三纪，但它的起源无疑是在中生代。杨梅目的化石，见于上白垩世，而第三纪时广泛分布，如杨梅属的 *Myrica camptonia*。胡桃科的胡桃属（*Juglans*）见于上白垩世，山核桃属（*Carya*）见于早始新世（第三纪初期）。桦木属见于上白垩世的格陵兰。榛属见于始新世的北极。壳斗科也是发现于上白垩世，首先发现的是栎叶属（*Dryophyllum*），由它以后分化出栎属（在上白垩世）、栗属（在第三纪）和栲属（在白垩世），在上白垩世的化石中，曾经出现一种叫锥叶栎（*Quercus castanopsis*）的植物，可以作为栎属和栲属之间的过渡类型。荨麻目中的无花果属（*Ficus*）见于北美上白垩世。波罗蜜属（*Artocarpus*）见于上白垩世的格林兰，而在第三纪初期，无花果属在欧洲曾到达莱茵河岸，在亚洲曾到达黑龙江和库页岛。由此可以看出，金缕梅亚纲和木兰亚纲几乎有着同样的古老性，它们都起源于下白垩世，或更早的侏罗纪，到了上白垩世时获得了进一步的分化，而在第三纪初就逐渐接近了现代的科、属状况，出现了愈来愈多的现代属，而当时北极圈以南的安加拉大陆，便是它们的演化中心，在当时的图尔盖区域，北极第三纪植物区系是以单花被的金缕梅亚纲植物占绝对优势的，这些喜暖落叶木本植物，说明当时的气候远较现在温暖，同时存在着明显的季节性交替。金缕梅目的共同特征是单被和风媒花的类型，这是和温带气候相联系的，在温暖的北极圈区，昆虫并不像热带那样多，只是无关紧要的传粉媒介，由于季节的交替，风的作用加强了，特别是在花粉成熟的季节，风力的影响更为加强了，风媒导致了花的简化，那种引诱昆虫的花瓣失去了存在的价值，在长期自然选择过程中退化消失了，风媒加强了两蕊异熟和异花传粉，因而在两性花中逐渐产生了机能上的分化，在雌蕊作用加强的花中，雄蕊首先退化为假雄蕊，然后消失；而在雄蕊作用加强的花中，雌蕊的能育子房逐渐变为不育子房，而终至萎缩消失。在本亚纲中可以找到不同程度的两性花的遗迹，可以清楚地说明这一点，因而单被、单性花是风媒传粉的结果，它们是由两性、双被花演化而来的。

同时，金缕梅亚纲的壳斗目、胡桃目、荨麻目、杜仲目等，可以看作是由昆栏树目通过金缕梅目演化而来，昆栏树目花被简化，杂性花，雄蕊数目减少，心皮个数（4~10）分离，排成一轮。这些特点恰似木兰亚纲和金缕梅亚纲的一个中间桥梁，由类似于昆栏树科的祖先进一步发展，其心皮数目进一步减少（有的减至2个），并趋向于结合。金缕梅目的化石发现很早，如拟金缕梅属（*Hamamelites*）在上白垩世的最下部达科他层中就发现，枫香属（*Liquidambar*）发现于上白垩世，悬铃木属（*Platanus*）发现于上白垩世的最早期，因而金缕梅目必然在下白垩世就已产生，并由其相近的类群中分化出其他各目，通过苞片或小苞的发达结合为总苞（或壳斗），产生了壳斗目；通过叶片的羽状深裂演变为复叶，树脂发达，苞片和花被包围了雌蕊，而产生了胡桃目；通过二歧聚伞花序的增生和集聚，花被和雄蕊固定为4基数，心皮固定为2个，产生了荨麻目。这几个支具有平行演化的关系，所以金缕梅亚纲是古老的、是起源于木兰亚纲的，是次生的、退化的（指花无瓣，集成柔荑花序）一类植物。

但是对于金缕梅亚纲的系统位置，它的起源问题，一直是植物学家讨论的中心问题之一。"假花"学派或称"柔荑派"认为这类植物（包括杨柳科等）是有花植物中最原始的一类，"真花"学派或称"毛茛派"认为它是从原始的木兰亚纲起源的一个侧枝，这一点现在已得到多数学者的认可。对于它们的起源问题，索恩（Thorne，1974）提出本亚纲不是一个自然的类群，而是分别由蔷薇亚纲和五桠果亚纲的植物适应风媒传粉趋同演化的结果，它们是各进化干的终端，因而应分别归入上述两亚纲。可是由于本亚纲的化石出现的时间先于蔷薇亚纲和五桠果亚纲的祖先，本亚纲植物之间在孢粉学、解剖学（木材、脉序）和生物化学等方面有其同一性，因而不能为大多数学者所接受。尽管如此，这一亚纲包括多少目，甚至科一级的范畴、界限，在不同的学者还很大的差异，说明本亚纲的系统起源尚有许多值得探讨的问题。

十三、石竹目（Caryophyllales）

草本，有些为肉质植物。花两性，稀单性，辐射对称，同被、异被或单被。花盘有或无；雄蕊定数，1至2轮，1轮者常与花被对生；子房上位，常合生，弯生胚珠，1至数个；中轴胎座至特立中央胎座。胚弯曲，包围淀粉质的外胚乳。

本目包括石竹科、藜科、商陆科（Phytolaccaceae）、紫茉莉科（Nyctaginaceae）、仙人掌科（Cactaceae）、番杏科（Aizoaceae）、粟米草科（Molluginaceae）、马齿苋科（Portulacaceae）、落葵科（Basellaceae）、苋科（Amaranthaceae）等12科。

（一）石竹科（Caryophyllaceae）$*K_{4\sim5,(4\sim5)}C_{4\sim5}A_{3\sim10}\underline{G}_{(2\sim5:1)}$

草本，节膨大。单叶对生。花两性，整齐，二歧聚伞花序或单生，5基数，萼片4～5，分离或结合成筒状，具膜质边缘，宿存；花瓣4～5，常有爪；雄蕊2轮8～10枚，或1轮3～5枚；花粉球形，具散孔，孔数9～28，均匀分布于花粉球面上；孔圆形，具明显边缘，轮廓线在孔处下凹，具颗粒状孔膜，表面有明显而粗的颗粒状纹理，有的属有小刺；子房上位，1室，特立中央胎座或基底胎座，偶不完全2～5室，下半部为中轴胎座，花柱2～5，胚珠1至多数（图8-34）。蒴果，顶端齿裂或瓣裂，很少为浆果。胚弯曲包围外胚乳。染色体：X=6、9～15、17、19。

本科约75属，2 000种，广布全世界，尤以温带和寒带为多，我国有32属，近400种，全国各地均有分布。

石竹属（Dianthus）草本，节膨大。单叶对生。花单生或成圆锥状聚伞花序；萼结合成筒，具5齿；花瓣5，檐

图8-34　石竹科（繁缕属）花图式

部和爪部分明，相交成直角；雄蕊10，2轮；花柱2，特立中央胎座。蒴果。种子多数。石竹（*D. chinensis* L.）（图 8-35），多年生草本；叶线形或宽披针形；萼下有 4 苞片，叶状开展；花瓣外缘齿状浅裂，花白色或红色；原产我国；栽培，供观赏、药用。香石竹（康乃馨）（*D. caryophyllus* L.），叶狭披针形，灰绿色；花单生或 2~3 朵簇生，有香气，苞片 4，长及萼的1/4，花色有白、粉红、紫红等；原产南欧，栽培，供切花用。须苞石竹（美女石竹、什样锦）（*D. barbatus* L.），聚伞花序，花多朵密集，深红色，有白斑；栽培，供观赏。瞿麦（*D. superbus* L.），萼下有宽卵形苞片 4~6 个；花瓣粉红色，顶端深裂成细线条；全国广布，欧亚温带地区也有；全草入药。

本科还有繁缕 [*Stellaria media*（L.）Cyr.]（图 8-36），草本；叶卵形；花小，白色；花瓣 5，每片 2 深裂；雄蕊 10；田间杂草。孩儿参（太子参、异叶假繁缕）[*Pseudostellaria heterophylla*（Miq.）Pax ex Pax et Hoffm.]，多年生草本；块根长纺锤形，肥厚；产我国华东、华中以北；块根入药，能健脾、补气、生津。簇生卷耳（*Cerastium caespitosum* Gilib.），草本，全体有短柔毛，花白色，花瓣顶端 2 裂；路边杂草，药用。麦蓝菜 [*Vaccaria hispanica*（Miller）Rauschert]，全株无毛，花粉红色；种子供药用，称"环留行"，能活血通经，消肿止痛，催生下乳；除华南外，广布全国。

图 8-35 石竹

A. 植株上部；*B.* 花瓣；*C.* 带有萼下苞及
萼的果实；*D.* 种子

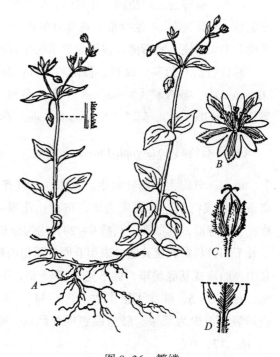

图 8-36 繁缕

A. 植株全形；*B.* 花；*C.* 蒴果；*D.* 下部叶的基部

（二）藜科（Chenopodiaceae） *$K_{3\sim5}$ C_0 $A_{3\sim5}$ $\underline{G}_{(2\sim3:1)}$

草本或灌木。多为盐碱土植物或旱生植物，往往附着有粉状或皮屑状物（由泡状毛破裂后干萎而成）。单叶，互生，肉质，无托叶。花小，单被，常无彩色或草绿色，两性或单性；花萼3~5裂，花后常增大宿存，无花瓣；雄蕊与萼片同数且对生；花粉球形或近球形，具散孔，一般分布均匀，外层壁厚于内层，外层中具明显的基柱，形成颗粒状纹理，因孔凹下，花粉轮廓线成波浪形；子房由2~3心皮结合而成，1室，有1弯生胚珠着生于子房基底（图8-37）。胞果（果皮薄，囊状，不开裂，内含一种子）常包藏于扩大的花萼或花苞中；种子常扁平，胚环状或蹄铁状围绕胚乳（环胚族），或螺旋状无胚乳或胚乳分隔为2（螺旋胚族）。染色体：X = 6、9。

本科有100属，1 500种。主要分布于温、寒二带的滨海或多含盐分的地区。我国产39属，186种，全国分布，尤以西北荒漠地区为多。

图8-37 藜科花图式

甜菜（*Beta vulgaris* L.），根肥厚、纺锤形，含糖10%~18%，盛产欧洲，现各国多栽培，根为制糖原料，又称"糖萝卜"。其变种莙荙菜（牛皮菜、厚皮菜）（*B. vulgaris* var. cicla L.），根部肥大，叶大而绿，为南方及西南地区常见蔬菜之一。菠菜（*Spinacia oleracea* L.），原产伊朗，世界各地均栽培，供蔬食，富含维生素及磷、铁，并为缓下药。藜（*Chenopodium album* L.）（图8-38），叶菱状卵形，背面有泡状毛，是广布的杂草。土荆芥（*Dysphain ambrosioides* L.），叶披针形，缘有不整齐的牙齿，广布于东部至西南部，全草提土荆芥油作健胃驱虫药。地肤（扫帚菜）［*Kochia scoparia*（L.）Schrad.］，一年生草本，叶线形或披针形；种子含油15%，供食用和工业用；果实为中药"地肤子"，能利尿，清湿热；嫩茎叶可食，老熟茎枝可作扫帚。

适于盐碱干旱环境的有梭梭［*Haloxylon ammodendron*（Mey.）Bunge］、盐角草属（*Salicornia*）、猪毛菜属（*Salsola*）、碱蓬属（*Suaeda*）等。

本科重点特征 草本，具泡状毛。花小，

图8-38 藜
A. 植株；B. 花序；C. 花；D. 雄蕊；E. 雌蕊；
F. 胞果；G. 种子

单被；雄蕊对萼；子房2~3心皮结合，1室，基底胎座。胞果，胚弯曲。

苋科与藜科相近：以草本；花被及苞片膜质具色彩；雄蕊1轮，对萼；蒴果，环裂为特征。苋（*Amaranthus tricolor* L.）是一种极有前途的植物，种子和叶含有高浓度的赖氨酸，这是大多数谷类作物中都缺少的一种重要氨基酸；苋子粉可做面包、糕点，产量可高达亩产335 kg。牛膝（*Achyranthes bidentata* Bl.）与川牛膝（*Cyathula officinalis* Kuan）根供药用。青葙（*Celosia argentea* L.）种子药用。另有多种植物栽培观赏，如：千日红（*Gomphrena globosa* L.），头状花序，苞片与花被红或白色，干膜质，宿存；鸡冠花（*Celosia cristata* L.），花序鸡冠状；尾穗苋（*Amaranthus caudatus* L.），穗状花序，特别细长，下垂；锦绣苋（*Alternanthera bettzickiana* Nichols.），叶倒披针形，有黄白色斑或紫褐色斑的变种，公园用作花坛堆植材料组成文字或图案，美化环境。

石竹目的起源很早，紫茉莉科的化石发现于白垩世，藜科发现于第三纪，石竹科见于下新世，但自第三纪后期才开始大量分化，这是与气候干燥、寒冷相联系的。石竹目和多心皮类的联系可以从商陆科的联系中找到，商陆科有些种类尚有多数雄蕊；分离的心皮，但具有轮状的排列；雌蕊往往为花被的倍数；胎座近于中轴胎座；等。以上这些特征反映出和毛茛目，特别是和防己科、木通科的联系。在本目也可看到胎座类型的进化现象。石竹科的麦瓶草属（蝇子草属）（*Silene*）是中轴胎座，但是其子房室之间的隔壁在上部已消失，形成了不完全的3室，而在石竹科的大多数种类中，隔壁已完全消失，变为特立中央胎座，以后这种胎座进一步简化，仅基底保留，而为基底胎座，少数胚珠，终至藜科仅有1个胚珠的胞果。

十四、蓼目（Polygonales）

仅1科。目的特征与科同。

蓼科（Polygonaceae） $*K_{3~6} C_0 A_{6~9} \underline{G}_{(2~4:1)}$

草本，茎节常膨大，单叶互生，全缘；托叶膜质，鞘状包茎，称托叶鞘。花两性，有时单性，辐射对称；花被片3~6，花瓣状；雄蕊常8，稀6~9或更少；花粉近球形至长球形，具3沟、3孔沟、散孔、散沟等多种类型，即使在同一属中，种间差异也很明显，外壁雕纹也有刺状、粗网状、细网状等多种形状；雌蕊由3（稀2~4）心皮合成，子房上位1室，内含1直生胚珠（图8-39）。瘦果，三棱形或凸镜形，部分或全体包于宿存的花被内。种子具丰富的胚乳；胚弯曲。染色体：X = 7~13。

本科约50属，1 150种，全球分布，主产北温带。我国产13属，235种，分布于南北各省。

1. **蓼属**（*Polygonum*） 草本或藤本，节明显。花被有色彩，常5裂；雄蕊3~9。瘦果为宿存花被所包。胚弯曲。本属有600余种，我国有120余种。何首乌（*P. multiflorum* Thunb.）（图8-40），藤本，地上茎称夜交藤；圆锥花序大而开展；瘦果3棱形，包于翅状花被内；块根和藤入药。虎杖（*P. cuspidatum* Sieb. et Zucc.；现归为虎杖属 *Reynoutria*），草本；茎中空，散生红色或紫红色斑点；叶卵圆形；雌雄异株；根入药，称"九龙根"。萹蓄（*P. aviculare* L.），平卧草本；花数朵，腋生；瘦果卵形，有3棱；广布北半球，全草药用。西伯利亚蓼（*P. sibiricum*

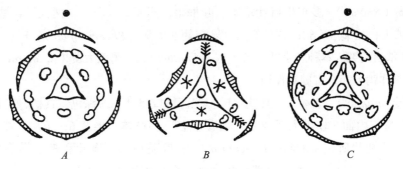

图 8-39　蓼科花图式

A. 大黄属；　*B*. 酸模属；　*C*. 蓼属

图 8-40　何首乌

A. 花枝；　*B*. 果枝；　*C*. 花的顶、底面观；　*D*. 雌蕊；　*E*. 瘦果；　*F*. 瘦果外的宿存花被——翅；　*G*. 块根

Laxm.），叶矩圆形或披针形；花序圆锥状顶生，花梗中上部有关节，花黄绿色，花被 5 深裂；雄蕊 7～8；瘦果有 3 棱；产我国西南至北部，生于盐碱荒地或砂质含盐土壤。本属还有多种药用植物，如拳蓼（拳参）（*P. bistorta* L.）、红蓼（*P. orientale* L.）、水蓼（辣蓼）（*P. hydropiper* L.）、杠板归（*P. perfoliatum* L.）、蓼蓝（*P. tinctorium* Ait.）等。蓼蓝的叶可加工成靛青，作蓝色染料。

2. 大黄属（*Rheum*） 多年生粗壮草本。叶根生，阔而大。花小，两性，花被 6 裂，广展，结果时不很扩大；雄蕊 9（6）；花柱 3。瘦果有翅。大黄（*Rheum officinale* Baill.），根状茎粗壮，黄色；叶掌状浅裂。本种和掌叶大黄（R. *palmatum* L.）、鸡爪大黄（R. *tanguticum* Maxim. ex Regel.）的根茎作泻下药，有健胃作用。

3. 酸模属（*Rumex*） 草本，多具茎生叶。花两性或单性，淡绿色，具柄，花被 6 深裂，外面 3 枚小而内弯，内面 3 枚扩大而成翅，翅背常有一小瘤体；雄蕊 6；子房 3 棱，花柱 3。瘦果被扩大的内花被片所包。酸模（R. *acetosa* L.），叶基箭形，嫩叶和嫩茎供蔬食。羊蹄（R. *japonicus* Houtt.），叶基心形，根入药能清热凉血、杀虫润肠。

4. 荞麦属（*Fagopyrum*） 本属的荞麦（F. *esculentum* Moench），一年生草本，茎直立，分枝，红色。花白色或淡红色。叶广三角形，基部心形。瘦果卵形，有 3 锐棱。我国各地栽培，种子磨粉供食用。

本科重点特征 草本，节膨大。单叶，全缘，互生，有托叶鞘。花两性，单被；萼片花瓣状；子房上位。瘦果，三棱形或凸镜形。

蓼目起源于石竹目，特别是同马齿苋科和落葵科最接近，但种子不具外生胚，胚为胚乳所包。

十五、五桠果目（Dilleniales）

木本或草本。花整齐，两性，异被，5 基数，覆瓦状排列；雄蕊多数，离心式发育；心皮分离，或结合而为中轴胎座；种子常有胚乳。

本目包括五桠果科和芍药科。

（一）五桠果科（Dilleniaceae） $*K_5 C_5 A_\infty \underline{G}_{\infty \, (\infty)}$

木本或藤本。单叶、互生，羽状脉。花两性或单性，整齐，萼片 5；花瓣 5；雄蕊多数，分离或集合成束，药孔裂或纵裂；花粉近球形，具 3 沟或 3 孔沟，外壁外层厚于内层，表面具网状雕纹；雌蕊心皮分离或结合。染色体：X = 4、5、8、9、10、12、13。

本科有 10 属，350 种。大部分局限在热带和亚热带，以大洋洲最多。我国有 2 属，5 种。产云南、广东、广西。

锡叶藤 ［*Tetracera asiatica*（Lour.）Hoogl.］，心皮 1 ~ 5，分离；蓇葖果；叶面粗糙，可供擦锡器和工具，并可入药。大花五桠果（*Dillenia turbinata* Finet et Gagnep），心皮 5 ~ 20 合生；花药顶孔开裂；果近球形包于增大的萼内；可食。

（二）芍药科（Paeoniaceae） $*K_5 C_{5 ~ 10} A_\infty \underline{G}_{2 ~ 5 \, : \, 2 ~ 5 \, : \, \infty \infty}$

多年生草本或亚灌木。花大而美丽，单生枝顶或有时成束，红、黄、白、紫各色；萼片 5，宿存；花瓣 5 ~ 10；雄蕊多数，花粉 2 核，具 3 孔沟；心皮 2 ~ 5，离生。蓇葖果。芍药属（*Paenoia*）的牡丹（P. *sruffuticosa* Andr.），根皮入药，称丹皮；花供观赏，是我国十大名花中的第二位。芍药（P. *lactiflora* Pall.），根入药，称赤芍、白芍；花供观赏。

本科长期以来作为芍药属归入毛茛科。由于其花萼宿存、革质，雄蕊离心式发育，具周位花盘，心皮厚革质，柱头宽阔，假种皮由胎座突出发育而成，染色体基数 X = 5 等特征都与毛茛科不一致，解剖学、细胞学、孢粉学和血清学的研究也进一步证实了它与毛茛科其他属的区别。1950 年以来，多数学者把芍药属升为芍药科，放在同样具有离心式雄蕊的五桠果目中。本科含 1 属，30 种。除个别种在美国西部外，全在欧亚大陆，以我国北部最多。

本目的化石发现较早，如锡叶藤属见于英国伦敦的始新世，拟第伦桃属（*Dillenites*）见于北美始新世，说明它们在白垩纪已产生。锡叶藤是五桠果亚纲中的原始类群，它们的心皮还保持着分离的状态，具蓇葖果，雌蕊多数，这表明了它们直接起源于木兰目的祖先。其中轴胎座的蒴果，似由分离心皮之蓇葖果通过结合的方式产生的。而在山茶科中有些种类，花瓣和花丝又有结合的趋势，花瓣和雄蕊的结合，则是向着葫芦科、杜鹃花目、柿树目的方向演化。因此，本目是五桠果亚纲众多个科（多达 78 个科）与木兰目相联系的桥梁。

十六、山茶目（Theales）

木本。单叶互生。花多两性，辐射对称，异被，5 基数，覆瓦状排列，少数旋转状排列；雄蕊常多数；中轴胎座。

本目包括山茶科、猕猴桃科（Actinidiaceae）、龙脑香科（Dipterocarpaceae）、藤黄科（Guttiferae）等 18 个科。

（一）山茶科（Theaceae） $*K_{4 \sim \infty} C_{5,(5)} A_{\infty} \underline{G}_{(2 \sim 8 : 2 \sim 8)}$

乔木或灌木。单叶互生，常革质，无托叶。花两性，稀单性，辐射对称，单生于叶腋；萼片 4 至多数，覆瓦状排列；花瓣 5（稀 4 ~ ∞）分离或略联生；雄蕊多数，多轮，分离或稍结合为 5 体；花粉长球形至扁球形，具 3（拟）孔沟，内孔大，轮廓不显著，外壁常具网状雕纹；子房上位，稀下位，中轴胎座。蒴果、核果状果或浆果，种子略具胚乳，往往含油质。染色体：X = 15、21。

本科有 40 属，600 种，广泛分布于热带和亚热带，主产东亚。我国有 15 属，400 余种，分布于长江流域及南部各省的常绿林中。

1. 山茶属（*Camellia*） 常绿灌木或小乔木。叶革质，有锯齿。花两性；萼片 5 ~ 6，由苞片渐次变为花瓣，花瓣基部稍联合，且与外轮雄蕊合生；雄蕊多数，外轮花丝结合成一长或短的筒，内轮雄蕊 5 ~ 12 枚分离，药丁字着生。蒴果，室背开裂，每室有种子 1 ~ 3。种子无翅。茶（*C. sinensis* Ktze.）（图 8-41），常绿灌木；叶卵圆形，表面叶脉凹入，背面叶脉凸出，在近边缘处结合成网；花白色，有柄；萼片宿存；果瓣不脱落；长江流域及以南各地盛栽。茶树原产我国，栽培和制茶至少已有 2 500 年的历史，公元前 300 年的《尔雅》已有槚（jiǎ）即茶的记载。茶叶内含有咖啡碱（1% ~ 5%）、茶碱、可可碱、挥发油等，具有兴奋神经中枢及利尿的作用；根入药，能清热解毒；种子油可食，并且是很好的润滑油。早在 16 世纪葡萄牙人就将茶叶带到欧洲，在那里成为稀罕的珍贵饮料。19 世纪中叶英国人派福顷（R. Fortune）4 次来我国调查种茶制茶技术，从此欧洲人才知道红茶、绿茶只是制法不同，不是两种植物。他作了详细的报告，熟悉了制茶技术，带走了制茶技工和数万棵茶苗，到印度和斯里兰卡，建立了茶园和茶厂。今天这两个国家与肯尼亚、中国位列全球前4位茶叶产销国。茶的变种普洱茶（ *C. sinensis* var. *assamica* Kitamura），乔木，叶长 8～20 cm，产华南、云南、贵州。油茶（ *C. oleifera* Abel.），花无柄，萼脱落，果瓣与中轴一起脱落，种子含油，供食用和工业用，是我国南方山区主要的木本油料作物，增产潜力很大，发展前途极广。山茶（ *C. japonica* L.），叶卵圆形，背面光滑；花无柄，萼片脱落，花红色，直径 7～10 cm，子房光滑。各地常栽培供观赏。南山茶（云南油茶）（ *C. reticulata* Lindl.），近似山茶，但叶脉网至少在腹面清楚可见，子房有绒毛；产云南，栽培品种繁多，都为重瓣花。

图 8-41 茶

A. 花枝；*B.* 蒴果；*C.* 种子

2. 柃属（ *Eurya* ）　常绿木本。叶互生，有细锯齿。雌雄异株，花单生或簇生叶腋。浆果。格药柃（ *E. muricata* Dunn），嫩枝圆柱形，无毛。翅柃（ *E. alata* Kobuski），嫩枝明显有 4 棱。柃属植物是江南常绿林中灌木层的优势种。

山茶科植物还有供观赏的厚皮香［ *Ternstroemia gymnanthera*（Wight et Arn.）Beddome］，供榨油的红皮糙果茶（ *Camellia crapneliana* Tutch），供材用的木荷（ *Shima superba* Gardn. et Champ.）、紫茎（ *Stewartia sinensis* Rehd. et Wils.）等。

本科重点特征　常绿木本。单叶互生。花两性，整齐，5 基数；雄蕊多数，成数轮，屡集为数束，着生于花瓣上；子房上位，中轴胎座。常为蒴果。

（二）猕猴桃科（Actinidiaceae）　$*K_5 C_5 A_{\infty, 10} \underline{G}_{(3 \sim \infty : 3 \sim \infty : \infty)}$

木质藤本，髓实心或层片状。单叶，互生，常有锯齿，被粗毛或星状毛，羽状脉，无托叶。花两性，单性或杂性，单性时雌雄异株，常排成聚伞花序；萼片 5，常宿存；花瓣 5，少数 4～6；雄蕊多数或为 10，离生或联合成束，花药丁字形着生；花粉具 3 孔沟，单粒或为四分体；子房上位，3～5 室或多室，每室有 10 至多数胚珠；花柱 5 或多数，常宿存。浆果或蒴果。种子有胚乳。染色体：X = 15。

本科有4属，约380种，广泛分布在热带、亚热带地区，主产东南亚。我国有4属，96种，50余变种，多产于长江以南各省区。

中华猕猴桃（*Actinidia chinensis* Planch.）（图8-42），藤本，枝褐色，髓白色层片状；叶近圆形，边缘有芒状小齿，背面密生灰白色星状绒毛；浆果长圆形，密被黄棕色有分枝的长柔毛；产长江以南各省区。每百克中华猕猴桃果实中含维生素C达100～400 mg，为柑橘的5～10倍，比一般果品高数十倍。可生食也可加工成果酱、果脯和酿酒；茎的浸出液富含黏性，可作建筑、造纸原料；根入药；叶可作饲料；花可提香精。软枣猕猴桃（猕猴梨）[*Actinidia arguta*（Sieb. et Zucc.）Planch.]，叶宽卵形，背面无毛或脉腋间有簇毛；果实无毛及斑点；髓褐色层片状；分布于东北、华北、西南及华东各省；果可食，亦供药用。

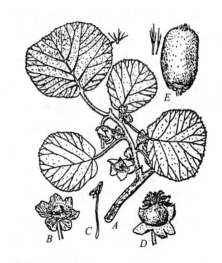

图 8-42　中华猕猴桃

A. 花枝；　B. 花；　C. 雄蕊；　D. 幼果；　E. 浆果

本科重点特征　藤本。单叶互生。整齐花，5基数，雄蕊多数；子房上位。浆果。

本目通过五桠果目和木兰目相联系。

十七、锦葵目（Malvales）

木本或草本，茎皮多纤维。单叶互生，具托叶，幼小植物具星状毛。花两性或单性，整齐，5基数；花萼镊合状排列；花瓣旋转状或覆瓦状排列；雄蕊多数，多少联生，稀定数；子房上位，心皮多数—3，常合生，中轴胎座，胚珠1至多数，常有胚乳。

本目包含椴树科、锦葵科、杜英科（Elaeocarpaceae）、梧桐科（Sterculiaceae）、木棉科（Bombacaceae）5个科。

（一）椴树科（Tiliaceae）　$*K_5 C_5 A_\infty \underline{G}_{(2\sim\infty : 2\sim\infty)}$

木本稀草本，具星状毛，髓及皮层具黏液腔。茎皮富纤维。单叶，互生，多为3出脉。花两性，整齐，聚伞或圆锥花序；萼片5，镊合状排列；花瓣5；雄蕊多数，基部结合，常有退化雄蕊、腺体及雌、雄蕊柄等。花粉有多种类型：①椴树型，花粉扁球形，具3孔沟；沟短，内孔大，下陷，孔边内层显著加厚；②扁担杆型，花粉长球形，具3孔沟，沟长，内孔横长；③散孔型，花粉球形，具散孔，孔少（3～4个）；④具四合花粉类型，表面往往具网状雕纹。子房上位，2～10室。蒴果、核果状果或浆果。染色体：X = 7、9、16、18、41。

本科约52属，500种，主产热带和亚热带。我国有13属，85余种。

1. 椴树属（*Tilia*）　落叶乔木。叶互生，具长柄，基部常心形或截平而偏斜，有锯齿。花小，聚伞花序具长柄，花序柄约一半与膜质舌状的大苞片合生。果核果状。有种子1～3个。蒙椴（*T. mongolica* Maxim.），叶缘具不整齐的粗锯齿，叶背脉腋有簇毛或无毛；果外被绒毛；产东北、华北，蒙古也有；茎皮纤维可代麻，木材供建筑，花可提芳香油，也可药用。椴（*T. tuan* Szysz.），乔木，叶背有棕色星状毛，果有疣瘤，产我国中部至西南；枝皮用作纤维，花可提取芳香油。华东椴（*T. japonica* Crezat.）（图 8-43），叶宽卵形，有锐锯齿，长成后仅脉腋有簇毛，产华东山地。

2. 本科重要植物还有：黄麻（*Corchorus capsularis* L.），叶卵状披针形，边缘具锯齿，最下面的一对锯齿延长成钻形裂片；为著名的麻类作物，茎皮纤维可制麻袋，混纺织布；根、叶、种子入药。节花蚬木［*Excetrodendron tonkinense*（A. Chev.）Chang et Miau］，木材重，坚硬，供建筑和作砧板用，为世界名材之一，国家二级保护植物，产广西南部，云南东南部石山密林中。

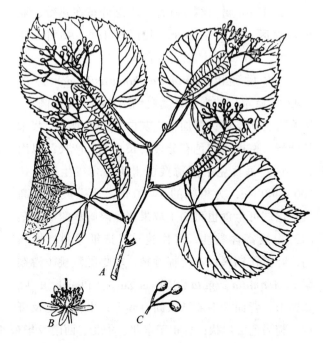

图 8-43　华东椴
A. 果枝；　B. 花；　C. 果序之一部分

本科重点特征　具星状毛。单叶互生。花两性，整齐，5 基数；子房上位。蒴果、核果状果或浆果。

（二）锦葵科（Malvaceae）　$*K_{(3\sim5)} C_5 A_{(\infty)} \underline{G}_{(3\sim\infty:3\sim\infty)}$

木本或草本，皮部富纤维，具黏液。托叶早落，单叶，互生，常为掌状脉。花两性，稀单性，辐射对称；萼 3~5，常基部合生，镊合状排列，其下常有由苞片变成的副萼；花瓣 5，旋转状排列，近基部与雄蕊管联生；雄蕊多数，花丝联合成管，为单体雄蕊；花药 1 室，肾形；花粉具刺，球形，直径可达 242 μm（洋麻），是被子植物中最大的一类花粉；花粉具散孔（或散孔沟），或具 3 孔沟；由 3 至多数心皮组成 3 至多室，中轴胎座（图 8-44）。蒴果或分果。种子有胚乳。染色体：X = 5~22、33、39。

本科约 50 属，1 000~1 500 种，分布于温带及热带，我国有 16 属，81 种，36 变种或变型。

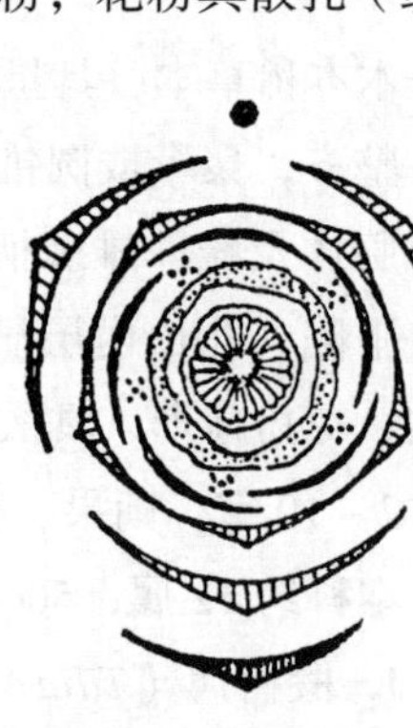

1. 棉属（*Gossypium*）　一年生灌木状草本。叶掌状分裂。副萼 3 或 5，萼成杯状。蒴果 3~5 瓣，室背开裂。种子倒卵形或有棱角，种子表皮细胞延伸成纤维。树棉（中棉）（*G. arboreum* L.），叶掌状深裂。副萼顶端有 3 齿，花冠淡黄色，具暗紫色心；原产我国、日本等，广植于黄河以南各省区。草棉（非洲棉、小棉）（*G.*

图 8-44　锦葵科花图式

herbaceum L.），叶 5~7 半裂，副萼广三角形，中部以上 6~8 齿，花黄色，中心紫色；原产西亚，生长期较短（仅 130 天左右），适于我国西北各地栽培。陆地棉（大陆棉、美棉）（*G. hirsutum* L.），叶常 3 裂，花黄色，副萼 3，有尖齿 7~13，花药密生于等长的短花丝上；原产美洲，我国植棉区普遍栽培。海岛棉（光籽棉）（*G. barbadense* L.），叶 3~5 半裂，花淡黄带紫色，副萼 5，边缘浅裂成尖齿，花药疏生于长短不齐的花丝上；原产热带美洲，适于无霜的亚热带种植，我国南部有栽培。

2. 木槿属（*Hibiscus*） 木本或草本。副萼 5 片，全缘，花萼 5 齿裂，花冠钟形；单体雄蕊大；心皮 5，结合，花柱分枝 5，较长，中轴胎座。蒴果。种子肾形。大麻槿（洋麻）（*H. cannabinus* L.），一年生，茎不分枝，有刺；叶掌状 5 深裂；副萼狭长，萼裂披针形，花黄色，心深红色；果球形；为重要麻类作物，20 世纪初传入我国，现已在南、北各省区广泛栽培；野生于非洲；种子油供制皂。木芙蓉（山芙蓉）（*H. mutabilis* L.），木本，有星状毛；叶掌状 5~7 浅裂；花大，粉红色，副萼 10，线形；蒴果球形；原产我国，除东北、西北外，广布各地；花、叶及根皮入药，为著名消肿、解毒药。木槿（*H. syriacus* L.）（图 8-45），叶 3 裂，无毛，基出 3 大脉，具不规则锐齿；花粉红色；栽培作绿篱；花白色者作蔬菜；全株入药。

本属尚有多种常见观赏植物，如吊灯扶桑 [*H. schizopetalus*（Mast.）Hook. f.]，花梗细瘦下挂，花瓣 5，红色，深细裂作流苏状。朱槿（扶桑）（*H. rosa-sinensis* L.），花下垂，花瓣 5，红

图 8-45　木槿

A. 花枝；　*B.* 叶背及星状毛　*C.* 花纵切；　*D.* 果枝；　*E.* 果瓣；　*F.* 种子

色，原产我国。红秋葵［*H. coccineus*（Medicus）Walt.］，叶5~7深裂，分裂至近基部，裂片线状披针形；花大型，红色。

本科植物的经济用途，可以归结为纤维、药用、食用及观赏几大类，其中尤以纤维为主。苘麻（青麻、白麻）（*Abutilon theophrasti* Medicus）和洋麻的纤维为织麻袋、制绳索的主要原料。棉的纤维为棉织品的原料，用途更广。棉花及其他纤维素加硝酸与硫酸，制成硝化纤维为爆炸物，硝化纤维加樟脑及其他物并加高压后，可制成赛璐珞。棉花脱脂后为药棉。历来植棉仅为获取其纤维，由于植物体各部分含有对人畜有毒的棉酚等15种色素，使棉子中含有的大量脂肪、蛋白质无法利用。1966年，无腺体棉在美国培育成功，使棉花由单一的纤维作物一跃而为棉、粮、油、饲四用作物。洋麻、棉和咖啡黄葵（秋葵）［*Abelmoschus esculentus*（L.）Moench］的种子均可榨油、供食用或制皂，油饼可作饲料及肥

图8-46　蜀葵

A. 花枝；　*B.* 除去花冠后的花；　*C.* 子房；
D. 子房纵切，示心皮轮状排列

料。黄槿（*Hibiscus tiliaceus* L.）的嫩枝叶和秋葵的嫩果，野葵（*Malva verticillata* L.）的嫩苗均可作蔬菜。冬葵籽、苘麻和蜀葵［*Althaea rosea*（L.）Cavan.］（图8-46）的种子、药蜀葵（*Althaea officinalis* L.）的根、拔毒散（*Sida szechuensis* Matsuda）的叶等，均可入药，而蜀葵、黄蜀葵［*Abelmoschus manihot*（L.）Medic)］、锦葵（*Malva cathayensis* Gilbert）、花葵（*Lavatera arborea* L.）等，均为常见的观赏植物。

本科重点特征　纤维发达。花两性，整齐，5基数；有副萼，单体雄蕊，花药1室，花粉粒大，具刺。蒴果或分果。

锦葵目可能由五桠果目、壳斗目，通过花丝和心皮进一步结合的路线演化而来。

十八、堇菜目（Violales）

木本或草本。叶互生或对生；托叶常存在。花常两性，整齐，双被花，5基数；雄蕊与花瓣同数或较多；雌蕊由3个（偶5）心皮组成的侧膜胎座；子房上位，胚珠多数，具2层珠被。常有胚乳。

本目包括董菜科、葫芦科、大风子科（Flacourtiaceae）、西番莲科（Passifloraceae）、红木科（Bixaceae）、柽柳科（Tamaricaceae）、旌节花科（Stachyuraceae）、番木瓜科（Caricaceae）、秋海棠科（Begoniaceae）等24科。

（一）董菜科（Violaceae） $\uparrow K_5 C_5 A_5 \underline{G}_{(3:1)}$

草本，很少是灌木。单叶互生，有托叶。花两性，两侧对称；萼片5，常宿存；花瓣5，下面一片常较大而有距；雄蕊5，花药多少靠合，围绕子房成一圈，内向，纵裂；花粉扁球形至长球形，具3~4（稀5）孔沟，极面轮廓为3~4（稀5）裂圆形，外壁层次不清楚，表面具模糊的颗粒状或细网状雕纹；子房上位，1室，侧膜胎座，花柱单生，胚珠多数，倒生胚珠（图8-47）。蒴果或浆果，蒴果常3瓣裂。种子具肉质胚乳。染色体：X = 6，10~13，17。

图8-47　董菜科花图式

本科有16属，800种，广布于温带和热带。我国有4属，约130种，广布。

董菜属（Viola） 多年生草本。托叶永存，常为叶状。花有时二型，春开者大而美丽，夏开者闭花，常无花瓣，花大而两侧对称；花萼下延，前方之花瓣生距，前方2个雄蕊的药隔基部成蜜距；蒴果开裂时有弹力，成3个舟形果瓣，果瓣具厚而坚硬之龙骨突。三色董（V. tricolor L.）（图8-48），花由蓝、黄、白3种颜色组成，原产欧洲，是久经栽培的庭园草花。这种植物

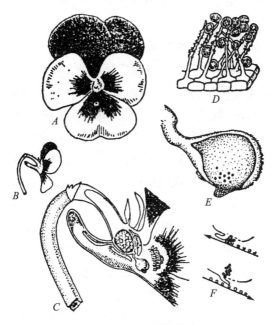

图8-48　三色董

A. 花； B. 花侧面观； C. 花心部纵切； D. 距内的疣毛及花粉； E. 柱头纵切，示下部的活瓣、柱头腔内的花粉；
F. 昆虫在采蜜过程中吻部（以箭头表示）与活瓣配合动作，实现异花传粉（当吻插入时，吻上原有的花粉被活瓣挡住，当吻抽出时，活瓣翻转，刚才挡住的花粉被推向柱头腔内，吻上新粘的花粉又被带至另一朵花）

花的结构，对于了解在虫媒传粉过程中，花与昆虫的辩证关系是一个极好的材料，如色彩分布的规律、距中的疣毛及蜜汁、雄蕊的构造、柱头上的孔及活瓣等。香堇菜（*V. odorata* L.），叶心状卵形至肾形，花紫色、芳香，栽培。紫花地丁（*V. philippica* Cav.），根入药，含苷类和黄酮类，能清热解毒。七星莲（蔓茎堇菜）（*V. diffusa* Ging.），全体有长柔毛，茎匍匐，全草入药。

本科重点特征　草本。单叶互生，有托叶。花两性，两侧对称，5基数，有距；子房上位，侧膜胎座。蒴果。

（二）葫芦科（Cucurbitaceae）　♂：$K_{(5)} C_{(5)} A_{1(2)(2)}$　♀：$K_{(5)} C_{(5)} \overline{G}_{(3:1:\infty)}$

攀缘或匍匐草本，有卷须，茎5棱，具双韧维管束。单叶互生，常深裂，卷须侧生，单一或分歧。花单性，同株或异株，单生或为总状花序、圆锥花序；雄花花萼管状，5裂；花冠结合或分离，花瓣5，多合生；雄蕊3，少为2或5，分离或各种结合，如分离则其中1个为2室，另2个为4室；花药常弯曲成S形；花粉具3孔沟型、3沟型、多沟型或散孔型；雌花萼筒与子房合生，花瓣合生，5裂；子房下位，有3个侧膜胎座，胚珠多枚，柱头3个（图8-49）。瓠果，肉质或最后干燥变硬，不开裂、瓣裂或周裂。种子多数，常扁平，无胚乳。常有钟乳体。染色体：X = 7 ~ 14。

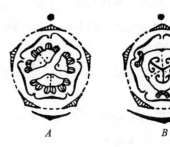

图8-49　葫芦科花图式

A. 雄花；　*B*. 雌花

本科约90属，700余种，主要产于热带和亚热带，我国产20属，130种，引种栽培7属，约30种。

葫芦科的瓠果就是人们食用的各种瓜果（木瓜、番木瓜不属本科）。如南瓜［*Cucurbita moschata*（Duch.）Poir.］，原产美洲，现世界各地广泛栽培。黄瓜（*Cucumis sativus* L.），原产印度、南亚与非洲，现广泛栽培。甜瓜（香瓜）（*Cucumis melo* L.），原产印度，栽培已久，品种很多，如哈密瓜、白兰瓜、菜瓜、黄金瓜等。葫芦［*Lagenaria siceraria*（Molina）Standl.］，果下部大于上部，中部缢细，成熟后果皮变木质，可作各种容器。变种瓠子（夜开花）［*L. siceraria* var. *hispida*（Thunb.）Hara］，瓠果长棒形，皮粉绿色，作蔬菜。丝瓜（*Luffa aegyptiaca* Miller）（图8-50），嫩果可炒食，成熟后的维管束网称丝瓜络，供药用和洗濯器皿用。冬瓜［*Benincasa hispida*（Thunb.）Cogn.］，产热带亚洲，栽培作蔬菜，种子入药。西瓜［*Citrullus lanatus*（Thunb.）Matsum. et Nakai］，原产热带亚洲，栽培作果品，有些品种专供食用瓜子，三倍体西瓜无种子。苦瓜（*Momordica charantia* L.），果有多数瘤状突起，种子有红色假种皮，果肉味苦稍甘，作夏季蔬食，我国南北均有栽培。油渣果（油瓜、猪油果）［*Hodgsonia macrocarpa*（Bl.）Cogn.］，大型木质藤本，雌雄异株，产云南、广西，果可食；种子榨油供食用。木鳖［*Momordica cochinchinensis*（Lour.）Spreng.］，果红色，近球形，有刺状突起；种子为"木鳖子"，作农药，治棉蚜、红蜘蛛。罗汉果（光果木鳖）（*Momordica grosvenori* Swingle），果球形，主产广西，果为镇咳良药。栝楼（瓜蒌）（*Trichosanthes kirilowii* Maxim.），根圆柱形，横走；根的制品，称"天花粉"，瓜皮为"瓜蒌皮"，种子称"瓜蒌仁"，均为中药；产我国南北各省区。瓜蒌属的一些种类亦可代瓜蒌用。喷瓜（*Ecballium elaterium* A. Rich.），蔓生，多年生草本，无卷须；雌雄同株，花黄色；叶三角状卵形到宽心形，长 8 ~ 10 cm，背面有灰白毛；果椭圆形，长 3 ~ 5 cm，有粗毛，带绿色，受到触动的成熟果实从果柄处脱落，并由此处喷射出果肉的黏液和棕色的种子，远达 6 ~ 10 m，黏液具毒，不可入眼；原产欧洲南部、地中海地区，常栽以赏果。

本科重点特征 蔓生草本，具有双韧维管束，有卷须。叶互生，掌裂。花单性，5基数；聚药雄蕊，花丝两两结合，1 条分离；雌蕊 3 心皮组成，侧膜胎座，子房下位。瓠果。

堇菜目是侧膜胎座类中最大的 1 个目，可能通过五桠果科与木兰目相联系。至于葫芦科的系统位置，尚有不同的见解，有些学者根据其上位花、5 基数、花瓣结合成钟形花冠、雄蕊趋向于结合、聚药雄蕊以及萼片

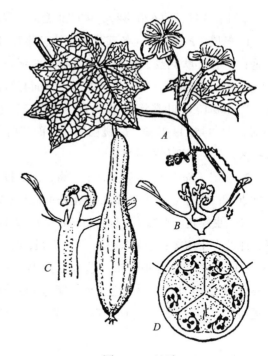

图 8-50 丝瓜

A. 花果枝； *B*. 雄花纵剖； *C*. 雌花纵剖； *D*. 葫芦科果实（西瓜）横切面，示侧膜胎座，上 1/3 为 1 心皮

有叶状先端等特征，认为和桔梗科相近，而将其列入合瓣类的桔梗目中。另有一些学者根据其下位子房、侧膜胎座、有的为离瓣花冠（葫芦属）以及胚珠的构造（如有大而宿存的珠心、两层珠被等），认为和典型的合瓣类各科不同，反而和西番莲科及其同类各科相似；因而置本科于堇菜目中。这一观点已被广泛接受。恩格勒系统第 12 版（1964 年）、克朗奎斯特系统（1981年）均作此处理。若置于堇菜目附近另立一葫芦目也是比较恰当的，因为该科有明确的界限没有任何属、种可以与其他科构成密切的联系。

十九、杨柳目（Salicales）

本目仅杨柳科 1 科，形态特征同科。

杨柳科（Salicaceae） ♂： $*K_0 C_0 A_{2 \sim \infty}$ ♀： $K_0 C_0 \underline{G}_{(2:1:\infty)}$

木本。单叶互生，有托叶。花单性，雌雄异株，稀同株，柔荑花序，常先叶开放，每花托有一膜质苞片；无花被，具有由花被退化而来的花盘或蜜腺；雄蕊 2 至多数。花粉有 2 种类型：①无萌发孔，外壁薄，具模糊的颗粒状雕纹的杨属；②花粉具 2 至 3（拟孔）沟，外壁具显著网状雕纹的柳属类型。子房由 2 心皮结合而成，1 室，有 2 ~ 4 个侧膜胎座，具多数直立的倒生胚珠。蒴果，2 ~ 4 瓣裂。种子细小，由珠柄长出多数柔毛，无胚乳，胚直生。染色体：X = 19、22。

本科有 3 属，约 620 多种，主产北温带。我国产 3 属，320 余种，全国分布。

1. 杨属（*Populus*） 冬芽具数鳞片，芽有树脂，常有顶芽。叶有长柄，叶片阔。柔荑花序，下垂；花有杯状花盘；雄蕊 4 至多数；苞缘细裂（图 8-51）。蒴果 2～4 裂。风媒花。毛白杨（*P. tomentosa* Carr.），叶三角状卵形，背面有密毡毛，我国北部防护林和绿化的主要树种。银白杨（*P. alba* L.），叶掌状 3～5 浅裂，背面密毡毛，银白色，栽培，供观赏。小叶杨（*P. simonii* Carr.）（图 8-52），叶菱状，椭圆形，背面苍白色，广布于我国东北、华北、华中、西北及西南各省区，为主要造林树种之一。

2. 柳属（*Salix*） 冬芽仅有 1 芽鳞，由 2 枚合生的托叶所成，顶芽退化。叶披针形。柔荑花序常直立；花有 1～2 枚由花被退化来的腺体；雄蕊常 2（稀 1～12）；苞片全缘（图 8-53）。蒴果 2 裂。虫媒花。垂柳（*S. babylonica* L.）（图 8-54），枝细弱下垂；叶狭披针形；苞片线状披针形；雌花有 1 腺体；根系发达，保土力强，作河堤造林树种。旱柳（柳、河柳）（*S. matsudana* Koidz.），枝直立，叶披针形，苞片三角形，雌花有 2 腺体。龙爪柳（*S. matsudana* f. *tortuosa* Vilm.），枝条扭曲，为旱柳之变种。紫柳（红皮柳）（*S. wilsonii* Seemen ex Diels），枝初紫红色，叶近对生，倒披针形，背面苍白色，腺体 1，雄蕊 2，花丝结合。杞柳（*S. integra* Thunb.）、筐

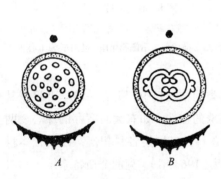

图 8-51 杨属花图式
  A. 雄花； *B*. 雌花

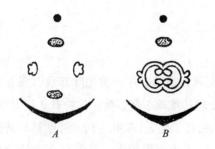

图 8-53 柳属（垂柳）花图式
  A. 雄花； *B*. 雌花

图 8-52 小叶杨
  A. 长枝； *B*. 短枝； *C*. 雄花芽枝； *D*. 雄花序；
  E、*F*. 雄花及苞片； *G*、*H*. 雌花及苞片； *I*. 蒴果

柳（白箕柳）[*S. linearistipularis*（Franch.）Hao]
可作防风固沙植物，枝供编织筐篮，茎皮纤维供制
人造棉。

本科重点特征 木本，单叶互生。花单性，雌
雄异株，柔荑花序；无花被，有花盘或蜜腺，侧膜
胎座。蒴果，种子微小，基部有多数丝状长毛。

杨柳目因单性花，不具花被，柔荑花序，合
点受精等特征，一直被放在柔荑花序类中。由于
有 2~4 个侧膜胎座，多数胚珠等特征，又将它归
入侧膜胎座类中。杨柳目应从下白垩纪初期，就
从原始的多心皮类中分化出来，走上了风媒的道
路，成为雌雄异株。而在下白垩纪的某一时期，柳
属又次生地走向虫媒的道路，花被转化为蜜腺，虫
媒又导致了雄蕊数目的减少，固定为 2。而杨属则
一直沿着风媒的方向发展，雄蕊仍较多，花被简
化，结合为杯状花盘，起着保护花蕊的作用。现在
尚能在黄花柳（*Salix caprea* L.）、灰背杨（*Populus
glauca* Haines）中偶然见到两性花，钻天柳属
（*Chosenia*）尚有 2 条分离的花柱。原始的类型曾
有 2 个以上的心皮，这些说明它们的祖先的花是双
被、两性、离生心皮的。

图 8-54　垂柳
A. 枝；　B. 雄花枝；　C. 果枝；　D. 雄花；
E. 雌花；　F. 蒴果

二十、白花菜目（Capparales）

草本或木本。单叶或掌状复叶。稀具托叶。花辐射对称至两侧对称，雄蕊多数至定数；心皮
合生，侧膜胎座，子房常有柄，由 2 心皮组成。胚乳少或缺；胚弯曲或褶状。本目包含白花菜
科（Capparaceae）、十字花科、辣木科（Moringaceae）、木犀草科（Resedaceae）等 5 科。

十字花科（Cruciferae） $*K_{2+2} C_{2+2} A_{2+4} \underline{G}_{(2:1)}$

草本。单叶互生，无托叶。花两性，辐射对称，总状花序；花萼 4，每轮 2 片；花瓣 4，十
字形排列，基部常成爪；花托上有蜜腺，常与萼片对生；雄蕊 6，外轮 2 个短，内轮 4 个长，
为四强雄蕊；花粉长球形或近球形，极面观为 3 裂片状，具 3 沟，外壁表面具清楚的网状雕
纹，属间区别不大；子房上位，由 2 心皮结合而成，常有 1 个次生的假隔膜，把子房分为假 2
室，亦有横隔成数室的，侧膜胎座。柱头 2，胚珠多数（图 8-55）。长角果或短角果，2 瓣开裂，
少数不裂。种子无胚乳，胚弯曲，子叶和胚根的排列常有 3 种方式（图 8-56）。染色体：X =
4~15，多数是 6~9。

本科有 350 属，约 3 200 种，全球分布，主产北温带。我国产 95 属，425 种，124 变种，引

图 8-55　十字花科花图式

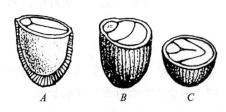

图 8-56　十字花科植物子叶与胚根的排列方式

A. 子叶缘倚（直叠）；　*B.* 子叶背倚（横叠）；　*C.* 子叶对褶（纵折）

种 7 属，20 余种。

1. 芸薹属（*Brassica*）　一至二年生草本。单叶，有时基部羽状分裂。总状花序；花黄色，花瓣具爪。长角果，圆柱形。种子球形，子叶对褶。本属植物是日常主要的蔬菜。如野甘蓝（卷心菜）（*B. oleracea* L.），顶生叶球供食用。花椰菜（花菜）（*B. oleracea* var. *botrytis* L.），顶生球形花序供食用。白花甘蓝（芥蓝）（*B. oleracea* var. *albiflora* Kuntze），叶蓝绿色，长椭圆形，花白色，原产地中海北岸。白菜 [*B. rapa* var. *glabra* Regel]，原产我国北部，为东北、华北冬、春两季的重要蔬菜。青菜（小白菜）（*B. rapa* var. *chinensis*（L.）Kitamura），叶不结球，倒卵状匙形，叶柄有狭边；原产我国，品种很多，为常见蔬菜。擘蓝（芥蓝头）（*B. oleracea* var. *gongylodes* L.），地上近地面处有块茎，肉质，供蔬食。芜菁（*B. rapa* L.），地下有肉质大型块根；原产欧亚，现各地栽培，供食用。芥菜疙瘩（大头菜）[*B. juncea* var. *napiformis* Pailleux et Bois]，地下有肉质圆锥形块根，常用以作盐腌或酱渍，各地均有栽培。芥菜 [*B. juncea*（L.）Czern. et Coss]、白芥（*B. hirta* Moench.）及黑芥 [*B. nigra*（L.）K. Koch] 的种子，称为"芥子"，均可制芥末，作香辛料。雪里蕻（*B. juncea* var. *multiceps* Tsen. et Lee），为芥菜的变种，叶分裂，卷曲皱缩，供腌制咸菜用。榨菜（*B. juncea* var. *tumida* Tsen. et Lee），下部叶的叶柄基部肉质膨大，形成高低不平的拳状，以重庆涪陵栽培最负盛名，盐腌加工后食用。芸薹属植物多在早春开花，是重要的蜜源植物。

2. 萝卜属（*Raphanus*）　萝卜（莱菔）（*R. sativus* L.），直根供食用，品种很多；种子入药称"莱菔子"，种子油也作工业用。

本科有多种重要的油脂植物，如油菜（芸薹）（*Brassica rapa* var. *oleifera* de Candolle）种子含油量达 40%，菜油是南方和西北人民的重要食用油。

十字花科也有不少为药用植物，如欧洲菘蓝（菘蓝）（*Isatis tinctoria* L.）、菘蓝（大青）（*Isatis indigotica* Fort.）的根，作"板蓝根"入药，叶制蓝靛，作"青黛散"入药，亦为染料。蔊菜 [*Roripa indica*（L.）Hiem]、独行菜（*Lepidium apetalum* Willd.）、播娘蒿 [*Descurainia sophia*（L.）Webb.] 等种子均作"葶苈子"入药。荠（荠菜）[*Capsella bursa-pastoris*（L.）Medic.]（图 8-57）、碎米荠属（*Cardamine*）、菥蓂（遏蓝菜）（*Thlaspi arvense* L.）等，也作药用。

桂竹香（*Erysimum X cheiri* L.）、诸葛菜 [*Orychophragmus violaceus*（L.）O. E. Schulz]、羽衣甘蓝（*Brassica oleracea* var. *acephala* de Candolle）、香雪球（*Lobularia maritima* Desv.）、紫罗

图 8-57 荠菜

A. 植株; *B.* 萼片; *C.* 花瓣; *D.* 雄蕊; *E.* 雌蕊; *F.* 果实; *G.* 开裂之短角果

兰［*Matthiola incana*（L.）R. Br.］等，均供观赏。

对于十字花科花部的基数、排列方式，有过各种解释，有的认为4片花瓣对角线位置，是由中线位置的两片分裂而来，有的却认为是由于4片花瓣位置扭转而成。对内轮4枚雄蕊，有的认为是由2枚各分裂为2而成，有的则认为与花瓣一样，由位置扭转而成。对于子房的解释就更多了，一般认为起源于4枚心皮。近年我国植物学工作者，发现甘蓝型油菜（欧洲油菜）（*Brassica napus* L.）花的发育过程中：子房由8个心皮原基发育而成，它们分成内外2轮，外轮4个，其中2个成壳状果瓣（即成熟后脱落的舟形果瓣），2个为结实果瓣（即着生种子的胎座框），内轮4个心皮原基相向生长连成隔膜，并与结实果瓣联合形成胎座（意即假隔膜与胎座均由内轮心皮形成。）这方面尚需进一步研究，以期对十字花科花的发育有一个全面、正确的结论。

本科重点特征 草本，常有辛辣汁液。花两性，整齐；萼片4；十字花冠；四强雄蕊；子房1室，有2个侧膜胎座，具假隔膜。角果。

本目中以十字花科最大，种类约占总数的3/4。对本目的演化关系，学者们认为十字花科和白花菜科在亲缘关系上比较接近，主要表现在花的构造上，两者非常近似，而且都有胎座框（replum），所不同的是白花菜科植物花的子房几乎全有子房柄（雌蕊柄，gynophore），或有

1 个雌雄蕊柄（androgynophore）；花的各部分的数目和雄蕊的排列变化较大，萼片、花瓣各为 4~6~8。雄蕊 6 至多数（不为四强雄蕊），心皮 2 至数个，1 室，通常无假隔膜（稀有假隔膜分为 2 至数室）；而十字花科植物的花，一般无子房柄或雌雄蕊柄，花的各部分数目和雄蕊的排列是比较稳定的。此外，白花菜科有草本和木本，而十字花科多为草本，因此，可认为十字花科是从白花菜科演化而来的。

过去有的分类系统将白花菜类和罂粟类联在一起，组成罂粟目（Rhoeadales），后来根据有关研究查明，罂粟类富含苄基异喹啉和阿朴啡异喹啉生物碱，而白花菜目含生物碱很少，并不含异喹啉碱。白花菜目有黑芥子酶细胞，能产生芥子油，而罂粟类有乳汁管，可产生生物碱，生物碱是木兰亚纲植物所常有的；白花菜目的雄蕊发育是离心式的，而罂粟类则是向心式的；血清学的研究也指明了罂粟类与毛茛目（木兰亚纲）有亲缘关系，因此，将这两类植物分别各自成立一个目，是合乎实际的。

二十一、蔷薇目（Rosales）

木本或草本。单叶或复叶，互生，稀对生，有托叶。花两性，稀单性，辐射对称，花部 5 基数，轮生；雄蕊多数至定数；子房上位至下位；心皮多数离生到合生或仅 1 心皮，胚珠少数至多数。

本目包括海桐花科（Pittosporaceae）、八仙花科（Hydrangeaceae）、茶藨子科（Crossulariaceae）、景天科、虎耳草科、蔷薇科等 24 科。

（一）景天科（Crassulaceae） $*K_{4~5} C_{4~5} A_{4~5+4~5} \underline{G}_{4~5}$

草本或半灌木。叶对生，互生或轮生，单叶，无托叶，肉质植物。花整齐，两性，4 至 5 基数，常聚伞花序；花粉近球形至长球形，具 3 孔沟，外壁表面具条纹、网状或细网状雕纹；子房上位，分离或基部结合，每心皮基部往往有鳞状腺体（图 8-58）。果实为革质及膜质的蓇葖。种子小，有胚乳。染色体：$X = 4~22$、31。

本科有 25 属，900 种，主产温带和热带。我国有 10 属，242 种。

本科为旱生植物类型，肥大的薄壁组织内含草酸钙及有机酸，气孔下陷，表皮有蜡质粉，可减少蒸腾，植物体常呈莲座丛状，无性繁殖力强，常可借珠芽繁殖。

本科有多种药用植物，如景天属（Sedum）的垂盆草（S. sarmentosum Bunge），3 叶轮生、叶披针状菱形，江南习见。佛甲草（S. lineare Thunb.）（图 8-59），叶线形，先端钝，产长江中、下游。堪察加景天（S. kamtschaticum Fisch.），产北部。费菜（土三七）（S. aizoon L.）、瓦松属（Orostachys）华东习见。伽蓝菜属（落地生根属）（Kalanchoe）、青锁龙属（Crassula）、石莲花属（Echeveria）等多种植物常栽培作观赏。

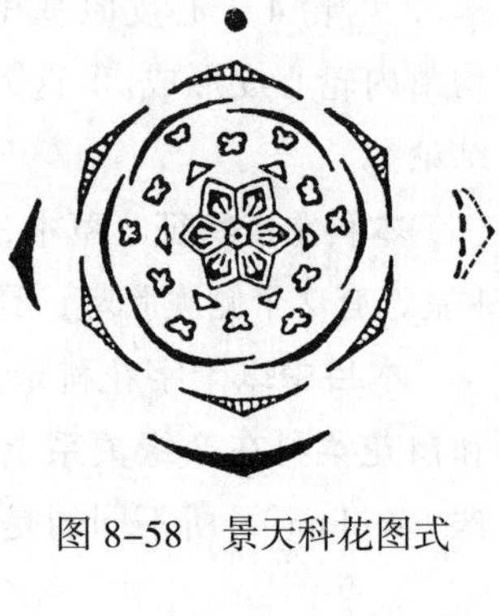

图 8-58　景天科花图式

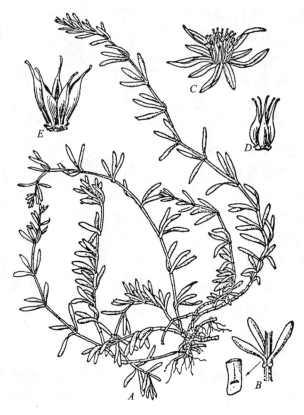

图 8-59　佛甲草

A. 植株；　*B.* 枝的一段；　*C.* 花；　*D.* 雌蕊群；　*E.* 蓇葖果

本科重点特征　草本，叶肉质。花整齐，两性，5 基数。花部分离，雄蕊为花瓣的 2 倍；心皮分离；蓇葖果。

本科 5 基数的花被，心皮分离的蓇葖与毛茛目相似，但花部之轮状排列，花蕊定数则为进化性状。

（二）虎耳草科（Saxifragaceae）　$*K_{4\sim5}\ C_{4\sim5,\ 0}\ A_{4\sim5+4\sim5}\ \underline{G}_{(2\sim5)}$

多为草本。叶常互生，无托叶。花两性或单性，辐射对称，萼片 4～5；花瓣有或缺，常有爪；雄蕊与花瓣同数或为其倍数，着生于花瓣上；花粉具 3 孔沟或 3 沟，也有 6～9 孔的；子房上位或下位，1～3 室，花柱分离，胚珠多数（图 8-60）。蒴果。种子有胚乳。染色体：$X = 6\sim18$、21。

本科有 40 属，700 种，主产于北温带，我国约 27 属，400 多种，全国分布。

虎耳草（*Saxifraga stolonifera* Curt.）（图 8-61），多年生草本，全体被毛；肉质，有细长匍匐茎；叶肾形或圆形，背面常紫红色；全草入药。落新妇［*Astilbe chinensis*（Maxim.）Franch. et Sav.］，叶 2～3

图 8-60　虎耳草科花图式

回三出复叶，花紫红色，心皮2，离生；长江中、下游至东北广布；根茎入药，能活血止痛，清热解毒。白耳菜（诗人草、白须草）（*Parnassia foliosa* Hook. f. et Thoms.），多年生草本，叶肾状心形，花瓣5，边缘丝状分裂，蒴果；产华东至云南；全草入药，能镇咳止血、解热利尿。

虎耳草科在不同的分类系统中，有不同的界限。恩格勒采取广义的概念，因而本科有80属，1 200种，现代许多学者发现，这种过宽的概念使用时十分不方便，因而采取较为狭义的科的概念。塔赫他间在1980年将它分为10个科，即使如此，虎耳草科还是一个形态上多种多样的分类单位，如：唢呐草属（*Mitella*）中包括有雄蕊10的种，也有雄蕊5并与萼片对生的种，以及雄蕊5与萼片互生的种，虎耳草属（*Saxifraga*）则包括一些心皮基本上是离生的种和另一些心皮结合达柱头的种，而在结合心皮的类群中子房也具有上位到下位的不同情况，胎座也有边缘胎座、下部中轴胎座、上部边缘胎座，或全部是侧膜胎座等各种情况。克朗奎斯特主张把基本上是草本的属保留在虎耳草科中，木本属另立新科。据此，本科仅有40属700种。

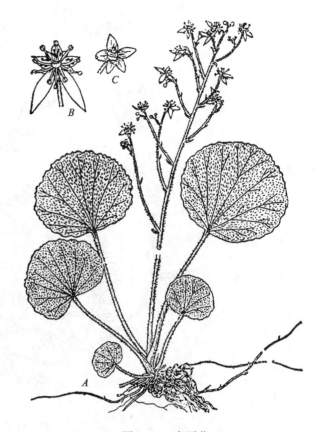

图 8-61　虎耳草
A. 植株全形；　B. 花；　C. 花萼及雌蕊

本科重点特征　多草本。叶常互生。花4～5基数。蒴果。

（三）蔷薇科（Rosaceae）　$*K_{(5)}C_{5, 0}A_{5 \sim \infty} \overline{\underline{G}}_{1 \sim \infty}$

草本，灌木或乔木，常有刺及明显的皮孔。叶互生，稀对生，单叶或复叶，托叶常附生于叶柄上而成对。花两性，辐射对称，花托凸隆或凹陷，花被与雄蕊常愈合成1碟状、钟状、杯状、坛状或圆筒状的花筒（floral tube），此花筒常被称为萼筒或花托筒，花萼、花冠和雄蕊看起来从花筒上面长出；萼裂片5；花瓣5，分离，稀缺如，覆瓦状排列；雄蕊常多数，花丝分离；花粉形态比较一致，长球形至扁球形，常具3～（稀4）孔沟或拟孔沟，外壁往往具条纹状、细网状的雕纹；子房上位或下位，心皮1至数个，分离或联合，每心皮有1至数个倒生胚珠。果实有核果、梨果、瘦果、蓇葖果等。种子无胚乳。染色体：X = 7、8、9、17。

本科有100属，3 000余种，主产北半球温带，我国有51属，1 000余种，全国各地均产。

本科根据心皮数、子房位置和果实的特征分为4个亚科（图8-62）。

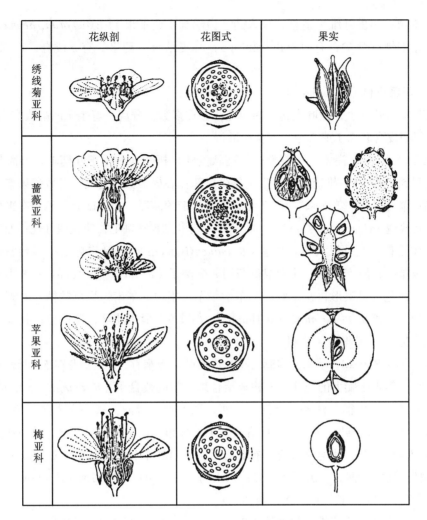

	花纵剖	花图式	果实
绣线菊亚科			
蔷薇亚科			
苹果亚科			
梅亚科			

图 8-62　蔷薇科 4 亚科比较图

亚科 Ⅰ . 绣线菊亚科（Spiraeoideae）

木本。常无托叶，心皮通常 5 个（偶 1～12）分离或基部联合，蓇葖果，少蒴果。

1. 绣线菊属（*Spiraea*）　小灌木，无托叶。花筒浅杯状，伞房花序；萼片、花瓣各 5；雄蕊 15～60；心皮 2～5，分离。蓇葖果。南北各省均产。常栽培，供观赏。光叶绣线菊 [*S. japonica* var. *fortunei*（Planch.）Rehd.]，叶披针形，渐尖，基部圆形，背面灰白色；花红色；产长江流域各省区；庭园栽培。绣球绣线菊（翠兰茶）（*S. blumei* G. Don），叶菱状卵形，3 浅裂，背面灰白色；花白色；我国大部地区均产。中华绣线菊（铁黑汉条）（*S. chinensis* Maxim.），叶两面有毛，分布很广。

2. 珍珠梅属（*Sorbaria*）　奇数羽状复叶，互生。花小，为顶生圆锥花序；花瓣 5；雄蕊 20～50；心皮 5，稍合生。蓇葖果具多数种子。产我国西南部和东北部。华北珍珠梅 [*S. kirilowii*（Regel）Maxim.]，圆锥花序无毛；雄蕊 20；花柱稍侧生；分布在我国北部至东部，常栽培。

野珠兰（*Stephanandra chinensis* Hance），叶缘有重锯齿，锯齿直达尾状的先端；圆锥花序；产长江流域；茎皮纤维可造纸，根入药。白鹃梅（金瓜果）[*Exochorda racemosa*（Lindl.）Rehd.]，叶先端钝或急尖，有时有齿；雄蕊 5；心皮结合；蒴果，有 5 棱脊；产江苏、浙江、江西。

亚科Ⅱ. 蔷薇亚科（Rosoideae）

木本或草本。叶互生，托叶发达。周位花；心皮多数，分离，着生于凹陷或突出的花托上，子房上位，每心皮含胚珠 1 或 2 个。聚合瘦果。

1. 蔷薇属（*Rosa*） 灌木。皮刺发达，羽状复叶，托叶常贴生于叶柄上。萼筒与花托结合成壶状；萼裂 5；花瓣 5；雄蕊多数，生于花筒口部；心皮多数，分离。多数瘦果集于肉质的花筒内，组成一聚合果称"蔷薇果"。广布北温带和热带的高原。我国南北各地均有野生种和栽培种。常见的有玫瑰（*R. rugosa* Thunb.），叶皱缩，茎多皮刺和刺毛，花玫瑰红色；原产华北，各地栽培；花作香料，花及根入药。月季（*R. chinensis* Jacq.），托叶有腺毛；萼有羽状裂片，花大型，少数至单生；原产我国；花和根供药用。金樱子（*R. laevigata* Michx.），3 小叶复叶，光亮；花单生，白色；果梨形，密布刺；广布于华东、华中、华南；果可熬糖、酿酒，根及果入药。多花蔷薇（野蔷薇）（*R. multiflora* Thunb.），小叶 9，伞房花序，花白色；我国广布；花入药，称"白残花"，果及根也供药用。

2. 悬钩子属（*Rubus*） 灌木，多刺。单叶或复叶。萼宿存，5 裂；花瓣 5；雄蕊多数；雌蕊多数，核果小，集生于膨大的花托上，构成聚合果。掌叶覆盆子（*R. chingii* Hu），叶掌状 3～7裂，聚合果红色；产安徽、江苏、浙江、广西；果可食及酿酒，根和果入药。茅莓（红梅消）（*R. parvifolius* L.），3 小叶，钝头，背面有密白毛；分布几遍全国；果生食、熬糖和酿酒；叶及根皮提制栲胶；根、茎、叶均可入药，能舒筋活血，消肿止痛。覆盆子（*R. idaeus* L.），5 小叶复叶，产吉林、辽宁、河北、山西和新疆；果入药，补肾明目。插田泡（*R. coreanus* Miq.），果亦作覆盆子入药，广布于长江中、下游至西北。

本亚科还有多种经济植物，如地榆（*Sanguisorba officinalis* L.），羽状复叶；小叶间有附属小叶，花部 4 基数，短穗状花序，根为收敛止血药。草莓（*Fragaria ananassa* Duch.），原产南美，栽培，聚合果食用。蛇莓[*Duchesnea indica*（Andr.）Focke]，具长匍匐茎，3 小叶复叶，全国广布，全草药用。龙芽草（仙鹤草）（*Agrimonia pilosa* Ledeb.），羽状复叶，小叶大小间杂，花黄色，分布几遍全国；全草入药，为收敛药，并有强壮止泻作用。棣棠花[*Kerria japonica*（L.）DC.]，灌木，枝绿色；叶卵形，重锯齿，尾尖；花黄色，萼裂 5，花瓣 5，雄蕊多数，心皮 5；瘦果；分布在华中、华东至华南；花入药，栽培供观赏。

亚科Ⅲ. 苹果亚科（Maloideae）

木本。有托叶。心皮 2～5，多数与杯状花筒之内壁结合成子房下位，或仅部分结合为子房半下位。每室有胚珠 1 或 2 个。梨果。

1. 梨属（*Pyrus*） 叶近卵形。花柱 2～5 条，离生，果肉有石细胞，果实梨形。沙梨[*P. pyrifolia*（Burm. f.）Nakai]，产长江流域和珠江流域；果食用，并作药用。

2. 苹果属（*Malus*） 叶近椭圆形。花柱基部结合。果肉无石细胞，果实苹果形。苹果（西洋苹果）（*M. pumila* Mill.），萼与花梗有毛，果扁圆形，两端凹，原产欧洲、西亚，我国北部至西南有栽培，果鲜食或加工酿酒。花红（沙果、林檎）（*M. asiatica* Nakai），果扁球形，较小，产于我国北部至西南；果鲜食或加工制果干、果丹皮及酿果酒。垂丝海棠［*M. halliana* Koehne］，果梗细长，花下垂；原产我国西部；栽培供观赏。

本亚科还有枇杷［*Eriobotrya japonica*（Thunb.）Lindl.］，果球形，黄色或橘黄色；产我国长江流域、甘肃、陕西、河南；果食用，叶药用。山楂（*Crataegus pinnatifida* Bunge），果红色，近球形，直径 1～1.5 cm；产我国北部，果鲜食，制果浆、果糕，并可药用。木瓜［*Chaenomeles sinensis*（Thouin）Koehne］，果长椭圆形，暗黄色，木质；产华东至华南；果药用。

亚科Ⅳ. 梅亚科（Prunoideae）

木本。单叶，有托叶，叶基常有腺体。花筒凹陷呈杯状，心皮 1，子房上位，胚珠 2 个，斜挂。核果。内含 1 种子。

1. 李属（*Prunus*）　侧芽单生，顶芽缺，花叶同放，子房和果实光滑无毛。李（*P. salicina* Lindl.），叶倒卵状披针形。花 3 朵同生，白色；果皮有光泽，并有蜡粉，核有皱纹；我国广布；果食用，核仁、根、叶、花、树胶均可药用。

按侧芽数、子房和果实是否被毛、花叶是否同放等特征，桃、杏 2 类植物已从传统的李属（*Prunus*）中分出。

2. 桃属（*Amygdalus*）　侧芽 3，具顶芽，果核常有孔穴。桃（*A. persica* L.）（图 8-63），叶披针形；花单生，红色；果皮被密毡毛，核有凹纹；主产长江流域；果食用，桃仁（胚）、花、树胶、枝、叶均可药用。有蟠桃（*A. persica* var. *compressa* Bean）、垂枝桃、白花碧桃等诸多变种。该属榆叶梅（*A. triloba* Lindl.），叶顶端常 3 裂，叶缘有不等的粗重锯齿；花粉红，先叶开放；产我国东部、北部；栽培供观赏。

3. 杏属（*Armeniaca*）　侧芽单生，顶芽缺。花先叶开放；子房和果实常被短毛。杏（*A. armeniaca* Lam.），叶卵形至近圆形，先端短尖或渐尖；花单生，微红；果杏黄色，微生短柔毛或无毛；核平滑我国广布，果食用，杏仁（胚）入药。梅（*A. mume* Sieb. et Zucc.），叶卵形，长尾尖；花 1～2 朵，白色或红色；果黄色，有短柔毛，核有蜂窝状孔穴；分布全国，果食用，并可入药，花也供药用，木材作

图 8-63　桃

A. 花枝；*B.* 果枝；*C.* 花纵剖；*D.* 雄蕊；*E.* 果核

雕刻、算盘珠等用。

4. 樱属（*Cerasus*）　幼叶对折式，果实无沟，不同于上述 3 属。樱桃［*C. pseudocerasus*（Lindl.）G. Don］，花梗多毛，萼片反折。山樱花［*C. serrulata*（Lindl.）G. Don］，花梗无毛，萼不反折。郁李［*C. japonica*（Thunb.）Lois.］，灌木，叶顶端尾状长尖，基部近圆形。

蔷薇科是一个重要的经济科，许多种果树和花卉都原产我国，相传神农时代已引种野蔷薇。晋代（公元 405 年）以后栽培更为普遍，我国的月季、茶香月季（*R. odorata*）分别于 1789 年和 1810 年传入欧洲，把反复开花的遗传性带到了欧洲，大大改善了当地的月季种质，成为现代月季的鼻祖，到目前月季品种已超两万多个，几乎所有高级的现代月季，都有中国月季的"血统"。我国果树栽培据有文字考证的已有 2 500 多年的历史，桃、李、梅、唐棣、木瓜等，已在《诗经》中提到，汉朝以后又发展了嫁接技术，表明了我国劳动人民无穷的智慧。

本科重点特征　叶互生，常有托叶。花两性，整齐；花托凸隆至凹陷；花部 5 基数，轮状排列；花被与雄蕊常结合成花筒；子房上位，少下位。种子无胚乳。

蔷薇目似起源于木兰目的毛茛科。因为它们都是两性花，异被花，5 基数，花被两轮。通过花萼结合，花被轮状排列，定数，演化为蔷薇目。

二十二、豆目（Fabales）

木本或草本。常有根瘤。单叶或复叶，互生，有托叶，叶枕发达。花两性，5 基数；花萼 5，结合；花瓣 5，辐射对称至两侧对称；雄蕊多数至定数，常 10 个，往往成两体；雌蕊 1 心皮，1 室，含多数胚珠。荚果。种子无胚乳。染色体：X = 5 ~ 14。

本目植物依据花的形状及花瓣排列的方式，可分为 3 个科（图 8-64）。

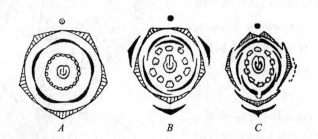

图 8-64　豆目花图式

A. 含羞草科；　*B.* 苏木科（云实科）；　*C.* 蝶形花科

（一）含羞草科（Mimosaceae）　$*K_{(3~6)} C_{3~6, (3~6)} A_{\infty (3~6)} \underline{G}_{1:1}$

木本，稀草本。叶 1 ~ 2 回羽状复叶。花辐射对称，穗状或头状花序；花瓣幼时为镊合状排列；雄蕊多数，稀与花瓣同数；花粉多为复合花粉，复合体为 4 个（即四合花粉）或 4 的倍数（16 或 32），单花粉具 3 孔沟，外壁光滑或具颗粒、瘤等；荚果有的具有次生横隔膜。染色体：X = 8、11 ~ 14。

本科约50属，3000余种，分布于热带和亚热带地区。我国产6属，引种7属，共30余种。

合欢（马缨花）（*Albizia julibrissin* Durazz.）（图8-65），乔木，二回羽状复叶，小叶线状，矩圆形，中脉偏斜；头状花序，萼片、花瓣小，不显著；花丝细长，淡红色；产华东、华南、西南、辽宁等地；栽培作行道树；树皮和花药用。

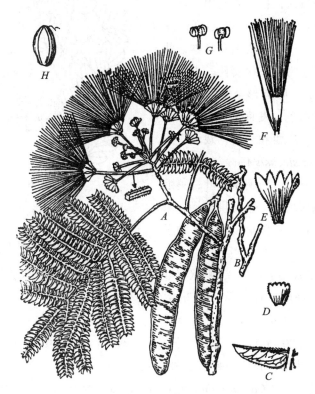

图8-65　合欢
A. 花枝；　*B.* 果枝；　*C.* 小叶；　*D.* 花萼；　*E.* 花冠；　*F.* 雄蕊（花丝下部结合）及雌蕊；　*G.* 花药；　*H.* 种子

含羞草（*Mimosa pudica* L.），二回羽状复叶，羽片2~4个，掌状排列，受到触动即闭合而下垂；萼钟状有8个小齿；花瓣4；雄蕊4；原产美洲，现已归化于热带各地，是我国广东常见的杂草，全草药用。台湾相思（*Acacia confusa* Merr.），乔木，叶片常退化，叶柄扁化成叶状；头状花序腋生，黄色；华南常见，性耐旱，根系有大量根瘤菌，为荒山造林及水土保持的优良树种。

本科重点特征　花辐射对称；花瓣镊合状排列；雄蕊常多数；荚果。

（二）苏木科（云实科）（Caesalpiniaceae）　　$\uparrow K_{(5)} C_5 A_{10} \underline{G}_{1:1}$

木本。花两侧对称；花瓣常成上升覆瓦状排列，即最上方的一花瓣最小，位于最内方；雄蕊10或较少，分离，或各式联合；花粉单粒，扁球形至长球形，具3孔沟，外壁具网状、颗粒状（或瘤状）或条纹——网状雕纹，因种、属而有很大差别。荚果，有的有横隔。染色体：X = 6~14。

本科约 150 属，2 200 种，分布于热带和亚热带。我国 20 属，100 余种。

云实（*Caesalpinia decapetala* Roxb.）（图8-66），有刺灌木，常蔓生；二回羽状复叶；花黄色；产长江以南各省区；根、果药用。紫荆（*Cercis chinensis* Bunge），单叶，圆心形；花紫色簇生，假蝶形花冠；原产我国及日本；栽培供观赏，树皮、花梗为治疮疡要药。羊蹄甲（*Bauhinia purpurea* L.），叶圆形至阔卵形，先端 2 裂；花粉红色或白色，发育雄蕊 5 个；分布于我国福建、广东、广西和云南，栽培作行道树。皂荚（*Gleditsia sinensis* Lam.），落叶乔木，刺圆锥形，常分枝；一回羽状复叶；荚近伸直；我国大部分地区均产；木材供车辆、家具等用；荚果煎汁可代皂；枝刺、荚瓣、种子入药。

本科还有决明（*Cassia tora* L.），羽状复叶具小叶 6 枚；种子近菱形，有光泽，供药用。凤凰木［*Delonix regia*（Bojea）Raf.］，落叶乔木；二回羽状复叶，长 20～60 cm；原产非洲，全世界热带地区常见栽培；我国南部有引种，植为行道树。苏木（苏方）（*Caesalpinia sappan* L.），灌木或乔木，有疏刺，二回羽状复叶；分布于我国南部和西南部；心材红色，可提取红色染料；根可提取黄色染料；干燥的心材供药用。

图 8-66 云实

A. 花枝；B. 花瓣；C. 花萼、雄蕊及雌蕊；D. 雄蕊

本科重点特征 花两侧对称，花瓣上升覆瓦状排列，雄蕊 10 或较少，常分离。荚果。

（三）蝶形花科（Fabaceae，Papilionaceae） $\uparrow K_{(5)} C_5 A_{(9)1, (5)(5), (10), 10} \underline{G}_{(1:1)}$

木本至草本。叶为单叶、3 小叶复叶或一至多回羽状复叶，有托叶和小托叶，叶枕发达。花两侧对称；花萼 5 裂，具萼管；蝶形花冠，花瓣下降覆瓦状排列，即最上方一片为旗瓣，位于最外方；雄蕊 10，常为两体雄蕊，成（9）与 1 或（5）与（5）的两组，也有 10 个全部联成单体雄蕊或全部分离的；花粉的形状、大小及外壁的构造因种、属不同而异，多为长球形，少数近球形至扁球形，多具 3 孔沟，少数为 3 孔或 6 孔，或 3 沟，外壁多具网状雕纹。荚果。染色体：X = 5～13。

本科约 440 属，12 000 种，分布于全世界。我国产 103 属，引种 11 属，共 1 000 余种，全国各地均产。

大豆［*Glycine max*（L.）Merr.］，原产我国，主产东北，为重要的油料作物，世界各地广泛栽培。落花生（*Arachis hypogaea* L.）是著名的油料作物，原产巴西，我国广泛栽培，种子富含脂肪和蛋白质。豌豆（*Pisum sativum* L.）及蚕豆（*Vicia faba* L.）（图8-67）是全世界普遍栽培的豆类作物。其他常见的食用豆类有豇豆［*Vigna unguiculata*（L.）Savi］、菜豆（*Phaseolus vulgaris* L.）、赤豆（*P. angularis* Wight）、绿豆（*P. radiata* L.）、刀豆［*Canavalia gladiata*（Jacq.）DC.］、木豆［*Cajanus cajan*（L.）Millsp.］和扁豆（*Dolichos lablab* L.）。

作牧草和绿肥用的有苜蓿属（*Medicago*）、草木樨属（*Melilotus*）、车轴草属（三叶草属）（*Trifolium*）、野豌豆属（巢菜属）（*Vicia*）、兵豆（*Lens culinaris* Medic.）、百脉根（*Lotus corniculatus* L.）、猪屎豆属（野百合属）（*Crotalaria*）、田菁［*Sesbania cannabina*（Retz.）Poir.］。

作纤维用的有热带产的猪屎豆属，其中以菽麻（太阳麻、印度麻）（*Crotalaria juncea* L.）为最著名，田菁和葛属（*Pueraria*）的茎皮纤维，可代黄麻和作人造棉的原料。

图8-67　蚕豆

A. 植株上部；　B. 旗瓣、翼瓣及龙骨瓣；
C. 除去花冠之花；　D. 荚果；　E. 种子

药用的种类很多，达200种以上，有些是名贵的药材，常见的有甘草（*Glycyrrhiza uralensis* Fisch.），能清热解毒，润肺止咳，调和诸药。蒙古黄耆（膜荚黄耆、蒙古黄芪）（*Astragalus mongholicus* Bunge）的根入药，有滋肾补脾，止汗利水，消肿排脓之效。密花豆（*Spatholobus suberectus* Dunn）和香花崖豆藤（*Millettia dielsiana* Harms ex Diels）的根和藤，中药名鸡血藤，有补血行血，通经活络的效用。此外，还有鱼藤（*Derris trifoliata* Lour.）、鸡骨草（*Abrus cantoniensis* Hance）、补骨脂（破故纸）（*Psoralea corylifolia* L.）、苦参（*Sophora flavescens* Ait.）、槐（*Sophora japonica* L.）等多种。

作染料的有木蓝（*Indigofera tinctoria* L.），广植于世界各地。作观赏的有锦鸡儿属（*Caragana* spp.）、香豌豆属（*Lathyrus*）、紫藤属（*Wisteria*）、刺桐属（*Erythrina*）、刺槐（*Robinia pseudoacacia* L.）等多种。

材用的有紫檀（*Pterocarpus indicus* Willd.），心材红棕色，可供制乐器，优质家具，俗称"红木"。还有花榈木（*Ormosia henryi* Prain）、黄檀（*Dalbergia hupeana* Hance）等均为优良的材用树种。

黄檀又是放养紫胶虫的优良宿主。田菁的胚乳含有胶质，用于开采石油时的压裂液中，可提高油井喷油量几倍至十几倍。

本科重点特征 花两侧对称；花瓣下降覆瓦状排列；雄蕊 10，常结合成两体或单体。荚果。

许多分类学家曾将含羞草科、苏木科、蝶形花科 3 科作亚科处理，放在豆科（Leguminosae）中，置于蔷薇目下。不论哪一种处理，都承认这 3 个科或亚科是一个以荚果联系起来的自然群，克朗奎斯特倾向于按照被子植物分科的习惯界限，处理成 3 个科，就像十字花科与白花菜科；伞形科（Apiaceae）与五加科；夹竹桃科与萝藦科等亲缘关系密切的类群各自独立为科一样。

本目的演化趋势是雄蕊群由不定数到定数，由分离到结合，花冠由整齐趋向不整齐。

豆目的化石发现甚早，含羞草科发现于白垩纪和第三纪的北美洲和欧洲，苏木科亦见于上白垩纪的非洲，蝶形花科的黄檀属（*Dalbergia*）见于上白垩纪的格陵兰，由此可见，豆目的 3 个科，在上白垩纪已分化出来，第三纪以后科、属不断加多，如决明属、槐属、刺槐属、紫荆属、猴耳环属（围涎树属，*Pithecellobium*）、皂荚属、香槐属（*Cladrastis*）等，皆为木本类型，以后又逐渐演化出草本类型，如甘草属、扁豆属、苜蓿属。目前热带豆科仍以木本的含羞草科和苏木科为主，而温带地区则以草本的蝶形花科为主。

豆目起源于蔷薇科的梅亚科，或者和梅亚科有一共同的祖先。由单一的心皮演化为荚果，但还保留着结合的萼筒、发达的托叶和 5 基数、轮状排列的花。在含羞草科中，花为辐射对称，雄蕊多数、分离，但已有一定的分化，如雄蕊有时定数，有一定的结合；在苏木科，受昆虫传粉的选择，其雄蕊变为不整齐，花瓣开始有分化，终于形成紫荆属那样的假蝶形花冠，但旗瓣隐于内方，雄蕊仍分离。蝶形花冠是进一步向虫媒方向演化的结果：旗瓣的作用加强了，大而显著，突出于外上方，龙骨瓣也结合，使雌、雄蕊往往当昆虫到达时才露出，雄蕊也以（9）与 1，（5）与（5），或成单体方式结合，花瓣的屈曲和胼胝体的存在，使它能在承受昆虫压力变形以后，回复到原来的位置。荚果的胚珠有多数，也有少数，甚至简化到 1 个。

二十三、桃金娘目（Myrtales）

木本，稀草本。单叶，全缘，常对生，无托叶。茎内常有双韧维管束。花两性，整齐，5 或 4 基数，稀 6 基数（千屈菜科）；雄蕊 2 倍于花瓣，成 2 轮，与花瓣同数或多数；雌蕊群常减少，子房多室至 1 室，花柱 1，柱头头状，子房由上位至下位，胚珠 1 至多数，中轴胎座，胚乳存在或缺。

本目包括桃金娘科、千屈菜科（Lythraceae）、瑞香科（Thymelaeaceae）、菱科（Trapaceae）、安石榴科（Punicaceae）、柳叶菜科（Onagraceae）、野牡丹科（Melastomataceae）、使君子科（Combretaceae）等 12 个科。

桃金娘科（Myrtaceae） $*K_{(3\sim\infty)} C_{4\sim5} A_\infty \overline{G}_{(2\sim5\,:\,2\sim5)}$

常绿木本。单叶，全缘，革质，对生或轮生，具透明油点，无托叶。花两性，辐射对称；萼 3 至多裂，萼筒略与子房合生；花瓣 4~5，着生于花盘边缘。或与萼片连成一帽状体；雄蕊多数，在芽内曲折或内卷，花丝分离或连成管状或成簇与花瓣对生，药隔顶端常有 1 个腺体，常有不具花药的雄蕊；子房下位，1 至多室，中轴胎座，稀侧膜胎座，胚珠多数。浆果、核果，或蒴果。种子无胚乳，胚直生。染色体：X = 6~9，多为 11。

本科有 100 属，3 000 种，分布于热带和亚热带地区，主产于美洲和大洋洲。我国原产 8 属，67 种，引种 5 属，69 种。

桉属（*Eucalyptus*）　叶有边脉，有香气。萼片和花瓣合成帽状体。原产大洋洲，多为高大乔木。我国引种桉树约有 80 多年的历史，80 余种。常见的有桉（大叶桉）（*E. robusta* Sm.），叶卵状披针形。细叶桉（*E. tereticornis*, Sm.），树皮光滑灰白色或淡红色，叶狭长披针形。蓝桉（*E. globulus* Labill.），树干灰蓝白色，叶披针形；苗枝上叶对生，无柄，心形，蓝白色；新枝上叶披针形，互生。桉树木材耐腐可作枕木，桥梁等用；枝叶可提取各种不同的桉油，油的主要成分包括桉叶醇、蒎烯、香草醛、松油烃等，在工业、医药和选矿上有很高的经济价值。我国目前用于大量生产精油的有窿缘桉（*E. exserta* F. V. Muell.）、柠檬桉（*E. citriodora* Hook, f.）、赤桉（*E. camaldulensis* Dehnh.）、蓝桉等。

蒲桃［*Syzygium jambos*（L.）Alston］，乔木，叶对生，长椭圆状披针形；浆果核果状，球形或卵形，可生食或作蜜饯；为良好的防风固沙植物和观赏植物，产广东、广西、云南。桃金娘（岗稔）（*Rhodomyrtus tomentosa*（Ait.）Hassk.），叶椭圆形，革质，离基 3 出脉；果可食用、药用和酿酒，产我国南部。番石榴（*Psidium guajava* L.），原产美洲，我国南部栽培，有时逸为野生；浆果香甜，富含维生素 C；叶含芳香油，能健胃；树皮亦入药。白千层（*Melaleuca leucadendron* L.），大乔木，树皮灰白色，厚而疏松，薄片状剥落；叶狭椭圆形；花乳白色；蒴果半球形；原产澳大利亚；我国南部栽培作行道树；叶可提取芳香油，供药用及工业用。

本科重点特征　常绿木本，单叶，全缘，革质，对生或轮生，具透明油点。花两性，5 基数，子房下位，中轴胎座。

在本目中，桃金娘科的化石发现于白垩纪，千屈菜科见于老第三纪和新第三纪，瑞香科的瑞香属（*Daphne*）见于上渐新世。由此可见桃金娘目至少起源于上白垩纪，而在第三纪时就进行了多方面的演化，它是从蔷薇目发出的一个独立分支，它和蔷薇目有很多共同之处，如凹陷的花托，两重花被，5 基数的整齐两性花，多数分离的雄蕊，大多数无胚乳。桃金娘目是通过油腺的发达，萼筒进一步加深，并与子房结合形成子房下位，中轴胎座，以及花部由 5 基数变为 4 基数演化而来，同时花柱亦合而为一，雄蕊由多数趋于定数，往往两轮，这种雄蕊的退化似乎是异花传粉的结果。

二十四、红树目（Rhizophorales）

本目仅红树科一科，形态特征同科。

红树科（Rhizophoraceae）　$K_{4\sim16} C_{3\sim16} A_{8\sim\infty} \overline{G}_{(2\sim6)}$

常绿灌木或乔木。单叶对生，托叶早落，稀互生而无托叶，革质。花两性，整齐，单生或丛生于叶腋，或为聚伞花序；萼片 4～16，基部结合成筒状；花瓣与萼片同数；雄蕊与花瓣同数或 2 倍或无定数，常与花瓣对生；子房下位或半下位，2～6 室，稀 1 室，每室常有 2 个胚珠。果革质或肉质，通常不开裂，很少为蒴果；生于海滩的红树类树种，果实成熟后，种子在母树上即发芽，至幼苗长大后始坠入海滩淤泥中繁殖，为典型的"胎生植物"；生于山区的种类，种子有胚乳，不能在母树上发芽。染色体：X = 8、9。

　　本科约有 16 属，120 种，分布于东南亚、非洲及美洲热带地区，有若干属植物，生长于热带潮水所及的海滨泥滩上，常与海桑科（Sonneratiaceae）、马鞭草科（Verbenaceae）等植物组成红树林。我国有 6 属，13 种，1 变种，产西南至东南部，以华南沿海为多。

　　红树属（*Rhizophora*） 叶交互对生，革质；托叶披针形。萼 4 裂；花瓣 4，全缘；雄蕊 8 ~ 12；子房半下位，2 室（图 8-68）。果下垂围有宿存、外反的萼片。种子于果离母树前发芽，胚轴突出果外成长棒状。红树（*R. apiculata* Bl.）（图 8-69），产海南省；生于海岸潮水所及的泥滩上，当潮涨时，没入水中，有海中森林之观；为海岸防浪护堤树种。

图 8-68 红树属花图式

图 8-69 红树
A. 枝； B. 花序； C. 果和胚轴； D. 幼苗

　　本科重点特征 叶革质。雄蕊多数；花药 2 室或多室；子房每室常有 2 个胚珠；胚有绿色子叶，屡见果实尚留母树时，种子即在果实内发芽。

　　关于红树科的适当分类位置，还存在一些难题。传统的分类将它归入桃金娘目，可是桃金娘目几乎都具有红树科所缺少的内生韧皮部，托叶不发达或缺如，种子通常无胚乳或具少量胚乳，几乎都具单穿孔导管；而红树科有大型生于叶柄间的托叶，种子胚乳发达，大多数具梯纹导管。此外，桃金娘目含生物碱较少，而红树科中所含的生物碱是桃金娘目中所没有的。因此，将红树科列入桃金娘目似乎是不合适的。最近克朗奎斯特在他修订了的分类系统中，将红树科独立成为红树目。

二十五、檀香目（Santalales）

　　草本或木本，常寄生或半寄生。叶互生或对生，或退化。花两性或单性，花被一种，稀具花冠；雄蕊通常和花被片同数，对生；雌蕊由 2~5 心皮合成；子房上位至下位，常 1 室。核果、浆果或坚果状，稀为蒴果状；种子具丰富胚乳。

本目包含铁青树科（Olacaceae）、檀香科、桑寄生科、槲寄生科、蛇菰科（Balanophoraceae）等 10 科。

（一）桑寄生科（Loranthaceae） $P_{4~6} A_6 \overline{G}_{(3~4)}$

寄生或半寄生灌木，大多数生于木本植物的茎上，由变态的吸根伸入宿主植物的枝条中。叶对生或轮生，稀互生，常厚而革质，全缘，有时退化为鳞片状，无托叶。花两性或单性，整齐或稍不整齐，具苞片或有小苞片；花托贴生于子房；副萼环状，全缘或具齿；花被片 4~6，偶 3 或 9，花瓣状，镊合状排列，分离或下部合生成管；雄蕊与花被片同数对生，花丝短，花药 1、2、4 室；花粉粒通常 3 裂或三角形，很少球形，2 核，具 3（稀 4）萌发孔；子房下位，通常 1 室，不形成胚珠，仅具造孢细胞。果实和萼筒结合，成浆果状的假果或核果状果；种子常 1 颗，无种皮，具胚乳，周围常有一层很黏稠的雀胶液（$C_{10}H_{24}O_4$）物质，为利用鸟类传播的植物。染色体：X = 8~12。

图 8-70　桑寄生

本科 60~70 属，700 种，主要分布于南半球的热带和亚热带。我国有 7 属，约 40 余种，广布于南、北各省，但以南部为最盛。

钝果寄生属（*Taxillus*）　花 4 基数，花冠两侧对称；果卵圆形或椭圆形；基部钝圆。桑寄生［*T. chinensis*（DC.）Danser］（图 8-70），常绿寄生小灌木，常寄生于山茶科、壳斗科、榆科等的树上；叶厚纸质，除嫩叶外，均无毛；花序通常具 2 朵花；花冠长约 2.5 cm，裂片匙形；分布于福建、广东和广西；带叶茎枝供药用。毛叶寄生［*T. nigrans*（Hance）Danser］，分布于华南、西南、华东及陕西等地；功用同桑寄生。

本科重点特征　通常为寄生或半寄生习性，花两性（稀单性），具副萼，花被花瓣状，杯状花托，下位子房。

（二）槲寄生科（Viscaceae）　♂：$P_{2~4}A_{2~4}$　♀：$P_3\overline{G}_{(3~4:1)}$

半寄生灌木，由吸根附着于乔木的枝条上。叶常对生，多少具有平行脉。花的构造严格地说为单性花，不具副萼，花被萼片状，通常淡绿色或黄色；花被片 2~4；雄花的雄蕊与花被片同数而对生，花丝极短；花粉粒多为球形，2 核或 3 核，具 3 萌发孔；雌蕊由 3~4 心皮结合而成；子房下位，1 室。果为浆果状。染色体：X = 10~15。

本科 7~8 属，350 种，广布于世界各地，主产热带地区。我国有 3 属，约 14 种，主要分布于南部各省，少数见于北部。

槲寄生属（*Viscum*） 花单性，雌雄同株或异株；花被小。槲寄生［*V. coloratum*（Komar.）Nakai］，叶肥厚，长椭圆形或椭圆状披针形，主脉 5 出，中间 3 条显著；果圆形，淡黄色或橙红色；寄生于槲、榆、桦、柳、桐、桑、柿、梨、麻栎等树上；分布于东北、华北、华中等地区；茎叶供药用。

檀香目在系统演化上学者多认为与卫矛目和鼠李目有关系，也有人提出可能与山龙眼目（Proteales）有联系。

二十六、卫矛目（Celastrales）

木本，稀为草本。单叶，对生或互生。花大多数较小，两性，稀单性，通常 4~5 基数；花盘存在或缺；雌蕊由 2 至数枚心皮结合而成；子房上位，稀为子房下位。果实为蒴果、核果、浆果或翅果。

本目包含卫矛科、翅子藤科（Hippocrateaceae）、刺茉莉科（Salvadoraceae）、冬青科、茶茱萸科（Icacinaceae）等 11 科。

（一）卫矛科（Celastraceae）　　$*K_{4~5} C_{4~5} A_{4~5} \underline{G}_{(2~5:1~5:2)}$

灌木或乔木，有时蔓生。单叶，互生或对生。花两性或单性，小型，整齐，常带绿色，成腋生或顶生聚伞花序，有时单生；花部 4~5 基数，稀更多；雄蕊 4~5；花粉通常为扁球形或近球形，2 核或 3 核，具 3 孔沟或有时 3 孔；花盘显著；子房上位，与花盘分离或联合，1~5 室，每室常有 2 胚珠，花柱短，柱头 2~5 裂（图 8-71）。果为蒴果、浆果、翅果或核果；种子常有鲜艳色彩的假种皮，具胚乳。染色体：X = 8、12、16、23、40。

图 8-71 卫矛科花图式

本科约 50 属，800 种，分布于热带和温带地区。我国有 12 属，180 种，全国均有分布。

卫矛属（*Euonymus*） 小枝常四棱形。叶对生。花瓣分离；花盘肉质平坦。蒴果，3~5 裂。约 200 种，我国约有 100 余种。卫矛［*E. alatus*（Thunb.）Sieb.］，枝常有翅，2~4 列；花淡绿色，聚伞花序有 3~9 花；蒴果 4 深裂；假种皮橙红色；长江中、下游各省及河北、辽宁、吉林广布；枝上的木栓翅为活血破瘀药。白杜（丝棉木）（*E. bungeanus* Maxim.）（图 8-72），叶宽卵形至椭圆状卵形，边缘细锯齿常较深而锐；叶柄细长；枝无栓翅；聚伞花序有 3~7 花；花药紫色；蒴果粉红色；产我国南、北各地，以至东北辽宁；树皮与根入药。

本科常见的经济植物尚有南蛇藤（*Celastrus orbiculatus* Thunb.），藤状灌木，小枝具皮孔；叶互生；花 5 基数；蒴果黄色；根、茎、叶、果入药。雷公藤（*Tripterygium wilfordii* Hook. f.），藤本灌木，小枝有 4~6 棱，密生瘤状皮孔及锈色短柔毛；花杂性，5 基数；果实具 3 片膜质翅；根、茎、叶有毒，为著名杀虫药。美登木（*Maytenus hookeri* Loes.），无刺灌木；叶宽卵圆形或倒卵形，叶脉两面突起；花白绿色；蒴果倒卵形，种子基部有浅杯状淡黄色假种皮；产云南；

图 8-72 白杜

A. 花枝； *B.* 果枝； *C.* 花芽； *D.* 花药； *E.* 花去萼和花瓣后，示雄蕊； *F.* 蒴果； *G.* 种子

亦供药用。

本科重点特征　多为木本，单叶。花小，淡绿色，聚伞花序，子房常为花盘所绕或多少陷入其中，雄蕊位于花盘之上或其边缘，或在花盘下方。种子常有肉质假种皮。

（二）冬青科（Aquifoliaceae）　　♂：$K_{3\sim6}C_{4\sim5}A_{4\sim5}$　　♀：$K_{3\sim6}C_{4\sim5}\underline{G}_{(2\sim6)}$

乔木或灌木，多常绿。单叶互生。花单性，雌雄异株，或杂性，小型，整齐；聚伞花序或簇生于叶腋，稀单生；花萼3～6裂，常宿存；花瓣4～5，分离或于基部合生；雄蕊与花瓣同数；花粉长球形至近球形，2核，具3～4孔沟，外壁具明显的瘤状或棒状雕纹；无花盘；子房上位，3至多室，每室有1～2颗悬垂胚珠（图8-73）。核果，由3至多个分核所组成，每一分核有1个种子，胚乳丰富，胚小，位于胚乳的顶端。染色体：$X = 9$、10、18、20。

图 8-73　冬青科花图式

本科有 4 属，400 种，分布于东、西两半球的热带和温带。我国有 1 属，约 140 余种，广布于长江以南各省区和台湾省。

冬青属（*Ilex*）　常生长为常绿阔叶林中的小乔木或林下灌木。花雌雄异株或杂性株；萼裂片、花瓣及雄蕊常 4 数。果为浆果状核果。冬青（*I. purpurea* Hassk.）（图 8-74），常绿乔木；叶缘有疏生的浅圆锯齿，无毛；花淡红紫色；根皮、叶及种子入药。毛冬青（*I. pubescens* Hook. et Arn.），常绿灌木；分枝近四棱形，密被粗毛；叶密生短毛；花粉红或白色；分布于我国南部各省区；根含有效成分为黄酮苷，药用有特效。铁冬青（*I. rotunda* Thunb.），树皮含冬青苷 A 和 B，药用。枸骨（*I. cornuta* Lindl.），产长江中、下游各省；叶、果实是滋补强壮药。

本科重点特征　木本。托叶小或缺。花单性异株，或杂性，常簇生或成聚伞花序，生于叶腋，无花盘。

卫矛目可能来自蔷薇目，并与鼠李目平行发展。

图 8-74　冬青

A. 果枝；　*B*. 雄花枝；　*C*. 雄花；　*D*. 核果

二十七、大戟目（Euphorbiales）

木本，少数为草本。单叶，有时为复叶。花单性，通常较小，常无花瓣；雄蕊多数至 1 个；

花盘存在或缺如；雌蕊由 2 ~ 5（稀多数）心皮合成；子房上位，多室，常 3 室，胚珠每室 1 ~ 2。种子有丰富的胚乳。

本目包含黄杨科（Buxaceae）、大戟科等 4 科。

大戟科（Euphorbiaceae） * ♂：$K_{0~5} C_{0~5} A_{1~\infty}$ ♀：$K_{0~5} C_{0~5} \underline{G}_{(3:3:1~2)}$

乔木、灌木或草本，常含乳状汁。具各种不同习性，偶有似仙人掌科或石楠型植物。单叶，稀为复叶，互生，有时对生，具托叶。花序为聚伞花序、杯状花序，或总状花序和穗状花序；花单性，双被、单被或无花被；有花盘或腺体；雄蕊 5 至多数，有时较少或只有 1 个，花丝分离或合生；花粉大多数为长球形，少数为球形或扁球形，2 ~ 3 核，有很多不同类型，但大多数为 3 孔沟，有时具特殊的散孔类型，称为 crotonoid（来自巴豆属 Croton），花粉外壁多具网状雕纹或颗粒状雕纹；子房上位，常 3 室，每室有 1 ~ 2 个悬垂胚珠（图 8-75）。蒴果，少数为浆果或核果；种子有胚乳。染色体：X = 6 ~ 11、12。

本科约 300 属，8 000 种，广布全世界，主产热带。我国约有 66 属，360 余种，主产长江流域以南各省区。

本科是一个热带性大科，多为橡胶、油料、药材、鞣料、淀粉、观赏及用材等经济植物，具有重要的经济价值。有些种类有毒，可制土农药。

1. 油桐属（*Vernicia*） 乔木，含乳状汁。叶全缘，或 3 ~ 7 裂；叶柄长，近顶端具 2 腺体。圆锥状聚伞花序，花雌雄同株；萼 2 ~ 3 裂；花瓣 5；雄花有雄蕊 8 ~ 20；雌花子房 3 ~ 5 室。核果大形。种子富含油质。油桐〔*V. fordii*（Hemsl.）Airy-Shaw〕（图 8-76），叶卵状或卵状心形；花白色，有黄红色条纹；果皮平滑；分布在淮河流域以南，主产地是四川、湖南、江西、湖北、贵州、云南、广西和广

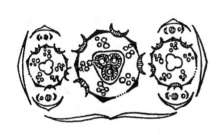

图 8-75　大戟属花序花图式

图 8-76　油桐

A. 花枝；*B.* 雄花的内部；*C.* 雌花的内部；*D.* 子房的横切；

E. 果枝；*F.* 种子

东；种仁含油量 46%～70%，榨出的油称为桐油。桐油是我国闻名世界的特产，产量占世界总产量 70%，油的性能极好，是油漆及涂料工业的重要原料。木油桐（千年桐）（*V. montana* Lour.），叶常 3～5 裂；果实具 3 条锐棱和多数凸出的网纹；主产于珠江流域；种子亦可榨油，但质量较差。

2. 蓖麻属（*Ricinus*） 仅有蓖麻（*R. communis* L.）（图 8-77）1 种。一年生草本（在热带地区成小乔木状）。单叶，掌状 5～11 裂。花单性同株，无花瓣；雄花具多数雄蕊，花丝多分枝；雌花子房 3 室。蒴果有软刺。种子有明显的种阜，种皮光滑有斑纹。原产非洲，我国各地均有栽培。种子含油率为 69%～73%，供工业和医药上用；叶可饲养蓖麻蚕。

3. 乌桕属（*Triadica*） 乔木或灌木，有乳状汁液。叶柄顶端有 2 腺体。花单性同株，无花瓣。蒴果。常见的有乌桕［*T. sebifera*（L.）Small］，落叶乔木，叶近菱形或菱状卵形；蒴果近球形；种子黑色，外被白蜡层；产秦岭、淮河流域以南各省；为我国南方重要工业油料植物，已有

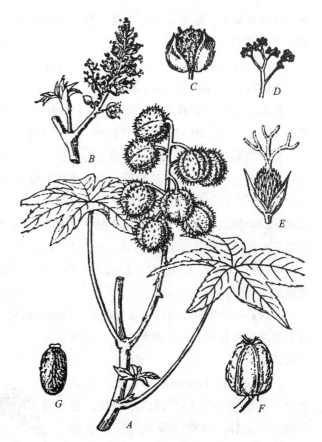

图 8-77 蓖麻
A. 果期植株上部；B. 圆锥花序；C. 雄花；D. 雄花的花丝分枝；E. 雌花；F. 无刺的蒴果；G. 种子

千余年的栽培历史；种子蜡层为制造蜡烛和肥皂原料；木材供制家具、农具。

4. 橡胶树属（*Hevea*） 高大乔木，有乳状汁。三出复叶；叶柄顶端有腺体。花小，单性同株，成圆锥状聚伞花序；萼 5 齿裂，无花瓣。蒴果。橡胶树（*H. brasiliensis* Muell.–Arg.）（图 8-78）为最优良的橡胶植物，原产巴西，我国台湾、海南、云南有栽培。

5. 大戟属（*Euphorbia*） 草质、木质或无叶的肉质植物，有乳状汁。叶互生或对生。花序为杯状的聚伞花序，外观似一朵花，外面围以绿色杯状的总苞，有 4～5 个萼状裂片，裂片和肥厚肉质的腺体互生；内面含有多数或少数雄花和 1 雌花；花单性，无花被；雄花仅具 1 雄蕊，花丝和花柄间有关节；雌花单生于杯状花序的中央而突出于外，由 1 个 3 心皮雌蕊所组成，子房 3 室，每室有 1 胚珠，花柱 3，上部每个再分为 2 叉。蒴果。约 2 000 种，分布于亚热带及温带地区。我国有 60 种以上。泽漆（*E. helioscopia* L.）（图 8-79），草本；叶倒卵形或匙形；茎顶端具 5 片轮生叶状苞；多歧聚伞花序顶生；蒴果无毛；除新疆、西藏外，分布几遍全国；全草入药。大戟（*E. pekinensis* Rupr.），叶长圆形以至长椭圆形或近于披针形；蒴果表面具疣状凸起；分布于我国南、北各地，根入药。一品红（*E. pulcherrima* Willd.），灌木，上部之叶较狭，开花

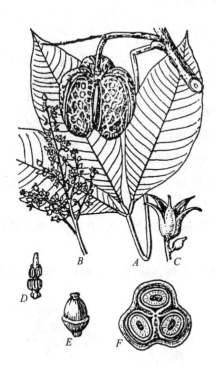

图 8-78　橡胶树

A. 果枝；　B. 花序的一部分；　C. 雄花；　D. 雄花去花
被，示雄蕊；　E. 雌花去花被，示雌蕊；　F. 子房横切面

图 8-79　泽漆

A. 植株；　B. 杯状花序；　C. 杯状花序纵剖面

时朱红色，甚美丽；原产墨西哥一带；常栽培供观赏。

　　本科包含有多种重要植物，除上述属种外，尚有木薯（*Manihot esculenta* Crantz），块根肉质，含大量淀粉，可作粮食或工业用原料；但含氰酸，食前必须浸水去毒；原产巴西，我国南方有栽培。巴豆（*Croton tiglium* L.），种子含巴豆油及蛋白质（包含有毒蛋白及巴豆毒素），均有剧毒，为强烈泻剂。白背叶［*Mallotus apelta*（Lour.）Muell. -Arg.］，种子含干性油，可作桐油的代用品；根、叶药用。

　　本科重点特征　有时含乳状汁。单性花；子房上位，常 3 室，中轴胎座，胚珠悬垂。

　　大戟科的营养体和化学特征以及花粉形态，在同一科内有很大差别。因此，它的系统位置，学者有不同的意见，在恩格勒植物分科纲要（第 12 版）中，本科列入牻牛儿苗目，塔赫他间的系统，大戟目与锦葵目接近，同列入五桠果亚纲（Dilleniidae）。克朗奎斯特认为，大戟目来源于卫矛目，共属于蔷薇亚纲（Rosidae）。

二十八、鼠李目（Rhamnales）

　　常为木本或藤本。单叶，少数为复叶，互生，偶对生。花两性或单性，整齐，萼片与花瓣同数，雄蕊一轮与花瓣对生；花盘围绕子房，子房2~5室，每室1~2个胚珠。种子有胚乳。

本目包含鼠李科、火筒树科（Leeaceae）和葡萄科3个科。

（一）鼠李科（Rhamnaceae）　　*$K_{4~5}$ $C_{4~5,0}$ $A_{4~5}$ $\underline{G}_{(2~4)}$

乔木或灌木，直立或蔓生，偶有草本，常具刺。单叶，常互生，叶脉显著，常有托叶。花小，两性，稀单性，辐射对称，多排成聚伞花序；萼4~5裂；花瓣4~5或缺；雄蕊4~5，与花瓣对生；花粉近球形至扁球形，极面观为钝三角形，具3孔沟，外壁层次不清，表面为较模糊的细网状雕纹；花盘肉质；子房上位或一部分埋藏于花盘内，2~4室，每室有1胚珠，花柱2~4裂（图8-80）。果实为核果、蒴果或翅果状。染色体：X = 10、11、12、13。

图8-80　鼠李科花图式

本科约55属，900种，分布于温带及热带。我国有14属，133种，32个变种，南北均有分布，主产长江以南地区。

枣（*Ziziphus jujuba* Mill.）（图8-81），乔木；小枝有细长刺，刺直立或钩状；单叶，具基出三脉；聚伞花序腋生；花小，黄绿色；核果大，熟时深红色，核两端锐尖；我国特产，主产区是河北、山西、山东、陕西、甘肃、河南等省；现全国各地广为种植；果味甜，供食用，有滋补强壮之效；干果、根和树皮入药。酸枣（一名棘）（*Z. jujuba* var. *spinosa* Hu），多刺灌木；核果味酸，核先端圆钝；产华北，中南各省也有。枳椇（北拐枣）（*Hovenia acerba* Lindl.），落叶乔木；叶宽卵形，三出脉；核果球形，果柄肉质，扭曲，红褐色；果实入药；肥厚肉质果柄含糖，味甜可生食和酿酒。冻绿（*Rhamnus utilis* Decne.），小枝顶端针刺状；花单性，4基数；核果球形，2核；果实和叶可提制绿色染料。多花勾儿茶（*Berchemia floribunda* Brongn.），攀缘灌木，叶有侧脉8~12对，圆锥花序顶生，栽培供观赏。

本科重点特征　单叶，不分裂，花周位，雄蕊和花瓣对生，花瓣常凹形，胚珠基生。

图8-81　枣

A. 枝条；*B.* 果枝；*C.* 花；*D.* 雄蕊和花瓣

（二）**葡萄科**（Vitaceae，Ampelidaceae） $*K_{4\sim5} C_{4\sim5} A_{4\sim5} \underline{G}_{(2)}$

藤本或草本，常借卷须攀缘。单叶或复叶。花两性或单性异株，或为杂性，整齐，排成聚伞花序或圆锥花序，常与叶对生，花萼4~5齿裂，细小；花瓣4~5，镊合状排列，分离或顶部粘合成帽状；雄蕊4~5，着生在下位花盘基部，与花瓣对生；花粉长球形至近球形，2~3核，具3孔沟，外壁两层，表面往往具网状雕纹；花盘环形；子房上位，通常2心皮组成，2~6室，每室有1~2个胚珠（图8-82）。果为浆果，种子有胚乳。染色体：X = 11~14、16、19、20。

图8-82　葡萄科花图式

本科约12属，700余种，多分布于热带至温带地区。我国有8属，112种，南北均有分布，多数分布于长江以南各省区。

葡萄（*Vitis vinifera* L.）（图8-83），落叶木质藤本，茎皮成片状剥落，髓褐色；叶近圆形或卵形，3~5裂，基部心形；花瓣粘合成帽状脱落；圆锥花序；果除生食外，还可制葡萄干或酿酒；酿酒后的皮渣可提取酒石酸；根和藤可药用。蛇葡萄［*Ampelopsis glandulosa*］，落叶木质藤本，髓白色；花瓣展开；聚伞花序；根皮入药。

本科重点特征　具有攀缘体态；茎常为合轴生长，有卷须。花序多与叶对生；雄蕊与花瓣对

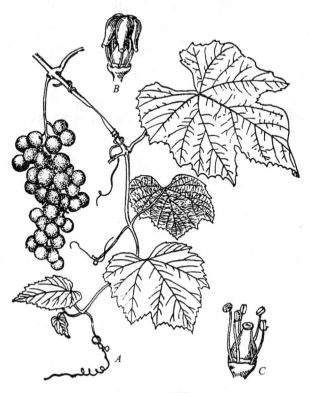

图8-83　葡萄
A. 果枝；　*B*. 将开放的花；　*C*. 花冠脱落后见雌、雄蕊和花盘

生；子房常 2 室，具中轴胎座。浆果。

本目中火筒树科与葡萄科的关系更为密切。鼠李目起源于蔷薇目，很可能与卫矛目来自一个具外轮对萼雄蕊的（diplostemonous）共同祖先，由于外轮雄蕊消失而形成雄蕊对瓣的鼠李目，和由于对瓣雄蕊的消失而形成卫矛目。此外，根据血清学的亲缘关系研究，也表明了鼠李科和卫矛科的紧密关系。

二十九、无患子目（Sapindales）

木本，稀为草本。叶互生、对生或轮生，复叶或单叶。花两性或单性，辐射对称，少数为两侧对称，异被，通常 4~5 基数；雄蕊多为 8 或 10，2 轮，稀为 4~5 或更多；花盘常存在；雌蕊常由 2~5 枚心皮组成；子房上位，每室 1~2 个胚珠，稀多数。

本目包含省沽油科（Staphyleaceae）、无患子科、七叶树科（Hippocastanaceae）、槭树科、橄榄科（Burseraceae）、漆树科、苦木科（Simaroubaceae）、楝科（Meliaceae）、芸香科、蒺藜科等 15 科。

（一）无患子科（Sapindaceae）　　*↑$K_{4\sim5}$ $C_{4\sim5}$ $A_{8\sim10}$ $\underline{G}_{(3)}$

乔木或灌木，稀为攀缘状草本。叶互生，通常羽状复叶，稀单叶或掌状复叶；无托叶。花两性、单性或杂性，辐射对称或两侧对称，常成总状花序，圆锥花序或聚伞花序；萼片 4~5；花瓣 4~5，有时缺；花盘发达；雄蕊 8~10，2 列；花粉扁球形，少数为近球形或长球形，极面观为三角形，赤道面观为椭圆形至圆形，2 核，多数具 3（稀 4）孔沟，少数仅具 3 孔，多数花粉外壁具网状或条纹状雕纹；子房上位，通常 3 室，稀更少或更多室，每室有 1~2 个胚珠。果实为蒴果、核果、浆果、坚果或翅果。种子无胚乳。间有假种皮。染色体：X = 11、15、16。

本科约 150 属，2 000 种，广布热带和亚热带。我国有 25 属，53 种，主要分布于长江以南各省区。

无患子（Sapindus saponaria L.）（图 8-84），乔木，羽状复叶，圆锥花序，果实常由 1 个分果（偶 2 分果）所成；产长江以南各省及台湾、湖北西部；根和果均入药；种子可榨油；果皮含无患子皂素，可为肥皂的代用品。

龙眼（Dimocarpus longan Lour.），幼枝生锈色柔毛，有花瓣，果实初有疣状突起，后变光滑；假种皮白色，多肉质，味甜；产台湾、福建、广东、广西、四川；果食用，并为滋补品。荔枝（Litchi chinensis Sonn.），小枝有白色小斑点和微柔毛，无花瓣，果实有小瘤状突起，种子为白色、肉质、多汁而味甜的假种皮所包，产福建、广东、广西及云南东南部，四川、台湾有栽培；假种皮食用。特产于我国北部的文冠果（Xanthoceras sorbifolium Bunge），落叶灌木和小乔木，奇数羽状复叶；花杂性；圆锥花序；种子油供食用或工业用。

本科重要特征　通常羽状复叶。花小，常杂性异株；花瓣内侧基脚常有毛或鳞片；花盘发达，位于雄蕊的外方，具典型 3 心皮子房。种子常具假种皮，无胚乳。

图 8-84　无患子

A. 果枝；　*B.* 花序的一部分；　*C.* 花；　*D.* 花萼；　*E.* 花瓣；　*F.* 花盘、雄蕊及雌蕊；　*G.* 雌蕊

（二）槭树科（Aceraceae）　$*K_{4\sim5} C_{4\sim5} A_{8,4,10} \underline{G}_{(2)}$

乔木或灌木。叶对生，单叶，掌叶裂或为羽状复叶。花两性或单性，雄花与两性花同株或雌雄异株，整齐，排成总状、伞房或圆锥花序；萼片与花瓣 4～5，稀无花瓣；花盘位于雄蕊内侧或外侧，呈环状，稍浅裂或退化为齿状，稀缺如；雄蕊 4～10，通常 8；花粉长球形或近球形，具 3 沟或 3 孔沟，外壁两层显著，表面具明显条纹状雕纹；子房上位，2 室，2 裂，与隔膜直角之方向压扁；胚珠每室 2 个（图 8-85）。果为扁平的具翅分果。种子无胚乳。染色体：X = 13。

本科 3 属，约 200 种，分布于北温带及热带山地。我国有槭属（*Acer*）和金钱槭属（*Dipteronia*）两属，约 140 多种，南北各省均有分布。

地锦槭（*A. mono* Maxim.），叶 5 裂，裂片宽三角形，全缘；伞房花序顶生；小坚果扁平，两翅近水平状开展，呈 180° 的平角；分布很广；木材供制家具、农具用。鸡爪槭（*A. palmatum* Thunb.）（图 8-86），叶 5～7 裂，边缘具紧贴的锐锯齿；花紫色；分布于长

图 8-85　槭树科花图式

图 8-86 鸡爪槭
A. 花枝； B. 果枝； C. 雄花； D. 两性花

江流域各地，常栽培，供观赏。三角槭（*A. buergerianum* Miq.），分布很广，常栽培于庭园或作行道树。梣叶槭（*A. negundo* L.），落叶乔木，奇数羽状复叶，小叶 3 ~ 7；花单性，雌雄异株；无花瓣及花盘；果翅斜展；原产北美；我国广泛培栽，作行道树或观赏树。

金钱槭（*Dipteronia sinensis* Oliv.），奇数羽状复叶；果实周围具翅；种子位于中央；我国特产，分布于河南、陕西、甘肃、湖北、四川及贵州。

本科重点特征 叶对生，常掌状分裂。花辐射对称。分果，具翅。

（三）漆树科（Anacardiaceae） $* K_{(5)} C_5 A_{5 \sim 10} \underline{G}_{(1 \sim 5)}$

乔木或灌木，树皮多含树脂，单叶互生，稀对生，掌状 3 小叶或奇数羽状复叶。花小，辐射对称，两性或多为单性或杂性，排列成圆锥花序；双被花，稀为单被（黄连木属 *Pistacia*）或无被花；花萼多少合生，5 裂，稀 3 裂；花瓣 5，偶 3 或 7；雄蕊 5 ~ 10，着生于花盘外面基部或有时着生在花盘边缘；花粉多为近球形至长球形，常具 3 孔沟或具散孔（黄连木属），外壁表面具明晰网状、条纹状或条纹至网状雕纹；花盘环状或坛状；心皮 1 ~ 5，子房上位，常 1 室，少有 2 ~ 5 室，每室具 1 个倒生胚珠。果实多为核果。种子无或有少量胚乳。染色体：X = 7 ~ 16。

本科约 60 属，600 余种，分布于全球热带、亚热带，少数延伸到北温带地区。我国有 16

属，54种，主要分布于长江以南各省。

1. 漆树属（*Toxicodendron*） 乔木或灌木，树皮具乳液。复叶，互生。花序腋生，聚伞圆锥状或聚伞总状；花小，单性异株；花部5基数。核果，外果皮不被腺毛，中果皮白色、蜡质。

本属乳液含漆酚，人体接触易引起过敏性皮肤红肿。痒痛，丘疹，误食引起呕吐，疲倦，昏迷等中毒症状。

漆树［*T. vernicifluum*（Stokes）F. A. Barkl.］（图8-87），落叶乔木；奇数羽状复叶互生；小叶全缘。果序多少下垂；核果；漆树为我国特产，除黑龙江、吉林、内蒙古和新疆外，其余各省均产；栽培历史悠久，品种甚多；漆树树干韧皮部可割取生漆，生漆在国际市场上占很重要的地位。漆是一种优良的防腐、防锈涂料，有不易氧化、耐酸、耐醇和耐高温的性能，用于涂漆机器、车船、建筑物、家具、电线及工艺品等；种子油供制油墨、肥皂；果皮可取蜡；木材可制家具及供建筑用。

图8-87 漆树

A. 着生花序的枝； B. 果枝； C. 雄花； D. 花萼； E. 雌花； F. 雌蕊

2. 盐肤木属（*Rhus*） 与漆属的主要区别是圆锥花序顶生。果被腺毛和具节柔毛或单毛，成熟后红色，外果皮与中果皮联合，内果皮分离。

本属均可作五倍子蚜虫宿主植物，但以盐肤木上的虫瘿较好。盐肤木（*R. chinensis* Mill.），小叶边缘具粗锯齿，叶片较大，长6~12 cm，宽3~7 cm；分布全国各地。本种为五倍子蚜虫宿主植物，在幼枝和叶上形成虫瘿，称为五倍子。五倍子可供鞣革、医药、塑料和墨水等工业上用；种子可榨油；根、叶、花及果均可供药用。

本科经济植物还有杧果（*Mangifera indica* L.），单叶，常集生枝顶。花小，杂性，异被，雄蕊 5，仅 1 个发育。分布于云南、两广、福建、台湾，华南各地有栽培。果实为热带著名水果。黄连木（*Pistacia chinensis* Bunge），木材鲜黄色，可提黄色染料；材质坚硬致密，可供建筑和细木工用；种子油作润滑油或制皂。腰果（*Anacardium occidentale* L.），核果肾形，果基部为肉质梨形或陀螺形的假果所托，假果熟时紫红色，原产热带美洲。我国云南、两广、福建、台湾均有引种。假果可生食或制果汁、果酱、蜜饯、罐头，亦可酿酒。种子炒食，或榨油，含油量较高，为上等食用油或工业用油。此外，黄栌（*Cotinus coggygria* Scop.），落叶灌木或小乔木。叶近圆形，有细长柄，秋天叶鲜红美丽，可供观赏。

本科重点特征 有雄蕊内花盘，有树脂道，子房常 1 室，果实为核果。

（四）芸香科（Rutaceae） $* \uparrow K_{4 \sim 5} C_{4 \sim 5} A_{8 \sim 10} \underline{G}_{(4 \sim 5)}$

乔木、灌木、木质藤本，稀为草本，全体含挥发油。叶互生，偶有对生，复叶，稀为单叶，通常有透明油腺点。花两性，稀单生，多为辐射对称；萼片 4～5，基部合生或离生；花瓣 4～5，离生；雄蕊 8～10，稀更多，但基本上为 2 轮；花粉长球形至近球形，具 3 孔沟或 4～6 孔沟，外壁两层明显，表面具细网状或条纹至网状雕纹；具花盘；雌蕊由 4～5（或 1～3，或多数）心皮组成，多合生，少数离生；子房上位，胚珠每室 1～2 个，稀更多（图 8-88）。蒴果、浆果、核果、蓇葖果，稀为翅果。染色体，X = 7、8、9、11、13。

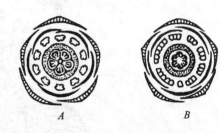

图 8-88　芸香科花图式
A. 芸香属花图式；　B. 酸橙花图式

本科约 150 属，1 500 种，分布于热带和温带。我国产 29 属，约 150 种，南北均有分布。

1. 花椒属（*Zanthoxylum*） 乔木或灌木，常有皮刺。奇数羽状复叶。花小，单性，稀两性。果实为分离的数个分果，各自 2 裂，含 1 黑色光亮的种子。野花椒（*Z. simulans* Hance）（图 8-89），叶轴边缘有狭翅，果实带红色，表面有瘤状突起；分布于长江以南及河南、河北；果实、叶、根供药用；叶和果又是食品调味料。竹叶花椒（*Z. armatum* DC.），叶轴具广翅；果似前种，而气味不佳；分布于东南至西南，北至秦岭；果实、枝叶均可提取芳香油；根、叶及果亦供药用。

2. 柑橘属（*Citrus*） 常绿乔木或灌木，常有刺。叶互生，单身复叶。花常两性；花瓣常 5；雄蕊 15 或更多；子房多室。果为柑果。柑橘（*C. reticulata* Blanco），长江以南各省区均产，品种甚多。甜橙 [*C. sinensis*（L.）Osbeck]，品种亦多，以广东产的为最著名。柚 [*C. maxima*（Burm.）Merr.]，以广西容县产的沙田柚为最佳。柠檬 [*C × limon*（L.）Osbeck]、佛手柑 [*C. medica* var. *sarcodactylis*（Noot.）Swingle]、酸 橙（*C. aurantium* L.）（图 8-90）、代 代 花（*C. aurantium* var. *amara* Engl.）等柑橘类，为我国南方盛产的著名水果，不仅果肉供生食或制蜜饯，

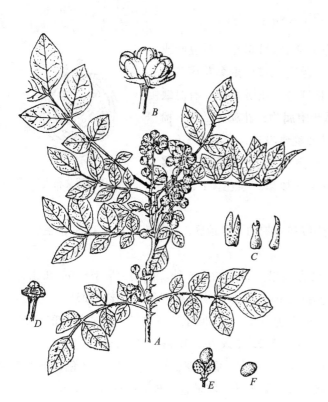

图 8-89　野花椒

A. 果枝；　B. 雄花；　C. 花被；　D. 退化雄蕊；

E. 果实；　F. 种子

图 8-90　酸橙

A. 花枝；　B. 花的纵切面（示雌、雄蕊及子房）；

C. 子房横切面；　D. 果实横切面

且可提制枸橼酸、柠檬油、橙皮油，可用于兴奋、香料、调味等方面。经过泡制的果皮，有陈皮、青皮、橘红等，是常用的中药。佛手柑、代代花供观赏。

3. 黄檗属（*Phellodendron*）　落叶乔木。奇数羽状复叶对生，小叶具透明小点。花小，单性。核果。黄檗（*P. amurense* Rupr.），产东北、华北，树皮供药用；木栓层可作软木塞；内皮可作黄色染料。

芸香科为具有重要经济意义的一科，除上述属种外，尚有金橘［*Fortunella margarita*（Lour.）Swingle］，果金黄色，可生食或制作蜜饯。枳（枸橘）［*Poncirus trifoliata*（L.）Raf.］，全株无毛，小枝有棱角，蜜生粗壮棘刺；3 小叶复叶；果球形，橙黄色；广泛栽培作绿篱；果供药用。吴茱萸［*Evodia rutaecarpa*（Juss.）Benth.］，奇数羽状复叶；小叶背面密被长柔毛，有腺点；蓇葖果，紫红色；种子黑色，有光泽；分布于长江流域及以南各省区；种子可榨油；果药用。

本科重点特征　有发达的油腺，含芳香油，在叶上表现为透明的小点。子房上位，花盘发达；外轮雄蕊常和花瓣对生。叶多为复叶或单身复叶。

（五）蒺藜科（Zygophyllaceae）　　$K_{4 \sim 5} C_{4 \sim 5} A_{5, 10, 15} \underline{G}_{(5)}$

灌木，少数为乔木或草本。叶对生，偶互生，2 小叶至羽状复叶或单叶，具托叶。花两性，整齐，稀不整齐，单生或排成聚伞花序、总状花序或圆锥花序；萼片 4～5，分离或基部联合；花瓣 4～5，有时缺花瓣；雄蕊 5、10 或 15，花丝基部常具鳞状附属物；花粉粒 2 核，稀为 3 核，具 3 孔沟，较少具 3 沟或多孔；花盘通常发达；子房由 5（或 4、2、6、12）心皮组成，4～5 室或多室，每室有 1 至几颗胚珠（稀多数）（图 8-91）。果为蒴果、分果，稀为浆果或核果。染色体：X = 6、8～13。

图 8-91　蒺藜科花图式

本科约 30 属，250 种，主产热带、亚热带和温带的干旱地区。我国有 5 属，33 种，主要分布于西北和北部。

1. 白刺属（*Nitraria*）　灌木。单叶。果为核果。我国约有 5 种。白刺（*N. sibirica* Pall.），矮生灌木，分布于西北至北部干旱地区，为重要的防风固沙植物；果可食；果核可榨油。

2. 霸王属（*Zygophyllum*）　矮小灌木，少数为草本。2 小叶至羽状复叶，肉质。我国有 22 种，分布于新疆、甘肃及内蒙古。常见的有霸王［*Z. xanthoxylon*（Bunge）Maxim.］。

本科经济植物还有蒺藜（*Tribulus terrestris* L.），草本，偶数羽状复叶，花小，黄色；果为 5 个分果瓣组成，果瓣具棘刺、短硬毛及瘤状突起；果入药。骆驼蓬（*Peganum harmala* L.），多年生草本，叶肉质，产我国西北和北部，种子可榨取轻工业用油和作红色染料。

本科重点特征　叶通常为 2 小叶至羽状复叶，托叶成对，宿存。雄蕊花丝基部常具鳞状附属物，花盘通常发达，子房常 4～5 室，花柱单一。

本目与蔷薇目接近，而其大多数植物具复叶或分裂的叶，具单轮雄蕊或外轮对萼的雄蕊；有花盘；合生心皮子房，每室常 1 或 2 个胚珠等，又使它作为一个类群而区别于蔷薇目，不过这些特征可以个别地在蔷薇目中找到（不是联合在一起），所以这个目可能是从蔷薇目演化来的。

三十、牻牛儿苗目（Geraniales）

草本，少数为木本。花两性，稀单性，辐射对称或两侧对称。萼片 3～5；常有 1 萼片向后延伸成距，花瓣 3～5；雄蕊 4～5 或 8～10；通常有花盘；子房合生或离生，中轴胎座，胚珠 1 至多数。种子常无胚乳。

本目包含有酢浆草科（Oxalidaceae）、牻牛儿苗科、金莲花科（Tropaeolaceae）、凤仙花科（Balsaminaceae）等 5 科。

牻牛儿苗科（Geraniaceae）　$* \uparrow K_{4 \sim 5} C_{4 \sim 5} A_{10, 5 \sim 15} \underline{G}_{(3 \sim 5)}$

草本或亚灌木。单叶，互生或对生，浅裂或深裂成复叶；托叶常成对。花两性，辐射对称或微两侧对称，单生于叶腋或组成伞形、聚伞或伞房花序；萼片 5，稀为 4，分离或合生至中部，背面 1 片有时具距；花瓣 5，稀为 4；雄蕊 5 或为 10～15；花粉球形或近球形，具 3 沟或 3 孔沟，外壁表面具棒状，网状或条纹状雕纹；子房上位，心皮 3~5 枚，合生，3~5 室，每室有胚珠 1~2（图 8-92）。蒴果室间开裂，有时果瓣自基部向上反卷或旋卷，顶部与心皮柱连结，每果瓣具 1 种子。染色体：X = 8~13、16、23、25。

图 8-92　牻牛儿苗科花图式

本科约 11 属，700 余种，分布于温带和亚热带。我国有 4 属，近 70 种，各省均有分布。

常见的有牻牛儿苗（*Erodium stephanianum* willd.）（图 8-93），草本。叶对生，二回羽状深裂或全裂，裂片基部下延；具药雄蕊 5，与 5 个退化雄蕊互生；蒴果具长 2.5~4 cm 的喙；分布于长江以北和云南西部；全草供药用。尼泊尔老鹳草（*Geranium nepalense* Sweet），多年生草本，叶片 3~5 掌状深裂，雄蕊 10，蒴果喙较短，产华中、华东及西南等地区，全草入药。天竺葵（*Pelargonium hortorum* Bailey），多年生草本，茎肉质，基部木质；叶互生，圆肾形，基部心形；花红色、粉红色、白色，萼有距；花瓣 5，下面 3 片较大；原产非洲南部，我国各地均有栽培，供观赏。

本科重点特征　花基本上为 5 基数，蒴果通常有长喙，室间开裂，有时果瓣自基部带种子向上反卷，胚乳常不存在。

图 8-93　牻牛儿苗

A. 果枝；　*B.* 花；　*C.* 花去萼片和花瓣，示雄蕊和雌蕊；　*D.* 退化雄蕊；　*E.* 果瓣

这个目可能与无患子目有联系。本目中牻牛儿苗科和酢浆草科关系较紧密。

三十一、伞形目（Apiales，Umbellales）

草本或木本。单叶或复叶，互生，稀对生或轮生；叶柄基部常膨大成鞘状。花两性，稀单性，辐射对称；排成伞形或复伞形花序，有时为头状花序；子房下位，通常具上位花盘。

本目包括五加科和伞形科。

（一）五加科（Araliaceae）　$* K_5 C_5 A_5 \overline{G}_{(2 \sim 5 : 2 \sim 5)}$

乔木、灌木或木质藤本，稀为草本。茎有多量的髓。叶常互生，单叶、掌状复外或羽状复叶，托叶常与叶柄基部合生成鞘状，稀无托叶。花小、整齐，两性或杂性，稀单性异株，排成伞形花序、头状花序、总状花序或穗状花序，这些花序常再组成圆锥状复花序；萼筒与子房合生，萼齿 5，小型；花瓣 5，偶 10，常分离，稀结合成帽状脱落；雄蕊与花瓣同数而互生，有时为花瓣的两倍或无定数，花粉类型相当一致，花粉长球形至近球形，具 3 孔沟，稀具 4 孔沟，外壁表面常具网状雕纹；花盘上位，覆盖子房顶；雌蕊由 2~5（或更多）心皮结合而成，子房下位，子房室和心皮同数，每室有 1 倒生胚珠（图 8-94）。浆果或核果；种子有丰富的胚乳。染色体：X = 11、12。

图 8-94　五加科花图式

本科约 80 属，900 多种，分布于两半球热带至温带地区。我国有 23 属，170 多种，除新疆未发现外，分布于全国各地，以西南地区较多。

本科植物在经济上有多方面的用途，尤其是供药用的种类较多，而且有些是贵重的药材，如人参（*Panax ginseng* C. A. Mey.），多年生草本；根状茎（每年只增生一节，药材上称"芦头"）短，下端为纺锤状肉质根，有分叉；掌状复叶，3~6 枚在茎顶似轮生；伞形花序单生茎顶；花淡黄绿色；果实扁圆形，熟时红色；根含多种人参皂苷及少量挥发油，为著名的补气强壮药。同属的竹节参（*P. japonicus* C. A. Mey），根状茎肉质肥厚，呈竹鞭状；根状茎及肉质根入药。三七 [*P. pseudo-ginseng* var. *notoginseng*（Burkill）Hoo et Tseng]，块根历来用作止血、散淤、消肿药。五加（*Acanthopanax gracilistylus* W. W. Smith）（图 8-95），落叶灌木，掌状复叶，小叶常 5 片；伞形花序；果实近球形；产长江流域及以南各省区；根皮含挥发油，维生素 A、B 及鞣质等，药用；泡酒，名"五加皮酒"。刺五加 [*A. senticosus*（Rupr. et Maxim.）Harms]，产东北、河北及山西，根皮及茎皮入药。楤木（*Aralia chinensis* L.），有刺灌木或小乔木，二回或三回羽状复叶；除东北外，全国分布；根皮和茎皮入药；种子榨油，可制皂。辽东楤木 [*A. elata*（Miq.）Seem.]，产东北，种子含油量为 30% 以上，供制肥皂等，树皮入药。

本科经济植物还有通脱木（通草）[*Tetrapanax papyriferus*（Hook.）K. Koch]，茎中充满白色的髓部，此髓称"通草"，供药用，除水肿，下乳汁。常春藤 [*Hedera nepalensis* var. *sinensis*（Tobl.）Rehd.]，常绿攀缘藤本，茎枝有气根，庭园常栽培，藤和叶入药。

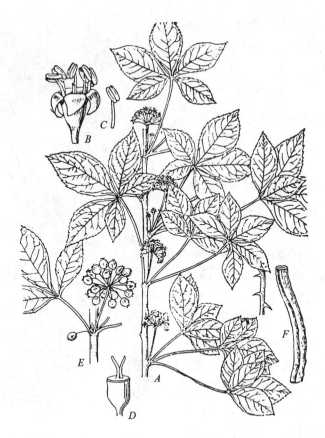

图 8-95　五加

A. 花枝；　B. 花的全形；　C. 雄蕊；　D. 雌蕊；　E. 果枝；　F. 树皮

本科重点特征　多为木本，伞形花序，5 基数花，子房下位，每室 1 胚珠，果实通常为浆果。

（二）伞形科（Apiaceae，Umbelliferae）　$* K_{(5), 0} C_5 A_5 \overline{G}_{(2:2)}$

一年生至多年生草本。茎中空或有髓。叶互生，叶片分裂或多裂，一回掌状分裂或一回至四回羽状分裂或一回至二回三出式羽状分裂的复叶；叶柄基部膨大，或呈鞘状。花序常为复伞形花序，有时为单伞形花序；花常两性，整齐；花萼和子房结合，裂齿 5 或不明显；花瓣 5；雄蕊和花瓣同数，互生；花粉长球形至超长球形，有的赤道部分缢缩而呈茧形，具 3 孔沟，外壁从表面看具清楚的细网状纹理；子房下位，2 室，每室有 1 胚珠；花柱 2（图 8-96），基部往往膨大成花柱基，即上位花盘。果实由 2 个有棱或有翅的心皮构成，成熟时沿 2 心皮合生面分离成 2 分果爿（分果瓣，mericarp），顶部悬挂于细长丝状的心皮柄（carpophore）上，称双悬果，每个分果有 5 条主棱（2 条侧棱，2 条中棱，1 条背棱），有些在主棱间还有 4 条次棱，棱与棱之间有沟槽，沟槽下面及合生面通常有纵走的油道（vitta）1 至多条；分果背腹压扁或两侧压扁；种子胚乳丰富，胚小。染色体：X = 4 ~ 12。

图 8-96　伞形科花图式

本科约 300 属，3 000 种，分布于北温带、亚热带或热带的高山上。我国约有 90 属，500 多种，全国均有分布。

1. 胡萝卜属（*Daucus*）（图 8-97）胡萝卜（*D. carota* var. *sativa* Hoffm.），草本，具肥大肉质的圆锥根。叶 2～3 回羽状深裂，叶柄基部扩大成鞘状。复伞形花序；花两性，萼齿不明显；花瓣 5，花序的周边花外侧的花瓣大。双悬果多少背腹压扁，主棱不显著，4 条次棱翅状，全部棱或副棱上有刺毛，每一次棱下有一条油道，合生面 2 条。原产欧亚大陆，全球广泛栽培。根作蔬菜，含胡萝卜素等，营养丰富。

2. 当归属（*Angelica*） 大形草本，茎常中空。叶为三出式羽状复叶或三出复叶。复伞形花序，花白色或紫色。果实卵形，背腹压扁，侧棱有翅。约 70 种，主产北温带。我国约 30 多种。通常供药用的有隔山香（*A. citriodora* Hance）、白芷（兴安当归）[*A. dahurica*（Fisch.）Benth. et Hook.]，原产东北，各地有栽培。当归 [*A. sinensis*（Oliv.）Diels]，主产四川、云南、贵州、甘肃、陕西；根供药用，为妇科要药，能补血活血，调经止痛，润肠通便。

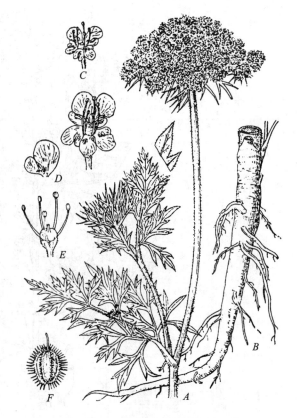

图 8-97 野胡萝卜（*D. carota* L.）

A. 花枝； B. 根； C. 花（有中心花与周边花二种）； D. 花瓣； E. 去花瓣后；示雄蕊和雌蕊； F. 分果片正面观

3. 柴胡属（*Bupleurum*） 草本，稀为半灌木或灌木。单叶，全缘，叶脉平行或弧形。复伞形花序，总苞片叶状。双悬果卵状长圆形，两侧略扁平；每棱槽内有油道 1～6 条，合生面 2～6 条。约 100 种，分布于欧、亚、非各洲。我国约 40 种。北柴胡（*B. chinense* DC.），叶倒披针形或剑形，中部以上常较宽，先端急尖；分布于东北、华北、西北、华东和华中各地；根为解热要药。

本科经济植物较多，供药用的还有前胡（*Peucedanum praeruptorum* Dunn）、防风 [*Saposhnikovia divaricata*（Turcz.）Schischk.]、川芎（*Ligusticum chuanxiong* Hort.）等多种。蔬菜植物如芹菜（*Apium graveolens* L.）、芫荽（*Coriandrum sativum* L.）、茴香（*Foeniculum vulgare* Mill.），除蔬食外，亦可药用。

本科重点特征 本科植物为芳香性草本，常有鞘状叶柄，具典型的复伞形花序，5 基数花，两室的下位子房及双悬果。

本科的特征虽容易掌握。但在属和种的鉴定上，比较困难，需要专门的知识，主要根据果实的特征：有无刺毛，分果是背腹压扁或两侧压扁，主棱和次棱的情况；沟槽中油道数目的多少和分布；以及花序为单伞形或是复伞形；总苞片及小苞片存在与否，花的颜色；萼片的情况都是本科植物分类上的主要依据。

伞形目两个科过去常与山茱萸科及其他有关的科列入同一目中，或者归入山茱萸目（Cornales），但根据研究表明，山茱萸目与伞形目在形态上和化学根据方面，都有着很大的差别。克朗奎斯特认为，伞形目更接近无患子目，通过它与蔷薇目相联系，尤其是五加科与橄榄科（Burseraceae）（无患子目）更有密切的关系。在本目中五加科较原始，伞形科大多都认为直接来自五加科，可是并非来自现在的属。此两科有很多相似的特征。特别是裂果枫属（*Myodocarpus*），具有如伞形科植物那样的双果爿和中央心皮柄的分果（schizocarp），但又具有五加科那样的花序和营养体结构，它的木材是比较原始的，具梯纹导管（scalariform vessel），管壁有 7～16 个横条，有人推测裂果枫属及其有关类群，属于一个进化线，可能早在白垩纪从五加科的其他类群分出。

三十二、杜鹃花目（Ericales）

木本，稀草本。单叶，无托叶。花两性，稀单性，辐射对称或稍两侧对称，常 5 基数。花瓣基部结合，偶分离；雄蕊为花瓣的倍数，偶同数而互生；花药常有芒或距等附属物，顶孔开裂，常为四合花粉；子房上位或下位，中轴胎座，胚珠多数，有胚乳。

本目包括山柳科（Clethraceae）、杜鹃花科、鹿蹄草科（Pyrolaceae）水晶兰科（Monotropaceae）等 8 科。

杜鹃花科（Ericaceae）[①] ＊ ↑ K$_{(4～5)}$C$_{4～5, (4～5)}$A$_{8～10, 4～5}$ $\underline{G}$, $\overline{G}$$_{(2～5 : 2～5)}$

灌木或小乔木，偶为亚灌木状的多年生草本或藤本。叶互生，有时对生或轮生，单叶，常革质，无托叶。花两性，辐射对称或稍两侧对称，单生或簇生，常排成各种花序，顶生或腋生，有苞片；花萼 4～5 裂，宿存；花冠合瓣，稀离瓣，常呈坛状、钟状、漏斗状和高脚碟状，4～5 裂，裂片覆瓦状，稀镊合状排列；雄蕊为花瓣的倍数，2 轮，外轮对瓣（逆二轮雄蕊），或为同数而互生，分离，从花托（盘）基部发出；花药顶孔开裂，稀纵裂，常具附属物（芒或距）；单粒或四合花粉，后者常排列成四面体；花粉常为 3（稀 4～5）孔沟，内孔横长或不显；表面具模糊的细网状纹饰。子房上位或下位，2～5 室，稀更多，中轴胎座，每室有倒生胚珠多枚；稀单 1（图 8-98）；花柱和柱头单生，柱头通常头状。蒴果，稀浆果或核果。种子常小，有直伸的胚和肉质的胚乳。染色体。X = 8、11～13。

图 8-98 杜鹃花科乌饭树属花图式

---

① 本科的分类各学者意见颇不一致，有些学者认为应分为杜鹃花科（Ericaceae）和乌饭树科（Vacciniaceae）两科，前者子房上位，常蒴果；后者子房下位或半下位，常浆果。但一般学者认为，仍应合并为一科，如克朗奎斯特系统即是。

本科约有 75 属，1 350 种，广布全球，主产温带和亚寒带，也产热带高山。我国有 20 属，700 余种，南北均产，以西南山区种类最为丰富。

1. 杜香属（*Ledum*） 常绿小灌木。花多朵成顶生伞房状的总状花序，5 基数；花瓣离生，覆瓦状排列；雄蕊无附属物。蒴果室间开裂。本属有 6 种，我国仅杜香（*L. palustre* var. *dilatatum* Wahl.）1 种，产北部，叶含杜香油，有镇咳去痰作用。

2. 杜鹃花属（*Rhododendron*） 木本。单叶互生。花冠合瓣，辐状至钟形，或漏斗形及筒形，5 基数，常稍不整齐。雄蕊与花冠裂片同数或为其倍数，花药无附属物。蒴果，室间开裂，成 5～10 瓣。本属有 800 种，我国约 600 种，除新疆外，广布各省区，尤以西部和西南部最多。杜鹃（映山红）（*R. simsii* Plamch.），落叶灌木，全株密生棕黄色扁平糙伏毛，叶椭圆状卵形至倒卵形，两面及叶缘均有糙伏毛；分布于长江流域及其以南各省区。羊踯躅（闹羊花）[*R. molle*

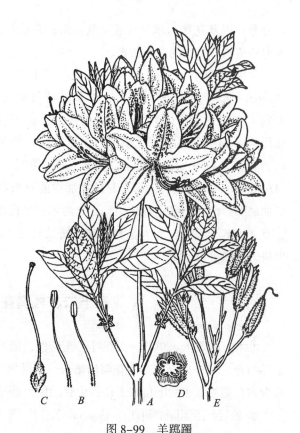

图 8-99　羊踯躅

A. 花枝；　*B*. 雄蕊；　*C*. 雌蕊；　*D*. 子房横切；　*E*. 果枝

（Bl.）G. Don]（图 8-99），落叶灌木，叶长椭圆形至长椭圆状披针形，或倒披针形，具柔毛；花黄色，雄蕊 5；叶及花含闹羊花毒素、马醉木毒素等有毒成分，可作农药。岭南杜鹃（*R. mariae* Hance），叶 2 型，春叶近无毛，夏叶密被糙伏毛，雄蕊 5，花淡红色；产广东、江西等省，含荚果蕨素，紫花杜鹃素甲、乙、丙、丁。兴安杜鹃（*R. dauricum* L.），半常绿灌木，叶矩圆形，两端圆钝，下面密被鳞片，花先叶开放；紫红色，雄蕊 10；产东北，叶和花含杜鹃酮、杜鹃黄素等，本种和岭南杜鹃对慢性支气管炎有效。

3. 南烛属（*Lyonia*） 叶互生，全缘或有浅牙齿或细锯齿。花萼裂片镊合状排列，宿存；花冠壶形，或圆筒状钟形；花丝近先端有 2 芒状附属物，或无。蒴果室背开裂，缝线肥厚，稍木质。约 30 种，我国 6 种，产长江以南和西藏。习见的有小果南烛 [*L. ovalifolia* var. *elliptica*（Sieb. et Zucc.）Hand.-Mazz.]。

4. 吊钟花属（*Enkianthus*） 花成顶生伞形花序或总状花序，常下倾；萼裂片小，镊合状排列；花冠钟形或壶形，雄蕊 10，花药顶端具 2 芒状附属物。蒴果，室背开裂。约 10 种，我国 6 种，主产长江以南各省区。吊钟花（*E. quinqueflorus* Lour.），花冠基部膨大成壶状，裂片反折，粉红或红色，常先叶开放；花期为冬春之交，农历元宵节，广州花市作插花出售。

5. 白珠树属（*Gaultheria*） 常绿灌木。花冠壶形、筒形或钟形；雄蕊 10，花药有芒。蒴果浆果状。约120种，我国有25种。滇白珠树（*G. yunnanensis* Rehd.），枝叶含芳香油，供工业和药用。

6. 乌饭树属（*Vaccinium*）　花冠筒状、壶状或钟状；雄蕊背面有距，先端伸长，顶孔开裂；子房下位，4~10室。浆果。约300种。乌饭树（*V. bracteatum* Thunb.）（图8-100），常绿灌木，叶革质，椭圆形至卵形，背面主脉具短柔毛；总状花序腋生；苞片宿存；花药无或偶有极短的芒状突起；我国东部习见，叶药用。米饭花［*V. sprengelii*（G. Don）Sleumer］，叶长椭圆状卵形至披针形，无毛，或叶柄及中脉有短柔毛；总状花序具早落的苞片；花药具显著的芒状附属物；长江以南各省区习见。越橘（*V. vitisidaea* L.），匍匐半灌木，叶较小，椭圆形或倒卵形，背面有腺点；短总状花序生于去年生的枝端；浆果红色，球形；产我国东北等地，叶药用，又可代茶；浆果食用。

图8-100　乌饭树

A. 花枝；　B. 花；　C. 花冠一部分；　D. 花纵切；
E. 雌蕊；　F. 雄蕊；　G. 果实及其纵切面

本科的杜鹃花属、吊钟花属、松毛翠属（*Phyllodoce*）、岩须属（*Cassiope*）等多种，均为观赏植物；乌饭树属、扁枝越橘属（*Hugeria*）等种的果实可食用。

本科重点特征　常为灌木，单叶互生，花冠整齐或稍不整齐，雄蕊常为花冠裂片的倍数，常逆二轮，分离，自腺性花盘发出，花药常孔裂，雌蕊心皮4~5，中轴胎座，胚珠多数。

本目来自山茶目，其中山柳科和山茶目的猕猴桃科（Actinidiaceae）有亲缘关系，但杜鹃花目雄蕊定数，比山茶目进化。

克朗奎斯特系统将本目及岩梅目（Giapensiales）、柿树目、报春花目列于五桠果亚纲内。

三十三、柿树目（Ebenales）

木本。单叶，常互生，无托叶。花两性或单性，通常4~5基数；合瓣；雄蕊为花冠裂片的2~3倍，或有时退化为同数，着生于花冠筒上；子房上位，稀下位，中轴胎座，胚珠1至多数。具胚乳或缺如。

本目包括山榄科（Sapotaceae）、柿树科、山矾科、野茉莉科（Styracaceae）等5科。

（一）柿树科（Ebenaceae） $* K_{(3\sim7)} C_{(3\sim7)} A_{3\sim7, 6\sim14, 9\sim12} \underline{G}_{(2\sim16 : 2\sim16)}$

灌木或乔木，木材多黑褐色。单叶互生，稀对生，全缘；无托叶。花单生或成少数花的伞形花序，通常单性，雌雄异株；3基数或更多；花萼3~7裂，宿存，花冠3~7裂，钟状或壶状，裂片旋转状排列，雄蕊与花冠裂片同数、2倍或更多，通常16，分离或结合成束，常着生于花冠筒基部，花药内向纵裂，花粉长球形至近球形；具3孔沟，内孔横长；表面具光滑或模糊的细网状纹饰。子房上位，2~16室，每室有下垂胚珠1~2。果实为浆果，有1或少数种子，胚乳通常嚼烂状。染色体：X = 15。

本科约5属，300种，分布于热带和亚热带地区。我国仅1属，约40种，产西南至东南，尤以南部最盛。

柿树属（*Diospyros*）　落叶或常绿乔木或灌木。花单性异株或杂性，雌花单生，雄花成聚伞花序；花萼、花冠常4，偶3~7裂；雄蕊常8~16；子房4~12室，花柱2~6。浆果大形。具膨大的宿萼。柿（*D. kaki* Thunb.）（图8-101），落叶乔木，叶卵状椭圆形至倒卵形，背面及小枝均有短柔毛；浆果卵圆形至扁球形，径3 cm以上；原产我国，栽培遍及全国，为一著名的果树。柿果含葡萄糖和果糖，食用或制柿饼。柿蒂含乌索酸（熊果酸）、齐墩果酸。柿霜含甘露醇，柿叶含黄酮苷，均入药。柿漆可涂渔网和雨伞。本种已有数千年栽培历史，变种和品种很多。

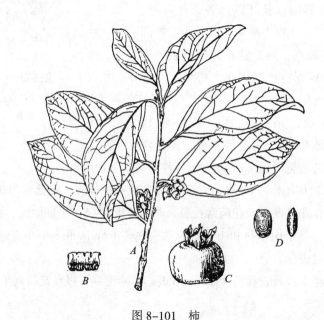

图8-101　柿
A. 雌花花枝；　*B.* 剖开的雌花花冠，示退化雄蕊；　*C.* 果实；　*D.* 种子

君迁子（*D. lotus* L.），乔木，叶椭圆形至矩圆形，腹面密生脱落性柔毛，背面近白色；宿萼深4裂，先端钝圆；果球形或椭圆形，径约2 cm，蓝黑色；原产我国，果食用或酿酒，富含维生素C，提取供药用；树皮为灰绿色染料；实生苗是嫁接柿的砧木。老鸦柿（*D. rhombifolia* Hemsl.），灌木，小枝平滑无毛，有刺；叶卵状菱形至倒卵形，背面沿脉有毛；果卵圆形至球形，径1.5~2.5 cm，橙黄色；果制柿漆；根、枝药用，活血利肾。瓶兰（*D. armata* Hemsl.），灌木，小枝明显具柔毛，有刺；叶椭圆形或倒卵形至长圆形；果小，球形；庭园栽培作观赏用。

本属植物的心材黑褐色，统称"乌木"。其中产东南亚的印度乌木（*D. ebenum* Koehig）为著名的乌木。我国台湾产的台湾柿（*D. discolor* Willd.），亦为乌木的一种贵重木材。

本科重点特征　木本，单叶全缘，常互生，花单性，萼宿存，花冠裂片旋转状排列，浆果。

（二）山矾科（Symplocaceae） $* K_{(3\sim5)常(5)} C_{(3\sim11)常(5)} A_{4\sim\infty} \overline{G}, \overline{\underline{G}}_{(2\sim5:2\sim5)}$

落叶或常绿灌木或乔木，冬芽数个，上下叠生。叶为单叶，互生，通常具锯齿、腺质齿或全缘；无托叶。花辐射对称，两性，稀杂性，簇生叶腋或成总状花序、圆锥花序；花萼5（稀3~4），深裂或浅裂，常宿存；花冠分裂至基部或中部，裂片5（稀3~11），覆瓦状排列；雄蕊4至多数，常成数轮，分离或合成数束，着生于花冠上，花药纵裂；花粉扁球形，极面观三角形或圆形，具3孔或3（稀2~4）孔沟，内孔横长或圆形；外壁具刺状、颗粒状、颗粒-网状或网状纹饰。子房下位或半下位，2~5室，每室胚珠2~4，下垂；花柱细长。核果或浆果，顶端冠以宿存的萼裂；种子具丰富的胚乳。染色体：X = 11~14。

本科仅山矾属（Sympolcos）1属，约300种，广布亚洲、大洋洲和美洲的热带和亚热带，非洲不产。我国约有130余种，产长江以南各省区。

白檀 [*S. paniculata* (Thunb.) Miq.]（图8-102），落叶灌木或小乔木，叶椭圆形或倒卵形，叶两面及叶柄，花序及嫩枝均被柔毛，萼外无毛，子房2室，果黑色；分布于我国东北、华北和长江流域以南各省；种子油工业用和食用；全草药用，木材作细工及建筑用。近似种华山矾 [*S. chinensis* (Lour.)Druce]，萼外密被黄灰色柔毛，果蓝黑色；分布于长江流域以南各省区；根、叶药用；种子油食用或工业用。老鼠矢（*S. stellaris* Brand），常绿乔木，小枝被棕红色密毡毛；花序簇生二年生枝的叶痕之上，呈团伞状；分布于长江以南各省区；木材作器具用；种子油工业用。黄牛奶树 [*S. laurina* (Retz.) Wall.]，乔木，芽、幼枝、花序轴、苞片均被灰褐色短柔毛；叶卵形；穗状花序长3~6 cm，基部通常分枝；雄蕊约30枚，基部结合成不显著的5束；分布于华东、东南至西南各省区；木材可作板材；种子油工业用；树皮药用，散寒清热。

本科植物的种子多数可榨油。用于制肥皂、油漆或润滑机器等用，油粕可肥田；黄牛奶树、山矾（*S. caudata* Wall. ex A. DC.）等木材坚硬，可制家具、农具；叶可作黄色染料。此外，黄牛奶树、白檀、老鼠矢等可作绿化树种。

本科重点特征 木本，具重叠芽。雄蕊常多数。子房下位，隔膜完全；萼裂片宿存；果实或多或少肉质。易和类似的野茉莉科区别。

柿树目与山茶目的亲缘关系较明显。同时它与杜鹃花目在某些方面也类似，不过这种关

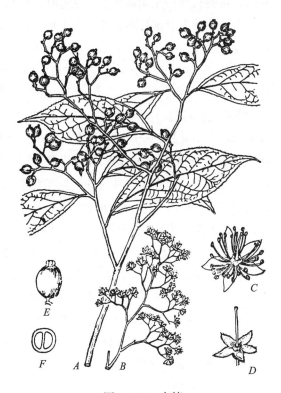

图8-102 白檀

A. 果枝；*B.* 花序；*C.* 花；*D.* 花萼及雌蕊；*E.* 果；*F.* 果横切

系是并行的。柿树目比杜鹃花目中的大部分植物要进化，表现在胚珠数目的减少，雄蕊附着花冠以及很少的离瓣成员，此外，它们还缺少杜鹃花目所具有的特殊的胚胎学的特征。柿树科和野茉莉科的双珠被胚珠都不像是来自于具单珠被胚珠的杜鹃花目。因此，这两个目可能被认为是来自于一个共同的祖先山茶目，并经历着平行发展的两支。

三十四、报春花目（Primulales）

木本或草本。单叶，常有腺点，无托叶。花两性，稀单性，通常辐射对称，多为5基数，合瓣，稀分离或缺如；雄蕊与花冠裂片同数而对生，稀具与萼片对生的退化雄蕊；子房上位或半下位，1室，胚珠少数至多数，特立中央胎座或基底胎座，胚珠具2层珠被。

本目包括紫金牛科（Myrsinaceae）、报春花科等3科。

报春花科（Primulaceae）　$*K_{(5)} C_{(5)} A_{(5)} \underline{G}_{(5:1)}$

一年生或多年生草本，偶半灌木，常有腺点或被白粉。叶对生、轮生或互生，有时全部基生，单叶，稀为羽状分裂。花两性，辐射对称，具苞片；萼5（稀3~9）裂，宿存；花冠合瓣，5（偶3~9）裂，裂片覆瓦状排列，偶无瓣或离瓣，常辐射形至高脚碟状；雄蕊与花冠裂片同数而对生，有时具退化雄蕊，花药内向；花粉长球形至扁球形；具3（拟）孔沟，有时形成合沟或副合沟；外壁光滑或具网状纹饰。子房上位，稀半下位，心皮常5，1室，特立中央胎座；胚珠少数或多数，常为半倒生，珠被2（图8-103）。蒴果；种子小型，多数或少数，胚乳丰富。染色体：X = 5、8~15、17、19、22。

图8-103　报春花科花图式

本科约30属，1 000余种，广布全球，尤以北半球为多，我国11属，700余种，全国均有分布，主产西南和西北地区。

1. 报春花属（*Primula*）　叶全为基生。花冠筒长于花冠裂片，喉部不紧缩，裂片覆瓦状排列。伞形或重伞形花序，具苞片，生于花葶顶端。约500种，我国有300余种，主产西南。多数供观赏。报春花（*P. malacoides* Franch.），植株被腺体节毛；叶卵形或长椭圆状卵形，基部心形，有或无粉；花葶上部有伞形花序2~6级，花冠红色或黄青色；原产我国，是较早引种栽培的花卉。藏报春（*P. sinensis* Lindl.），多年生草本，全体被腺状毛；叶椭圆形或卵状心形，边缘有羽状或不整齐深裂，裂片具不整齐锯齿，无白粉；伞形花序1~2级；萼基部膨大成陀螺形，花冠粉红色，筒部与花萼近等长；原产我国，为多年栽培的报春花。四季报春（鄂报春）（*P. obconica* Hance），叶椭圆形或近圆形，全缘，或有圆形波状缺刻或锯齿，腹面光滑，背面有纤毛；伞形花序常1轮，花萼漏斗形，萼齿小；原产我国，现国内外温室广为栽培。

2. 珍珠菜属（排草属）（*Lysimachia*）　直立或伏卧草本。花5~6基数，花冠裂片旋转状排列。蒴果纵裂，种子平滑。约500种，我国300余种。珍珠菜（*L. clethroides* Duby）（图8-104），茎直立，叶互生，具黑色腺体；总状花序顶生，粗壮，花密生，花冠白色；分布几遍及全国；根含皂苷约2.8%，药用，活血调经，解毒消肿。过路黄（*L. christinae* Hance），匍匐草本，叶对生，具黑色条状腺体；花黄色，成对腋生；全草含酚类、黄酮类、甾醇等，清热通淋，治疗各种结石有效。

3. 点地梅属（*Androsace*） 纤细草本。叶基生。花小，单生或伞形花序；花冠筒短，喉部紧缩，裂片覆瓦状排列。约100种，我国60种。点地梅［*A. umbellata*（Lour.）Merr.］，一年生或二年生铺地草本，全株被多细胞细柔毛；叶圆形至心状圆形；广布全国各地；全草入药，常用治急慢性咽喉肿痛等症，故有"喉咙草"之称。

本科植物供观赏的种类不少，如报春花属多种，均为著名的观赏植物，其他，如点地梅属、珍珠菜属以及假报春属（*Cortusa*）等多种，亦供观赏用。原产地中海及南欧的欧洲仙客来（*Cyclamen europaeum* L.），原产希腊至叙利亚的仙客来（*C. persicum* Mill.）亦常为温室栽种的观赏植物。本科供药用的植物，除上述数种外，珍珠菜属中尚有多种供药用，细梗香草（*L. capillipes* Hemsl.）治流感；长梗过路黄（*L. longipes* Hemsl.）治疟疾；长蕊珍珠菜（*L. lobelioides* Wall.）治慢性支气管炎等，均有良好的效果。

图 8-104　珍珠菜
A. 花；　B. 花纵切；　C. 雄蕊；
D. 雌蕊；　E. 果序；　F. 果实

本科重点特征　草本，常有腺点和白粉。花两性，辐射对称；花冠合瓣；雄蕊与花冠裂片同数而对生；心皮常5，特立中央胎座。蒴果，常具多枚种子。

本目和柿树目有共同的祖先，与杜鹃花目也有关系，二者血清学一致性很清楚，但本目通常具1轮和花冠裂片对生的雄蕊，比柿树目前进了一步，但和山茶目的亲缘关系，仍然比较明显。

三十五、龙胆目（Gentianales）

木本或草本，具双韧维管束。叶常对生。花两性，辐射对称，4~5基数；花冠筒状，常旋转状排列；雄蕊4~5。子房上位，心皮通常2，2室，稀1室，中轴胎座或侧膜胎座。

本目包括马钱科（Loganiaceae）、龙胆科、夹竹桃科、萝藦科等6科，约4 500种。上述4科我国均产。

（一）龙胆科（Gentianaceae）[①]　$* K_{4~5, (4~5)} C_{(4~5)} A_{(4~5)} \underline{G}_{(2:1)}$

草本，偶灌木。叶通常对生，全缘；无托叶。花两性，稀单性，整齐或近于整齐；通常排成

---

① 原属本科的睡菜亚科（Menyantheideae），因茎非双韧维管束；花冠裂片内向镊合状排列；花粉扁球形；极面观为三角形，有明显的3孔沟，沟在极区汇合；叶互生于地下茎上；水生植物等特点，已独立成睡菜科（Menyanthaceae）。克朗奎斯特系统属茄目。

聚伞花序或单生；花萼 4~5（稀 12）裂，筒状或分离；花冠 4~5（偶 12）裂，漏斗状或辐状，常旋转状排列；雄蕊与花冠裂片同数而互生，着生于花冠筒上，药 2 室，纵裂；花粉粒长球形或近球形，极面观为圆形或近圆形，具 3 孔沟，有时孔不明显。子房上位，1 室，稀 2 室，胚珠多数；花柱单生，柱头全缘或 2 裂。蒴果，种子有胚乳。染色体：X = 5~7、9、11、13、15、19。

本科约 78 属，780 种，广布于全世界，主产于温带。我国有 19 属，约 340 种。各省均产，主要分布于西南高山地区。

图 8-105 龙胆
A. 花枝； *B*. 根系

1. 龙胆属（*Gentiana*） 直立草本。叶对生，稀轮生。花冠裂片间有褶，无腺。龙胆（*G. scabra* Bunge）（图 8-105），多年生草本，叶卵形至卵状披针形，边缘及叶背面脉上粗糙；根及根茎药用。秦艽（*G. macrophylla* Pall.），多年生草本，植株基部具枯叶纤维，聚伞花序簇生成头状，花冠蓝紫色，种子椭圆形，无翅；产东北、华北等地；根含龙胆碱、龙胆次碱等，药用。

2. 獐牙菜属（*Swertia*） 草本。花萼裂片近相等，花冠幅状，每 1 裂片基部有 1~2 个腺体。约 100 种，我国 70 余种。獐牙菜 [*S. bimaculata*（Sieb. et Zucc.）Hook. F. et Thoms.]，多年生草本，茎光滑；花黄绿色，花冠裂片上部具紫色小斑点，中部具 2 个黄褐色大斑点；广布华东、中南、西南和甘肃、陕西等地。

本科植物常含多种生物碱或苷类，药用种类较多，除上述属种外，还有条叶龙胆（*Gentiana manshurica* Kitag.）、三花龙胆（*G. triflord* Pall.）、粗茎龙胆（*G. crassicaulis* Duthie ex Burk.）以及青叶胆（*Swertia yunnanensis* Burk.）等，均入药。

本科重点特征 常草本，单叶对生；花两性，整齐，花冠裂片常旋转状排列，裂片间具褶或裂片基部有大形腺体或腺窝；心皮 2，1~2 室，胚珠多数。

（二）夹竹桃科（Apocynaceae） $*K_{(5)} C_{(5)} A_5 \underline{G}_{2:2}$

木本或草本，常蔓生，有乳汁或水汁。单叶，对生或轮生，稀互生，全缘；通常无托叶，稀具假托叶。花两性，辐射对称；单生或多朵排成聚伞花序或圆锥花序；花萼合生成筒状或钟状，常 5 裂，稀 4 裂，基部内面通常有腺体；花冠合瓣，高脚碟形或漏斗形，裂片 5，偶 4，旋转状排列，基部边缘向左或右覆盖，稀镊合状，喉部常有鳞片或毛；雄蕊与花冠裂片同数，着生在花冠筒上或喉部，花药常箭形或矩圆形，分离或互相粘合并贴生在柱头上；花粉为多类型，多数为单粒，或 4 个联合在一起成四合花粉（tetrad），球形至扁球形，偶长球形和长筒形；具散孔、3（稀 4）孔沟和 2~3（偶 1~4）孔；外壁层次不明，具颗粒至网状、拟网状、脑纹状或穴

图 8-106 夹竹桃科花图式

状纹饰，有时光滑或纹饰模糊。花盘环状、杯状或舌状，稀无花盘；子房上位，心皮2，分离或合生，1或2室，中轴胎座或侧膜胎座，含少数至多数胚珠；花柱合为1条，或因心皮分离而分开（图8-106）；蓇葖果，偶呈浆果状或核果状；种子有翅或有长丝毛。染色体：X = 8~12。

本科约250属，2 000余种，分布于全世界热带、亚热带地区，少数在温带地区。我国产46属，176种，主要分布于长江以南各省区及台湾省。

1. 长春花属（*Catharanthus*） 长春花［*C. roseus*（L.）G. Don］，草本或亚灌木。叶对生，长椭圆形或倒卵形，基部渐窄成短柄。花1~2朵生于叶腋，花冠淡红色或白色；花盘由2片舌状腺体组成。蓇葖果细长；种子无毛。原产非洲东部，我国各地广泛栽培，观赏或药用，全草抗癌、降血压，提取长春花碱和长春花新碱，用治急性淋巴细胞性白血病、淋巴肉瘤等有效。

2. 萝芙木属（*Rauvolfia*） 灌木。叶对生或轮生，叶腋间及腋内具腺体。二歧聚伞花序，有时成伞形或伞房式；花冠向左覆盖。核果单生或合生。萝芙木［*R. verticillata*（Lour.）Baill.］，全株无毛，叶对生或3~5片轮生；花冠白色，高脚碟形，核果2，暗红或紫红色；分布于我国华南、西南各省；根、茎、叶入药，为国产"降压灵"的原料。印度萝芙木（蛇根木）［*R. serpentina*（L.）Benth. et Kurz.］，叶3~4片轮生，稀对生；心皮及果合生至中部，核果成熟时红色；广布于我国云南省，两广有栽培；东南亚也有分布；根含利血平、血平定等近30种生物碱，为治疗高血压药物的原料。

3. 夹竹桃属（*Nerium*） 灌木，含水汁。叶常轮生，革质，全缘。伞房状聚伞花序顶生，花冠漏斗状，喉部具阔鳞状副花冠；药箭形，顶端药隔延长成丝状。夹竹桃（*N. indicum* Mill.）（图8-107），花萼直立，副花冠多次分裂呈线形；全国各地广为栽培；叶含黄花夹竹桃苷治心力衰竭，但有剧毒。

4. 罗布麻属（*Apocynum*） 半灌木，具乳汁。叶对生，缘有细齿。花冠圆筒状钟形，筒内面基部具副花冠；药箭形，基部具耳，顶端渐尖；花盘环状，肉质。罗布麻（*A. venetum* L.），叶片椭圆状披针形至卵状矩圆形，两面无毛；蓇葖果叉生，下垂，箸状圆筒状；分布于西北、华北、华

图 8-107 夹竹桃与络石

A—D. 夹竹桃　*A.* 花枝；　*B.* 花冠纵剖面，示花冠裂片上的条状附属物；　*C.* 雄蕊；　*D.* 蓇葖果；
E.、F. 络石［*Trachelospermum jasminoides* (Lindl.) Lem.］ *E.* 花蕾；　*F.* 花萼展开示雌蕊

东及东北各省；叶药用；茎皮纤维供纺织等用。

本科植物常有毒，尤以种子和乳汁毒性最大。羊角拗属（*Strophanthus*）、黄花夹竹桃属（*Thevetia*）、夹竹桃属等，含有多种生物碱，如羊角拗苷、黄花夹竹桃苷、夹竹桃苷、利血平、长春花碱等，为重要的药物原料。有些植物含有胶乳，如花皮胶藤属（*Ecdysanthera*）、杜仲藤属（*Parabarium*）、鹿角藤属（*Chonemorpha*）等，为野生橡胶植物，可提制一般日用橡胶制品。鸡蛋花（*Plumeria rubra* var. *acutifolia* Bailey）、黄花夹竹桃〔*Thevetia peruviana*（Pers.）K. Schum.〕、黄蝉（*Allamanda neriifolia* Hook.）、夹竹桃、长春花等，均为习见的观赏植物。

本科重点特征 木本，具乳汁。单叶对生，或轮生。花冠喉部常具附属物，花冠裂片旋转状排列；花药常箭形，互相靠合，花粉粒常单一。蓇葖果；种子常具丝状毛。

本科与萝藦科较接近，但本科叶腋内或腋间具钻状或线状腺体，常无副花冠，花柱 1，花粉粒不成花粉块，雄蕊和柱头不紧密结合，无载粉器等，易于区别。

（三）萝藦科（Asclepiadaceae） $*K_5 C_{(5)} A_{(5)} \underline{G}_{2:2}$

草本、灌木，常蔓生，有乳汁。单叶，对生或轮生，全缘，叶柄顶端常具丛生腺体；无托叶。花两性，辐射对称，5 基数，伞形、聚伞或总状花序。萼深裂或完全分离，重覆瓦状或镊合状排列，内面基部通常有腺体；花冠合瓣，辐状或坛状，裂片 5；副花冠由 5 个分离或基部合生的裂片或鳞片组成，有时双轮，连生于花冠筒上、雄蕊背部或合蕊冠上；雄蕊 5，花丝合生成管包围雌蕊，称合蕊冠，或花丝分离，花药与柱头粘合成合蕊柱；花粉为四合花粉和花粉块，前者花粉连接方式多样，每个花粉具 2~5 个孔，表面具模糊的颗粒至细网，有时为疣状纹饰；后者花粉挤得很紧，成多角形，无萌发孔，表面近于光滑，常 2 相邻药室中的 2 个花粉块柄系结于着粉腺上，或承载在匙形花粉器上（图 8-108）。无花盘，子房上位，心皮 2，离生，花柱 2，合生，柱头基部具 5 棱，顶端各 2；胚珠多数（图 8-109）。蓇葖果双生，或因 1 个不发育而成单生；种子顶端具丛生的种毛。染色体：X = 9~12。

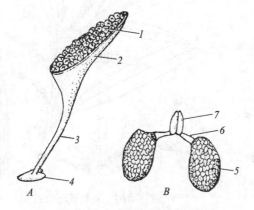

图 8-108　萝藦科的花粉器

A. 杠柳亚科的花粉器；　*B.* 其他亚科的花粉器

1. 四合花粉；　2. 载粉器；　3. 载粉器柄；　4. 黏盘；
5. 花粉块；　6. 花粉块柄；　7. 着粉腺

图 8-109　萝藦科马利筋花图式

本科约 180 属，2 000 种，主要分布于热带和亚热带地区。我国产 44 属，243 种，分布于西南及东南部，少数产西北与东北各省区。

1. 杠柳属（*Periploca*） 副花冠与花丝同时着生于花冠筒的基部，与花丝结合，副花冠裂片异形；四合花粉，承载在基部有黏盘的匙形载粉器上。杠柳（*P. sepium* Bunge），落叶蔓生灌木，全株无毛；叶卵状长圆形，膜质；花冠裂片中间加厚，反折；全国大部分地区分布；茎和根皮含 10 余种杠柳苷；根皮为中药"香加皮"，祛风湿，强筋骨，有毒。

2. 白前属（鹅绒藤属、牛皮消属）（*Cynanchum*） 草本或藤本。副花冠杯状或筒状；花粉块 2，每室 1 个，相邻 2 个花粉块固定在 1 个紫红色有柄的着粉腺上。本属药用植物不少，如柳叶白前 [*C. stauntonii*（Decne.）Schltr. ex Lévl.]，半灌木，无毛；叶狭披针形；花冠紫红色，内面具长柔毛；副花冠裂片盾状，隆肿；产长江以南各省区，全株药用。徐长卿 [*C. painculatum*（Bunge）Kitagawa]，多年生草本。叶披针形至线形，叶缘有睫毛；花黄绿色；副花冠裂片基部增厚，顶端钝；全国大部分地区产；全草药用。牛皮消（*C. auriculatum* Royle ex Wight），蔓性半灌木；叶宽卵形至卵状长圆形，被微毛；花冠白色，内面有疏柔毛；副花冠二轮，浅杯状；分布于全国大部分地区；块根药用。

3. 娃儿藤属（*Tylophora*） 藤本。副花冠为 5 个卵形肉质裂片所组成。娃儿藤 [*T. ovata*（Lindl.）Hook. ex Steud]，攀缘灌木，叶卵形，被毛；花冠淡黄或黄绿色，两面微被毛；副花冠裂片顶端高达花药之半；花粉块圆球状，平展；蓇葖果无毛；产云南、两广、湖南和台湾；根及全草药用。

本科多为热带植物，常含多种生物碱和苷类、多数供药用，除上述种类外，入药的尚有白前 [*Cynanchum glaucescens*（Decne.）Hand.–Mazz.]、萝藦 [*Metaplexis japonica*（Thunb.）Makino] 等多种。此外，地梢瓜 [*Cynanchum thesioides*（Freyn）K. Schum.] 和牛奶菜（*Marsdenia sinensis* Hemsl.）可产橡胶。蓝叶藤（*M. tinctoria* R. Br.）、球花牛奶菜（*M. globifera* Tsiang）等，可做蓝色染料。通光散 [*M. tenacissima*（Roxb.）Moon] 等，为有名的纤维植物。马利筋（*Asclepias curassavica* L.）（图 8–110）及球兰属（*Hoya*）、豹皮花属（*Stapelia*）和肉珊瑚属（*Sarcostemma*）等肉质植物，常栽培，供观赏用。

本科重点特征 花 5 基数，常具副冠。花柱 2 枚联合，花粉联合成花粉块

图 8–110 马利筋

A. 花枝；B. 花；C. 花纵切；D. 花粉器；E. 蓇葖果；F. 种子

或四合花粉，具载粉器。雄蕊互相联合并与雌蕊紧贴成合蕊柱。

本目是菊亚纲中最原始的类群，它和蔷薇亚纲中的山茱萸目（Cornales）有关系，两者同源于蔷薇目。

三十六、茄目（Solanales）

草本或木本。单叶，稀复叶，互生，稀对生。花两性，辐射对称，稀两侧对称，常由5基数4轮构成；花冠管状或漏斗状，裂片旋转状或覆瓦状排列；花盘存在，雄蕊5，着生于花冠筒上；子房上位，胚珠多数或1~2枚。

本目包括茄科、旋花科、菟丝子科、花葱科（Polemoniaceae）、睡菜科（Menyanthaceae）等8科。

（一）茄科（Solanaceae） $*K_{(5)} C_{(5)} A_5 \underline{G}_{(2:2)}$

直立或蔓生的草本或灌木，稀乔木；具双韧维管束。单叶全缘，分裂或羽状复叶，互生，或在开花枝上为大小不等的2叶双生；无托叶。花两性，辐射对称，稀两侧对称，单生或聚伞花序，常由于花轴与茎结合，致使花序生于叶腋之外；花萼5裂（稀4或6），宿存，常花后增大；花冠5（偶4或6），裂片镊合状或折叠式排列，辐射状，偶2唇形；雄蕊常与花冠裂片同数而互生，着生于花冠筒部；药2室，有时粘合，纵裂或孔裂；花粉长球形至扁球形；具3（稀4）孔沟，内孔横长；外壁层次不明，具条纹状或细网状纹饰。具花盘，常位于子房之下；子房2室，位置偏斜，稀为假隔膜隔成3~5室，中轴胎座，胚珠多数，极稀少数或1枚（图8-111）。果为浆果或蒴果，种子具丰富的肉质胚乳。染色体：X = 7~12、17、18、20~24。

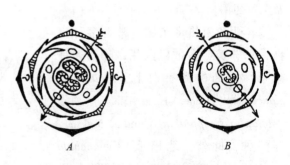

图8-111 茄科花图式

A. 曼陀罗属； B. 天仙子属

本科约80属，3 000种，广布于温带及热带地区，美洲热带种类最多。我国有24属，约115种。

1. 茄属（Solanum） 草本、灌木或小乔木。单叶，偶复叶。花冠常辐状；花药侧面靠合，顶孔开裂；心皮2，2室。浆果。约2 000种，我国39种。茄（S. melongena L.），全株被星状毛；叶互生，卵形至矩圆状卵形，叶缘波状，花单生；本种为栽培种，花色、果形及颜色均有极大变异；浆果食用；根、茎入药。马铃薯（S. tuberosum L.），草本，奇数羽状复叶，小叶大小相间；伞房状聚伞花序顶生，后侧生；原产热带美洲，广为栽培；块茎食用或工业提取淀粉用。龙葵（S. nigrum L.）（图8-112），一年生草本，植株粗壮，多分枝，花4~10朵组成短的蝎尾状花序，腋外生；浆果黑色；全世界广布；全草入药。

2. 辣椒属（*Capsicum*） 辣椒（*C. annuum* L.），花单生；花萼杯状，具不明显 5 齿，果梗粗壮，常俯垂；浆果无汁，有空腔，果皮肉质，味辣。原产南美，现世界各国普遍栽培。我国已有数百年栽培历史，为重要的蔬菜和调味品。本种常根据果实生长状态、形状和辣味的程度等，划分若干变种。如供蔬菜用的菜椒［*C. annaum* var. *grossum*（L.）Sendt.］、供盆景观赏用的朝天椒［*C. annuum* var. *conoides*（Mill.）Irish］等。

3. 番茄属（*Lycopersicon*） 番茄（*L. esculentum* Mill.），全株被黏质腺毛。叶为羽状复叶或羽状分裂。圆锥式聚伞花序腋外生；花药顶端渐狭而成长渐尖头，靠合成圆锥状，纵裂。浆果。原产南美，现世界广泛栽培。我国栽培极广，果实为盛夏的蔬菜和水果。

4. 烟草属（*Nicotiana*） 烟草（*N. tabacum* L.），高大草本，全体被腺毛。圆锥状聚伞花序顶生。原产南美，现广植于全世界温带和热带地区，我国南、北各地广泛栽培。叶为卷烟和烟丝的原料；全株含尼古丁（nicotine），有剧毒，可作农药杀虫剂，亦可药用。

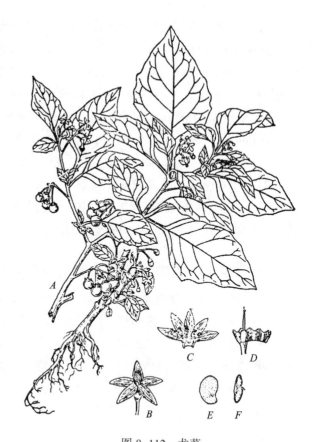

图 8-112 龙葵

A. 植株；*B*. 花；*C*. 剖开的花冠，示雄蕊；*D*. 剖开的花萼，示雌蕊；*E*. 种子正面；*F*. 种子侧面

5. 曼陀罗属（*Datura*） 植株粗壮。有毒。花较大，单生叶腋；花萼长管状，5 齿裂或一侧开裂；花冠漏斗形，檐部具折襞。蒴果常被刺。洋金花（*D. metel* L.），一年生草本；花萼筒部圆筒形，具 5 棱角；蒴果斜升至横生，疏生短刺，成熟后不规则 4 瓣裂；原产印度；叶和花含莨菪碱和东莨菪碱，花为中药麻醉剂。曼陀罗（*D. stramonium* L.），似洋金花；花萼筒部呈 5 棱角；果直立，常具针刺或稀无针刺，成熟后规则 4 裂；入药。木本曼陀罗（*D. arborea* L.），小乔木；花俯垂；果为浆果状，表面平滑；原产热带美洲；我国引种栽培，供观赏。

6. 枸杞属（*Lycium*） 有刺灌木。单叶，常因侧枝极短缩而成数枚簇生，全缘。花单生或 2 至数朵生于叶腋，浆果。中宁枸杞（*L. barbarum* L.），花萼常 2 中裂，裂片顶端有胼胝质小尖头或 2～3 小齿；花冠筒部明显长于檐部裂片，裂片边缘无毛；分布于西北和华北；果实甜，无苦味，含甜菜碱及胡萝卜素等多种人体所需的营养成分，为滋补药，畅销国内外。枸杞（*L. chinense* Mill.），花萼常 3 或不规则 4～5 齿裂，花冠筒部短于或等于檐部裂片，裂片边缘具缘毛；浆果甜而后味微苦；野生或栽培；果、根及根皮均入药。

本科植物不少种类含生物碱及其他成分，可供药用。除上述种类外，还有铃铛子（山莨菪）（*Anisodus luridus* Link et Otto）和天仙子（莨菪）（*Hyoscyamus niger* L.）等，所含成分和药效大致与洋金花相同。颠茄（*Atropa belladonna* L.）含阿托品（atropine）、颠茄碱（belladonin）等，叶为镇痛、镇痉药；根治盗汗，并有散瞳功效。酸浆（红姑娘）[*Physalis alkekengi* L.]、白英（*Solanum lyratum* Thunb.），也供药用。此外，夜香树（*Cestrum nocturnum* L.）、碧冬茄（矮牵牛）（*Petunia × hybrida*）等，原产南美，我国栽培，供观赏用。

本科重点特征 常草本，单叶互生。花两性，整齐，5基数；药常孔裂；心皮2，子房2室，位置偏斜；多数胚珠，浆果或蒴果。

本科与玄参科接近，但常为整齐花，雄蕊与花冠裂片同数，具内韧维管束等，可与后者区别；至于本科中具不整齐花冠的种类，则以心皮位置的偏斜与玄参科区别。

（二）旋花科（Convolvulaceae）$*K_5 C_{(5)} A_5 \underline{G}_{(2:2)}$

通常蔓生草本、稀为灌木或乔木，植物体常具乳汁，茎具双韧维管束。叶互生，单叶，偶复叶；无托叶。花整齐，常两性，5基数；单生叶腋或成聚伞花序；有苞片；萼分离或仅基部联合，覆瓦状排列，宿存；花冠多数漏斗状、钟状，冠檐近全缘或5裂，芽中常旋转折扇状或内向镊合状排列；雄蕊与花冠裂片同数，互生，着生花冠筒基部或中下部；花粉粒是多类型的，通常为近球形至长球形，具散孔、散沟、多沟或3（稀4）沟，具刺或无刺。外壁层次和萌发孔等特征和石竹目花粉有共同之处。花盘环状或杯状；子房上位，中轴胎座，2（稀3~5）心皮，2（稀3~5）室，每室具胚珠2枚（图8-113），偶因次生假隔膜而成4室，每室仅1胚珠，稀3室。蒴果或浆果。种子胚乳小，肉质至软骨质。染色体：X = 7~15。

图8-113 旋花科花图式

本科约50属，1 500种，广布全球，主产美洲和亚洲的热带和亚热带。我国有22属，约125种，南北均有分布。

甘薯属（*Ipomoea*） 草本或灌木，茎常缠绕。花冠漏斗状或钟状；雄蕊和花柱内藏；子房2~4室，胚珠4；花粉粒球形，有刺。甘薯（番薯）[*I. batatas*（L.）Lam.]（图8-114），一年生草本，具块根，茎平卧或上升；单叶，全缘或3~5（~7）裂；萼片顶端骤然成芒尖状，无毛或疏生缘毛；种子无毛；原产热带美洲，现已广泛栽培。甘薯是一种高产而适应性强的作物，块根除食用外，还可作食品等工业原料；茎、叶为优质饲料。蕹菜（*I. aquatica* Forsk.），水生或陆生草本，茎蔓生或浮于水中，中空；单叶，全缘或波状，偶基部有少数粗齿；萼片顶端钝，具小短尖头，无毛；种子密被短柔毛或有时无毛；原产我国，现中部和南部各省常栽培；嫩茎及叶作蔬菜。

旋花科除供食用的甘薯、蕹菜等外，供药用的种类亦不少，如牵牛[*Pharbitisnil*（L.）Choisy]，除栽培观赏外，种子称牵牛子，有黑褐和米黄两色，故有黑丑、白丑（合称二丑）之称，含牵牛子苷（pharbitin）等泻下成分，具泻下利尿、消肿、驱虫等功效；此外，马蹄金

（*Dichondra repens* Forst.）、土丁桂（*Evolvulus alsinoides* L.）等，亦可药用。本科观赏植物不少，茑萝松 [*Quamoclit pennata*（Lam.）Bojer.]、金鱼花（*Mina lobata* Cerv.）、月光花 [*Calonyction aculeatum*（L.）House] 等，原产南美，我国栽培，为庭园观赏用。

本科重点特征 常具乳汁，双韧维管束，旋转折扇状花冠，中轴胎座，直立无柄倒生胚珠，折叠的子叶。

本科和茄科较近，但前者胚珠定数，常 4 或 2，珠孔向下，胚根朝向珠孔而不同；亦和花葱科接近，但后者以花萼合生、雄蕊 3、胚珠不定数、无乳汁等为异。

（三）菟丝子科（Cuscutaceae）

不少作者将本科归于旋花科，作为菟丝子亚科或仅作一属即菟丝子属（Cuscuta）处理。这里作为独立的科，其特征为寄生草本。茎缠绕，黄色或红色，借助吸器固着于宿主。无叶，或退化成小鳞片。花小，排成总状、穗状或簇生成头状花序；花部 4 ~ 5 基数；萼片近相等；花冠筒内面基部雄蕊下有 5 个流苏状的鳞片；雄蕊着生于花冠喉部或花冠裂片之间；花粉近球形至扁球形；具 3 ~ 6 沟；外壁两层等厚或外层厚于内层，表面具颗粒至细网状或粗网状纹饰。子房上位，2 室，每室 2 胚珠。蒴果周裂或不规则破裂。染色体：通常 X = 7，有时为 15。

本科仅有菟丝子属 1 属，约 150 种，广布于全世界暖温带，主产美洲。我国约有 10 种，南、北均产。常见的如菟丝子（*C. chinensis* Lam.），茎纤细呈毛发状；花簇生成小伞形或小头状花序；花柱 2；蒴果全为宿存的花冠所包围，成熟时整齐周裂；通常寄生于豆科、亚麻科、菊科等植物上，为大豆、亚麻等作物的有害杂草；种子药用，补肾益精、养肝明目、止泻。

本目与龙胆目接近，二者来自共同的祖先。

图 8-114 甘薯

A. 花枝；*B*. 块根

三十七、唇形目（Lamiales）

草本或木本、茎常方形。叶对生、互生或轮生。花两性，稀单性，两侧对称，二唇形或否；雄蕊 4 或 2 或与花冠裂片同数；子房常由 2 心皮组成，深裂或否，花柱顶生或生于子房底部。核果，或分成 4 个小坚果。

本目包括紫草科、马鞭草科、唇形科等 4 科。

（一）紫草科（Boraginaceae） $*K_{(5)} C_{(5)} A_5 \underline{G}_{(2:4)}$

草本或亚灌木，或于热带为灌木或乔木，常具粗毛。单叶互生，有时对生或轮生，常全缘，无托叶。花两性，辐射对称；聚伞花序构成蝎尾状、穗状或圆锥状花序；花萼 5，分离或结合，宿存；花冠合瓣，辐状、漏斗形或高脚碟形。5 裂，覆瓦状排列，有时喉部有附属物；雄蕊 5，着生花冠筒上，内藏；花粉类型较多，近球形至长球形、超长球形；具 3~4（拟）孔沟、多沟或多孔沟；表面具小刺状、细网状或颗粒状纹饰。常具花盘；子房上位，心皮 2，合生，各含 2 胚珠；常 4 深裂，每室含 1 枚胚珠；花柱顶生，或生于子房 4 裂片的中央基部，柱头头状或 2 裂，果常为 4 个小坚果，种子无胚乳或有少量至丰富胚乳。染色体：X = 4~12。

本科约 100 属 2 000 种，广布全球。我国约有 49 属 208 种，分布全国各地。

1. 斑种草属（*Bothriospermum*） 草本。花冠喉部有鳞片。小坚果腹面内凹，背面有网纹或瘤状突起。斑种草（*B. chinense* Bge.），叶披针形、倒披针形或长圆形，叶缘皱波状；小坚果肾形，腹面有横的凹穴；分布华北等地；全草入药。细茎斑种草 [*B. tenellum*（Hornem.）Fisch. et Mey.]，叶卵状披针形或椭圆形，叶缘不呈皱波状；小坚果腹面凹陷呈纵椭圆形，表面有瘤状突起；广布江、浙等省；全草入药。

2. 厚壳树属（*Ehretia*） 灌木或乔木。花冠喉部无附属物；子房不裂；花柱顶生。约 50 种。分布热带和亚热带地区，我国有 12 种。厚壳树 [*E. acuminata* R. Brown]，落叶乔木；叶互生，表面无毛或疏生平伏粗毛，背面脉上或脉腋有毛；分布于我国东部、中部及西南各省；木材黄白色，质稍坚硬，可作装饰、建筑等用；树皮作染料。

3. 紫草属（*Lithospermum*） 草本。叶互生，全缘。花白、黄、蓝及青紫色。小坚果着生面的疤痕位于基部。约 40 种，广布温带地区，我国有 4 种。 紫草（*L. erythrorhizon* Sieb. et Zucc.）（图 8-115），多年生草本，主根粗大，圆锥形，干时紫色；花冠白色，喉部具顶端微凹的鳞片；小坚果卵形，灰白色，光滑；广布各地；根入药，含乙酰紫草素（acetylshikonin）、紫草素（shikonin）等多种成分，有凉血、活血、解毒之功效；植株也可作紫色染料。

4. 勿忘草属（*Myosotis*） 草本。花有柄，排列成蝎尾状花序，无苞片；花冠筒短，喉部有鳞片。小坚果卵形，直立，表面无皱纹。约 50 种，广布南、北两半球温带，我国有 5 种。勿忘草（*M. alpestris* F. W. Schmidt），花冠浅蓝色，喉部蓝色，有附属物。小坚果卵形，成熟时黑色，稍扁，有光泽。原产欧洲，现上海、南京等地广为栽培，为庭园观赏植物。

本科药用种类还有鹤虱（*Lappula myosotis*

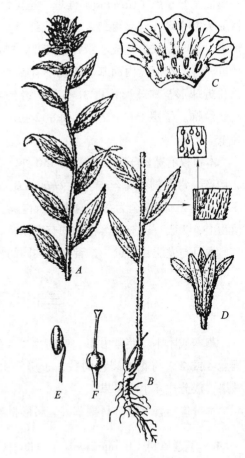

图 8-115 紫草
A、B. 植株全形； C. 花冠解剖；
D. 花萼； E. 雄蕊； F. 雌蕊

Moench），分布东北、华北等地。果实为驱虫药，种子可榨油；大尾摇（*Heliotropium indicum* L.），广布热带地区。全草入药。作饲料的有聚合草（*Symphytum officinale* L.），全国各地广为引种栽培。观赏植物有南美天芥菜（香水草）（*Heliotropium arborescens* L.），原产南美，沪、宁温室常见栽培；蓝蓟（*Echium vulgare* L.），产新疆北部，常栽培供观赏。

本科重点特征 草本或木本，常被粗毛。叶互生，无托叶。花两性，整齐，常蝎尾状花序；花冠合瓣，喉部常有附属物；雄蕊内藏；心皮2，常4深裂。

（二）马鞭草科（Verbenaceae） $\uparrow$，$* K_{(4\sim5)} C_{(4\sim5)} A_{4稀2,5} \underline{G}_{(2:2,4)}$

草本或木本。单叶，有时为复叶，对生，偶轮生或互生；无托叶。花两性，两侧对称或辐射对称；穗状或聚伞花序，或再由聚伞花序构成头状、伞房状或圆锥状；花萼合成钟状、杯状或筒状，多数为4~5裂，宿存；花冠合瓣，高脚碟形，偶钟形或二唇形，通常4~5裂，裂片覆瓦状排列；雄蕊4，2强，稀2或5，着生于花冠筒上；药2室，常分叉状而内向纵裂；花粉扁球形至长球形；具3（稀6）沟、3孔沟，偶4或5孔；外壁两层几相等，或外层厚于内层，表面具瘤、小刺、清楚或模糊的细网状纹饰，或近于光滑。子房上位，心皮2，2或4室，每室1~2胚珠（图8-116）；核果，或呈蒴果状而坏裂为2~4果瓣。种子常无胚乳。染色体：X = 5~12。

图8-116　马鞭草科花图式

本科80余属，3 000余种。主要分布于热带和亚热带。我国有21属，约200种，全国各地均有分布，以长江以南为多。

1. 马鞭草属（*Verbena*） 250种。我国原产仅马鞭草（*V. officinalis* L.）一种，多年生草本，方茎；叶不规则羽状分裂或具粗齿；穗状花序顶生或生于上部叶腋内，结果时花序伸长达30 cm以上，形似马鞭，故名；全草药用。

2. 柚木属（*Tectona*） 落叶大乔木。叶大而全缘。顶生阔大的圆锥花序；花小而繁密，5~6基数。核果包藏在扩大的花萼内。3种，分布于印度、缅甸及马来半岛。我国引种栽培的有柚木（*T. grandis* L. f.）1种，木材光泽美丽，纹理通直，耐朽力强，适于船舰、车辆、建筑及家具等用，为世界著名商用木材之一。

3. 大青属（赪桐属）（*Clerodendron*） 乔木或灌木。单叶对生，偶轮生，常被小腺点或腺体。花冠高脚碟形或漏斗状；雄蕊4，核果肉质，常有4沟槽，分裂为4个小坚果。400种，我国30余种。海州常山（*C. trichotomum* Thunb.）（图8-117），全株散发异味，故称臭梧桐；叶三角状卵形或广卵形，背面尤其脉上被短柔毛及散生金黄色腺点；我国黄河以南均有分布；叶、花、根均入药，祛风除湿，降血压。大青（*C. cyrtophyllum* Turcz.），叶椭圆状披针形，除中肋外，完全无毛；根和叶入药。

4. 牡荆属（*Vitex*） 灌木或乔木。叶对生，掌状复叶，小叶常3~5。牡荆［*V. negundo* var. *cannabifolia*（Sieb. et Zucc.）Hand. -Mazz.］，小枝、花序、叶柄及叶背面脉上，均被粗毛；小

叶常5；分布于华东、华南各省及河北等地；根、茎、叶、果均入药；茎皮可造纸及制人造棉。

5. 紫珠属（*Callicarpa*）灌木。叶常被各种茸毛或有黄色或红色腺点。花4基数，排列成二歧聚伞花序。190种，我国40余种。杜虹花（*C. formosana* Rolfe），叶小，下面被黄褐色星状毛和细小黄色腺点；花序宽不足4 cm，花序柄常纤细；产东南各省；叶含紫珠素，有散淤消肿、消炎、止血等功效。裸花紫珠（*C. nudiflora* Hook. et Arn.），叶较大，背面及嫩枝密被灰褐色绒毛；花序宽5 cm以上，花序柄粗壮；产广西、广东等地，用途同杜虹花。

本科很多种类供药用。以大青属、紫珠属、牡荆属、莸属（*Caryopteris*）等药用种类为多；柚木属及石梓属（*Gmelina*）中有些种类为贵重的材用树种；马鞭草属、大青属、冬红花属（*Holmskioldia*）、马缨丹属（*Lantana*）等中的一些种类，为常见的栽培观赏植物。

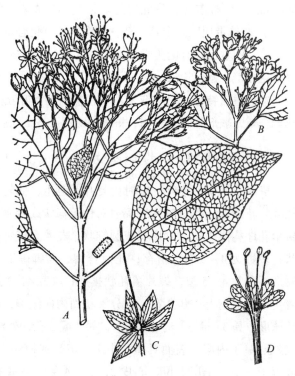

图8-117　海州常山

A. 花枝；　*B*. 果枝；　*C*. 去花冠的花，示萼及雌蕊；

D. 展开的花冠，示雄蕊

本科重点特征　常木本。叶对生。花两性，不整齐；雄蕊4，2强；子房上位，2心皮，2室，中轴胎座；核果或蒴果状。

本科和唇形科接近，但前者常非轮伞花序，有顶生花柱，非四分子房；亦易和紫草科中具顶生花序的种类混淆，以其向下的珠孔、通常对生的叶而不同。

（三）唇形科（Lemiaceae，Labiatae）　$\uparrow K_{(5)} C_{(4\sim5)} A_{4,2} \underline{G}_{(2:4)}$

草本，偶木质，含挥发性芳香油。茎常4棱形（即方茎）。单叶，偶复叶，对生或轮生；无托叶。花两性，两侧对称，稀近辐射对称，腋生聚伞花序构成轮伞花序，常再组成穗状或总状花序；花萼5裂，或2唇形，常上唇3，下唇2，宿存；花冠合瓣，二唇形，上唇2，稀3~4，下唇3（图8-118），稀单唇形，假单唇形，或花冠裂片近相等（图8-119）；花冠筒内通常有毛环；雄蕊4，2强，稀2枚，分离或药室贴近两两成对，着生于花冠筒部；药2室，平行、叉开至平展，或为延长的药隔所分开，纵裂；花粉长球形至扁球形；具3（稀4）或6（稀8）沟；外壁外层厚于内层或等厚，表面常具网状纹饰。花盘下位，肉质、全缘或2~4裂；子房上位，2心皮，浅裂或常深裂成4室，每室有1个直立的倒生胚珠；花柱常生于子房裂隙的基部，柱头多为2尖裂。果为4个小坚果。种子有少量胚乳或无。染色体：X = 5~11、13、17~30。

图 8-118 唇形科花图式

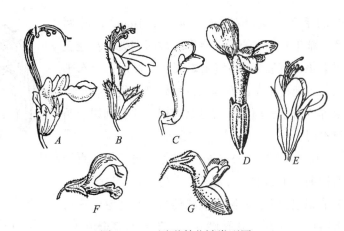

图 8-119 唇形科花被类型图

A. 庐山香科科的花，示单唇形花冠； *B.* 白毛夏枯草的花，示假单唇形花
冠； *C.* 黄芩的花，示二唇形花冠； *D.* 薰衣草的花，示 1/4 式花萼；
E. 留兰香的花，示近整齐的花冠； *F.* 丹参的花，示二唇形花冠；
G. 间断香茶菜的花，示 4/1 式二唇形花冠

本科约 220 属，3 500 种，是世界性的大科，近代分布中心为地中海和小亚细亚，是当地干旱地区植被的主要成分。我国约 99 属，800 余种，全国分布。

1. 筋骨草属（*Ajuga*） 花冠假单唇形，子房浅 4 裂或几裂至中部。小坚果倒卵形，有皱纹。紫背金盘（白毛夏枯草）（*A. nipponensis* Makino），一年生或二年生草本，茎通常直立，常从基部分枝，花时无基生叶，全体被疏柔毛；全草入药，清热解毒，凉血降压。类似的金疮小草（*A.decumbens* Thunb.），茎平卧或斜上升，具匍枝，花时具较大的基生叶，全体略被白色长柔毛；全草入药。

2. 黄芩属（*Scutellaria*） 轮伞花序，由 2 花组成，偏于一侧，在茎端常多轮相接而成总状花序；萼钟状唇形，上唇背部有 1 个半圆形唇状附属体，下唇宿存，花后封闭；花冠筒长，基部上举，常膝曲状，舷部唇形，上唇头盔状，下唇展开。黄芩（*S. baicalensis* Georgi），叶披针形，全缘，下面有无数黑色腺点；分布于北方各省区；根肥厚，断面黄色，入药。

3. 藿香属（*Agastache*） 草本，叶常卵形，萼具 15 脉，内面无毛环；花冠上唇直立，2 裂，下唇 3，开展，中裂片特大。9 种。我国仅藿香［*A. rugosa*（Fisch. et Mey.）O. Ktze.］（图 8-120）1 种，叶心状卵形至长圆状披针形，缘有粗齿；轮伞花序组成密集的圆筒形穗状花序，顶生，长4～15 cm；各地广泛栽培；茎、叶含挥发油，油的主要成分是甲基胡椒酚、茴香醛、茴香醚等；全草入药，能健胃、化湿、止呕、清暑热。

4. 夏枯草属（*Prunella*） 花萼有极不相等的齿，2 唇，果期下唇向上唇斜伸，以致喉部闭合；花冠上唇盔状；后对雄蕊短于前对雄蕊。夏枯草（*P. vulgaris* L.），全株具白色粗毛；轮伞花序成紧密的顶生穗状花序；广布欧、亚、美等洲，我国南、北均有分布；全草入药，清肝明目，消肿散结。

5. 益母草属（*Leonurus*） 花萼漏斗状，5 脉，萼齿近等大，内面无毛环或具斜向或近水平

向的毛环。益母草［*L. japonicus* Hout.］，叶两型，基生叶卵状心形，茎生叶数回羽裂；花冠上唇全缘，下唇3；小坚果矩圆状三棱形；分布于全国各地；全草活血调经，为妇科常用药；小坚果称茺蔚子，药用和益母草相似，并有利尿、明目作用。

6. 鼠尾草属（*Salvia*）　花冠唇形，上唇直立而拱曲，下唇展开；雄蕊2，花丝短，与药隔有关节相连，上方药隔呈丝状伸长，有药室，藏在上唇内，下方药隔形状不一，药室不完全或无。上述雄蕊特点，为虫媒传粉高度适应的结构。丹参（*S. miltiorrhiza* Bunge），羽状复叶，小叶常3～5，两面被疏柔毛，下面较密；根肥厚，外红内白，故名丹参；分布于辽宁、华北、陕西、华东、华中等地；根入药，活血祛淤、凉血、安神。原产美洲的一串红（*S. splendens* Ker -Gawl.）和朱唇（*S. coccinea* L.），单叶，茎生；苞片、花萼常艳色；我国各地庭园常栽培，供观赏用。

7. 薄荷属（*Mentha*）　芳香草本，叶背有腺点。轮伞花序常腋生；花冠4裂，近辐射对称，雄蕊4。薄荷（*M. canadensis* L.），多年生草本，具根茎；叶卵形或长圆形，两面有毛；轮伞花序腋生；全国各地均有野生或栽培，产量占世界第一位；全草含薄荷油，药用，或为高级香料。留兰香（*M. spicata* L.），叶披针形，缘有稍整齐的锯齿；轮伞花序排列成顶生穗状花序；世界各地广泛栽培；全株含留兰香油或绿薄荷油，供香料及药用。

8. 罗勒属（*Ocimum*）　草本或亚灌木。穗状或圆锥花序，花萼果时下倾，外面常被腺点；花冠上唇近相等，4（偶3）裂，下唇下倾。罗勒（*O. basilicum* L.），一年生草本；叶两面近无毛；我国各地栽培，南方有逸为野生；为芳香油及药用植物，油的主要成分是异茴香醚和芳樟醇。丁香罗勒［*O. gratissimum* L.］，直立灌木；叶两面密被柔毛状茸毛；我国南方栽培；用途和罗勒相同。

唇形科植物几乎都含芳香油，可提取香精，如薄荷、留兰香、罗勒以及百里香属（*Thymus*）、薰衣草属（*Lavandula*）、迷迭香属（*Rosmarinus*）多种。白苏［*Perilla frutescens*（L.）Britt.］的小坚果为有名的油料植物之一。作为药用的种类更多，约有160余种，除上述外，常用的还有荆芥［*Schizonepeta tenuifolia*（Benth.）Briq.］、紫苏［*Perilla frutescens*（L.）Britt.］、活血丹［*Glechoma longituba*（Nakai）Kupr.］、香薷［*Elsholtzia ciliata*（Thunb.）Hyland.］等。此外，五

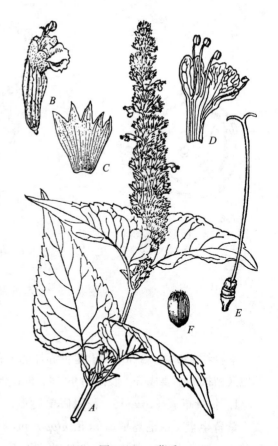

图 8-120　藿香

A. 花枝；B. 花，侧面观；C. 花萼的纵剖，内面观；D. 花冠纵剖，内面观，兼示雄蕊；E. 雌蕊；F. 小坚果，腹面观

彩苏［*Coleus scutellarioides*（L.）Benth.］，常栽培，供观赏。

本科重点特征　常草本，含挥发性芳香油，茎四棱。单叶，对生或轮生。轮伞花序；唇形花冠；雄蕊为 2 强雄蕊或 2 枚，子房上位，四分子房，小坚果，易于识别。

玄参科、爵床科中有时具对生叶及四棱茎等与唇形科外表相似的特征。但子房非深 4 裂，果实绝非小坚果，与唇形科完全不同。

唇形目和玄参目、茄目接近，并来自共同的祖先，但本目叶常对生，子房深裂而具基生花柱，胚珠多半成对，是系统发育上为高度专化的类型。

三十八、玄参目（Scrophulariales）

木本或草本。叶对生、轮生或互生，单叶或复叶。花辐射对称或两侧对称；雄蕊 4 或 2，偶 5；子房上位，2 或 1 室，稀 5 室，胚珠 2 至多数（稀 1）。常蒴果，或为浆果、核果。

本目包括木犀科、玄参科、苦苣苔科（Gesneriaceae）、爵床科（Acanthaceae）、紫葳科（Bignoniaceae）、胡麻科（Pedaliaceae）等 12 科。

（一）木犀科（Oleaceae）　$*K_{(4)稀(3\sim10)} C_{(4)稀(5\sim9)0} A_{2稀3\sim5} \underline{G}_{(2:2)}$

木本，直立或藤状。叶对生，很少互生，单叶或复叶；无托叶。花两性或单性，辐射对称，常组成圆锥、聚伞或丛生花序，稀单生；花萼常 4 裂，有时 3～10 裂或截头；花冠合瓣，稀离瓣，筒长或短，裂片 4～9，有时缺；雄蕊 2，稀 3～5；花粉近球形、扁球形或长球形；具 3（稀 2～4）沟或 3（偶 2）（拟）孔沟，内孔不明显；外壁外层厚于内层，表面具网状纹饰。子房上位，2 室，每室 1～3 个胚珠，常 2；花柱单一，柱头 2 尖裂（图 8-121）。果为浆果、核果、蒴果或翅果。种子具胚乳或无胚乳。染色体：X = 10、11、13、14、23、24。

图 8-121　木犀科花图式

本科约 30 属，600 种，广布温带和热带地区。我国有 12 属，200 种，南、北各省均有分布。

1. 梣属（白蜡树属）（*Fraxinus*）　落叶乔木，羽状复叶对生，罕单叶。花两性或单性，小型，花冠 4（稀 2～6），离瓣，罕基部结合或缺花冠。翅果。梣（白蜡树）（*F. chinensis* Roxb.），小叶 5～9，无毛；萼钟形，不规则 4 裂，无花冠；我国特产，分布几遍全国，可作行道树或护堤树，枝叶放养白蜡虫。小叶梣（*F. bungeana* DC.），小叶 5～7，卵形或卵圆形；花瓣 4，完全分离；分布于东北、华北等地，树皮入药，即中药的"秦皮"，含秦皮素和七叶树素等，有清热、明目、清肠、止痢之效。水曲柳（*F. mandshurica* Rupr.），小叶 7～11，下面沿脉和小叶基部密生黄褐色茸毛。分布东北、华北等地；木材材质致密，坚固有弹力，抗水湿，可供建筑、船舰、仪器、枕木、枪托等用。

2. 女贞属（*Ligustrum*）　单叶对生，全缘；花两性，花萼、花冠均 4 裂，雄蕊 2，子房 2 室，各具胚珠 2 个。核果。女贞（*L. lucidum* Ait.）（图 8-122），小枝无毛，叶革质，无毛；产长江以南各省和甘肃南部；果称"女贞子"，补肾养肝，明目；枝叶亦可放养白蜡虫。小蜡（*L. sinense* Lour.），小枝密被短柔毛，叶薄革质，背面，特别沿中脉有短柔毛，分布长江以南各省区；果可酿酒；叶入药。

3. 连翘属（*Forsythia*） 落叶灌木，枝空心或有片状髓。花黄色。先叶开放。蒴果。种子有翅。连翘［*F.suspensa*（Thunb.）Vahl］，枝中空；单叶或三出复叶；花单生；原产我国北部和中部，常栽培；果含连翘酚、甾醇化合物等，入药，清热解毒。金钟花（黄金条）（*F. viridissima* Lindl.），枝有片状髓；叶单生，花1～3朵腋生；常庭园栽培，供观赏用。

4. 茉莉属（*Jasminum*） 灌木。叶为三出复叶或羽状复叶，稀单叶。浆果。茉莉花［*J. sambac*（L.）Ait.］，常绿灌木，单叶，背面脉腋有黄色簇毛；花白色，芳香；原产阿拉伯和印度之间，我国各地栽

图8-122 女贞

A. 花枝；B. 果枝；C. 花；D. 雄蕊 E. 雌蕊 F. 种子

培；花提取香精和熏茶；花、叶、根入药。迎春花（*J. nudiflorum* Lindl.），落叶灌木；三出复叶；花先叶开放，淡黄色；主产我国北部和东部，常栽培；叶和枝入药。

5. 木犀榄属（*Olea*） 常绿灌木或小乔木。叶对生。圆锥或丛生花序腋生。核果。油橄榄（*O. europaea* L.），叶披针形至椭圆形，全缘；花白色，芳香；果椭圆状至近球形；原产地中海区域，我国引种栽培；果榨油，供食用和药用。

本科植物多数栽培，供观赏用，除上述茉莉属外，尚有丁香属（*Syringa*）、木犀属（*Osmanthus*）等多种。供药用的尚有暴马丁香［*Syringa reticulata* subsp. *amurensis*（Ruprecht）Green & Chang］、扭肚藤（*Jasminum elongatum*（Bergius）Willd.）等。此外，流苏树（*Chionanthu retusus* Lindl. et Paxt.）等，供材用。

本科重点特征 木本，叶常对生。花整齐，花被常4裂；雄蕊2；子房上位，2室，每室常2胚珠。

（二）玄参科（Scrophulariaceae）　$\uparrow^{稀}*K_{4\sim5,(4\sim5)}C_{(4\sim5)}A_{4,稀2,5}\underline{G}_{(2:2)}$

草本，稀木本并具星状毛。叶对生，稀互生和轮生；无托叶。花两性，常两侧对称，稀辐射对称，排列成各种花序；萼片4～5，分离或结合，宿存；花冠合瓣，常2唇形，裂片4～5（偶3）。芽中覆瓦状排列，有些属花冠筒极短，裂片呈辐状；雄蕊4，2强，稀2或5，着生

于花冠筒上，有些属有退化雄蕊 1~2；花粉长球形至扁球形；具 2~3（稀 4）沟、孔沟或拟孔沟，有时具合沟；外壁具颗粒状或网状纹饰。花盘环状或一侧退化；子房上位，2 心皮，2 室，中轴胎座，胚珠多数，偶少数（图 8-123）。蒴果，2 或 4 瓣裂或偶顶端孔裂，稀为不开裂的浆果，常具宿存花柱。种子多数，稀少数，有胚乳，胚直或稍弯曲。染色体：X = 6~16、18、20~26、30。

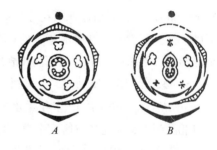

图 8-123 玄参科花图式

A. 毛蕊花属（Verbascum）；　B. 婆婆纳属

本科 200 余属，约 3 000 种，广布世界各地。我国有 54 属，约 600 种，分布于南、北各地，主产西南。

1. 泡桐属（Paulownia）　落叶乔木，叶对生。花冠不明显唇形，裂片近相等。蒴果木质或革质，室背开裂。习见种有白花泡桐［P. fortunei（Seem.）Hemsl.］、毛泡桐（P. tomentosa（Thunb.）Steud.］。本属植物均为阳性速生树种，木材轻且易加工，耐酸耐腐，防湿隔热，为家具、航空模型、乐器及胶合板等的良材；花大而美丽，又可供庭园观赏等用。

2. 地黄属（Rehmannia）　草本，被粘毛。叶互生，缘具粗齿。花冠唇形，芽中下唇包裹上唇。蒴果，藏于宿萼内。怀庆地黄［R. glutinosa Libosch. f.hueichingensis（Chao et Schin）Hsiao］，根肥厚，黄色，含地黄素、梓醇、甘露醇等，为中药地黄的上品；主产河南温县、博爱、沁阳等地；根干后称生地，滋阴养血，加酒蒸煮后称熟地，滋肾补血。

3. 玄参属（Scrophularia）　草本。叶对生，常有透明腺点。花冠球形或卵形；能育雄蕊 4，退化雄蕊 1，位于后方。蒴果。玄参（S. ningpoensis Hemsl.）（图 8-124），多年生高大草本；花冠紫褐色，上唇明显长于下唇，退化雄蕊近圆形；主产浙江，分布于陕西和河北以南各省区；块根含生物碱、甾醇、左旋天门冬素等，药用；滋阴清火，生津润肠，行淤散结。类似种北玄参（S. buergeriana Miq.），花冠黄绿色，主产东北，块根亦作玄参入药。

4. 腹水草属（Veronicastrum）　草本或亚灌木，茎蔓生。根常被黄色茸毛。叶常互生。萼齿 5，近于相等；花冠长筒状；雄蕊 2，多少伸出花外。爬岩红［V. axillare（Sieb. et Zucc.）

图 8-124 玄参

A. 花序；　B. 根状茎；　C. 叶；
D. 花冠（剖开）及雄蕊；　E. 果

Yamazaki]，全株无毛，穗状花序成圆柱状椭圆形，长 1~3 cm；产我国东部；全草入药，利尿消肿，消炎解毒。毛叶腹水草 [*V. villosulum*（Miq.）Yamazaki]，全株密被多细胞长柔毛，花序呈球形，长不超过 2 cm；药用同爬岩红。

5. 婆婆纳属（*Veronica*）　草本。花萼裂片 4；花冠筒短，常辐状；雄蕊 2。北水苦荬（*V. anagallis-aquatica* L.），多年生水生或沼生草本，具根状茎；花序腋生；蒴果卵圆形；广布长江以北及西南、西北各省区；全草药用。

本科常含苷类和生物碱，多供药用。除上述种类外，尚有毛地黄（*Digitalis purpurea* L.）和原产欧洲，现广为栽培的毛花毛地黄（*D. lanata* Ehrh.），叶均含毛地黄素（digitaline），为强当要药；阴行草（*Siphonostegia chinensis* Benth.），全草含挥发油，清热利湿，凉血止血，祛淤止痛。本科有些种类作观赏用，如原产欧洲的金鱼草（*Antirrhinum majus* L.），原产美洲的蒲包花（*Calceolaria cienatiflora* Cav.）、炮仗竹（*Russelia equisetiformis* Schlecht, et Cham.）等，均为庭园栽培。此外，原产我国的美丽桐 [*Wightia speciosissima*（D. Don）Merr.]，可作为庭园观赏植物或行道树。

本科重点特征　常草本。单叶，常对生。花两性，两侧对称；花被 4 或 5；雄蕊常 4，2 强；心皮 2，2 室，中轴胎座。蒴果。

本目与唇形目、茄目等有共同的祖先，其中紫葳科、胡麻科达到本目演化的顶点。

三十九、桔梗目（Campanulales）

草本，稀木本。花两性，单性，辐射对称或两侧对称，花冠常 5 裂；雄蕊通常与花冠裂片同数而互生；子房下位，2~3 室，胚珠 2 至多数。

本目包括桔梗科、花柱草科（Stylidiaceae）、草海桐科（Goodeniaceae）等 7 科。

桔梗科（Campanulaceae）　$* \uparrow K_{(5)稀(3~10)} C_{(5)} A_5 \overline{G}_{稀} \underline{G}_{(3:3)}$

一年生或多年生草本，亚灌木，偶乔木，常含乳汁和汁液。叶互生，稀对生或轮生，单叶；无托叶。花两性，辐射对称或两侧对称，单生，或由二歧或单歧聚伞花序组成的外形呈穗状、总状或圆锥状花序；花萼下位或上位，裂片 5（稀 3~10），宿存；花冠钟状或筒状，裂片常 5，有时裂至基部，镊合状或覆瓦状排列；雄蕊与花冠裂片同数，分离或合生，着生于花冠基部或花盘上；花粉近球形、长球形或扁球形；具 3~5（稀 6）孔、3 孔沟及赤道多沟等；外壁具刺状或网状纹饰。子房下位或半下位，稀上位，3 室，稀 2~5 室（图8-125）。蒴果，顶端瓣裂，侧面孔裂、纵裂、周裂或不开裂，有时为肉质浆果。种子小，胚乳丰富。染色体：X = 6~17。

本科约 60 属，1 500 种，全球分布，多数分布在温带和亚热带。我国有 17 属，约 150 种，南、北均产，以西南较多。

1. 党参属（*Codonopsis*）　多年生蔓草。花单独顶生；花冠钟形或广筒形；柱头 3~5 裂，裂片宽阔。蒴果顶端瓣裂。约 50 种，我国有 36 种，主产西南。党参 [*C. pilosula*（Franch.）Nannf.]，根圆柱

图 8-125　桔梗科花图式

形，下端分枝或不分枝，外皮灰黄至灰棕色；茎缠绕，花冠淡黄绿色；主产东北、华北等省区；根药用，有强壮、补气血作用。羊乳（*C.lanceolata*（Sieb. et Zucc.）Trautv.），根倒卵状纺锤形，略似海螺，故又名山海螺；全国分布；根入药。

2. 桔梗属（*Platycodon*） 多年生草本。根肥大肉质，淡黄褐色。花单生或数朵生于枝端；花钟形，雄蕊5，花丝基部膨大而彼此相连。子房下位，5室。蒴果圆卵形，顶端5瓣裂，果瓣和萼裂片对生。仅桔梗［*P. grandiflorus*（Jacq.）A. DC.］（图8-126）1种，全国广布；根含桔梗皂苷（plalycodin），入药，宣肺，散寒，祛痰，排脓。

3. 沙参属（*Adenophora*） 多年生草本。花下垂；花冠钟形，雄蕊花丝下部宽广，有毛；花盘厚，包花柱基部。蒴果自基部不规则裂开。轮叶沙参（南沙参）［*A. tetraphylla*（Thunb.）Fisch］，根圆锥形，黄褐色，有横纹；茎生叶常4片轮生；根含沙参皂苷，药用，清肺化痰。沙参（*A. stricta* Miq.］，叶互生，多少被白色细毛，基生叶肾圆形，有长柄，茎生叶卵形或长椭圆形，无柄或有短柄；分布于华东、中南及四川等地；根为祛痰药，并有滋养作用。

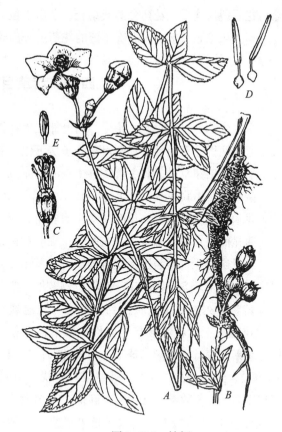

图 8-126　桔梗

A. 具花及根的植株；　*B.* 果枝；　*C.* 雄蕊及雌蕊侧面观；　*D.* 雄蕊；　*E.* 花药正面观

4. 半边莲属（山梗菜属）（*Lobelia*）①　花单生叶腋或顶生总状或穗状花序；花冠两侧对称，筒部在近轴面纵裂；雄蕊与花冠分离，花药合生；子房下位，2室。蒴果顶裂为2。半边莲（*L. chinensis* Lour.），多年生蔓生小草本，有乳汁；花单生，偏冠，故名"半边莲"；分布于长江流域及华南各省；全草含山梗菜碱等多种生物碱，清热解毒，利尿消肿。江南山梗菜（*L. davidii* Franch.），直立粗壮草本，多分枝；花为顶生稀疏的总状花序；药管被稀疏长柔毛或无毛；分布我国南部地区；全草及根药用。

本科植物多数具蓝色或白色的花朵，常栽培作观赏用，如原产南欧的风铃草（*Campanula medium* L.）等。

本科重点特征　常为多年生草本，含乳汁。单叶互生。花两性，常辐射对称；花冠钟状；雄

① 哈钦松系统根据花两侧对称，花冠唇形，上唇分裂至基部为2裂片，下唇3裂片；雄蕊5，花丝分离，花药合生环绕花柱等特点，把半边莲属等20属独立成半边莲科（Lobeliaceae），但克朗奎斯特系统仍包括在本科内。

蕊与花冠裂片同数；花药分离或结合；子房下位，常 3 室，蒴果。

本目和龙胆目接近，沿着雄蕊的花药由分离到结合，子房由上位到下位的方向发展而成的。

四十、茜草目（Rubiales）

木本或草本。叶对生、轮生、偶上部互生；托叶明显而宿存，位于叶柄间或叶柄内，分离或合生。花两性，偶单性，辐射对称；子房下位，偶上位，1 至多室，胚珠 1 至多数。

本目包括茜草科、假牛繁缕科（Theligonaceae）2 科。

茜草科（Rubiaceae） $*K_{(4 \sim 5)} C_{(4 \sim 5)} A_{4 \sim 5} \overline{G}_{(2:2)}$

乔木、灌木或草本。单叶，对生或轮生，常全缘；托叶 2，位于叶柄间或叶柄内，分离或合生。明显而常宿存，稀脱落。花两性，辐射对称，常 4 或 5（偶 6）基数，单生或排成各种花序；花萼与子房合生，萼裂覆瓦状排列，有时其中 1 片扩大成叶状；花冠合瓣，筒状、漏斗状、高脚碟状或辐状，裂片常 4 ~ 5，镊合状或旋转状排列，偶覆瓦状排列。雄蕊与花冠裂片同数而互生，着生于花冠筒上；花粉极其多样性，常单粒花粉，偶四合或二合花粉，球形、扁球形至超扁球形，稀长球形；3 ~ 4 ~ 12（偶 5）孔沟、3（稀 2 ~ 5）孔或 3 ~ 8 沟；外壁常具网状、拟网状或颗粒状纹饰。子房下位，1 至数室，常 2 室，胚珠 1 至多数；花柱丝状；柱头头状或分歧（图 8-127）。蒴果、核果或浆果；种子有胚乳。染色体 X = 6 ~ 17。

图 8-127　茜草科花图式

本科约 450 属，5 000 种以上，广布于全球热带和亚热带，少数产温带。我国有 70 余属，450 余种，多数产于西南和东南。

1. 栀子属（*Gardenia*）　灌木，托叶在叶柄内合成鞘。花冠高脚碟状，裂片旋转状排列。浆果。栀子（*G. jasminoides* Ellis）（图 8-128），叶对生或 3 叶轮生，仅背面脉腋有簇生短毛，果黄色，卵状至长椭圆形，有 5 ~ 9 条翅状直棱；分布于我国南部和中部；常庭园栽培；果含栀子苷，药用，清热泻火、凉血、消肿；另含番红花色素苷，可作黄色染料。

2. 钩藤属（*Uncaria*）　蔓生木本。花 5 基数，常多数花密集成头状花序。蒴果长形。种子有翅。钩藤［*U. rhynchophylla*（Miq.）Jacks.］，光滑藤本，嫩茎四棱；叶卵形，对生，节上有 4 枚针状 "叶间托叶"；不发育的总花梗变为曲钩，借此攀缘，"钩藤" 以此得名；分布于我国东部及南部；钩及小枝含钩藤碱、异钩藤碱等，入药，具清热平肝、息风止痉作用。

3. 香果树属（*Emmenopterys*）　仅香果树（*E. henryi* Oliv.）1 种，落叶大乔木。花为顶生伞房式大型圆锥花序；萼裂顶端截平，脱落，但一些花的萼裂片中有 1 枚扩大成叶状，白色而宿存于果上；花冠钟状，裂片覆瓦状排列。蒴果大，长 3 ~ 5 cm，有直线棱，成熟时红色。分布于我国西南和长江流域一带。材用或为庭园观赏植物。

4. 茜草属（*Rubia*）　草本。根成束，常红褐色。茎被粗毛。叶 4 ~ 8 片轮生。花 5 基数，花冠辐状或短钟状；子房 2 室，每室 1 胚珠。茜草（*R. cordifolia* L.），多年生蔓生草本，茎方形，有倒刺；叶常4片轮生（理论上2片为正常叶，余为托叶），卵状心形；果实肉质，黑色，球形；全国大部分地区有分布；根含茜草素、茜根酸等，药用。

5. 耳草属（*Hedyotis*） 草木或灌木。花小，4基数，车辐形、高脚碟形或钟形，花冠裂片镊合状排列。蒴果开裂或不开裂。白花蛇舌草（*H. diffusa* Willd.），全株无毛，叶线形，托叶长刺毛状；分布于我国东南至西南；全草含乌索酸、齐墩果酸等，药用，清热解毒、活血、利尿。

6. 咖啡属（*Coffea*） 灌木或小乔木。花丛生叶腋，花冠高脚碟状，裂片旋转状排列。浆果，具种子2枚。约40种，主产热带非洲，我国云南、广东、广西、台湾引入栽培5种。小粒咖啡（*C. arabica* L.）（图8-129），叶薄革质，矩圆形或披针形，边缘波状或浅波状；托叶宽三角形；聚伞花序簇生叶腋，常无总梗；浆果椭圆形；种子含生物碱，药用或作饮料。

7. 金鸡纳属（*Cinchona*） 木本。托叶早落。顶生圆锥花序；花5基数，花冠长筒状，裂片镊合状排列，边缘具毛。蒴果室间开裂；种子小型，有翅。约40种，原产南美。我国海南、云南、台湾等地有栽培。金鸡纳树（*C. ledgeriana* Moens），常绿乔木；幼枝四棱形，被褐色短柔毛；叶矩圆状披针形或椭圆状矩圆形，原产秘鲁，树皮含奎宁（quinine）最多，治疟疾特效。鸡纳树（*C. succirubra* Pav.）、正鸡纳树（*C. officinalis* L.）等，树皮亦含奎宁，用途相同。

本科富含生物碱和苷类，入药的种类很多，除上述数种外，尚有巴戟天（*Morinda officinalis* How）、蛇根草（*Ophiorrhiza mungos* L.）、白马骨［*Serissa serissoides*（DC.）Druce］、鸡矢藤

图8-128 栀子
A. 花枝；*B*. 果枝；*C*. 花纵剖面

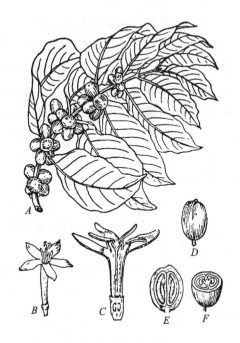

图8-129 咖啡
A. 果枝；*B*. 花；*C*. 花纵剖面，示雄蕊及雌蕊；
D. 果；*E*. 果纵切面；*F*. 果横切面

［*Paederia foetida* L.］、猪殃殃（拉拉藤）（*Galium spurium* L.）等，均可药用。此外，龙船花（*Ixora chinensis* Lam.）、六月雪［*Serissa japonica*（Thunb.）Thunb. Nov. Gen.］等，为庭园观赏植物。

本科重点特征 叶对生，全缘，具托叶。花整齐，4 或 5 基数，子房下位，2 室，胚珠 1 至多数。

本目在系统发育上和龙胆目有联系，特别和龙胆目的马钱科更为接近，后者叶对生，具发达的柄间、柄内托叶，以及花冠整齐，雄蕊与花萼、花冠同数等与本目的茜草科极为一致。

四十一、川续断目（Dipsacales）

草本或木本。叶对生，有时轮生。花两性，辐射对称或两侧对称，4 或 5 基数。雄蕊为花瓣裂片的同数、倍数或较少；子房下位或半下位，心皮常 2 或 3，稀 5，1 至数室，每室含 1 至多数倒生胚珠，胚珠在有些室内常不发育。

本目共有忍冬科、败酱科（Valerianaceae）、川续断科（Dipsacaceae）等 4 科。

忍冬科（Caprifoliaceae）　$* \uparrow K_{(4 \sim 5)} C_{(4 \sim 5)} A_{4 \sim 5} \overline{G}_{(2 \sim 5 : 2 \sim 5)}$

木本，稀草本。叶对生，单叶，稀为奇数羽状复叶，常无托叶。花两性，辐射对称至两侧对称，4 或 5 基数；聚伞花序，或由聚伞花序构成各种花序或数朵簇生，稀单生；花萼筒与子房贴生，裂片 4～5；花冠合瓣，花冠筒长或短，裂片 4～5，有时 2 唇形，覆瓦状排列，稀镊合状排列；雄蕊与花冠裂片同数而互生，着生于花冠筒上，花粉扁球形或长球形，稀近球形；3 孔沟，稀 3 孔，沟狭，内孔横长；外壁两层等厚或外层厚于内层，具小刺、细网或模糊颗粒状纹饰。无花盘；子房下位，2～5（稀 8）室，每室具 1 至多数胚珠（图8-130）。浆果、蒴果或核果；种子有胚乳。染色体：X＝8～12。

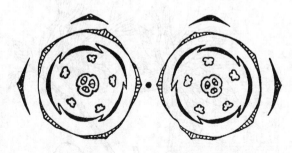

图 8-130　忍冬科忍冬属花序图式

本科约 14 属，400 余种，主产北半球。我国有 12 属，200 余种。分布于南、北各省区。

1. 忍冬属（*Lonicera*）　直立或缠绕灌木。单叶全缘。花常双生，有时 3 朵并生，花冠 2 唇形或几 5 等裂。浆果。忍冬（*L. japonica* Thunb.）（图 8-131），常绿藤本，茎向右缠绕；花双生于叶腋，花冠白色（有时淡红色），凋落前变为黄色，故又称"金银花"；我国南北均产，花蕾入药，含木犀草素、忍冬苷等，清热解毒。华南忍冬（山银花）（*L. confusa* DC.）、菰腺忍冬（红腺忍冬）（*L. hypoglauca* Miq.）等 10 余种的花蕾，均作金银花入药。

2. 荚蒾属（*Viburnum*）　常绿灌木。花为顶生圆锥花序，或伞形花序式的聚伞花序，有些种类的缘花放射状，不结实，花冠辐状。核果。荚蒾（*V. dilatatum* Thunb.），叶宽倒卵形至椭圆形，边缘具牙齿，腹面疏被柔毛，背面近基部两侧有少数腺体和无数细小腺点，脉上常具柔毛或星

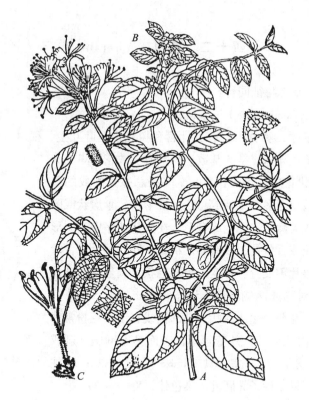

图 8-131　忍冬

A. 花枝；　*B*. 果枝；　*C*. 剖开的花，示雄蕊及雌蕊的一部分

状毛；花序复伞形状；广布于陕西、河南、河北及长江以南诸省区。珊瑚树〔*V. odoratissimum* Ker. -Gawl.〕，南方常栽培，为庭园绿篱植物。香荚蒾（*V. farreri* Stearn），北方栽培，供观赏。有些种类经过长期培育，花为大型白色的不育花，如绣球荚蒾（木绣球）（*V. macrocephalum* Fort.）。

3. 接骨木属（*Sambucus*）　木本，稀为多年生草本。奇数羽状复叶，小叶有锯齿；有托叶。核果。接骨木（*S. williamsii* Hance），落叶大灌木；小枝具黄褐色髓心；小叶 5～7，揉碎后有臭味；圆锥花序顶生，无腺点；南、北均产；茎叶药用，祛风通络、活血止痛、利尿消肿。接骨草（蒴藋、陆英）（*S. javanica* Blume），直立草本或亚灌木，茎有棱；伞房花序散开，花间杂有不育花变成的黄色杯状腺体；产长江以南各省区；全草药用，功用同接骨木。

忍冬科供药用的主要有忍冬属、接骨木属等 30 余种植物。供观赏的除荚蒾属多种外，尚有锦带花〔*Weigela florida*（Bunge）A. DC.〕、糯米条（*Abelia chinensis* R. Br.）、大花六道木（*A × grandiflora* Rehd.）等多种。

本科重点特征　常木本。叶对生，常无托叶。花 5 基数，辐射对称或两侧对称，花冠常覆瓦状排列，子房下位，常 3 室。

本科与茜草科极相近似，两者主要依据托叶的有无、花冠排列方式以及心皮数的不同而区分。

本目起源于茜草目，而和桔梗目的距离较远。

四十二、菊目（Asterales）

本目仅菊科一科，形态特征同科。

菊科（Asteraceae，Compositae） $*↑K_{0\sim\infty}C_{(5)}A_{(5)}\overline{G}_{(2:1)}$

草本，半灌木或灌木，稀乔木，有乳汁管和树脂道。叶互生，稀对生或轮生；无托叶。花两性或单性，极少为单性异株，常5基数；少数或多数花聚集成头状花序，或缩短的穗状花序，下面托以1至多层总苞片组成的总苞，头状花序单生或数个至多数排列成总状、聚伞状、伞房状或圆锥状，花序托有窝孔或无窝孔，无毛或有毛；在头状花序中有同形的小花，即全为筒状花或舌状花，或有异形小花，即外围为假舌状花，中央为筒状花；萼片不发育，常变态为冠毛状、刺毛状或鳞片状；花冠合瓣，辐射对称或两侧对称，形态种种；雄蕊5（偶4）个，着生于花冠筒上；花药合生成筒状，基部钝或有尾；花粉常球形；3（稀4）孔沟，内孔横长；外壁较厚，表面具大网胞、刺或微弱退化的小刺。子房下位，1室，具1胚珠（图8-132）；花柱顶端2裂。果为连萼瘦果。种子无胚乳。染色体：X = 8～29。

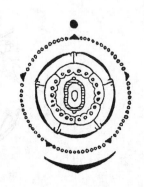

图8-132 菊科花图式

本科约1 000属，25 000～30 000种，广布全世界，热带较少。我国200余属，2 000多种，全国都有分布。

菊科的花冠形态极为复杂，通常可分为5种不同的类型（图8-133）：（1）筒状花，是辐射对称的两性花，花冠5裂，裂片等大；（2）舌状花[1]，是两侧对称的两性花，5个花冠裂片结成1个舌片，如蒲公英；（3）二唇花，是两侧对称的两性花，上唇2裂，下唇3裂；（4）假舌状花[1]，是两侧对称的雌花或中性花，舌片仅具3齿，如向日葵的边缘花；（5）漏斗状花，无性，花冠呈漏斗状，5～7裂，裂片大小不等，如矢车菊的边缘花。

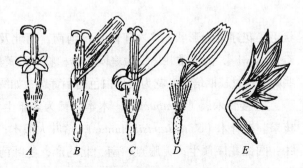

图8-133 菊科花冠类型图
A. 筒状花；B. 舌状花；C. 两唇花；
D. 假舌状花；E. 漏斗状花

本科根据头状花序花冠类型的不同、乳状汁的有无，通常可分成两个亚科。

亚科Ⅰ. 筒状花亚科 凡头状花序全为筒状花，或边缘花假舌状、漏斗状，而盘花为筒状花，植物体不含乳汁者，均属本亚科。筒状花亚科包括菊科的绝大部分种、属，通常分为12个族，除主产非洲的Arctoinalis族我国不产外，其余11个族均有分布。

---

[1] 有些书籍把假舌状花及舌状花统称为"舌状花"。

1. 蒿属（艾属）（*Artemisia*）　草本或半灌木。有苦味或芳香，常被绢毛或蛛丝状毛。叶不分裂、或有缺刻、或 1～3 回羽状全裂。头状花序小型，常下垂，集成总状或圆锥状，总苞半球形至卵形，总苞片边缘膜质，数列。花全为筒状；盘花两性，结实或否；缘花雌性，纤细，2～3 齿裂。连萼瘦果小，有微棱，无冠毛。我国有 200 余种，广布。艾（*A. argyi* Lévl. et Vant.）、茵陈蒿（*A. capillaris* Thunb.）、牡蒿（*A. japonica* Thunb.）、奇蒿（刘寄奴）（*A. anomala* S. Moore）等，均可药用。黑沙蒿（沙蒿）（*A. ordosica* Krasch.）为良好的固沙植物。

2. 苍术属（白术属）（*Atractylodes*）　白术（*A. macrocephala* Koidz.），多年生草本，根茎粗大，略呈拳状；头状花序顶生，总苞钟形，外围有一轮直立羽毛状深裂、裂片呈针刺状的苞叶，最外还有数片线状披针形平展的苞叶；分布浙江、江西、湖南、湖北、陕西等省区；根茎药用，补脾健胃、和中化湿。苍术［*A. lancea*（Thunb.）DC.］，根茎作中药"苍术"入药，健胃、燥湿、祛风、发汗。

3. 红花属（*Carthamus*）　红花（*C. tinctorius* L.），一年生或二年生草本，全体光滑无毛。叶质硬，边缘不规则浅裂，裂片先端成锐齿或无锐齿。头状花序单生，或伞房状排列；总苞多列，外方 2～3 列呈叶状，边缘有针刺。花序全为两性筒状花。原产埃及，我国长江南、北均有栽培。花含红花苷、红花醌苷及新红花苷等；有活血、通经的功效，连萼瘦果含脂肪油，药用或工业用。

4. 矢车菊属（*Centaurea*）　矢车菊（*C. cyanus* L.），一年生草本，幼时被白色绵毛。头状花序单生枝端，总苞钟状，总苞片多层，外层短，边缘篦齿状。缘花漏斗状。常 7 裂。欧洲原产。我国各地常栽培，供观赏用。

5. 菊属（*Chrysanthemum*）　多年生，稀二年生草本。叶分裂或不分裂。头状花序枝端单生，或伞房状排列。总苞半球形，总苞片多列，边缘常干膜质。盘花筒状，花药基部全缘，顶端有椭圆形附属物；缘花 1 至多列，雌性，假舌状，两者均结实。连萼瘦果具较多纵肋，无冠毛。我国 30 余种，广布。菊花［*C*×*morifolium* Ramat.］，品种甚多，花、叶变化很大，是著名的观赏植物，花亦可药用。野菊［*C. indicum* L.］，野生或栽培，除新疆外，广布全国各地；花药用，清热解毒。

6. 向日葵属（*Helianthus*）　一年生或多年生草本。下部叶常对生，上部叶互生。头状花序单生，或排成伞房状，顶生。总苞片数轮，外轮叶状。缘花假舌状，中性不育；盘花筒状，两性。连萼瘦果倒卵形、稍压扁，顶端具 2 个鳞片状、脱落的芒。约 100 种，主产北美洲。我国引种栽培的有 4～5 种。向日葵（*H. annuus* L.）（图 8-134），种子含油量达 22%～37%，有时可达 55%，为重要的油料作物。菊芋（*H. tuberosus* L.），块茎可食，为制酒精及淀粉的原

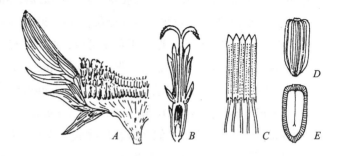

图 8-134　向日葵

A. 部分花序的纵剖面；　*B*. 花的纵剖面；
C. 聚药雄蕊；　*D*. 果；　*E*. 果实纵切面

料，叶为优良的饲料。

7. 风毛菊属（*Saussurea*）　多年生无刺草本。叶互生，有齿或分裂。头状花序全为两性，筒状，紫色或蓝色；花托平或凸隆，通常密被刚毛；冠毛 1 或 2 轮，内轮羽状，外轮常为刚毛状或羽状。连萼瘦果具四棱。约 250 种，分布于北温带或高山区，我国有 200 种。雪莲花（*S. involucrata* Kar. et Kir.）、水母雪兔子（水母雪莲花）（*S. medusa* Maxim.）等，均可药用。

8. 千里光属（*Senecio*）　草本、亚灌木或灌木。叶互生或基生，全缘或各种分裂。头状花序单生或排成伞房状或圆锥状。总苞片 1 层或近 2 层，等长，基部常有数枚外苞片。缘花假舌状，或无，雌性，结实；盘花筒状，两性，结实，花药基部通常钝，稀具耳，花柱顶端具画笔状附属物，稀钝圆或急尖。连萼瘦果圆柱形而有棱；冠毛丰富或少或缺。约 1 200 种，广布全球，我国有 160 余种。千里光（*S. scandens* Buch.-Ham.），多年生草本，茎伸长，分枝呈蔓生状，叶卵形或椭圆状披针形，两面有软毛；全草清热解毒、祛腐生肌、清肝明目。

9. 苍耳（*Xanthium*）　苍耳（*X. strumarium* L.），一年生草本，叶三角形，3~5 裂，边缘具不规则锯齿。头状花序顶生或腋生，单性同株，总苞结成囊状，外面具钩刺。分布全国各地。果药用，苍耳子油可作油漆、油墨及肥皂的原料。

亚科Ⅱ. 舌状花亚科　整个花序全为舌状花，植物体含乳汁者均属此亚科。本亚科仅含菊苣族（Cickorieae）一族。

1. 莴苣属（*Lactuca*）　一年生或多年生草本。叶全缘或羽状分裂。头状花序组成各种复花序；总苞圆筒形，总苞片数列，外层较短，向内层渐较长；花全为舌状花，白色、黄色、淡红色或蓝紫色。连萼瘦果扁平，顶端窄有喙；冠毛多而细。约 70 余种，我国产 40 余种，分布全国各地。莴苣（*L. sativa* L.），头状花序生在枝端，排成伞房状圆锥花序；花黄色；原产欧洲或亚洲，各地栽培，为主要蔬菜之一。莴苣品种很多，如莴笋（*L. sativa* var. *angustata* Irish.）、生菜（*L. sativa* var. *romana* Hort.）。

2. 蒲公英属（*Taraxacum*）　多年生草本。叶丛生于基部，倒向羽状分裂或琴状羽状分裂。头状花序生于花茎顶端，花全为舌状花，黄色；总苞片 2 列，外面的较小而广展或下弯，内面的直立而细狭。连萼瘦果纺锤形，有棱，先端延长成喙，冠毛多。60 余种，主产北温带，我国有 40 种。蒲公英（*T. mongolicum* Hand.-Mazz.），全国各地均有野生；全草药用，为一种常用的清热解毒、消肿散结的中草药。橡胶草（*T. kok-saghyz* Rodin），多年生草本，花淡黄色；我国西北、东北、华北等地均有栽培，根的皮层含橡胶 20%，木质部中含 8%，可提取橡胶。

菊科经济用途极广，供药用的种类很多，约有 300 余种。除上述属、种外，尚有佩兰（*Eupatorium fortunei* Turcz.）、艾纳香〔*Blumea balsamifera*（L.）DC.〕、大蓟（*Cirsium japonicum* Fisch. ex DC.）、豨莶（*Sigesbeckia orientalis* L.）、旋覆花（*Inula japonica* Thunb.）、鼠麴草（*Gnaphalium affine* D. Don）、一枝黄花（*Solidago decurens* Lour.），以及除虫菊（*Pyrethrum cinerariifoliun* Trev.）等。它们多数含生物碱、苷类以及苦味质等，是一些常用的中草药。本科特有的经济植物不少，比如引种的小葵子〔*Guizotia abyssinica*（L. f.）Cass.〕，原产东非，我国云南省引种成功，并已在江苏、四川、广西等省区推广栽种。小葵子为一年生草本，种子含油量达 39%~41%，其中脂肪酸的主要成分是亚油酸，是常被用于降低胆固醇的药物，含量达 76%~78%，是一种理想的食用油料作物。此外，供观赏的种类繁多，原产美洲的大丽花（*Dahlia pinnata* Cav.）、百日菊（*Zinnia elegans* Jacq.）、秋英（*Cosmos bipinnatus* Cav.）、金光菊（*Rudbeckia laciniata* L.）、万寿菊（*Tagetes erecta* L.），原产欧洲的瓜叶菊（*Cineraria cruenta* Mass.）、雏菊（*Bellis perennis* L.），原产非洲的非洲菊（扶郎花）（*Gerbera jamesonii* Bolus）以及翠菊［*Callistephus chinensis*（L.）Nees.］等，均为习见的庭园观赏植物。

菊科是一个比较年轻的大科，化石仅出现于第三纪的渐新世。由于本科在结构上、繁殖上的种种特点，如萼片变成冠毛、刺毛，有利于果实远距离传播；部分种类具块茎、块根、匍匐茎或根状茎，有利于营养繁殖的进行；花序的构造和虫媒传粉的高度适应；等等；促使它很快的发展与分化，从而达到属、种数和个体数均跃居现今被子植物之冠。

菊科的头状花序（特别是放射状花序）的结构，在功能上如同一朵花一样，总苞1至多裂，起着花萼的保护作用；周边的舌状花具有一般虫媒花冠所特有的作用——招引传粉昆虫；而中间盘花数量的增加，如向日葵的盘花可达数百个，最多可达千余个，更有利于后代的繁衍。

本科绝大部分是虫媒花。通常是异花传粉的，雄蕊先于雌蕊成熟，由于花药结合成药筒，且药室内向开裂，因而成熟的花粉粒就散落在花药筒内，当昆虫来访采蜜时，引起花丝收缩，或花柱的伸长，柱头下面的毛环把花粉从花药筒内推出，花粉被来访的昆虫带走，一次，二次，直至花粉全部散落而花药枯萎。此时，雌蕊开始成熟，柱头开始伸出花药筒外，柱头裂片展平，受粉面裸露，准备接受传粉昆虫从另一个花序带来的花粉，借此顺利完成异花传粉（图8-135）。在农业上，由于向日葵的盘花数目过大，常因得不到异花传粉而出现缺粒，进行人工授粉，就能保证丰收。本科又在特殊的情况下，或得不到昆虫传粉时，才进行自花传粉，例如，花色不显著的蒿属，常进行自花传粉。菊科风媒传粉的种类很少，它们的花药通常是分离的，花柱伸出花冠筒外，花粉变得干燥，不具蜜腺，且常常是单性花，如苍耳属植物就是风媒传粉的。

本科重点特征 常为草本。叶互生，头状花序，有总苞，合瓣花冠，聚药雄蕊，子房下位，1室，1胚珠，连萼瘦果，屡有冠毛。

本目和桔梗目在聚药雄蕊、子房下位等方面有类似的特征，故有些学者将它们同列于桔梗目内。但由于本目特征明显，近年来多数学者则独立成目。本目起源于茜草目，并发展到比桔梗目更适应虫媒传粉的高级阶段。

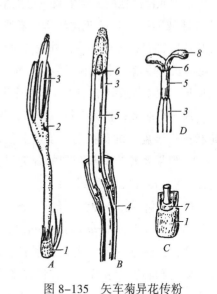

图 8-135 矢车菊异花传粉

A. 一朵筒状花； *B.* 筒状花上部纵剖； *C.* 筒状花基部纵剖； *D.* 花柱已伸出花药筒外，柱头展开

1. 子房； 2. 花冠； 3. 花药筒； 4. 花丝着生点； 5. 花柱； 6. 扫粉毛； 7. 蜜腺； 8. 柱头的受粉面

单子叶植物纲（Monocotyledoneae）[百合纲（Liliopsida）]

胚具一顶生子叶。茎内的维管束散生，无形成层，通常不能加粗。叶脉通常为平行脉或弧形脉。花的各部通常为 3 或 3 的倍数，外轮和内轮花被通常相似。主根常不发达，由多数不定根形成须根系。

四十三、泽泻目（Alismatales）

水生或半水生草本植物。叶互生，常密集于根状茎或匍匐茎的近顶端而呈基生状，通常基部扩大和具鞘。花序聚伞状伞形、总状或圆锥花序，有时单生，花整齐，3 基数（部分为多数），两性或单性；花被 6，排成 2 轮，外轮 3 片，呈花萼状，内轮 3 片，呈花瓣状；雌蕊 3~20 离生（或基部联合），排成一轮或螺旋状排列。

本目包括花蔺科（Butomaceae）、泽泻科等 3 科。

泽泻科（Alismataceae） $*P_{3+3} A_{6\sim\infty} \underline{G}_{6\sim\infty}$

生水中或沼泽地的多年生或一年生草本。有根状茎。叶常基生，基部有开裂的鞘。叶形变化较大。花两性或单性，辐射对称；花序总状或圆锥状；花被 2 轮，外轮 3 片绿色，萼片状，宿存，内轮 3 片花瓣状，脱落；雄蕊 6 至多数，稀为 3 枚；花粉常为球形或带多面体形，具 2 至多个散孔，9~29 个萌发孔，外壁有时表面具小刺；心皮 6 至多数，稀为 3 枚；分离，螺旋状排列于凸起的花托上或轮状排列于扁平的花托上；子房上位，1 室，胚珠 1 或数个（图8-136）。瘦果，稀为基部开裂的蓇葖果；种子无胚乳，胚马蹄形。染色体：X = 7~11，稀 5 或 13。

图 8-136　泽泻科花图式

本科 12 属，约 90 种，广布于全球。我国有 5 属，约 13 种，南、北均有分布。

欧洲慈姑（*Sagittaria sagittifolia* L.）（图 8-137），多年生草本，有纤匐枝，枝端膨大成球茎（即通称的慈姑）；叶箭形，具长柄，沉水叶狭带形；花单性，总状花序下部为雌花，上部为雄花；雄蕊和心皮均多数；南方各省多栽培；球茎供食用，或制淀粉；药用有清热解毒的功用。东方泽泻 [*Alisma orientale*（Sam.）Juz.]（图 8-138），叶卵形或椭圆形，顶端尖，基部楔形或心形；花两性；雄蕊常 6 枚；我国各地都有分布；球茎供药用，有清热、利尿、渗湿之效。

本科重点特征　草本，生水中或沼泽地，花在花葶上轮状排列，外轮花被显然呈萼状，心皮离生，聚合瘦果。

泽泻目常被认为是单子叶植物纲的最古老的类群。可是，从演化的位置来说，它们决不会是在单子叶植物纲进化的干线上，因为，原始的单子叶植物，应该有双核花粉（binucleate pollen）和具胚乳的种子。在克朗奎斯特系统中，泽泻目被看作是一个靠近基部的旁枝，一个

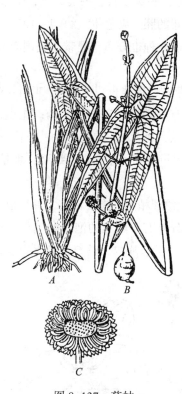

图 8-137 慈姑
A. 植株; *B.* 球茎; *C.* 聚合瘦果

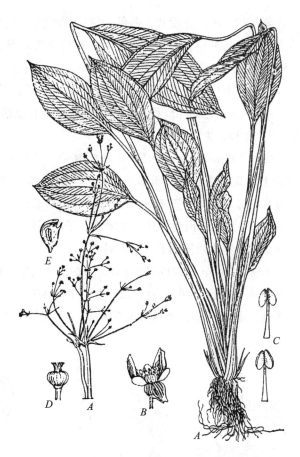

图 8-138 泽泻
A. 植株; *B.* 花; *C.* 雄蕊; *D.* 雌蕊[群]; *E.* 果实

保留着若干原始特征的残遗类群。从总体上看，大多数成员的离心皮雌蕊群兼有单萌发孔花粉（uniaperturate pollen）的特征，表示了单子叶植物纲对古老的双子叶植物纲（木兰纲）的联系。可是，值得注意的是在泽泻亚纲中，多基数的雄蕊的个体发育是完全不同于双子叶植物的，因此，其同源进化是有疑问的。

在双子叶植物纲内，古老的睡莲目（Nymphaeales）与泽泻亚纲有紧密的关系。

四十四、水鳖目（Hydrocharitales）

本目仅有水鳖科一科，形态特征同科。

水鳖科（Hydrocharitaceae） ♂: $K_3 C_3 A_{3\sim\infty}$ ♀: $K_3 C_3 \overline{G}_{(3\sim6)}$ ♂: $P_{3+3} A_{3\sim\infty} \overline{G}_{(3\sim6)}$

多年生（稀为一年生）浮水或沉水草本，生淡水或咸水中。茎存在或无。叶有时呈莲座状，有时为 2 列，互生、对生至轮生，或有时分化出披针形、椭圆形或心状卵圆形的叶片和叶柄。花单生，成对或排成花序状，常为佛焰苞状的苞片或为 2 个对生的苞片所包；通常单性，很少两性，辐射对称；雄花常多数排列成伞形；雌花单生；花被片 1～2 轮，每轮 3 片，如为 2 轮，外轮萼片状，内轮花瓣状，白色、粉色、紫色、蓝色或黄色；雄蕊通常多数，向心发育，稀为 2 或 3 枚，花药外向，线形或椭圆形；花粉粒近球形，常无孔沟或具单沟；子房下位，心皮 3～6（稀 2～20），花柱与心皮同数，不裂或 2 裂，有 3～6 个侧膜胎座，胚珠多数。果实肉质，浆果状，但通常不规则或星状开裂。种子少数至多数，具 1 直立或稍弯的胚。染色体：X = 7～12。

本科 16 属，约 100 种，主要分布于热带和亚热带地区，有些属种也分布于温带。我国有 9 属，约 20 种，主产南部。

黑藻〔*Hydrilla verticillata*（L. f.）Royle〕（图 8-139），沉水草本；茎伸长，有分枝；叶 4～8 枚轮生，线形或线状长圆形，膜质，全缘或具小锯齿，两面均有红褐色小斑点，无柄；花小，雌雄异株；雄花单生于苞片内，开花时伸出水面，花被片 6，2 轮，雄蕊 3；雌花单生，外轮花被片 3，萼片状，内轮 3 片，花瓣状，子房下位，1 室；果实线形；全草可做饲料及绿肥，也是观察细胞内原生质流动的实验材料。

水鳖〔*Hydrocharis dubia*（Bl.）Backer〕（图 8-140），多年生漂浮植物，有匍匐茎，具须根；叶圆形或肾形，全缘，表面深绿色，背面略带紫红色，中央部分具有广卵形的泡状贮气组织；花单性，雌雄异株；雄花有雄蕊 6～9，退化雄蕊 3～6；雌花单生于苞片内，具 6 枚退化雄蕊；

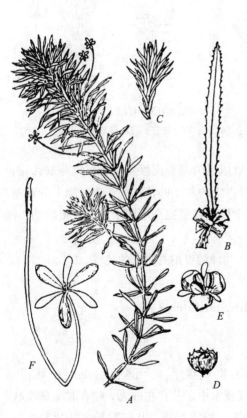

图 8-139　黑藻

A. 着生雌花的植株；B. 叶（放大）；C. 萌动的
冬芽；D. 雄花蕾；E. 雄花；F. 雌花

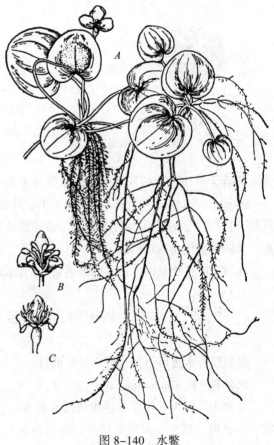

图 8-140　水鳖

A. 植株；B. 雄花；C. 雌花

子房下位；果实肉质，卵球形；我国南、北均有分布；生长于静水池沼、沟渠及稻田内；全草可作鱼和猪的饲料。

苦草属（*Vallisneria*）沉水、无茎草本，有纤细匍枝。叶长而狭，线形或狭带状。花单性；雄花多数，微小；雌花单生于佛焰苞内，此苞生于一极长、线形的花茎之顶，使雌花浮于水面，雄花成熟后即逸出苞外飘浮于水面，传粉作用便在水面进行，待雌花受精后，花茎扭曲而将花拖入水底而结果。有 6～10 种，分布于热带和亚热带地区。其中习见的苦草［*V. natans*（Lour.）Hara］，我国各地水塘中常见，为饲养淡水鱼类很好的饲料。

本科重点特征 浮水或沉水植物，花多为单性，心皮合生，子房下位。

克朗奎斯特系统中，水鳖科成立为水鳖目。他认为水鳖目有合生心皮和下位子房，较为进化，可能是由泽泻目演化出来的一个旁支。

四十五、槟榔目（Arecales）

本目仅槟榔科一科，形态特征同科。

槟榔科（Arecaceae）［棕榈科（Palmae）］

$$* \male: P_{3+3}A_{3+3} \quad \female: P_{3+3}\underline{G}_{3,(3)} \quad \malefemale: K_3C_3A_{3+3}\underline{G}_{3,(3)}$$

乔木或灌木，单干直立，多不分枝，稀为藤本。叶常绿，大形，互生，掌状分裂或为羽状复叶，芽时内向或外向折叠，多集生于树干顶部，形成"棕榈型"树冠，或在攀缘的种类中散生。叶柄基部常扩大成纤维状的鞘。花小，通常淡黄绿色，两性或单性，同株或异株，基本上为 3 基数，整齐或有时稍不整齐，组成分枝或不分枝的肉穗花序，外为 1 至数枚大型的佛焰状总苞包着，生于叶丛中或叶鞘束下；花被片 6，排成 2 轮，分离或合生；雄蕊 6，2 轮，稀为 3 或较多，花丝分离或基部联合成环，花药 2 室；心皮 3，分离或不同程度联合；花粉 2 核，多数具单沟，也有具 3 沟或 2 沟，或具 2 孔；子房上位，1～3 室，稀为 4～7 室，每室有 1 胚珠；花柱短，柱头 3（图 8-141）。果为核果或浆果，外果皮肉质或纤维质，有时覆盖以覆瓦状排列的鳞片。种子与内果皮分离或粘合，胚乳丰富，均匀或嚼烂状。染色体：X = 13～18。

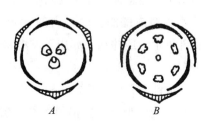

图 8-141 槟榔科花图式
A. 雌花；*B.* 雄花

约 212 属，2 780 余种，分布于热带和亚热带，以热带美洲和热带亚洲为分布中心。我国有 22 属（包括栽培），约 72 种，主要分布于南部至东南部各省，多为重要纤维、油料、淀粉及观赏植物。

1. 棕榈属（*Trachycarpus*）常绿乔木。叶掌状分裂；裂片多数顶端浅 2 裂。花常单性，异株，多分枝的肉穗状或圆锥状花序；佛焰苞显著。果实肾形或球形。常见的如棕榈［*T. fortunei*（Hook.）H. Wendl.］（图 8-142），分布于长江以南各省区，广泛栽培；树干可作亭柱、水槽、扇骨、木梳等；除供观赏外，叶鞘纤维可制绳索、地毯、床垫、蓑衣、刷子等；嫩叶可制扇、帽等；果实（名棕榈子）及叶鞘纤维（名陈棕）供药用。

2. 蒲葵属（*Livistona*） 乔木。叶柄长，边缘有刺；叶片掌状深裂至中部或不及中部，裂片条形，顶端渐尖并分裂为 2 小裂片。花小，两性，黄绿色；佛焰苞片多数而套着花柄；雄蕊 6，花丝合生成一环。核果球形或卵状椭圆形。蒲葵［*L. chinensis*（Jacq.）R. Br.］，常绿乔木，叶大，宽肾状扇形，直径达 1 m，深裂至中部；产于我国南部；嫩叶制蒲扇；叶裂片的中脉可制牙签；种子入药。

3. 椰子属（*Cocos*） 仅椰子（*C. nucifera* L.）1 种，常绿乔木。叶羽状全裂或为羽状复叶。花雌雄同株，成分枝肉穗花序，雄花生于花序上、中部，每朵花具 6 片花被和 6 个雄蕊；雌花生于花序基部，具 3 室子房，每室 1 胚珠，但只 1 胚珠成熟。果实大型，外果皮革质，中果皮纤维质。内果皮（椰壳）骨质坚硬，近基部有 3 个萌发孔；种子 1 颗，种皮薄，内贴着一层白色的胚乳（椰肉），胚乳内有一大空腔，贮藏乳状汁液。椰子广布于热带海岸，用途很多，木材坚硬，可供建筑；叶可编篮、织席、盖屋；花期割伤花序的总轴，有汁液流出，内含大量糖分，可作饮料或酿酒；幼果内的汁液，鲜美可口；

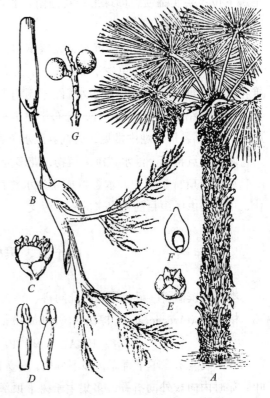

图 8-142　棕榈
A. 植株；B. 雄花序；C. 雄花；D. 雄蕊；
E. 雌花；F. 子房纵剖面；G. 果实

胚乳供生食或榨油，亦用于制糖果食品。椰子果皮纤维层很厚，在海上轻而易浮，能远播于热带海岸。

本科还有如下重要的种。从非洲热带引入栽培的油棕（*Elaeis guineensis* Jacq.），乔木，叶羽状全裂，为重要的油料植物。省藤（*Calamus platyacanthoides* Merr），粗壮藤本，分布于广东、广西，茎可编织多种藤器。鱼尾葵（*Caryota ochlandra* Hance），叶二回羽状全裂，顶端一片扇形，有不规则的齿缺，侧面的菱形而似鱼尾；分布于我国东南部至西南部；茎含大量淀粉，可做槟榔粉的代用品；边材坚硬，可制手杖和筷子等。槟榔（*Areca catechu* L.），叶羽状全裂，原产马来西亚，我国广东和云南南部、台湾有栽培；种子含单宁和多种生物碱，供药用，能助消化和驱肠道寄生虫；果作嗜好品，当地居民把果切成薄片，涂以石灰少许，卷于蒌叶（*Piper betle* L.）内嚼之，唾液即变为鲜红色，据说可助消化，固齿，并能防止痢疾。王棕［*Roystonea regia*（Kunth）O. F. Cook］，乔木，茎幼时基部明显膨大，老时中部膨大；叶聚生于茎顶，羽状全裂；原产古巴，我国广东、广西和台湾有栽培；通常作行道树，或植于庭园中。假槟榔（*Archontophoenix alexandrae* H. Wendl. et Drude），原产澳大利亚；我国南部有栽培，多植于庭园中或作行道树。

本科重点特征 木本，树干不分枝，大型叶丛生于树干顶部。肉穗花序，花 3 基数。

槟榔科连续出现的化石记录，可回溯到上白垩纪中期。现代的水椰属（*Nypa*）具有特色的花粉化石，也在马斯特里赫特阶（Maastrichtian Stage）的岩石中找到。有人认为，从上白垩纪晚期，假定为原始的 Costapalmate 叶片开始的槟榔科的花粉和 Megafossil 的记录表明，槟榔科像禾草类一样，在单子叶植物的发展史中是发生较晚的。

槟榔科是单子叶植物唯一兼有乔木性状，宽阔的叶片和很发达的维管束系统（整个营养器官都具导管）的一群。这些特征，与木本双子叶植物近似。但槟榔科缺少充分的次生生长，而且从来没有发展落叶的习性，除少数种类外，它们不能适应温、寒带的气候。因此和木本双子叶植物相比，其生态变幅是有限的。它们在热带地区生长很好，而且是热带雨林下层林木的普通成分。本科的一些较小的植物，可能与巴拿马草科（Cyclanthaceae）来自一个共同的祖先。

四十六、天南星目（Arales）

草本，稀为攀缘木本，极少数为水生植物。叶宽，具柄。花小，高度退化，密生成肉穗花序，通常为一大形佛焰苞片所包。佛焰苞片常具彩色；花被缺或退化为鳞片状；子房上位。浆果或胞果；种子有丰富胚乳或有时缺如。

本目包括天南星科和浮萍科（Lemmaceae）。

天南星科（Araceae） $*P_{0, 4\sim6} A_{4, 6} \underline{G}_{(3:1\sim\infty)}$

草本，稀为木质藤本。汁液乳状，水状或有辛辣味，常具草酸钙结晶。有根状茎或块茎。叶基出或茎生，单叶或复叶，叶形和叶脉不一，基部常具膜质鞘。花小，两性或单性，排列成肉穗花序，为一佛焰苞片所包，佛焰苞常具彩色；花被缺或为 4~6 个鳞片状体；单性同株时，雄花通常生于肉穗花序上部，雌花生于下部，中部为不育部分或为中性花；雄蕊 4 或 6（偶 1 或 8），分离或合生；花粉椭圆形至近球形，具单沟、散孔或无萌发孔，外壁表面平滑或粗糙，具网状或条纹状雕纹；雌蕊由 3（稀 2~15）心皮组成，子房上位，有 1 至多室（图 8-143）。果实通常为浆果。染色体：X = 7~17。

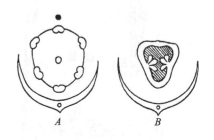

图 8-143 天南星科芋的花图式

A. 雄花花图式； *B*. 雌花花图式

约 115 属，2 450 种，主要分布于热带和亚热带。我国有 35 属（包括栽培植物），206 种，主要分布于南方。

1. 菖蒲属（*Acorus*） 多年生沼泽草本，具匍匐根状茎，有香气。叶狭长剑形，2 列，平行脉，基部互抱。肉穗花序圆柱形，佛焰苞叶状而不包着花序；花两性，花被片 6，线形。菖蒲（*A. calamus* L.），根状茎粗大，横卧；叶剑状条形，有明显中肋，生于浅水池塘、水沟及溪涧湿地；全草芳香，可作香料、驱蚊；根状茎入药，能开窍化痰，辟秽杀虫。

2. 半夏属（*Pinellia*） 多年生草本，具块茎。叶基出，有柄，叶柄基部常有珠芽。肉穗花序具细长柱状附属体，佛焰苞顶端合拢；花雌雄同株，无花被；雌花部分与佛焰苞贴生。约7种，分布于东亚，我国有5种。半夏［*P. ternata*（Thunb.）Breit.］（图8-144），块茎小球形；叶从块茎顶端生出，一年生的叶为单叶，卵状心形，2～3年生的叶为3小叶的复叶；佛焰苞绿色，上部呈紫红色；花序轴顶端有细长附属物；浆果小，熟时红色；分布于我国南、北各省；块茎有毒，炮制后入药，能燥湿化痰，降逆止呕，治慢性气管炎、咳嗽、痰多；因仲夏可采其块茎，故名"半夏"。

3. 天南星属（*Arisaema*） 多年生草本，有块茎。叶片3浅裂、3全裂或3深裂，有时鸟足状或放射状全裂，裂片5～11或更多，无柄或具柄。佛焰苞管部席卷，圆筒形，喉部边缘有时具宽耳；檐部拱形、盔状；常长渐尖；肉穗花序单性或两性，雌花序花密；雄花序大都花疏；附属体有多种形状，有时延伸很长。约150余种，主要分布于亚洲热带、亚热带和温带，少数产热带非洲，中美和北美。我国有82种，分布于南、北各地，主产于西南地区。天南星（*A. heterophyllum* Bl.），叶片鸟足状分裂，裂片13～19；附属体向上渐细呈尾状；除西北、西藏外，大部分省区都有分布；块茎供药用，能解毒消肿、祛风定惊、化痰散结。一把伞南星［*A. erubescens*（Wall.）Schott］（图8-145），叶片放射状分裂，裂片5～20；附属体棒状、圆柱形；广布于黄河流域以南各地；块茎亦作天南星入药。

本科经济植物还有：芋［*Colocasia esculenta*（L.）Schott］，多年生草本；块茎卵形；叶盾状，基部2裂；在南部温度较高的地方及原产地南亚才能夏日开花，白色，肉穗花序，外

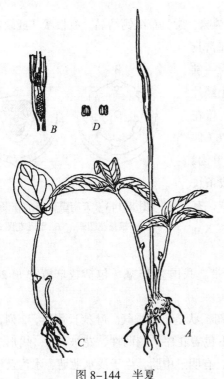

图8-144 半夏

A. 植株；B. 佛焰苞剖开后，示佛焰花序上的雄花（上）
和雌花（下）；C. 幼块茎及幼叶；D. 雄蕊

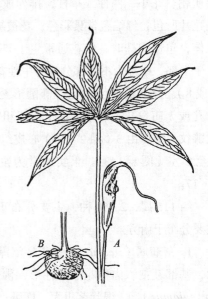

图8-145 一把伞南星

A. 植株上部，示花序；B. 块茎

有大型佛焰苞；块茎含多量淀粉，可充杂粮，嫩叶柄亦可作蔬食。大藻（*Pistia stratiotes* L.），常漂浮于静水中的草本，主茎短缩而叶呈莲座状；有匍匐茎和长的不定根；叶倒卵楔形，两面有微毛；分布于珠江流域，繁殖非常迅速，常栽培作猪饲料，亦供药用。花蘑芋（魔芋）（*Amorphophallus konjac* K. Koch），肉穗花序附属体无毛；花柱明显，柱头浅裂；块茎入药。马蹄莲［*Zantedeschia aethiopica*（L.）Spr.］、麒麟叶（麒麟尾）［*Epipremnum pinnatum*（L.）Engl.］、广东万年青（*Aglaonema modestum* Schott ex. Engl.），均为常栽培的观赏植物。

本科重点特征　草本，肉穗花序，花序外或花序下具有 1 片佛焰苞。

天南星目与露兜树目（Pandanales）、槟榔目关系较近，可能起源于同一祖先。

四十七、鸭跖草目（Commelinales）

草本。叶互生或基生，具叶鞘，少有叶鞘不存在。花两性，整齐或不整齐，3 基数，区分花萼与花冠；萼片 3；绿色或膜片状；花瓣 3，分离或基部联合；雄蕊（1～）3 或 6；雌蕊由 3 心皮组成，子房上位，3 室或 1 室。蒴果；种子有胚乳。

本目包含鸭跖草科、黄眼草科（Xyridaceae）等 4 科。

鸭跖草科（Commelinaceae）　$*, \uparrow K_3 C_3 A_6 \underline{G}_{(3)}$

草本，茎细长，具节和节间。叶互生，有明显的叶鞘。花序顶生或腋生，排成聚伞花序或圆锥花序，有时簇生成头状；花两性，辐射对称或两侧对称；萼片 3；花瓣 3，分离或有时中部联合成筒而两端分离；雄蕊 6，全发育或仅有 2～3 枚能育，花丝常有念珠状长毛；花粉 2 核，少数为 3 核，具单沟，也有具萌发孔的；子房上位，3 室或退化为 2 室，每室有 1 至数个直生胚珠（图 8-146）。蒴果；种子有棱，种脐常为线形，有一个圆盘状的胚盖。染色体：X = 4～29。

图 8-146　鸭跖草科花图式

约 50 属，700 种，主要分布于热带，少数分布于亚热带和温带。我国有 15 属，51 种，各地都有分布，以广东及云南较多。

鸭跖草（*Commelina communis* L.）（图 8-147），一年生草本。茎多分枝，下部匍匐状而节上常生根。叶互生，长圆状披针形至披针形，无柄或几无柄。聚伞花序有花数朵；佛焰苞片有柄，心状卵形，边缘对合折叠，基部不相连；花蓝色，花瓣有爪；蒴果椭圆形，有种子 4 枚。分布于云南、甘肃以东的南、北各省区。全草供药用，有清热解毒、凉血、利尿之效。

水竹叶［*Murdannia triquetra*（Wall.）Brückn.］，水生或沼生草本。茎多分枝，下部匍匐，匍地茎节上生须根。叶狭披针形。花单生于分枝顶端的叶腋，苞片线形；红蓝紫色或淡红色；发育雄蕊 3，退化雄蕊顶端戟状，不分裂。蒴果长圆状三棱形，3 瓣裂。产我国华东、中南及西南。全草入药。

紫竹梅（*Setcreasea purpurea* Boom.），全株紫色，茎较粗壮。叶长圆形，边缘有长纤毛。花玫瑰紫色。原产墨西哥，各地普遍栽培，供观赏。

图 8-147　鸭跖草

A. 花枝；　*B.* 下部的枝，示节处生出的不定根；　*C.* 花的全形；　*D.* 内列前方的花瓣；
E. 外列前方的萼片；　*F.* 外列后方的萼片；　*G.* 退化雄蕊；　*H.* 发育雄蕊的两种形态

本科重点特征　草本，叶有明显的叶鞘，花被区分为花萼和花冠，子房上位，蒴果，种子有棱，具丰富胚乳，种脐的背面或侧面具圆盘状胚盖。

在鸭跖草目内，泽蔺花科（Rapateaceae）和黄眼草科是有密切联系的两个科，黄眼草科或许来自泽蔺花科。胚胎学的特征，提示了花水仙科（Mayacaceae）与黄眼草科的关系，比鸭跖草科更为密切。

四十八、莎草目（Cyperales）

草本。叶具叶鞘。花生于颖状苞片内，由 1 至多数小花组成小穗；花被退化为鳞片状、刚毛状、鳞片状或缺如；子房上位，由 2～3 心皮构成，1 室。

本目包括莎草科和禾本科。

（一）莎草科（Cyperaceae）　♂：$P_0 A_{1～3}$　♀：$P_0 \underline{G}_{(2～3)}$　♀♂：$P_0 A_{1～3} \underline{G}_{(2～3)}$

多年生或较少为一年生草本，常有根状茎。茎特称为秆，常三棱柱形，实心，少数中空。叶基生或秆生，通常 3 列，叶片条形，基部常有闭合的叶鞘，或叶片退化而仅具叶鞘。花小，单生于鳞片（颖片）的腋内，两性或单性，2 至多数带鳞片的花组成小穗；小穗单一或若干枚再排成穗状、总状、圆锥状、头状或聚伞花序；花序下面通常有 1 至多枚叶状、刚毛状或鳞片状苞片，苞片基部具鞘或无；鳞片在小穗轴上左、右 2 列或螺旋状排列；花被缺或退化为下位刚毛或下位鳞片；雄蕊 3，少为 1 或 2；花粉多为梨形，也有圆球形或扁三角形，3 核，单孔很少 2~4 孔，外壁较薄，表面具模糊颗粒状雕纹；子房 1 室，1 胚珠，花柱 1，柱头 2~3（图

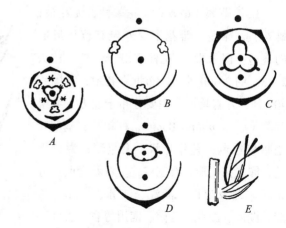

图 8-148　莎草科花图式

A. 藨草属花图式；B—D. 薹草属花图式；E. 雌花（模式图）

8-148）。果实多为坚果或者有时为苞片所形成的囊包所包裹，三棱形、双凸状、平凸状或球形。染色体：X = 5~60。

约 96 属，9 300 种，广布于全世界，以寒带、温带地区为最多；我国有 31 属，670 余种，分布全国各地。

1. 藨草属（*Scirpus*）　秆三棱形，少为圆柱形，聚伞花序简单或复出，或缩短成头状，花序下苞片似秆的延长或叶状；小穗有少数至多数花，鳞片螺旋状排列，每鳞片内包一两性花，或下面 1 至数个鳞片内无花；下位刚毛 2~9 或缺如；花柱基部不膨大。约 200 余种，广布。我国约有 40 余种，常见的有：藨草（*S. triqueter* L.），秆粗壮，三棱形，近基部有 2~3 个叶鞘，最上一鞘顶端具叶片；花序假侧生，苞片 1 枚，为秆的延伸部；除广东以外，各地均有分布；茎纤维为编织草席和草帽原料，亦可造纸。荆三棱（*S. yagara* Ohwi），秆高大粗壮；叶秆生，条形；叶状苞片 3~5，长于花序；下位刚毛 6；几与坚果等长；分布于我国东北、华东和西南各地；茎叶可造纸，作饲料，块茎药用；也是制电木粉、酒精、甘油等的工业原料。

2. 莎草属（*Cyperus*）　秆散生或丛生，通常三棱形。叶基生。聚伞花序简单或复出，有时短缩成头状，基部具叶状苞片数枚。小穗 2 至多数，稍压扁，小穗轴宿存；鳞片 2 列；无下位刚毛。柱头 3，很少 2。坚果三棱形。约 380 种，分布于温带和热带。我国约 30 余种，多分布在华南、华东和西南各省区。香附子（*C. rotundus* L.）（图 8-149），根状茎匍匐，细长，生有多数长圆形、黑褐色块茎；叶片狭条形；鞘棕色；常裂成纤维状；秆顶有 2~3 枝叶状苞片，和长短不同的数个伞梗相杂，伞梗末梢各生 5~9 个线形小穗；干燥的块茎，名香附，可提取香附油，含 α-、β- 香附酮，和 α-、β- 香附醇等；可作香料，入药，有理气解郁，调经止痛作用。短叶茳芏（咸水草）（*C. malaccensis* var. *brevifolius* Böcklr.），多年生草本。产浙江、福建、广东、广西和四川等省，是一种改良盐碱地和发展多种经营的优良植物；秆可编织草席、坐垫、提包和草帽等。黄香附（油莎豆）（*C. esculentus* L.），引入栽培，块茎含油率达 27%，可供食用。

3. 薹草属（*Carex*） 花单性，无花被；雄花具3雄蕊；雌花子房外包有苞片形成的囊包（即果囊），花柱突出于囊外，柱头2~3。约2 000种，广布世界各地；我国约400种，各省均产，主要分布于北方。皱果薹草（*C. dispalata* Boott），秆粗壮，基部叶鞘暗紫红色；苞片叶状，无苞鞘；囊包无毛，卵状椭圆形，有三棱，呈镰状弯曲；分布于东北及陕西、浙江、江苏、广东、台湾、湖南、湖北、云南、四川等省。舌叶薹草（*C. ligulata* Ness ex Wight），秆粗壮，三棱形；叶鞘口部有明显的绣色叶舌；分布于华南、西南、华中及安徽、浙江、江苏、陕西、西藏等省区。乌拉草（*C. meyeriana* Kunth），秆丛生，粗糙；小穗2~3，雄小穗顶生，圆筒形；雌小穗生于雄小穗下方，近球形；分布于东北，号称"东北三宝"之一；主要用于冬季作填充物，具有保温作用；全草还供编织和造纸用。

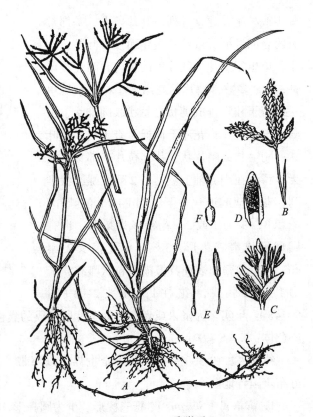

图8-149 香附子

A. 植株； B. 穗状花序； C. 小穗顶端的一部分，示鳞片内发育的两性花； D. 鳞片正面观； E. 雌蕊及雄蕊； F. 未成熟的果实

4. 荸荠属（*Hleocharis*） 秆丛生或单生。叶只有叶鞘而无叶片，苞片缺；小穗1，顶生，常有多数两性花；花柱基部膨大成各种形状，宿存于坚果顶端。约150多种，广布于世界温暖地区。我国约有25种，遍及全国各地。荸荠 [*H. dulcis*（Burm. F.）Trin. ex Henschel]，匍匐根状茎细长，顶端膨大成球茎，为食用荸荠；秆丛生，圆柱状，有多数横隔膜；各地栽培；球茎除供食用外，也供药用，清热、止渴、明目、化痰、消积。

莎草科常见的植物还有飘拂草属（*Fimbristylis*），广布于南、北各省。水蜈蚣（*Kyllinga brevifolia* Rottb.），全草及根状茎入药。蒲草（石龙刍）[*Lepironia articulata*（Retz.）Domin]，原产马达加斯加，广东常栽培于池塘或水田中，秆供织席或编袋用。

本科重点特征 秆三棱形，实心，无节，有封闭的叶鞘，叶3列，坚果。

（二）禾本科（Gramineae，Poaceae） $P_{2~3}A_{3~3+3}\underline{G}_{(2~3:1)}$

草本或木本，有或无地下茎，地上茎特称为秆。秆有显著的节和节间，节间多中空，很少实心（如玉米、高粱、甘蔗等）。单叶互生，2列，每个叶分叶鞘、叶片和叶舌3部分；叶鞘包着秆，包着竹秆的称箨鞘，叶鞘常在一边开裂；叶片（箨鞘顶端的叶片称箨叶）带形或线形至披针形，具平行脉；叶舌（图8-150）生于叶片与叶鞘交接处的内方，成膜质或一圈毛或撕裂或

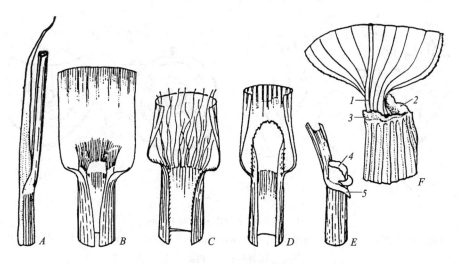

图 8-150　禾本科叶舌的形状

A. 叶舌膜质，长；　B. 叶舌膜质，边具缘毛［洋野黍（*Panicum dichotomiflorum*）］；
C. 叶舌具纤毛的边缘［柳枝稷（*Panicum virgatum*）］；　D. 叶舌膜质，长；　E. 叶舌膜质，短，叶
耳发达［多花黑麦草（*Lolium multiflorum*）］；　F. 一对叶舌在一假叶柄的基部
1. 假叶柄；　2. 近轴的叶舌；　3. 远轴的叶舌；　4. 叶舌；　5. 叶耳

完全退化；箨鞘和箨叶连接处的内侧舌状物称箨舌；叶鞘顶端的两侧常各具一耳状突起，称叶耳，箨鞘顶端两侧的耳状物称箨耳，叶舌和叶耳的形状常用作区别禾草的重要特征。花序是以小穗为基本单位，在穗轴上再排成穗状、指状、总状或圆锥状。小穗有 1 个小穗轴，通常很短，基部常有一对颖片，生在下面或外面的 1 片称外颖，生在上方或里面的 1 片称内颖。小穗轴上生有 1 至多数小花，每一小花外有苞片 2，称外稃和内稃。外稃顶端或背部具芒或否，一般较厚而硬，基部有时加厚变硬称基盘；内稃常具 2 隆起如脊的脉，并常为外稃所包裹。在子房基部，内、外稃间有 2 或 3 枚特化为透明而肉质的小鳞片（相当花被片），称为浆片（鳞被）（浆片的作用在于将外稃和内稃撑开，使柱头和雄蕊容易伸出花外，进行传粉）。由外稃及内稃包裹浆片、雄蕊和雌蕊组成小花。小花两性或稀单性；雄蕊通常 3，很少 1、2、4 或 6 枚，花丝细长，花药丁字形着生，可摇动，有利于风力传粉。花粉近球形至卵圆形，3 核，具单孔，典型的具一小孔，孔周围有凸起的边缘；雌蕊 1，由 2～3 心皮构成，子房上位，1 室，1 胚珠，花柱 2，很少 1 或 3；柱头常为羽毛状或刷帚状（图 8-151）。果实的果皮常与种皮密接，称颖果，或稀为胞果、浆果等。种子含丰富的淀粉质胚乳，基部有一细小的胚。染色体：X = 2～23。

　　禾本科是种子植物中的 1 个大科，约 750 属，1 万余种。我国有 225 属，1 200 多种。通常分为 2 个亚科，即竹亚科（Bambusoideae）和禾亚科（Agrostidoideae）；或 3 个亚科，即竹亚科、稻亚科（Oryzoideae）和黍亚科（Panicoideae）或竹亚科、早熟禾亚科（Pooideae）和黍亚科；或 5 个亚科，即竹亚科、稻亚科、早熟禾亚科、画眉草亚科（Eragrostidoideae）和黍亚科。《中国植物志》将其分为 7 个亚科，即竹亚科、芦竹亚科（Arundinoideae）、假淡竹叶（Centosthecoideae）亚科、画眉草亚科、稻亚科、黍亚科、早熟禾亚科。

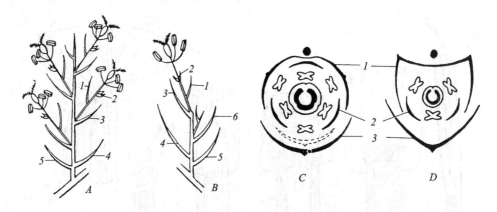

图 8-151　禾本科小穗的典型结构和花图式

A. 无限小穗模式图；　*B*. 有限小穗模式图；　*C. Arundinaria* 属花图式；　*D*. 多数禾本科植物的花图式

1. 内稃；　2. 浆片；　3. 外稃；　4. 内颖；　5. 外颖；　6. 空稃

禾本科遍布于全世界，能适应多种不同环境，凡能生长种子植物处，均有其踪迹。且本科植物多靠根状茎蔓延繁殖，覆盖地面，有绿化环境、保护堤岸、保持水土及防止海滩积淤等作用。陆地的大部分均为禾本科植物所覆盖，是构成各种类型草原的重要成分，在温带地区尤为繁茂。

禾本科植物与人类的关系密切，具有重要的经济价值。它是人类粮食的主要来源，同时也为工农业提供了丰富的资源，很多禾本科植物是建筑、造纸、纺织、制药、酿造、制糖、家具及编织的主要原料；在畜牧业方面，它又是动物饲料的主要来源。

亚科 I. 竹亚科（Bambusoideae）　秆一般为木质，多为灌木或乔木状，秆的节间常中空；主秆叶（秆箨即笋壳）与普通叶明显不同；秆箨的叶片（箨片）通常缩小而无明显的中脉；普通叶片具短柄，且与叶鞘相连处成一关节，叶易自叶鞘脱落。染色体：X = 12，稀 7、6、5。

本亚科约 66 属，1 000 余种，主要分布在东南亚热带地区，少数属、种延伸至亚热带和温带各地。我国 26 属，200 多种，多分布于长江流域以南各省。

1. **箬竹属**（*Indocalamus*）　灌木状或小灌木状竹类；秆散生或丛生，直立，节不甚隆起，具一分枝，分枝通常与主秆同粗。叶片大型。约 30 余种，我国约 20 种。阔叶箬竹 [*I. latifolius*（Keng）McClure]，秆高约 1 m，下部直径 5 ~ 8 mm；秆箨宿存，分布于华东、陕南汉江流域等地区；秆宜作毛笔秆或竹筷；叶宽大，可制船篷与斗笠等防雨用品，亦用作包裹米粽。此外，称为箬竹的尚有其他种类，叶的效用相同。

2. **簕竹属**（*Bambusa*）（图 8-152）　地下茎合轴，秆丛生，节间圆筒形，每节有多数分枝，小枝在某些种类可硬化成刺。箨叶直立，基部与箨鞘的顶端等宽，箨耳显著。约 100 余种，我国约 60 多种。孝顺竹 [*B.*

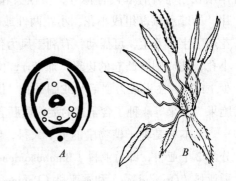

图 8-152　慈竹（*Bambusao meiensis* Chia et H. L. Fung）小花的结构

A. 花图式；　*B*. 除去外稃、内稃的小花侧面观，示雄蕊相互位置关系

multiplex（Lour.）Raeusch.]，秆高 4～7 m，粗 15～25 mm；枝条多数簇生于一节；叶常 5～12 生于一小枝上；分布于华南、西南各省。本种有约 10 个变种及栽培品种，多种植于庭园供观赏。佛肚竹（*B. ventricosa* McClure），秆有异型，畸形秆节间瓶状；广东特产，各地栽种或盆栽，供观赏。

3. 牡竹属（*Dendrocalamus*） 乔木状竹，地下茎为合轴型，秆丛生，直立，尾梢常下垂，节具多数分枝，箨叶常外反；小穗含 1 至多朵小花；小穗轴不具关节；浆片缺，雄蕊 6。麻竹（*D. latiflorus* Munro），秆高 20～25 m；枝条常仅生于秆之上部，每小枝具叶 7～10 枚，叶鞘上部贴生黄棕色细毛；小穗红紫色至深紫色，含 6～8 小花；分布于华南至西南，笋味较甜，可作夏季蔬菜；竹秆粗大，是良好的建筑用材；竹篾可编织；叶片可制斗笠等防雨用具。

4. 刚竹属（毛竹属）（*Phyllostachys*） 秆散生，圆筒形，在分枝的一侧扁平或有沟槽，每节有 2 分枝。约 50 种，大都分布于东亚，以我国为中心。我国约产 40 余种，主要分布在黄河流域以南。毛竹 [*P. edulis*（Carriere）J. Houzeau]（图 8-153），高大乔木状竹类；秆圆筒形，新秆有茸毛与白粉，老秆无毛；秆环平，箨环突起而使竹秆各节只有一环；箨鞘厚革质；背部密生棕紫色小刺毛及棕黑色晕斑；箨耳小，耳缘有毛；小枝具叶 2～8；分布于长江流域和以南各省区以及河南、陕西，适宜生长于海拔 400～1 000 m 的山地，在土层深厚，肥沃湿润，排水良好的向阳背风的山坡生长良好。根据毛竹竹秆颜色的变化，可以判断年龄：一年生竹秆为粉绿色，密被毛；二年生为绿色，毛脱落；三年生为黄绿色；四年生为黄色，微被白粉。一般四五年生的毛竹竹秆可选伐利用，笋供食用，可加工制作笋干、笋衣等；秆供建筑竹桥，胶合竹板，制造水管、浮筒、竹筏等；也可劈篾编织各种器具；纤维为造纸原料。桂竹（*P. bambusoides* Sieb. et Zucc.），秆环隆起而使竹秆各节有明显的 2 环，新秆绿色，常无粉，老秆深绿色，箨鞘黄褐色底密被黑紫色斑点或斑块，常疏生直立短硬毛；小枝具叶 3～6；分布于黄河流域至长江以南各省区；秆质坚硬，有弹性，为重要材用竹种，亦可劈篾编物，用途颇广。

此外，分布于广东、广西、湖南的茶秆竹 [*Pseudosasa amabilis*（McClure）Keng f.]，竹秆可作滑雪杖、钓鱼竿，运动器材等。

亚科 Ⅱ. 禾亚科（Agrostidoideae） 一年生或多年生草本，秆通常草质。秆生叶即是普通叶，

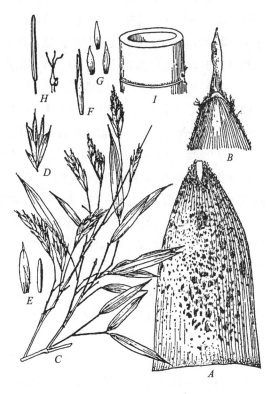

图 8-153 毛竹

A. 秆箨背面观；B. 秆箨顶端的腹面观；C. 叶枝（右）和花枝（左）；D. 小穗丛的一部分；E. 颖（左）和小穗下方的前叶（右）；F. 小花及小穗轴延伸的部分；G. 浆片；H. 雄蕊（左）和雌蕊（右）；I. 秆的一段，示秆环不显著

叶片大多为狭长披针形或线形，具中脉，通常无叶柄，叶片与叶鞘之间无明显的关节，不易从叶鞘脱落。

本亚科约 575 属，9 500 多种，遍布于世界各地。我国约 170 多属，700 余种。

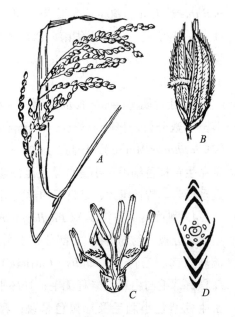

图 8-154　稻
A. 茎秆及穗；　B. 小穗；　C. 花；　D. 花图式

1. 稻属（*Oryza*）　圆锥花序顶生；小穗两性，两侧压扁，含 3 小花，仅一小花结实，其余 2 小花退化仅存极小的外稃，位于顶生两性小花之下；颖退化成两半月形，附着于小穗柄的顶端；两性小花外稃硬纸质，有或无芒，有 5 脉；内稃有 3 脉；雄蕊 6。约 25 种，多分布于亚洲和非洲，我国有 2 种。稻（*O. sativa* L.）（图 8-154），一年生栽培作物，通常在幼时有明显的叶耳，老时脱落；小穗长圆形；退化外稃锥状，无毛，育性花外稃与内稃遍被细毛，稀无毛；浆片卵圆形。水稻是我国栽培历史最悠久的作物之一，根据近年发现的浙江河姆渡新石器时代遗址中，有籼稻的存在，证明我国至少在 6 000～7 000 年前就已开始种植水稻，比世界各国都早。现全世界广为栽培，东南亚各国出产尤多，以我国栽培面积最广，产量占世界第一位，为最有价值的粮食作物。稻米除作主粮外，可制淀粉，酿酒，造米醋；米糠可制糖，榨油，提炼糠醛，供工业用，又为营养甚高的牲畜饲料；稻秆为良好的牛草和造纸原料；谷芽和糯稻根供药用，前者健脾开胃，消食，后者止盗汗。

2. 芦苇属（*Phragmites*）　多年生高大植物。圆锥花序顶生；小穗含 3～7 小花；基盘细长，具丝状柔毛。约有 10 种，我国有 3 种。芦苇（*P. communis* Trin.），圆锥花序长 10～40 cm，微向下垂；小穗通常有 4～6 小花；第一小花常为雄性，第二小花以上均为两性；全国各地都有分布，生长于海滩、池沼、河岸的湿地，为优良固堤植物。芦苇嫩叶可作饲料；秆可建造茅房；纤维造纸；花序作扫帚；根状茎含还原糖、蛋白质、淀粉等，入药能清肺胃热，生津止渴，止呕除烦。

3. 小麦属（*Triticum*）　一年生或二年生草本。穗状花序直立，顶生，小穗有小花 3～9，两侧压扁。无柄，单独互生于穗轴的各节；颖近革质，卵形，有 3 至数脉，主脉隆起成脊。颖果易与稃片分离。约 20 种，分布于欧洲、地中海及亚洲西部。我国常栽培的如小麦（*T. aestivum* L.）（图 8-155），秆高可达 1 m 以上，通常具 6～7 节；叶片条状披针形，叶耳、叶舌较小；穗状花序由 10～20 个小穗组成，排列在穗轴的两侧；颖近革质，有锐利的脊，5～9 脉，顶端有短尖头；外稃厚纸质，5～9 脉，先端通常具芒；内稃与外稃等长；花两性；浆片 2；雄蕊 3。颖果椭圆形，腹面有深纵沟，不和稃片粘合，易于脱离。本种不仅是我国北方重要的粮食作物，而且具有多种经济用途。麦粒磨粉，为主要粮食，入药有养心安神作用；麦芽助消化；麦麸是家畜的好饲料；麦秆可编织草帽、刷子、玩具及造纸。小麦的栽培品种和类型很多。

4. 大麦属（*Hordeum*）　多年生或一年生草本。顶生穗状花序或因三联小穗的两侧生者具柄而形成穗状圆锥花序；小穗含 1 小花（稀含 2 小花）；穗轴扁平。约有 30 种，分布于温带。我国连同栽培者约 15 种（包括变种），以西部、西北部及北部较多。本属中除粮食作物外，多为优良牧草。大麦（*H. vulgare* L.），一年生；秆粗壮；叶鞘两侧有较大的叶耳，叶片扁平；穗状花序，穗轴各节着生 3 枚发育的小穗；小穗通常无柄；颖线状披针形，顶端延伸成芒状；外稃披针形，具 5 脉，芒自顶端伸出；颖果成熟后，黏着内、外稃，不易脱落；果为制啤酒及麦芽糖的原料，亦可作面食；麦芽可助消化；秆可编织草帽、玩具或造纸。青稞（裸麦）（*H. vulgare* var. *nudum* Hook. f.），颖果成熟后易于脱出稃体，不黏着；我国西北、西南各省常栽培，果食用，造酒为青稞酒。

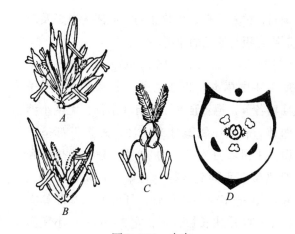

图 8-155　小麦

A. 小穗；　*B*. 小花；　*C*. 除去内、外稃的小花；　*D*. 花图式

5. 燕麦属（*Avena*）　一年生草本。圆锥花序；小穗下垂，含 2 至数小花；颖草质，长于下部小花，有 7～11 脉；子房有毛。约 25 种，分布于大陆的温寒地带。我国有 7 种，2 变种，多为栽培种。本属多数种类为很有营养价值的粮食和饲料；谷粒可制面粉及作粥饭；谷糠、秆、叶均为家畜饲料。燕麦（*A. sativa* L.），小穗含 1～2 小花；小穗轴近无毛，不易断落；外稃背部无毛；华北、东北、西北地区常见栽培。野燕麦（*A. fatua* L.），小穗含 2～3 小花；小穗轴密生淡棕色或白色硬毛，其节脆硬易断落；广布于南、北各省区，为田间杂草，可作牛、马的青饲料。

6. 针茅属（*Stipa*）　多年生草本。小穗有 1 小花；外稃细长圆柱形，紧密包卷内稃，芒基与外稃顶端连接处具关节。约有 200 种，分布于全世界温带地区，在干旱草原区尤多。我国有 23 种，6 变种，主产西部。长芒草（*S. bungeana* Trin.），秆密丛生；叶片纵卷成针状；外稃背部有纵行排列的短柔毛，芒两回膝曲，扭转；分布于东北、华北、华东、西北、西南等地；抽穗前可作牲畜饲料，抽穗结实期间不宜放牧，因尖锐纤细的果实（外稃的长芒，基盘尖锐）易刺入牲畜身体或口腔，使牲畜受害而甚至死亡。

7. 狗尾草属（*Setaria*）　一年生或多年生草本。圆锥花序紧密呈圆柱状，很少开展；小穗两性，含 1～2 小花，单生或簇生，全部或部分小穗下托以 1 至数枚刚毛状不育小枝；小穗脱节于杯状的小穗柄上，常与宿存的刚毛分离。约有 140 种，分布于全世界的热带和温带。我国约有 17 种。小米（粟、谷子）[*S. italica*（L.）Beauv.]，一年生栽培作物；圆锥花序通常下垂；长 10～40 cm，直径 1～5 cm；为北方栽培的杂粮，谷粒可供煮粥、酿酒。

8. 甘蔗属（*Saccharum*）　多年生草本，秆粗壮。圆锥花序；小穗两性，成对生于穗轴各节，1 个无柄，1 个有柄；穗轴易逐节脱落。约 12 种，多分布于亚洲的热带与亚热带地区。我国约有 5 种。甘蔗（*S. officinarum* L.），秆直立；高约 3 m，在花序以下有白色丝状毛；秆含多量糖液，为制糖的重要原料；制糖所得副产物作饲料，或制酒和酒精；蔗梢与叶片均为牲畜的良好饲料，鲜秆入药，生津止渴；蔗渣为造纸及压制隔音板与尼龙的原料。

9. 高粱属（蜀黍属）（*Sorghum*） 一年生或多年生草本。圆锥花序；小穗成对着生于穗轴各节，穗轴顶端 1 节有 3 小穗；无柄小穗两性，有柄小穗雄性或中性；外颖下都呈革质，平滑而有光亮。约 30 种，分布于热带和亚热带。我国约 5 种。高粱 [*S. bicolor*（L.）Moe.]，一年生栽培作物；秆实心，基部具支柱根；叶片狭长披针形，宽 3~6 cm；小穗卵状椭圆形；我国广为栽培，东北最多；重要杂粮之一，谷粒供食用、制饴糖及酿酒；种子及根入药，前者治呕吐、泄泻，后者治浮肿。

10. 玉蜀黍属（*Zea*） 一年生栽培植物，秆直立，基部节处常有气生根，秆顶着生雄性开展的圆锥花序；叶腋内抽出圆柱状的雌花序，雌花序外包有多数鞘状苞片；雌小穗密集成纵行排列于粗壮的穗轴上。1 种，全世界广泛栽培。玉蜀黍（玉米）（*Zea mays* L.）（图 8-156），为主要粮食作物之一；穗轴中的髓可提制淀粉、葡萄糖、油脂及酒精等；胚芽含油量高，可榨油，供食用；花柱含 β-谷甾醇、糖类、苹果酸、枸橼酸、酒石酸、草酸、维生素 K_3、α-生育酚醌等，入药能利尿消肿，可治小便不利、肾炎、高血压、糖尿病、肝炎等症；秆叶可作饲料，并可作造纸和其他工业用原料。

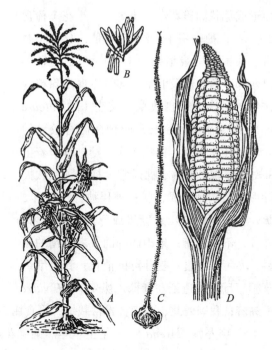

图 8-156　玉蜀黍

A. 开花的植株；　*B.* 雄花（2 朵）；　*C.* 雌花；　*D.* 果序

禾本科具有丰富的植物资源，常见的经济植物还有稷（黍、穈）（*Panicum miliaceum* L.），北方多栽培，为重要的杂粮。菰 [*Zizania latifolia*（Griseb.）Stapf]，秆基为一种黑穗菌（*Ustilago edulis*）寄生后，变为肥嫩而膨大，称茭白或茭笋，供食用；颖果可供药用。大米草（*Spartina anglica* Hubb.），叶鞘大多长于节间；叶片新鲜时扁平，干后内卷；颖及外稃顶端钝，沿主脉有粗毛，背部质硬，边缘近膜质；原产欧洲，生于潮水能经常到达的海滩；近年引入栽培于江苏及浙江海滨，根茎蔓延迅速，是一种优良的海滨先锋植物，除保滩护堤，积淤造陆外，并可作饲料、肥料、燃料及造纸等原料。薏苡（*Coix lacryma-jobi* L.），小穗单性，雌小穗位于花序下部，2~3 个生于 1 节，仅 1 个发育，包藏在一念珠状的总苞内；雄小穗位于花序上部，排列成总状；分布几遍全国。薏苡种子含脂肪油、薏苡内酯、氨基酸、糖类，可食用及入药。香茅属（*Cymbopogon*）有些种类的茎、叶可提制芳香油或作饲料和造纸。本科中重要的牧草如羊茅（*Festuca ovina* L.）、草地早熟禾（*Poa pratensis* L.）、雀麦（*Bromus japonicus* Thunb. ex Murr.）、鸭茅（*Dactylis glomerata* L.）、鹅观草（*Roegneria kamoji* Ohwi）、苏丹草 [*Sorghum sudanense*（Piper）Stapf]、披碱草（*Elymus dahuricus* Turcz.）、冰草 [*Agropyron cristatum*（L.）Gaertn.] 等。此外，稗 [*Echinochloa crus-galli*（L.）Beauv.] 是常见的稻田杂草。

本科重点特征 本科和莎草科相似，但本科植物茎圆柱形，中空，有节，叶鞘开裂，叶2列，常有叶舌、叶耳，颖果，以此和莎草科区别。

莎草科和禾本科在分类系统中虽然传统地联合成一目，而近年来，不少作者已将这两科分别组成单科目，这种见解，大部分已受到禾本科与帚灯草科（Restionaceae）、莎草科与灯心草科的明显关系的支配。克朗奎斯特根据全部有用的资料（包括化学的、解剖学的和显著的形态学特征），认为莎草科和禾本科是紧密相关，并出自一个共同的来源成一角度而岔开，它们有许多共同的特征，两者花部已达到简化的阶段，子房明显地由2或3（稀4）心皮组成，1室，具1胚珠。值得注意的是禾本科和莎草科在化学组成上，并无不一致的地方。从全面考虑，这两科太相似了，以致不能分开，因此两科还是组成一目为宜。

四十九、姜目（Zingiberales）

多为草本植物，具根状茎及纤维状或块状根。茎很短至伸长，或为叶柄下部的叶鞘重叠而成。叶2列或螺旋状排列，具开展或闭合的叶鞘。花两性或有时单性，通常两侧对称，基本上为3基数，异形花被；雄蕊1或5，稀为6枚，通常有特化为花瓣状的退化雄蕊；子房下位。蒴果，但有时为一分果或肉质不开裂果。种子具胚乳。

本目包含芭蕉科（Musaceae）、姜科、旅人蕉科（Strelitziaceae）、兰花蕉科（Lowiaceae）、美人蕉科（Cannaceae）、竹芋科（Marantaceae）等8科。

姜科（Zingiberaceae）　$\uparrow K_3 C_3 A_1 \overline{G}_{(3)}$ 或 $\uparrow P_{3+3} A_1 \overline{G}_{(3)}$

多年生草本，通常具有芳香，匍匐或块状根茎。地上茎常很短，有时为多数叶鞘包叠而成为似芭蕉状茎。叶基生或茎生，2列或螺旋状排列，基部具张开或闭合的叶鞘，鞘顶常有叶舌；叶片有多数羽状平行脉从主脉斜向上伸。花两性，两侧对称，单生或组成穗状、头状、总状或圆锥花序；萼片3，绿色或淡绿色，常下部合生成管，具短的相同或不同的裂片；花瓣3，下部合生成管，具短裂片，通常位于后方的1枚裂片较大；雄蕊在发育上原来可能为6枚，排成2轮，内轮后面1枚成为着生于花冠上的能育雄蕊，花丝具槽，花药2室，内轮另2枚联合成为花瓣状的唇瓣；外轮前面1枚雄蕊常缺，另2枚称侧生退化雄蕊，呈花瓣状或齿状或不存在；花粉2核，具单沟，无萌发孔，内壁增厚而外壁很薄；雌蕊由3心皮组成；子房下位，3或1室；胚珠多数（图8-157）；花柱1，丝状，通常经发育雄蕊花丝槽中由花药室之间穿出；柱头头状。蒴果室背开裂成3瓣，或肉质不开裂呈浆果状。种子有丰富坚硬或粉质的胚乳，常具假种皮。染色体：X = 9 ~ 26，多数属 X = 12。

本科约50属，1 000种以上，广布于热带及亚热带地区。我国约9属，143种，主要分布于西南部至东部。

姜（Zingiber officinale Rosc.）（图8-158），根状茎肉质，扁平，有短指状分枝；茎高 0.4 ~ 1 m；叶片披针形，基部狭窄，无叶柄；穗状花序由根茎抽出；苞片淡绿色，

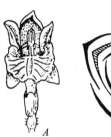

图8-157　姜科花和花图式

A. 姜黄属的花；　*B.* 山柰属的花图式

卵形，长约 2.5 cm；花冠黄绿色，唇瓣倒卵状圆形，下部 2 侧各有小裂片，有紫色、黄白色斑点；原产太平洋群岛，我国中部、东南部至西南部广为栽培；根状茎含辛辣成分和芳香成分，入药能发汗解表，温中止呕，解毒，又作蔬菜和调味用。蘘荷［*Zingiber mioga*（Thunb.）Rosc.］，与姜主要区别为根状茎圆柱形，叶片披针形或狭长椭圆形；基部渐狭成短柄；苞片披针形，长 3～4 cm，顶端常带紫色；花冠裂片披针形，白色；唇瓣淡黄色而中部颜色较深；分布于我国东南部，常栽培作蔬菜；根状茎入药。

　　本科植物供药用的还有砂仁（*Amomum villosum* Lour.），广东、广西、云南和福建等地常栽培于山地阴湿处；果为芳香性健胃、祛风药。山姜［*Alpinia japonica*（Thunb.）Miq.］，产江西、浙江、福建、安徽、台湾、湖北、四川等省，果实和根状茎供药用。郁金（*Curcuma aromatica* Salisb.），产我国东南部至西南部；块根供药用。

图 8-158　姜

A. 根状茎；　*B.* 茎叶；　*C.* 花序；　*D.* 花

　　本科重点特征　多年生草本，通常有香气，叶鞘顶端有明显的叶舌，外轮花被与内轮明显区分，具发育雄蕊 1 枚和通常呈花瓣状的退化雄蕊。

　　姜目的系统发育位置，尚存在不同的见解。过去本目通常是与鸭跖草亚纲或百合亚纲中的一些目联在一起。不过本目类似于百合亚纲的是在于通常具有隔膜的蜜腺（septal nectary）和限于根部的导管。而它类似于鸭跖草亚纲的则是含复合淀粉粒的粉质胚乳。此外，姜目与典型的百合亚纲不同之处，还在于它们的萼片常为绿色和草质，并与花瓣有明显的区别。姜目具有 4 个或更多的位于气孔周围的副卫细胞，这一特点与百合亚纲和鸭跖草亚纲都是不同的。因此，克朗奎斯特在他的分类系统中，将姜目和凤梨目（Bromeliales）组成了姜亚纲（Zingiberidae）。

五十、百合目（Liliales）

　　草本，少数为草质或木质藤本，或为木本，常具根状茎、鳞茎或球茎。叶互生，很少对生或轮生，有时全为基生，单叶。花两性，较少单性，多为虫媒花，通常 3 基数，花被常 2 轮，呈花瓣状，分离或下部联合成筒状；雄蕊通常与花被片同数，花粉粒双核，稀为 3 核，多具单沟；子房通常由 3 心皮组成，上位或下位，中轴胎座，胚珠每室少至多数。果实通常为蒴果，稀为浆果或核果，种子具丰富的胚乳。

　　本目包括雨久花科（Pontederiaceae）、百合科、鸢尾科（Iridaceae）、百部科（Stemonaceae）、薯蓣科（Dioscoreaceae）等 15 个科。

大多数为草本，具根状茎、鳞茎、球茎。茎直立或攀缘状。单叶互生，少数对生或轮生，或常基生，有时退化成鳞片状。花序总状、穗状、圆锥或伞形花序，少数为聚伞花序；花两性，辐射对称，多为虫媒花，常3基数；花被花瓣状，裂片常6，排成2轮；雄蕊常6，花丝分离或联合；花粉粒2核，稀3核，多具单沟，稀为2沟、4孔、螺旋萌发孔，左右对称，极面观为椭圆形，表面具细至粗网状雕纹。此外，有的花粉为球形，无萌发孔，具瘤状突起或小刺。子房上位，少有半下位，通常3室而为中轴胎座，稀1室而为侧膜胎座，每室有少至多数胚珠（图8-159）。蒴果或浆果。染色体：X = 3～27。

图8-159　百合科花图式

本科约240属，近4000种，广布全世界，但主产于温带和亚热带地区。我国有60属，约600种，各省均有分布，以西南部最盛。

百合科是百合纲中的一个大科，一般分为11或12个亚科，有的系统将百合科分为若干个不同的科，或把一部分植物归入其他的科。

1. 百合属（*Lilium*） 多年生草本。茎直立，具茎生叶，鳞茎的鳞片肉质，无鳞被。花单生或排列成总状花序，大而美丽；花被漏斗状；花药丁字形生着；柱头头状。100余种，主产北温带，我国约有60多种。常见的有百合（*L. brownii var. viridulum* Baker）（图8-160），鳞茎直径约5 cm；叶倒披针形至倒卵形，3～5脉，叶腋无珠芽；花被片乳白色，微黄，外面常带淡紫色；分布于东南、西南、河南、河北、陕西和甘肃；常栽培，供观赏；鳞茎供食用，并能润肺止咳、清热、安神和利尿。卷丹（*L. lancifolium* Thunb.），与百合的区别在于叶腋常有珠芽；花橘红色，有紫黑色斑点；几广布全国；用途同百合。山丹（*L. pumilum* DC.），叶条形，有一条明显的脉；花鲜红或紫红色，无斑点或有少数斑点；产我国东北、华北及西北等地区；鳞茎含淀粉可食。渥丹（*L. concolor* Salisb.），常栽培供观赏，鳞茎亦供食用或酿酒。

2. 贝母属（*Fritillaria*） 具鳞茎，鳞片少数，肉质。叶对生，轮生或散生。花钟状下垂，常单生或数朵排成总状花序；花被片基部有腺穴，不反转；花药基生或近基生，蒴果。约100种，分布于北温带。我国有6种，除华南地区外均有分布。川贝母（*F. cirrhosa* Don），鳞茎粗1～1.5 cm，由3～4枚肥厚鳞片组成；茎常中部以上具叶；花单生茎顶，绿黄色至黄色，具脉纹和紫色方格斑纹；花被片长3～4.5 cm；分布于四川、云南、西藏等省区；鳞茎入药，能清热润肺，止咳化痰。浙贝母（*F. thunbergii* Miq.），鳞茎粗1.5～4 cm，由2～3枚肥厚的鳞片组成；茎基部以上具叶；花单生于茎顶或上部叶腋，一般

图8-160　百合

A. 植株；B. 雄蕊和雌蕊

有花 3～9 朵，淡黄绿色，外面有绿色脉纹，内面有紫色斑纹，相互交织成网状；花被片长 2～3.5 cm；分布于浙江、江苏，用途同川贝母。平贝母（*F. ussuriensis* Maxim.），花外面褐紫色，内面紫色，具黄色方格斑纹；分布于东北，鳞茎亦供药用。

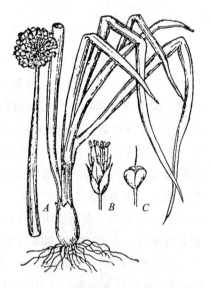

图 8-161　葱
A. 植株；　B. 花；　C. 果实

3. 葱属（*Allium*）　多年生草本，有刺激性的葱蒜味。鳞茎有鳞被。叶基生。伞形花序顶生，初时为膜质的总苞所包；花被分离或基部合生。蒴果。约 500 种，分布于北温带。我国有 120 种，分布全国。除野生种类外，有多种为广泛栽培的著名蔬菜。洋葱（*A. cepa* L.），鳞茎大而呈扁球形；内轮花丝有齿；原产亚洲西部。葱（*A. fistulosum* L.）（图 8-161），鳞茎呈棒状，仅比地上部分略粗；内轮花丝无齿，原产亚洲，现各地栽培供食用；鳞茎及种子可入药，前者能解表散寒，消肿止痛，后者补肾明目。蒜（*A. sativum* L.），鳞茎由数个或单个肉质、瓣状的小鳞茎（通称蒜瓣）组成，外被共同的膜质鳞被；基生叶带状，扁平，宽一般在 2.5 cm 以内，背有隆脊；原产亚洲西部或欧洲，现我国各地普遍栽培；鳞茎含挥发性的大蒜素，有健胃、止痢、止咳、杀菌、驱虫等作用。韭（*A. tuberosum* Rottl. ex Spreng.），植株有根茎；鳞茎狭圆锥形，鳞被纤维状；基生叶线形，扁平，宽 3～7 mm；种子供药用。

4. 天门冬属（*Asparagus*）　茎直立或蔓生，有根状茎或块根。叶退化成干膜质，鳞片状，最后的枝呈针形叶状，绿色，代叶行光合作用。常见的如天门冬 [*A. cochinchinensis*（Lour.）Merr.]，肉质块根纺锤状或长椭圆形；茎蔓生；分布于我国各地；块根入药。石刁柏（*A. officinalis* L.），直立草本；茎稍柔软，上部在后期常下垂；多栽培；嫩茎作蔬菜，俗称芦笋。

5. 黄精属（*Polygonatum*）　根茎长而粗壮，肉质，有节，匍匐状。茎不分枝。叶互生、对生或轮生。花单生或成伞形花序着生叶腋；花被片合生成管状钟形；雄蕊着生于花被管内，通常不外露。浆果。约 60 余种，分布于北温带和北亚热带。我国约 31 种，广布全国，以西南地区最盛。黄精（*P. sibiricum* Redouté），根状茎结节状膨大；茎直立，稍屈曲；叶每轮 2～7 片，叶片顶端拳卷或弯曲成钩；花柱比子房长；产我国东北、华北、华东等地区；根状茎能补脾润肺，养阴生津，为滋养强壮药。多花黄精（囊丝黄精）（*P. cyrtonema* Hua），叶互生。花序有花 2～7 朵，或花单生；花丝上端稍膨大至成囊状突起；产河南以南及长江流域各省，根状茎作黄精入药。

6. 萱草属（*Hemerocallis*）　地下通常有肉质块根。叶基生，带状。螺壳状聚伞花序常排成圆锥状；花大，花被基部合生成漏斗状；雄蕊 6 枚，着生在花被管喉部，花药背部着生。蒴果。约 16 种，我国有 8 种，多栽培，供观赏。花芽供蔬食，干制品称"金针菜"或"黄花菜"，供食用。习见的有黄花菜（*H. citrina* Baroni），又名金针菜，花较大，长 8～16 cm，花被管长 3～5 cm，黄色，芳香，午后开放，次日午前凋萎；根可入药。小黄花菜（*H. minor* Mill.），花较小，长 7 ~ 10 cm，花被管长 1 ~ 3 cm；分布于我国北部各省；根供药用。萱草（*H. fulva* L.），花橘红色，无香味；我国广泛栽培；根作药用。

7. 菝葜属（*Smilax*） 攀缘灌木。根状茎块状。叶互生，具 3 ~ 7 大脉，间有网状小脉，叶柄两侧常有卷须（通常视为变态的托叶），花单性异株，常成腋生伞形花序。浆果。约 300 种，产温带、亚热带、热带。我国约有 60 种。菝葜（*S. china* L.）（图 8-162），根状茎横走，成竹鞭状；茎有硬刺；叶近圆形或宽椭圆形；浆果熟时红色，根状茎富含淀粉和鞣质，可酿酒和提制栲胶，亦供药用。

图 8-162　菝葜
A. 雄株的花枝；　B. 根状茎；　C. 叶柄

百合科的经济植物常见的还有藜芦（*Veratrum nigrum* L.），多年生草木，鳞茎不明显膨大；植株基部残存撕裂成纤维状的叶鞘；圆锥花序被毛；花被片宿存；花药肾形；花柱 3，宿存；蒴果 3 瓣开裂；分布于我国东北、华北及西北等地；根供药用，有祛痰、催吐作用，但也具有一定毒性。知母（*Anemarrhena asphodeloides* Bunge），根状茎横生，粗壮；叶基生，条形；花葶细长，总状花序，花小，淡紫红色，花被片 6，雄蕊 3；蒴果具 6 纵棱；产东北、华北、陕西、甘肃；根状茎为著名中药。土麦冬［*Liriope spicata*（Thunb.）Lour.］，纺锤状肉质块根小而少；叶线形；总状花序，花较多，较小，不下垂；花药钝头；子房上位；种子黑色；分布全国各地；块根常作麦冬用。麦冬［*Ophiopogon japonicus*（L. f.）Ker. -Gawl.］，须根顶端或中部膨大成纺锤状块根；花小，稍下垂；花药锐头；子房半下位；种子蓝黑色；分布于华东、中南、西南等地；块根供药用，能滋阴生津，润肺止咳。郁金香（*Tulipa gesneriana* L.）、风信子（*Hyacinthus orientalis* L.）、万年青［*Rohdea japonica*（Thunb.）Roth.］、百子莲（*Agapanthus africanus* Hoffmgg.］、玉簪［*Hosta plantaginea*（Lam.）Aschers.］，均为习见的观赏植物。

本科重点特征 花 3 基数，花被花瓣状，子房上位，中轴胎座。

（二）石蒜科（Amaryllidaceae） $*P_{(3+3)}A_{(3+3)}\overline{G}_{(3)}$

多年生草本，常具鳞茎或根状茎。叶细长，基出。花两性，常成伞形花序，生于花茎顶上，下有膜质苞片 1 至数枚成总苞；花被花瓣状，裂片 6，分为 2 轮，有时具副花冠；雄蕊 6，花丝分离或联合成筒；花粉左右对称，多数具 1 远极沟，少数具 2 沟，外壁表面往往具网状雕纹；子房下位，常 3 室，中轴胎座，每室有胚珠多数。蒴果或为浆果状。染色状：X = 6 ~ 12、14、15、23。

本科约 90 属，1 200 种，主产温带。我国野生和栽培约 17 属，48 种。

1. 石蒜属（*Lycoris*） 鳞茎具褐色鳞皮。花后抽叶，有些种类叶枯后抽花茎。叶带状或条状。花茎实心；花漏斗状；花被管长或短；花丝分离，花丝间有鳞片。约20种，主产我国和日本。石蒜 [*L. radiata* (L'Her.)Herb.]（图8-163），鳞茎宽椭圆形；叶线形，冬季生出；秋季开花，开花时已无叶，花红色，花被裂片边缘皱缩，广展而反卷，雌、雄蕊伸出花被外很长；分布于华东、西南各省；鳞茎有解毒消肿、祛痰、催吐作用，但毒性大，用时应注意，亦可提取淀粉，供纺织浆纱用。忽地笑 [*L. aurea* (L'Her.) Herb.]，花大，鲜黄色或橘黄色；鳞茎含加兰他敏而药用，可改善神经-肌肉接头的传递。

2. 水仙属（*Narcissus*）鳞茎卵圆形，基生叶与花葶同时抽出，花葶中空，花高脚碟状；副花冠长筒状，似花被，或短缩成浅杯状。蒴果。约30种，分布于中欧、地中海和东亚。我国有1变种，水仙（*N. tazetta* var. *chinensis* Roem.），花白色，有鲜黄色杯状的副花冠；原产浙江和福建，各地多栽培作盆景；鳞茎可供药用。

其他栽培观赏植物尚有君子兰（*Clivia miniata* Regel），花带黄红色。花朱顶兰（朱顶红）（*Amaryllis vittata* Ait.），花红色，腹面中间带白色条纹。文珠兰 [*Crinum asiaticum* var. *sinicum* (Roxb. ex Herb.) Baker]，花白色，芳香。晚香玉（*Polianthes tuberosa* L.），花乳白色，浓香。葱莲 [*Zephyranthes candida* (Lindl.) Herb.]，花白色。

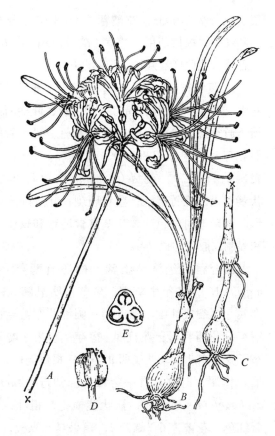

图8-163 石蒜

A. 着花的花茎；　*B.* 植物营养体全形；　*C.* 重生鳞茎；　*D.* 果实；　*E.* 子房横切面，示胚珠

（三）薯蓣科（Dioscoreaceae）　♂：$P_{3+3}A_6$　♀：$P_{3+3}\overline{G}_{(3:3)}$

草质缠绕植物。有块状或根状的地下茎。叶互生或中部以上为对生，单叶或为掌状复叶，全缘或分裂，基出掌状脉，并具网脉。花单性，雌雄异株，很少同株，辐射对称，排成总状、穗状或圆锥花序；花被片6，2轮；雄花有雄蕊6枚，有时3枚发育，3枚退化；雌花常有3~6枚退化雄蕊；花粉粒2核，具单沟，较少2沟或3歧沟，或具4（稀5）散孔；雌蕊由3心皮组成；子房下位，3室，每室有胚珠2；花柱3。蒴果有翅或浆果；种子常有翅。染色体：X = 9、10、12、14。

本科约6属，650种，广布于热带和亚热带地区。我国仅1属，约49种，主要分布于长江以南各省区。

薯蓣属（*Dioscorea*）多年生缠绕草本，具块茎或根状茎。茎左旋或右旋，有些植株叶腋有珠芽。叶脉突起呈网状，有叶柄。花小。蒴果有3翅；种子具薄翅。本属具有丰富的植物资源，大多数种类的根状茎或块茎可供食用、药用及工业用原料。如薯蓣（山药、怀山药）（*D.*

polystachya Turc.)（图 8-164），我国大部分地区有野生或栽培；根状茎供食用及入药为滋养强壮剂。入药的还有参薯（大薯）（*D. alata* L.）、日本薯蓣（野山药）（*D. japonica* Thunb.）、穿龙薯蓣（*D. nipponica* Makino）、黄独（*D. bulbifera* L.）、粉背薯蓣［*D. collettii* var. *hypoglauca*（Palibin）Pei et Ting］、黄山药（*D. panthaica* Prain et Burkill）等。此外，产西南、华南、华中和浙江省等地的薯莨（*D. cirrhosa* Lour.），块茎除供药用外，还可酿酒或制取"薯莨胶"用以染制广东名产"香云纱""黑胶绸"以及渔网等。

本科重点特征 缠绕草本，具块茎或根状茎。叶具基出掌状脉，并有网脉。花单性。蒴果有翅或浆果；种子常有翅。

百合目是一个庞大的类群，在克朗奎斯特系统中，它包含 15 个科。由百合目演化出兰目。兰目比百合目进化，它们的共同特点是具有艳丽的花，花被花瓣状，有较优越的昆虫传粉。它们没有走向花部

图 8-164 薯蓣

A. 块茎；　B. 雄枝；　C. 雄花序一部分；　D. 雄蕊；
E. 雌花；　F. 果枝；　G. 果实剖开，示种子

简化的道路，也不具肉穗花序。尽管少数种类有乔木状习性，某些种类有宽阔的、网状脉的叶片和遍及茎枝与根部的导管，但它们并不具备能与木本双子叶植物竞争的同等特征条件。

五十一、兰目（Orchidales）

陆生、附生或腐生的草本。花常为两侧对称，多为两性；花被片 6，2 轮；雌蕊由 3 心皮组成，子房下位，1 室或 3 室。种子微小，极多，具未分化的胚，无胚乳或有少量胚乳。

本目包含兰科、水玉簪科（Burmanniaceae）等 4 科。

兰科（Orchidaceae）　$\uparrow P_{3+3} A_{1, 2} \overline{G}_{(3:1)}$

多年生草本，陆生、附生或腐生，稀为攀缘藤本。陆生及腐生的常具根状茎或块茎，有须根。附生的具有肥厚根被的气生根。茎直立，悬垂或攀缘，往往在基部或全部膨大为具 1 节或多节、呈种种形状的假鳞茎。单叶互生，常排成 2 列，稀对生或轮生，基部常具抱茎的叶鞘，有时退化成鳞片状。花葶顶生或侧生，单花或排列成总状、穗状、圆锥花序；花两性，稀为单性，两侧对称（图 8-165），常因子房呈 180° 角扭转，弯曲而使唇瓣位于下方；花被片 6，排

图 8-165　兰科花图式

A. 拟兰亚科（Apostasioideae）（三蕊兰属）；　B. 杓兰亚科（Cypripedioideae）；　C. 兰亚科（Orchidoideae）

列为 2 轮，外轮 3 片为萼片，通常花瓣状，离生或部分合生，中央的一片称中萼片，有时凹陷，并与花瓣靠合成盔；两侧的 2 片称侧萼片，略歪斜，离生或靠合，稀合生为一合萼片，有时侧萼片贴生于蕊柱脚上而形成萼囊；内轮两侧的 2 片称花瓣，中央的 1 片特化而称唇瓣；唇瓣常有极复杂的结构，分裂或不分裂，有时由于中部缢缩而分成上唇与下唇（前部与后部），其上通常有脊、褶片、胼胝体或其他附属物，基部有时具囊或距，内含蜜腺。最突出的特征是雄蕊和花柱（包括柱头）合生成合蕊柱，通常半圆柱形，正面向唇瓣，基部有时延伸为蕊柱脚，顶端通常有药床；雄蕊 1 或 2 枚（极少为 3 枚）、前者为外轮中央雄蕊，生于蕊柱顶端背面，后者为内轮侧生雄蕊，生于蕊柱两侧；退化雄蕊有时存在，为很小的突起，稀为较大而具彩色；花药通常 2 室，花粉常结成花粉块，四合花粉或为单粒花粉，无萌发孔或具 1～4 萌发孔，外壁具网状或拟网状雕纹；花粉块 2～8 个，具花粉块柄、蕊喙柄和黏盘或缺；雌蕊有 3 个联合心皮，子房下位，1 室，侧膜胎座（图 8-166）；柱头有两类情况：在具单雄蕊的植物，3 个柱头中，有 2 个发育，第 3 个柱头常不发育，变成一个小凸体，称为蕊喙，位于花药的基部，而介乎两个药室之间；在具两雄蕊的植物，有由 3 个柱头合成的单柱头，无蕊喙。蒴果三棱状圆柱形或纺锤形，成熟时开裂为顶部仍相连的 3～6 果片。种子极多，微小，无胚乳，通常具膜质或呈翅状扩张的种皮，易于随风飘扬，传至远方，胚小而未分化。染色体：X = 6～29。

　　兰科植物的花，对昆虫传粉的适应非常复杂，一般说来，兰花常大型而美丽，有香气，易引诱昆虫，花的蜜液，多藏于唇瓣基部的距内或蕊柱的基部，昆虫进入花内采蜜时，落在唇瓣上，头部恰好触到花粉块基部的黏盘上，昆虫离开花朵时，带着一团胶状物和黏附其上的花粉块而去，至另一花采蜜时，花粉块恰好又触到有黏液的柱头上，完成授粉作用。

　　兰科为种子植物第二大科，约有 730 属，2 万种，广布于热带、亚热带与温带地区，尤以南美洲与亚洲的热带地区为多。我国约有 150 属，1 000 余种，主要分布于长江流域和以南各省区，西南部和台湾尤盛。兰科有很多是著名的观赏植物，各地多栽培，供观赏用；还有一些植物可供药用。

　　1. 三蕊兰属（*Neuwiedia*）　陆生草本，具短根状茎。茎直立，上生多枚叶。花有雄蕊 3 枚；花粉粒粉状，不黏合成花粉块。约 7 种，分布于东南亚。我国仅 1 种，三蕊兰（*N. singapureana*（Baker）Rolfe），分布于广东、海南和云南，是兰科中最原始的类群。

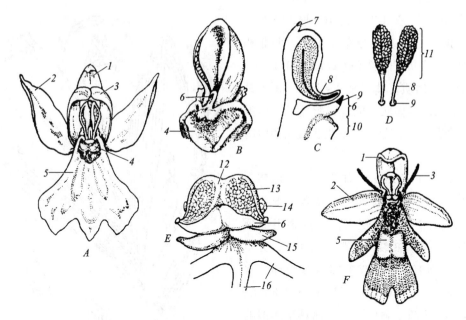

图 8-166　兰科花的构造

A—D. 花及花部构造（*Dactylorhiza maculata*）；*A.* 花；*B.* 合蕊柱；*C.* 合蕊柱纵切面；

D. 花粉块（每花 2 个）；*E.* 合蕊柱（*Habenaria reniformis*）；*F.* 花（*Ophrys insectifera*）

1. 中萼片；　2. 侧萼片；　3. 花瓣；　4. 柱头；　5. 唇瓣；　6. 蕊喙；　7. 花药顶端；　8. 花粉块柄；　9. 黏盘；

10. 柱头侧裂片；　11. 花粉团；　12. 药隔；　13. 药室；　14. 退化雄蕊；　15. 柱头裂片；　16. 唇瓣裂片

2. 杓兰属（*Cypripedium*）　陆生草本。叶茎生，幼时席卷。花两侧对称，唇瓣成囊状；内轮 2 个侧生雄蕊能育，外轮 1 个为退化雄蕊；花粉粒状不成花粉块。约 35 种，分布于北温带和亚热带，我国有 23 种，以西南部和中部最盛。本属有些植物花美丽，可栽培，供观赏。常见的有扇脉杓兰（*C. japonicum* Thunb.），叶常 2 枚，近对生，菱状圆形或横椭圆形，具扇形脉；花单生，绿黄色、白色，具紫色斑点；分布于浙江、安徽、江西、湖南、湖北、陕西、四川、贵州；根、全草入药，能祛风，解毒，活血。

3. 红门兰属（*Orchis*）（图 8-167）陆生草本，具块茎或根状茎。唇瓣基部有距；花粉块黏

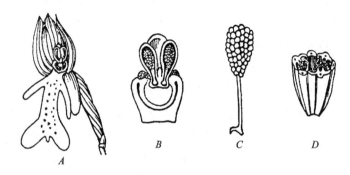

图 8-167　红门兰属的花

A. 花；　*B.* 合蕊柱顶部；　*C.* 花粉块；　*D.* 蒴果横切面

盘藏在黏囊中；柱头1个。约100种，分布于北温带。我国约16种，分布于东北、西北和西南各省区。广布红门兰（*O. chusua* D. Don），块茎长圆形，肉质；叶通常2~3片；花序具1~10余朵花，多偏向一侧；花紫色；子房强烈扭曲；合蕊柱短；分布于东北、西北和西南等地。

4. 白及属（*Bletilla*）陆生草本。球茎扁平，上有环纹。叶薄纸质，一般集生于茎基部，有时仅有1叶。花较大，常数朵组成顶生总状花序；唇瓣3裂，无距。约9种，分布于东亚。我国有4种，产东部至西南部。常见的有白及 [*B. striata*（Thunb.）Rchb. f.]（图8-168），假鳞茎扁球形，上面具荸荠似的环纹；叶披针形至长椭圆形；花红紫色；生于山谷地带或林下湿地；分布于长江流域至南部和西南各省；球茎含白芨胶质黏液、淀粉、挥发油等；药用，有补肺止血，消肿生肌等作用；花美丽，栽培供观赏。

图8-168 白及

A. 植株； B. 唇瓣； C. 合蕊柱； D. 合蕊柱顶端的药床及雄蕊背面； E. 花粉块； F. 蒴果

5. 石斛属（*Dendrobium*）附生草本。茎黄绿色，节间明显。花常大形而艳丽，单生、簇生或排列成总状花序，常生于茎的上部节上；花被片开展；侧萼片和蕊柱基部合生成萼囊；花药药柄丝状，药囊2室；花粉块4。约1400种，分布于亚洲热带、亚热带至澳大利亚。我国约有60种，以东南、西南及台湾省区种类较多。常见的有石斛（*D. nobile* Lindl.），茎丛生，黄绿色；叶狭长椭圆形至长圆状披针形，顶端钝有凹缺，叶鞘紧抱节间；花直径5~10 cm，白色，微带紫红；分布于华南、西南和台湾等地；因花大而美丽，通常室内盆栽为观赏植物；茎供药用，能滋阴清热，养胃生津。

6. 兰属（*Cymbidium*）附生、陆生或腐生草本。茎极短或变态为假鳞茎。叶革质，带状。总状花序直立或俯垂；花大而美丽，有香味；花被张开；蕊柱长；花粉块2个。蒴果长椭圆形。约50种，分布于亚洲热带和亚热带，大洋洲和非洲地区也有分布。我国有20种及许多变种，分布于长江以南各省区。常见的有建兰 [*C. ensifolium*（L.）Sw.]，叶带形，较柔软，宽1~1.7 cm；花葶直立，通常短于叶；总状花序有花3~7朵；苞片远比子房短；花浅黄绿色，有清香；夏、秋开花，各地庭园常栽培，供观赏，有许多栽培品种；根和叶入药，前者清热止带，后者镇咳祛痰。墨兰 [*C. sinense*（Andr.）Willd.]，似建兰，但叶宽常2~3.5 cm，深绿色而有光泽，全缘；花葶通常高出叶外，具10余花；品种亦很多；冬末春初开花，花色多变，有香气。春兰 [*C. goeringii*（Rchb. f.）Rchb. f.]，叶狭带形，宽6~10 mm；花单生，淡黄绿色；唇瓣乳白色，有紫红色斑点；春季开花，有芳香；分布华东、中南、西南、甘肃、陕西南部等地；现各地栽培，供观赏；根入药，清热利湿，消肿。

7. 天麻属（*Gastrodia*）　腐生草本。块状根状茎肥厚，横生，表面有环纹。茎直立，节上具鞘状鳞片。总状花序顶生；花较小；萼片和花瓣合生成筒状，顶端 5 齿裂；花粉块 2，多颗粒状。约 30 种，分布于亚洲及大洋洲热带地区。我国有 3 种，分布于西南、华东、华北、东北和台湾省。天麻（*G. elata* Bl.）（图 8-169），多年生草本，根状茎横生，肥厚肉质，长椭圆形，表面有均匀的环节；茎直立，黄褐色，节上具鞘状鳞片；总状花序顶生；花黄褐色，萼片与花瓣合生成斜歪筒，口偏斜，顶端 5 裂；蒴果倒卵状长圆形，6—7 月开花；分布于我国东北、西南、华东等地。天麻根状茎入药，称"天麻"，含香草醇、苷类和微量生物碱；有熄风镇痉，通络止痛作用，用以治疗高血压病、头痛、眩晕、肢体麻木、神经衰弱及小儿惊风等。

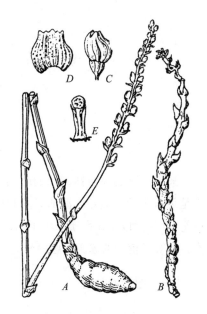

图 8-169　天麻
A. 植株；*B.* 地上茎；*C.* 花；
D. 内花被；*E.* 蕊柱

本科重点特征　草本，花两侧对称，花被内轮 1 片特化成唇瓣，能育雄蕊 1 或 2（稀 3），花粉结合成花粉块，雄蕊和花柱结合成合蕊柱，子房下位，侧膜胎座，种子微小。

兰科植物花的高度特化，是对昆虫传粉的高度适应的表现。关于兰目的系统发育位置，一般认为兰目来自于百合目，并与百合目中具有上位花的科、属最为接近。兰目区别于百合目的全部特征，表现了进化的趋势。由于唇瓣的特化，使辐射对称花发展为两侧对称花，子房上位 3 室演变为子房下位 1 室，雄蕊数目由 6 枚减少到 1 或 2 枚，雄蕊和花柱结合成合蕊柱等。哈钦松（Hutchinson）认为，拟兰科的拟兰属（*Apostasia*）和三蕊兰属（*Neuwiedia*）可能与仙茅科的仙茅属（*Curculigo*）和水玉簪科的弯玉簪属（*Campylosiphon*），以及一些比较典型的兰类有亲缘关系。克朗奎斯特将拟兰科（Apostasiaceae）并入兰科，假兰属和三蕊兰属作为兰科的原始类型；仙茅科（Hypoxidaceae）并入百合科。以上这些都充分说明了兰目和百合目的关系。

兰科几乎被植物学家公认为代表单子叶植物最进化的类群，主要表现在下列几方面：（1）草本植物，稀为攀缘藤本，附生或腐生；（2）兰科已知种类约 2 万种，约占单子叶植物的1/4；（3）花具有各种不同的形状、大小和颜色；（4）花两侧对称，内轮花被中央 1 片特化为唇瓣；唇瓣结构复杂，基部常形成具有蜜腺的囊或距；（5）雄蕊数目减少并与花柱合生成合蕊柱；子房下位；柱头常具有喙状小突起的蕊喙；（6）花部的所有特征表现了对昆虫传粉的高度适应。

第四节　被子植物的起源与系统发育

一、被子植物的起源

被子植物起源包括起源的时间、地点和祖先的来源等问题，其中祖先来源问题从根本上来说是最重要的。但是起源的时间和地点将会帮助我们去发现祖先的渊源。长期以来，特别是 20 世纪 60 年代以来，由于采用了新的研究方法，摆脱了过去的偏见，重新研究和评价了过去的工作，使被子植物的起源问题的研究有了一定的进展。

（一）起源的时间

早在 1859 年，达尔文在《物种起源》一书中对被子植物在白垩纪时突然出现，认为是一个可疑的秘密，当时他归结为"地质纪录不完全"的结果。而今，有关被子植物起源的时间问题，虽有了一定的进展，但由于可靠的化石证据不多，大多数的结论仍然是推论性的，粗略归纳起来，有两种不同的观点：

1. 古生代起源说　这是一个较老而占统治地位的观点。坎普（Camp）、托马斯（Thomas）、埃姆斯（Eames）等学者主张被子植物起源于古生代。突出的例子是普卢姆斯特德（Plumstead）在南非二叠纪地层中发现的舌蕨（*Glossopteris*），具有两性的结实器官，被认为是被子植物的祖先，据此认为"被子植物发生于南半球西南太平洋地区"，并认为被子植物起源于二叠纪。上述的论断虽受到不同程度的反对，但它给被子植物的发生和发展提出了新的线索，有待今后进一步验证。

值得进一步指出的，拉姆肖（Ramshaw）等人通过对被子植物细胞色素 c 中氨基酸顺序的研究，发现凡是系统上亲缘关系近的，氨基酸排列顺序相似；关系远的，排列顺序相差很大，并提出被子植物起源于距今 5 亿 ~ 4 亿年前，支持被子植物起源于古生代的奥陶纪到志留纪。他们还认为，像胡麻、苘麻和花椰菜这些较特化的植物群，在白垩纪之前（2 亿年前）就存在了。由于这些结论和大量的形态学和古植物学的证据相矛盾，因此，很少有人支持这样的解说。但这方法为我们进一步研究被子植物的发生和发展，提供了新的研究途径。

2. 白垩纪（或晚侏罗纪）起源说　当前多数学者认为被子植物起源于白垩纪或晚侏罗纪。例如，在黑龙江北岸晚侏罗纪到早白垩纪地层中发现一种名为喙总穗（*Dirhopalostachys rostrata*）的植物化石，它的生殖枝上螺旋排列着稀疏而成对的蓇葖，这种蓇葖有反卷的顶喙，腹缝线开裂，内生 1 颗扁平的种子；花粉粒呈单沟椭圆形。它可能和金缕梅科有亲缘关系，克拉西洛克斯（Krassilox）认为是一种原被子植物，但它是否是最原始的被子植物，有待进一步研究。

被子植物化石，只有在早白垩世的上半期，在北半球的北美、葡萄牙、英国、西伯利亚等地，才出现无可置疑的双子叶植物的叶痕化石，而木材、花和果实化石甚为罕见。如在美国加利福尼亚州早白垩世欧特里夫期（距今约 1.2 亿年）地层中，发现被认为是最早的较为可靠的被子植物果实化石——加州洞核（*Onoana california*）。我国早白垩世地层中的被子植物化石，发现于吉林蛟河和延吉大拉子组的木患与延吉叶。西伯利亚东部早白垩世地层中，也有一种被子植物（*Kenella harrisiana*）果实和叶片化石的发现。欧洲早白垩世的山龙眼叶、楤木、木兰和月桂等属发现于葡萄牙，共同发现的还有可能是已知最早出现的单子叶植物化石——细弱早熟禾（*Poacites tenellus*）。英国的早白垩世地层，则还有被子植物木材化石的发现。最近多伊尔（Doyle）和马勒（Muller）根据早白垩世和晚白垩世地层之间孢粉学的研究，支持被子植物最初的分化是发生在早白垩世，大概在侏罗纪时期就为这个类群的发展准备了条件。这一观点也为沃尔夫（Wolf）从美国弗吉尼亚的帕塔克森特岩层的早白垩世的叶化石证据所支持。这些叶化石中木兰型的特征占优势，因此，他们得出结论是：在白垩纪木兰目的发展先于被子植物的其他类群。

综上所述，被子植物起源的时间似乎可以肯定，是在白垩纪以前的某个时期。可喜的是，2019 年，中国科学院昆明植物研究所李德铢团队，利用 2 881 个质体基因组的 80 个基因，重建了被子植物高分辨率的质体基因组系统发育树，结果显示，被子植物起源于三叠纪晚期的瑞替期 [①]。系统发育基因组学研究为我们研究被子植物的起源问题提供了新的角度。

（二）发源地

被子植物的发源地也存在着十分对立的观点：即高纬度——北极或南极起源和中、低纬度——热带或亚热带起源说。

1. 高纬度起源说　希尔（Heer）在根据对北极化石植物区系分析的基础上，较早认为被子植物是在北半球高纬度地区所谓北极大陆上首先出现，他的观点，曾得到不少古植物学家和植物地理学家的支持。按照这个假说，认为植物通过 3 个方面向南分布：（1）由欧洲向非洲南进；（2）从欧亚大陆向南发展到中国和日本，再向南伸展到马来西亚、澳大利亚；（3）由加拿大经美国进入拉丁美洲，最后扩散到全球。这一观点的支持者，常常引证北极的"早"白垩世植物区系的证据。可是通过对北极被子植物化石植物区系的研究，认为早白垩世的北极区系并无被子植物的踪迹，因此，现在看来，这种主张证据是不足的。

2. 中、低纬度起源说　目前，大多数学者支持被子植物起源于热带。近数十年来的资料表明，大量被子植物化石在中、低纬度出现的时间实际上早于高纬度。如美国加利福尼亚早白垩世发现的被子植物果实化石——加州洞核，同一时期，在加拿大的地层中却还无被子植物出现，加拿大直到早白垩世晚期，才有极少数被子植物出现，其数量仅占植物总数的 2%～3%，而在美国早白垩世晚期发现的被子植物，已占植物化石总数的 20% 左右。在亚洲北部和欧洲，被子植物出现的时代都比较晚。以上事实表明，被子植物是在中、低纬度首先出现，然后逐渐向高纬

---

① Hong-Tao Li, Ting-Shuang Yi, Lian-Ming Gao, et al. Origin of angiosperms and the puzzle of the Jurassic gap. *Nature* Plants，2019，5：461–470.

度地区扩展。

现代被子植物的地理分布情况，同样说明植物可能起源于中、低纬度地区。在现存的 400 余科被子植物中，有半数以上的科依然集中分布于中、低纬度地区，特别是被子植物中的那些较原始的木兰科、八角科、连香树科、昆栏树科、水青树科等更是如此。贝利（Bailey）、史密斯（Smith）、塔赫他间（Takhtajan）以现代被子植物科的分布以及化石证据的分析，发现西南太平洋和东南亚地区原始毛茛类型（广义的木兰目）分布占优势，认为这个地区是被子植物早期分化和可能的发源地。我国植物分类学家吴征镒教授，从中国植物区系研究的角度出发，提出"整个被子植物区系早在第三纪以前，即在古代'统一的'大陆上的热带地区发生"，并认为"我国南部、西南部和中南半岛，在北纬 20°—40° 间的广大地区，最富于特有的古老科、属。这些第三纪古热带起源的植物区系即是近代东亚温带、亚热带植物区系的开端，这一地区就是它们的发源地，也是北美、欧洲等北温带植物区系的开端和发源地"。坎普提出南美亚马孙河流域的平原地区热带雨林中植物十分丰富，并有许多接近于原始类型的被子植物，而且被子植物可能起源于这一区域热带平原四周的山区。由此可见，中、低纬度的热带和亚热带地区，确实像是被子植物的起源中心，并从这里，它们迅速地分化和辐射，向中、高纬度发展而遍及各大陆。

根据现有地理学和生物学证据，都支持板块学说。因此，在讨论被子植物早期演化时，必须考虑在地质时期大陆的相关位置。根据板块学说，在白垩纪时，地球可分为 3 个大陆板块：（1）劳西亚板块，包括现在的欧亚和北美；（2）西冈瓦纳板块，包括现在的非洲和拉丁美洲，并通过非洲直接同欧洲大陆连接；（3）东冈瓦纳板块，包括现在的大洋洲和南极大陆，并通过南极大陆和拉丁美洲而与西冈瓦纳板块接近，因此，当时的南美、非洲和欧洲南部都是相连的。而且延至东南亚都属热带。雷文（Raven）和阿克塞尔罗德（Axelrod）等人根据板块学说和古植物的证据，主张被子植物可能起源于西冈瓦纳板块，并认为由于地质和气候条件的变迁，干旱扩展而引起非洲植物大量绝灭，使很多早期"原始"的被子植物从非洲消失。因此，原始被子植物最初可能扩展到这种气候均匀的亚热带高地。东南亚和大洋洲就成为保存原始被子植物最好的避难所。

总之，由于化石植物缺乏和对过去发生的地质、气候变化还不十分清楚，虽多数学者赞同中、低纬度起源，但确切回答被子植物的起源地点是有困难的，有待今后更深入的研究。

（三）可能的祖先

被子植物的属、种十分庞杂，形态变化很大，分布极广，粗看起来，确实很难用统一的特征将所有的被子植物归成同一类群。因此，对于被子植物可能的祖先，存在着各种不同的假说，有多元说、二元说和单元说，现分别介绍于后。

1. 多元说（多源说）（polyphyletic theory, polyrheithry） 认为被子植物来自许多不相亲近的类群，彼此是平行发展的。威兰（G. R. Wieland）、胡先骕、米塞（Meeuse）等人是多元说的代表。

威兰于 1929 年提出了被子植物多元起源的观点，他认为被子植物发生于遥远的中生代二叠纪、三叠纪之间，一方面可上溯到拟铁树之 *Williamsoniella* 与 *Wielandiella*，一方面与其他的一切裸子植物如苟得狄植物（Cordaitinae）、银杏类、松杉类、苏铁类皆有渊源。

胡先骕在 1950 年《中国科学》上发表了一个被子植物多元起源的新系统，他认为双子叶植物从多元的半被子植物起源；单子叶植物不可能出自毛茛科，需上溯至半被子植物，而其中的肉穗花区直接出自种子蕨部髓木类，与其他单子叶植物不同源。

米塞是当代主张被子植物多元起源的积极拥护者。他认为被子植物至少从 4 个不同的祖先类型发生。例如，他提出单子叶植物通过露兜树属（*Pandanus*）由五柱木目（Pentexyloles）起源；他把双子叶植物分为 3 个亚纲，各自从不同的本内苏铁类起源。

2. 二元说（二源说）（diphyletic theory） 认为被子植物来自两个不同的祖先类群，二者不存在直接的关系，而是平行发展的。拉姆（Lam）和恩格勒（A. Engler）均为二元说的著名代表。

拉姆从被子植物形态的多样性出发，认为被子植物至少是二元起源的，在他的分类系统中，把被子植物分为轴生孢子类（stachyosporae）和叶生孢子类（phyllosporae）二大类。前者的心皮是假心皮，并非来源于叶性器官，大孢子囊直接起源于轴性器官，包括单花被类（大戟科）、部分合瓣类（蓝雪科、报春花科）以及部分单子叶植物（露兜树科），这一类起源于盖子植物（买麻藤目）的祖先。后者的心皮是叶起源，具有真正的孢子叶，孢子囊着生于孢子叶上，雄蕊经常有转变为花瓣的趋势，这一类包括多心皮类及其后裔，以及大部分单子叶植物，起源于苏铁类。

恩格勒认为，柔荑花序类的木麻黄目及荨麻目等无花被类，是和多心皮类的木兰目缺乏直接的关系，二者是平行发展的，这种看法是片面的。最近，埃伦多弗（F. Ehrendofer, 1976）通过对木兰亚纲和金缕梅亚纲（包括柔荑花序类植物）的染色体研究，认为二者显著相似，支持了二者之间有密切的亲缘关系，也冲击了对这些古老的被子植物提出多元发生的观点。

3. 单元说（单源说）（monophyletic theory） 现代多数植物学家主张被子植物单元起源，主要依据是被子植物具有许多独特和高度特化的特征，如筛管和伴胞的存在；雌、雄蕊在花轴上排列的位置固定不变；雄蕊都有 4 个孢子囊和特有的药室内层；大孢子叶（心皮）和柱头的存在；花粉萌发，花粉管通过退化的助细胞进入胚囊与卵细胞结合的过程；双受精现象和三倍体的胚乳。为此，被子植物只能来源于一个共同的祖先。另外，从统计学上也证实，所有这些特征共同发生的概率不可能多于一次。

哈钦松、塔赫他间和克朗奎斯特等人是单元说的主要代表，他们认为现代被子植物来自一个原被子植物（前被子植物，proangiosperm），而多心皮类（polycarpicae），特别是其中的木兰目比较接近原被子植物，有可能就是它们的直接后裔。

被子植物如确系单元起源，那么，它究竟发生于哪一类植物呢？推测很多，至今并无定论。其中包括有：藻类、蕨类、松杉目、买麻藤目、本内苏铁目、种子蕨和舌蕨等。目前比较流行的是本内苏铁和种子蕨这两种假说。

塔赫他间和克朗奎斯特从研究现代被子植物的原始类型或活化石中，提出被子植物的祖先类群可能是一群古老的裸子植物，在这个祖先类群的早材中，具有梯状纹孔的管胞；具两性、螺旋状排列的孢子叶球，大孢子叶（心皮）和小孢子叶为叶状的特征；胚珠多数；具分离的小孢子囊。他们主张木兰目为现代被子植物的原始类型。这一观点得到了多伊尔、马勒和帕克托瓦（Pacltova）对孢粉研究的支持。最近，巴特 – 史密斯（Bate-Smith）研究拟桃叶珊瑚苷等有机化合物在现代被子植物中的分布，也支持了木兰目为被子植物原始类群的观点。

那么，木兰目又是从哪一群原始的被子植物起源的呢？莱米斯尔（Lemesle）主张起源于本内苏铁，认为本内苏铁的孢子叶球常两性，稀单性，和木兰、鹅掌楸的花相似，种子无胚乳，仅具两个肉质的子叶；次生木质部的构造等亦相似，从而提出被子植物起源于本内苏铁。有人甚至把本内苏铁称为原被子植物。近年来，主张本内苏铁为被子植物直接祖先的渐趋减少。塔赫他间认为，本内苏铁的孢子叶球和木兰的花的相似是表面的，因为木兰属的小孢子叶像其他原始被子植物的小孢子叶一样，分离、螺旋状排列，而本内苏铁的小孢子叶为轮状排列，且在近基部合生，小孢子囊合生成聚合囊；其次，本内苏铁目的大孢子叶退化为 1 个小轴，顶生1 个直生胚珠，并且在这种轴状大孢子叶之间还存在有种子间鳞，因此，要想象这种简化的大孢子叶转化为被子植物的心皮是很困难的。另外，本内苏铁类以珠孔管来接受小孢子，而被子植物通过柱头进行传粉，所有这些都表明被子植物起源于本内苏铁的可能性较小。塔赫他间认为被子植物同本内苏铁目有一个共同的祖先，有可能从一群最原始的种子蕨起源。

那么，究竟哪一类种子蕨是被子植物的祖先呢？有些学者曾把中生代种子蕨的高等代表——开通目（Caytoniales）植物作为原始被子植物看待，这类植物具有类似被子植物的"果实"，但从开通目为单性花、花粉囊联合等形态特征来看，它和被子植物还有相当大的差别，为此，它也不可能是被子植物的祖先，而是被子植物远的一个亲族而已。

至于被子植物怎样从种子蕨演化来的呢？这方面也有不同的假说，其中比较引人注意的是幼态成熟。阿尔伯（Arber）、塔赫他间、阿萨马（Asama）等人，把动物界系统发生的幼态成熟说，应用于解释植物界的系统发生，就是说植物在系统发育过程中，植物个体发育的幼年阶段，可以突变为具有成年期成熟形体，而成年期的植物体，也可具有幼年期的构造。依此说法，被子植物的花，可以解释为由种子蕨的、具有孢子叶的幼年期短枝（生殖枝）生长受到强烈的抑制和极度缩短，而变为孢子叶球，然后再进而突变成为原始被子植物的花；这种花也不停地经受幼态成熟的突变，使幼苗阶段的花轴（花托）和叶器官（花被、雄蕊、雌蕊）更紧密地靠拢，最后就可以演变成为进化的被子植物的花。按照幼态成熟学说，被子植物的雌配子体，来源于种子蕨的雌配子体的游离核阶段突变而成的新型雌配子体。依此类推，被子植物的心皮是原始裸子植物大孢子叶的幼态成熟，掌状叶脉则是羽状叶脉的幼态成熟，单子叶植物的子叶是双子叶植物的子叶幼态成熟等。但是，这一系列的突变不可能是齐头并进和同时发生的，而可能是发生在各个不同的地质时期的各种不同植物、同种植物的不同个体，或各种不同的器官上，并且在各种不同的自然条件影响之下，才能产生各种形式的突变。凡有利于植物生长和发育的性状就出现、发展，不利的就受到抑制和退化，这就是植物系统演化的途径，这也可能就是由某类较原始的种子蕨的幼态个体，经过多次幼态成熟和多方面的突变、演化，最后繁衍成为最早的原始被子植物的大致过程，亦可能是现代被子植物形体、结构多样化的基本原因。

梅尔维尔（Melville）强烈支持被子植物起源于舌蕨的观点。他的主要依据是在一些被子植物中，发现了舌蕨类的叶脉类型，以及基于舌蕨的结实器官所推理的"生殖叶"理论。而阿尔克新（Alxin）和查洛纳（Chaloner）研究发现舌蕨类型的叶脉，还存在于另外几个近缘的有关类群中，并指出，我们不能单独采用叶脉作为判断被子植物祖先的基础，而叶脉的类型可以作为进化分化水平的重要指标。这一点得到了多伊尔和希基（Hickey）的支持。

（四）单子叶植物的起源

前面所述的有关被子植物起源的各种假说和科学推论，一般都指双子叶植物而言的。关于单子叶植物的起源问题，目前多数学者认为，双子叶植物比单子叶植物更原始、更古老，单子叶植物是从已绝灭的最原始的草本双子叶植物演变而来的，是单元起源的一个自然分支（哈钦松、塔赫他间、克朗奎斯特、田村道夫）。然而单子叶植物的祖先是哪一群植物？现存单子叶植物中哪一群是代表原始的类型？意见亦不一致。

1. 水生莼菜类起源说　塔赫他间和埃姆斯（Eames）认为，绝大多数的单子叶植物具单沟型花粉，因此，单子叶植物的花粉粒比之具有3沟、散沟和散孔的毛茛目及其邻近科的花粉类型更为原始，因而认为单子叶植物与毛茛目在演化上关系不大。又由于单沟花粉仅在双子叶植物中的木兰目、睡莲目、胡椒目的部分植物中，以及马兜铃科的马蹄香属（Saruma）中见到，因而认为单子叶植物是由具有单沟花粉的双子叶植物发展而来的。

贝利和奇德尔（Cheadle）认为单子叶植物和双子叶植物中，导管分子是独立发生的，他们根据导管分子在单子叶植物各科中分布的情况，认为导管首先发生在根的后生木质部中，以后才出现在茎和叶的部分，还发现根的后生木质部具有最原始的梯形穿孔的导管分子类型。根据这一观点，塔赫他间提出，如果单子叶植物中导管分子是独立发生的，我们必须从具有无导管和单沟花粉的类群中寻找可能的祖先，他主张单子叶植物起源于水生的、无导管的睡莲目（狭义）的代表，即通过莼菜科的可能已经绝灭的原始类群进化到泽泻目，再衍生出单子叶植物的其他各个分枝，从而提出单子叶植物起源的莼菜－泽泻观点。

克朗奎斯特并没有接受奇德尔的观点。他认为单子叶植物有一个水生的起源，来自类似现代睡莲目的祖先，并认为单子叶植物的形成层的完全缺乏，导管分子的退化和失去，均因适应水生习性的结果，因而提出泽泻亚纲是百合纲进化线上近基部的一个侧支。

2. 陆生毛茛类起源说　哈钦松在哈利叶（Hallier）工作的基础上，进一步研究提出：多心皮是被子植物的原始特性，其中双子叶植物最原始的木本群为木兰目，最原始的草本群是毛茛目，而单子叶植物的最原始类群是花蔺科（Butomaceae）、泽泻科（Alismataceae）、眼子菜科（Potamogetonaceae）等具离生心皮的雌蕊群类型，因而提出：单子叶植物起源于毛茛目。

科萨贝（Kosabai）、莫斯利（Moseley）和奇德尔最近指出，在花蔺科和泽泻科根的后生木质部中，具有进化的导管分子。根据导管分子演化的过程，支持泽泻亚纲从陆栖类型起源，并不支持单子叶植物有一个水生"毛茛型"的祖先。

日本田村道夫（1974）提出一个被子植物的新系统。他认为单子叶植物的祖先是毛茛目，由毛茛科衍生出百合目，再发展形成单子叶植物的各个支系，明确提出单子叶植物的毛茛－百合起源说。我国杨崇仁和周俊（1978），通过对单子叶植物、毛茛科以及狭义睡莲目植物中生物碱、甾体化合物、三萜化合物、氰苷和脂肪酸5种化学成分的分析和比较，认为毛茛与百合目有着密切的亲缘关系，支持了单子叶植物毛茛-百合起源的主张，不赞同塔赫他间关于单子叶植物莼菜-泽泻起源的观点。

上述的单子叶植物起源的观点，主要是根据现代植物的比较形态解剖等综合研究推测出来的，还缺乏可靠的化石证据。最近研究了在美国科罗拉多晚三叠纪地层中发现的一种叫沙米格拉（*Sammiguella lewist*）的植物化石认为，单子叶植物中棕榈类藜芦属（*Veratrum*）的叶子和它最为相似。假若这种看法无误，则主张单子叶植物是由双子叶植物演化而来的看法得重新考虑。

二、被子植物的系统演化及其分类系统

（一）被子植物系统演化的两大学派

被子植物是当今植物界中属、种极为繁多而庞杂的一个类群，要认识这类植物就必须对它进行系统的分类，了解其原始类群与进步类群各自具有什么样的特征。也就是说，弄清被子植物系统发育的规律性，将有助于我们去分析和推断最古老被子植物的形态特征，进而探索它们的起源和祖先。

早在1789年，法国植物学家裕苏（A. L. Jussicu）根据植物幼苗阶段有无子叶和子叶的数目多少，将植物界分为无子叶植物、单子叶植物和双子叶植物3大类，并认为单子叶植物是现代被子植物中较原始的类群。后来，德康多（A. P. de Candolle）在谈到植物分类时，却认为双子叶植物是比较原始的类群。这种观点得到了一些学者的支持，但是，进一步涉及双子叶植物中哪些科、目是更为原始等问题时，却又众说纷纭，莫衷一是。总的说来，可归纳为两大学派：一派是恩格勒学派，他们认为，具有单性的柔荑花序植物是现代植物的原始类群；另一派称毛茛学派，认为具有两性花的多心皮植物是现代被子植物的原始类群。

1. 恩格勒学派　恩格勒学派认为，被子植物的花和裸子植物的球穗花完全一致，每1个雄蕊和心皮分别相当于1个极端退化的雄花和雌花，因而设想被子植物来自于裸子植物的麻黄类中的弯柄麻黄（*Ephedra campylopoda*）（图8-170，C、D）。如图所示，在这个设想里，雄花的苞片变为花被，雌花的苞片变为心皮，每个雄花的小苞片消失后，只剩下1个雄蕊；雌花小苞片退化后只剩下胚珠，着生于子房基部。由于裸子植物，尤其是麻黄和买麻藤等都是以单性花为主，所以原始的被子植物也必然是单性花。这种理论称为假花说（pseudoanthial theory），是由恩格勒学派的韦特斯坦（Wettstein）建立起来的。根据假花说理论，现代被子植物的原始类群是单性花的柔荑花序类植物，有人甚至认为，木麻黄科就是直接从裸子植物的麻黄科演变而来的原始被子植物。这种观点所依据的理由是：第一，化石及现代的裸

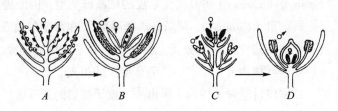

图8-170　真花说与假花说示意图
A、B. 真花说示意图；　C、D. 假花说示意图

子植物都是木本的，柔荑花序植物大都亦是木本的；第二，裸子植物是雌雄异株，风媒传粉的单性花，柔荑花序类植物也大都如此；第三，裸子植物的胚珠仅有1层珠被，柔荑花序类植物也是如此；第四，裸子植物是合点受精的，这也和大多数柔荑花序植物是一致的；第五，花的演化趋势是由单被花进化到双被花，由风媒进化到虫媒类型。

许多学者对恩格勒学派的上述看法颇有异议。越来越多的人认为，柔荑花序植物的这些特点并不是原始的，而是进化的。花被的简化是高度适应风媒传粉而产生的次生现象；柔荑花序类植物的单层珠被是由双层珠被退化而来的。柔荑花序的合点受精，虽和裸子植物一样，但在合瓣花的茄科和单子叶植物中的兰科，都具有这种现象。因而，柔荑花序的单性花、无花被或仅有1层花被、风媒传粉、合点受精和单层珠被等特点，都可看成是进化过程中退化现象的反映，它们应当属于进化类群，另外从柔荑花序类植物的解剖构造和花粉的类型来看，它们的次生木质部中均有导管分子，花粉粒为三沟型的，从比较解剖学的观点看，导管是由管胞进化来的，三沟花粉是从单沟花粉演化来的，这就充分说明柔荑花序类植物比某些仅具管胞和单沟花粉的被子植物（如木兰目）来说，是更进化的，而不是原始的被子植物类群。

2. 毛莨学派　毛莨学派认为，被子植物的花是一个简单的孢子叶球，它是由裸子植物中早已绝灭的本内苏铁目，特别是拟苏铁（*Cycadeoidea*）具两性孢子叶的球穗花进化而来的（图8-170，A、B）。拟苏铁的孢子叶球上具覆瓦状排列的苞片，可以演变为被子植物的花被，它们羽状分裂或不分裂的小孢子叶可发展成雄蕊，大孢子叶发展成雌蕊（心皮），其孢子叶球的轴则可以缩短成花轴。也就是说，本内苏铁植物的两性球花，可以演化成被子植物的两性整齐花。这种理论被称为真花学说（euanthial theory）。按照真花学说，现代被子植物中的多心皮类，尤其是木兰目植物是现代被子植物的较原始的类群。这种观点的理由是：第一、本内苏铁目的孢子叶球是两性的虫媒花，孢子叶的数目很多，胚有两枚子叶，木兰目植物也大都如此；第二、本内苏铁目的小孢子是舟状的，中央有一条明显的单沟，木兰目中的木兰科花粉也是单沟型的舟形粉；第三、本内苏铁目着生孢子叶的轴很长，木兰目的花轴也是伸长的。根据上述这些相似的特点，毛莨学派认为，现代被子植物中那些具有伸长的花轴、心皮多数而离生的两性整齐花是原始的类群，现在的多心皮类，尤其是木兰目植物是具有这些特点的。这种观点，虽然至今还为不少学者所接受。但是，木兰目植物实际上是不大可能由本内苏铁植物演化来的。其理由，在前一节中已阐述，这里不再重复。

多数学者认为，那些较原始的被子植物是常绿木本的，它们的木质部仅有管胞而无导管，花为顶生的单花，花的各部分离生，螺旋状排列，辐射对称，花轴伸长，雌蕊尚未明显分化为柱头、花柱和子房，而柱头就是腹缝线的肥厚边缘，雄蕊叶片状，尚无花丝的分化，具3条脉，花粉为大型单沟舟形、无结构层、表面光滑的单粒花粉。现代的木兰目植物是具有上述特点的代表植物。

（二）被子植物的主要分类系统

按照植物亲缘关系对被子植物进行分类，建立一个分类系统，说明被子植物间的演化关系，是植物分类学家光荣的任务。自19世纪后半期以来，有许多植物分类工作者，根据各自的系统发育理论，提出了许多不同的被子植物系统，但由于有关被子植物起源，演化的知识和证据不足，到目前为止，还没有一个比较完美的分类系统，下面介绍几个主要系统。

1. 恩格勒分类系统 这一系统是德国植物学家恩格勒（Engler）和柏兰特（Prantl）于 1897年在《植物自然分科志》一书中发表的，是分类学史上第一个比较完整的自然分类系统。在他们的著作里，将植物界分成 13 门，而被子植物是第 13 门中的 1 个亚门，即种子植物门被子植物亚门。并将被子植物亚门分成双子叶植物和单子叶植物 2 个纲，将单子叶植物放在双子叶植物之前，将"合瓣花"植物归入一类，认为是进化的一群被子植物。计 45 目，280 科。

恩格勒系统是根据假花说的原理，认为无花瓣、单性、木本、风媒传粉等为原始的特征，而有花瓣、两性、虫媒传粉的是进化的特征，为此，他们把柔荑花序类植物当作被子植物中最原始的类型，而将木兰科、毛茛科等科看作是较为进化的类型，上述假说源于艾克勒（A. W. Eichler），在今日已被许多植物学家认为是错误的。

恩格勒系统几经修订，在 1964 年出版的《植物分科志要》第 12 版上，已把放在原来分类系统前面的单子叶植物，移到双子叶植物的后面，修正了认为单子叶植物比双子叶植物要原始的错误观点，但仍将双子叶植物分为古生花被亚纲和合瓣花亚纲，基本系统大纲没有多大改变。并把植物界分为 17 门，其中被子植物独立成被子植物门，共包括 2 纲，62 目，344 科。

2. 哈钦松被子植物分类系统 这个系统是英国植物学家哈钦松于 1926 年在《有花植物科志》一书中提出的，1973 年作了修订，从原来的 332 科增加到 411 科。

哈钦松系统是在英国边沁（Bentham）及虎克（Hooker）的分类系统，和以美国植物学家柏施（Bessey）提出的花是由两性孢子叶球演化而来的概念为基础发展而成的。他认为：两性花比单性花原始；花各部分分离、多数的，比联合、定数的为原始；花各部螺旋状排列的，比轮状排列的为原始；木本较草本为原始。他还认为被子植物是单元起源的，双子叶植物以木兰目和毛茛目为起点，从木兰目演化出一支木本植物，从毛茛目演化出一支草本植物，认为这两支是平行发展的；无被花、单花被则是在后来演化过程中退化而成的；柔荑花序类各科来源于金缕梅目。单子叶植物起源于双子叶植物的毛茛目，并在早期就分化为 3 个进化线：萼花群（Calyciferae）、冠花群（Corolliflorae）和颖花群（Glumiflorae）。

哈钦松系统为多心皮学派奠定了基础，但由于本系统坚持将木本和草本作为第一级区分，因此，导致许多亲缘关系很近的科（如草本的伞形科和木本的山茱萸科、五加科等）远远地分开，占据着很远的系统位置，为此，把被子植物分为木本群和草本群是形式上的附会，有着时代性的错误，故这个系统很难被人接受。之后许多学者对多心皮系统进行了多方面的修订。塔赫他间系统、克朗奎斯特系统都是在此基础上发展起来的。

3. 塔赫他间被子植物分类系统 塔赫他间系统是 1954 年公布的。他认为被子植物起源于种子蕨，并通过幼态成熟演化而成的；草本植物是由木本植物演化而来的；单子叶植物起源于原始的水生双子叶植物的具单沟舟形花粉的睡莲目莼菜科。他发表的被子植物亲缘系统图（图8-171），主张被子植物单元起源说，认为木兰目是最原始的被子植物代表，由木兰目发展出毛茛目及睡莲目；所有的单子叶植物来自狭义的睡莲目；柔荑花序各自起源于金缕梅目，而金缕梅目又和昆栏树目等发生联系，共同组成金缕梅超目（Hamamelidanae），隶属于金缕梅亚纲

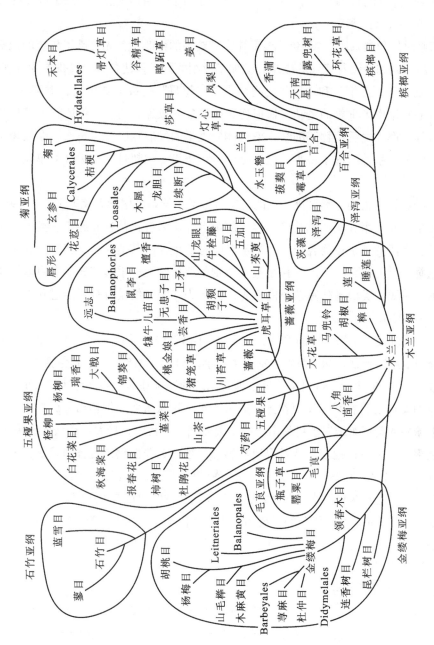

图 8-171 塔赫他间有花植物亚纲和目的系统关系图（1980 年）

（Hamamelidae）。

自 1959 年起，塔赫他间分类系统进行过多次的修订（1966、1969、1980），在 1980 年发表的分类系统中，他把被子植物分成 2 纲，10 亚纲，28 超目，其中木兰纲（即双子叶植物纲）包括 7 亚纲，20 超目，71 目，333 科；百合纲（即单子叶植物纲）包括 3 亚纲，8 超目，21 目，77 科，总计共 92 目，410 科。

塔赫他间修改的分类系统，较 1954 年系统作了较多的修改，首先打破了传统的把双子叶植物纲分成离瓣花亚纲和合瓣花亚纲的概念，增加了亚纲的数目，使各目的安排更为合理；其次，在分类等级方面，于"亚纲"和"目"之间增设了"超目"一级分类单元，对某些分类单元，特别是目与科的安排作了重要的更动，如把连香树科独立成连香树目，将原属毛茛科的芍药属独立成芍药科等，都和之后植物解剖学、染色体分类学的发展相吻合；再次，在处理柔荑花序问题时，亦比原来的系统前进了一步。但不足的是，增设了"超目"一级分类单元，科的数目达 410 科。

4. 克朗奎斯特被子植物分类系统　　克朗奎斯特分类系统是美国学者克朗奎斯特 1958 年发表的。他的分类系统亦采用真花学说及单元起源的观点，认为有花植物起源于一类已经绝灭的种子蕨；现代所有生活的被子植物各亚纲，都不可能是从现存的其他亚纲的植物进化来的；木兰亚纲是有花植物基础的复合群，木兰目是被子植物的原始类型；柔荑花序类各目起源于金缕梅目；单子叶植物来源于类似现代睡莲目的祖先，并认为泽泻亚纲是百合亚纲进化线上近基部的一个侧支（图 8-172）。

克朗奎斯特系统接近于塔赫他间系统，在 1981 年修订的分类系统中，他把被子植物（称木兰植物门）分为木兰纲和百合纲，前者包括 6 个亚纲，64 目，318 科，后者包括 5 亚纲，19 目，65 科，合计 11 亚纲，83 目，383 科。克朗奎斯特系统的安排基本上和塔赫他间系统相似，但是个别分类单位的安排上仍然有较大的差异，如将大花草目从木兰亚纲移出，放在蔷薇亚纲檀香目之后；把木犀科从蔷薇亚纲鼠李目移出，放在菊亚纲玄参目内；将大戟目从五桠果亚纲分出，放在蔷薇亚纲卫矛目之后；把姜目从百合亚纲移出，独立成姜亚纲；把香蒲目从槟榔亚纲中移出，放在鸭跖草亚纲中。另外，本系统简化了塔赫他间系统，取消了"超目"一级分类单元；将塔赫他间系统的木兰亚纲和毛茛亚纲合并成木兰亚纲；科的数目有了压缩。

总之，克朗奎斯特系统在各级分类系统的安排上，似乎比前几个分类系统更为合理，科的数目及范围较适中，有利于教学使用，为此，本书的编写，除个别地方作了适当调整外，即以克朗奎斯特系统为依据。

5. 被子植物 APG 分类系统

1993 年，国内外 40 余位植物学家利用近 500 个物种叶绿体 *rbc*L 基因序列差异性，第一次构建了被子植物分子系统发育树。在此基础上，被子植物系统研究组（Angiospermae Phylogenetic Group，APG）于 1998 年发表了基于 DNA 序列的被子植物分类系统即 APG 系统，并不断更新，截至 2016 年，该系统已更新至第四版（APG Ⅳ）。目前，APG 系统占据被子分类系统主流位置，有取代其他被子植物分类系统之势。2019 年李德铢团队的成果，在一些目和科级水平上大大完善了 APG Ⅳ 系统。

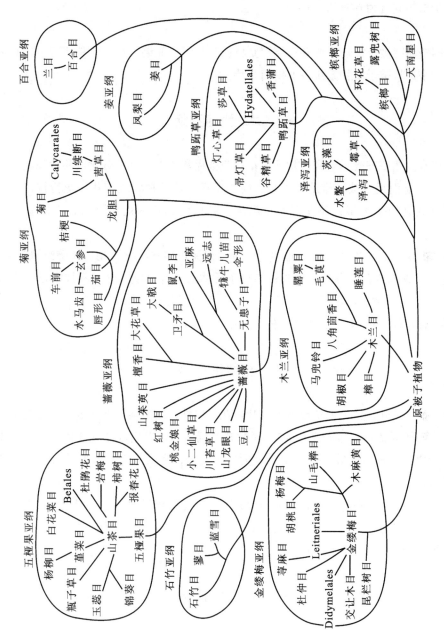

图 8-172 克朗奎斯特特有花植物亚纲和目的系统关系图（1981 年）

APG IV系统不再把被子植物划分为双子叶植物、单叶子植物两个纲，而是依据演化阶段或演化支划分为六大分支，即：基部类（Basic Angiosperms）、木兰类（Magnoliids）、金粟兰类（目）（Chloranthales）、单子叶类（Monocots）、金鱼藻类（Ceratophyllales）和真双子叶类（Eudicots）。目、科的界限首先考虑"单系原则"，也兼顾解剖、生化和发育性状等形态特征。该系统将被子植物共分为64目，416科。

附：克朗奎斯特被子植物系统各亚纲简要特征及其纲、亚纲、目、科顺序表（1981）

（1）克朗奎斯特被子植物系统各亚纲简要特征

一、木　兰　亚　纲

木本或草本。花整齐或不整齐，常下位花；花被通常离生，常不分化成萼片和花瓣，或为单被，有时极度退化而无花被；雄蕊常多数，向心发育，常呈片状或带状；花粉粒常具2核，多数为单萌发孔或其衍生类型；雌蕊群心皮离生，胚珠多具双珠被及厚珠心。种子常具胚乳和小胚。

植物体常产生苄基异喹啉或阿朴啡生物碱等，但无环烯醚萜化合物。薄壁组织常含油细胞；导管分子呈梯形或单穿孔，有时无导管；筛分子质体通常为P型（含有不规则排列的蛋白质结晶或丝状体），或为S型（含淀粉）。

本亚纲共有8目、39科，约12 000种。

二、金缕梅亚纲

木本或草本。单叶，稀为羽状或掌状复叶。花常单性，组成柔荑花序或否，通常无花瓣或常缺花被，多半为风媒传粉；雄蕊2（偶1）至数枚，稀多数，花粉粒2或3核；雌蕊心皮分离或联合，边缘胎座、中轴胎座等，胚珠少数，倒生至直生，常具双珠被及厚珠心，柔荑花序类各目常合点受精。

植物体一般多少含有单宁，通常含原花青素苷、鞣花酸和没食子酸，但很少含有生物碱或环烯醚萜化合物。导管分子具梯状或单穿孔，有时无导管；筛分子具S型质体。

本亚纲共有11目，24科3 400种。

三、石　竹　亚　纲

多数为草本，常为肉质或盐生植物。叶常为单叶，互生、对生或轮生。花常两性，整齐，分离或结合；花被形态复杂而多变，同被、异被或常单被，花瓣状或萼片状；雄蕊常定数，离心发育，花粉粒常3核，稀2核；子房上位或下位，常1室，胚珠1至多数，特立中央胎座或基底胎座，胚珠弯生、横生或倒生，具双珠被及厚珠心。种子常具外胚乳或否，贮藏物质常为淀粉；

胚常弯曲、环形或直立。

植物体含有甜菜碱，少数含原花青素苷等物质。石竹目的绝大多数植物具 P Ⅲ 型筛分子质体，而蓼目、蓝雪目等具 S 型质体。

本亚纲共有 3 目，14 科，约 1 100 种。

四、五桠果亚纲

常木本。单叶，全缘或具锯齿，偶为掌状或多回羽状复叶。花离瓣，稀合瓣；雄蕊少数到多数，离心发育，花粉粒除十字花科外均具 2 核，萌发孔 3，典型的为 3 孔沟；除五桠果目外，雌蕊全为合生心皮，上位子房，中轴胎座或侧膜胎座，偶为特立中央胎座或基底胎座，胚珠具双珠被或单珠被，厚或薄珠心。胚乳存在或否，但多数无外胚乳。

植物体通常含有单宁，偶含芥子油和环烯醚萜化合物，无甜菜碱，亦缺乏生物碱。导管分子具梯状或单穿孔；筛分子质体为 S 型，稀为 P 型。

本亚纲共有 13 目，78 科，约 25 000 种。

五、蔷 薇 亚 纲

木本或草本。单叶或常羽状复叶，偶极度退化或无。花被明显分化，异被，分离或偶结合；蜜腺种种，具雄蕊内盘或雄蕊外盘；雄蕊少数或多数，向心发育，花粉粒常 2 核，极少 3 核，常具 3 个萌发孔；雌蕊心皮分离或结合，子房上位或下位，心皮多数或少数；胚珠具双或单珠被，厚或薄珠心，偶具珠被绒毡层；胚乳存在或否，但外胚乳大多数不存在。

植物体常含有单宁，少数含环烯醚萜化合物、三萜类化合物或其他物质，但绝无甜菜碱。导管分子具单穿孔或梯状穿孔；筛分子质体为 S 型，极少为 P 型。

本亚纲占木兰纲总数的 1/3，共有 18 目，118 科，约 58 000 种。

六、菊 亚 纲

木本或草本。叶为单叶，极少为多种多样裂叶或复叶。花 4 轮，花冠结合，偶分离或单被；雄蕊和花冠裂片同数或更少，常着生在花冠筒上，绝不和花冠裂片对生；花粉粒 2 或 3 核，具 3 个萌发孔；常具花盘；心皮 2～5，常 2，结合，子房上位或下位，胚珠每室 1 至多数，单珠被及薄珠心，常具珠被绒毡层。种子具核型或细胞型胚乳或否。

植物体常含环烯醚萜化合物和 / 或多种多样生物碱及聚炔类、糖苷等物质，但不含苄基异喹啉生物碱，无甜菜碱和芥子油。导管分子具单穿孔，极少梯状或网状穿孔；筛分子具 S 型质体。

本亚纲是木兰纲中大的亚纲之一，共有 11 目，49 科，约 60 000 种。

七、泽 泻 亚 纲

水生或湿生草本，或菌根营养而无叶绿素。单叶，常互生，平行脉，通常基部具鞘。花常大而显著，整齐或不整齐，两性或单性，花序种种；花被 3 数 2 轮，异被，或退化或无；雄蕊 1 至多数，花粉粒全具 3 核，单槽或无萌发孔；雌蕊具 1 至多个分离或近分离的心皮，偶结合，每个心皮或每室具 1 至多枚胚珠，通常具双珠被及厚珠心。胚乳无，或不为淀粉状。

植物体维管束极度退化，导管仅存于根中，或无导管；筛分子质体为 PⅡ型；气孔副卫细胞 2 个。

本亚纲共有 4 目，16 科，近 500 种。

八、槟 榔 亚 纲

多数为高大棕榈型乔木。叶宽大，互生，基生或着生茎端，常折扇状网状脉，基部扩大成叶鞘。花多数，小型，常集成具佛焰苞包裹的肉穗花序，两性或单性；花被常发育，或退化，或无；雄蕊 1 至多数，花粉常 2 核；雌蕊由 3（稀 1 至多数）心皮组成，常结合，子房上位；胚珠具双珠被及厚珠心；胚乳发育为沼生目型、核型和细胞型，常非淀粉状。

植物体具有限的次生生长，常产生针晶体；导管存在于所有的营养器官，或局限于茎和根内，或根内无导管；筛分子质体 PⅡ型；气孔副卫细胞 4 或 2，或 4 个以上。

本亚纲多数热带分布，共有 4 目，5 科，约 5 600 种。

九、鸭跖草亚纲

草本，偶木本，无次生生长和菌根营养。叶互生或基生，单叶，全缘，基部具开放或闭合的叶鞘或无。花两性或单性，常无蜜腺；花被常显著，异被，分离，或退化成膜状、鳞片状或无；雄蕊常 3 或 6，花粉粒 2 或 3 核，单萌发孔，偶无萌发孔；雌蕊 2 或 3（稀 4）心皮结合，子房上位；胚珠 1 至多数，常具双珠被，厚或薄珠心；胚乳发育为核型，有时为沼生目型，全部或大多数为淀粉。果实为干果，开裂或不开裂。

植物体维管束星散或轮状排列，导管存在于所有的营养器官中；筛分子质体为 PⅡ型；气孔副卫细胞 2，稀无，或 2 个以上。

本亚纲广布温带，共有 7 目，16 科，约 15 000 种。

十、姜 亚 纲

陆生或附生草本，无次生生长和明显的菌根营养。叶互生，具鞘，有时重叠成"茎"，平行脉或羽状－平行脉。花序通常具大型、显著且着色的苞片；花两性或单性，整齐或否，异被；

雄蕊 3 或 6，常特化为花瓣状的假雄蕊，花粉粒 2 或 3 核，单槽到多孔或无萌发孔；雌蕊常 3 心皮结合，子房下位或上位；常具分隔蜜腺；胚珠倒生或弯生，双珠被及厚珠心；胚乳为沼生目型或核型，常具复粒淀粉。

植物体常具硅质细胞和针晶体，导管局限于根内，或存在于茎或营养器官中；筛分子质体为 PⅡ型和 S 型；气孔副卫细胞 4 至多数，稀 2 个。

本亚纲多数热带分布，共有 2 目，9 科，约 3 800 种。

十一、百 合 亚 纲

陆生、附生或稀为水生草本，稀木本，常具菌根营养。单叶，互生，常全缘，线形或宽大，平行脉或网状脉。花常两性，整齐或极不整齐，花序种种，但非肉穗状；花被常 3 数 2 轮，全为花冠状，同被或异被；雄蕊常 1、3 或 6，花粉粒 2 核，单槽或无萌发孔；雌蕊常 3 心皮结合，上位或下位，中轴胎座或侧膜胎座；具蜜腺；胚珠 1 至多数，常双珠被，厚或薄珠心；胚乳发育为沼生目型、核型或细胞型，胚乳常无，或为半纤维素、蛋白质或油质。

植物体常含生物碱或甾体皂苷。木本或少数草本类型常具次生生长，导管存在于根中；筛分子质体 PⅡ型；气孔副卫细胞常无或 2，稀 4 个。

本亚纲温带分布，共有 2 目，19 科，约 25 000 种。

（2）克朗奎斯特被子植物系统纲、亚纲、目、科顺序表

Division Magnoliophyta 木兰植物门

Class MAGNOLIOPSIDA 木兰纲

Subclass Ⅰ. Magnoliidae 木兰亚纲

　Order 1. Magnoliales 木兰目

　　Family 1. Winteraceae 林仙科

　　　2. Degeneriaceae 单心木兰科

　　　3. Himantandraceae

　　　4. Eupomatiaceae

　　　5. Austrobaileyaceae

　　　6. Magnoliaceae 木兰科

　　　7. Lactoridaceae

　　　8. Annonaceae 番荔枝科

　　　9. Myristacaceae 肉豆蔻科

　　　10. Canellaceae

　Order 2. Laurales 樟目

　　Family 1. Amborellaceae

　　　2. Trimeniaceae

　　　3. Monimiaceae

　　　4. Gomortegaceae

　　　5. Calycanthaceae 蜡梅科

　　　6. Idiospermaceae

　　　7. Lauraceae 樟科

　　　8. Hernandiaceae 莲叶桐科

　Order 3. Piperales 胡椒目

3. Valerianaceae 败酱科

4. Dipsacaceae 川续断科

Order 10. Calycerales

Family 1. Calyceraceae

Order 11. Asterales 菊目

Family 1. Asteraceae 菊科

Class LILIOPSIDA 百合纲

Subclass Ⅰ. Alismatidae 泽泻亚纲

Order 1. Alismatales 泽泻目

Family 1. Butomaceae 花蔺科

2. Limnocharitaceae

3. Alismataceae 泽泻科

Order 2. Hydrocharitales 水鳖目

Family 1. Hydrocharitaceae 水鳖科

Order 3. Najadales 茨藻目

Family 1. Aponogetonaceae 水雍科

2. Scheuchzeriaceae 休氏藻科

3. Juncaginaceae 水麦冬科

4. Potamogetonaceae 眼子菜科

5. Ruppiaceae 川蔓藻科

6. Najadaceae 茨藻科

7. Zannichelliaceae 角果藻科

8. Posidoniaceae

9. Cymodoceaceae 丝粉藻科

10. Zosteraceae 甘藻科

Order 4. Triuridales 霉草目

Family 1. Petrosaviaceae 无叶莲科

2. Triuridaceae 霉草科

Subclass Ⅱ. Arecidae 槟榔亚纲

Order 1. Arecales 槟榔目

Family 1. Arecaceae 槟榔科

Order 2. Cyclanthales 环花草目

Family 1. Cyclanthaceae 环花草科

Order 3. Pandanales 露兜树目

Family 1. Pandanaceae 露兜树科

Order 4. Arales 天南星目

Family 1. Araceae 天南星科

2. Lemnaceae 浮萍科

Subclass Ⅲ. Commelinidae 鸭跖草亚纲

Order 1. Commelinales 鸭跖草目

Family 1. Rapateaceae

2. Xyridaceae 黄眼草科

3. Mayacaceae

4. Commelinaceae 鸭跖草科

Order 2. Eriocaulales 谷精草目

Family 1. Eriocaulaceae 谷精草科

Order 3. Restionales 帚灯草目

Family 1. Flagellariaceae 须叶藤科

2. Joinvilleaceae

3. Restionaceae 帚灯草科

4. Centrolepidaceae 刺鳞草科

Order 4. Juncales 灯心草目

Family 1. Juncaceae 灯心草科

2. Thurniaceae

Order 5. Cyperales 莎草目

Family 1. Cyperaceae 莎草科

2. Poaceae 禾本科

Order 6. Hydatellales

Family 1. Hydatellaceae

Order 7. Typhales 香蒲目

Family 1. Sparganiaceae 黑三棱科

2. Typhaceae 香蒲科

Subclass Ⅳ. Zingiberidae 姜亚纲

Order 1. Bromeliales 凤梨目

Family 1. Bromeliaceae 凤梨科

Order 2. Zingiberales 姜目（蘘荷目）

Family 1. Strelitziaceae 鹤望兰科

2. Heliconiaceae 蝎尾蕉科

3. Musaceae 芭蕉科

4. Lowiaceae 兰花蕉科

5. Zingiberaceae 姜科（蘘荷科）

6. Costaceae 闭鞘姜科

7. Cannaceae 美人蕉科

8. Marantaceae 竹芋科

Subclass Ⅴ. Liliidae 百合亚纲

Order 1. Liliales 百合目

Family 1. Philydraceae 田葱科

2. Pontederiaceae 雨久花科

3. Haemodoraceae 血皮草科

4. Cyanastraceae

5. Liliaceae 百合科

6. Iridaceae 鸢尾科

7. Velloziaceae

8. Aloeaceae 芦荟科

9. Agavaceae 龙舌兰科

10. Xanthorrhoeaceae

11. Hanguanaceae

12. Taccaceae 蒟蒻薯科

13. Stemonaceae 百部科

14. Smilacaceae 菝葜科

15. Dioscoreaceae 薯蓣科

Order 2. Orchidales 兰目

Family 1. Geosiridaceae

2. Burmanniaceae 水玉簪科

3. Corsiaceae

4. Orchidaceae 兰科

复习思考题

1. 被子植物有哪些基本特征？

2. 制定被子植物分类原则的依据是什么？

3. 试述木兰科、毛茛科、樟科的基本特征及相互区别。这三科中何者较原始，何者较进化，为什么？

4. 试述蔷薇科的基本特征及其4亚科的相互区别。

5. 试述含羞草科、云实科和蝶形花科的异同。

6. 将芍药属从毛茛科中分出另立芍药科的理由是什么？

7. 隐头花序在进化上有何优越性？

8. 试述十字花科植物与人类生活的关系。

9. 解释十字花科花部结构的特点。

10. 何谓胎生植物？

11. 卫矛科主要特征是什么？它和冬青科有什么不同？

12. 大戟科是一个形态多样的科，它的主要特征是什么？本科中有哪些重要经济植物？

13. 比较鼠李科和葡萄科的异同？

14. 试述无患子目中的无患子科、漆树科和芸香科的主要特征及其经济用途？

15. 伞形科的基本特征和本科植物主要经济用途，它与五加科有何区别？

16. 杜鹃花科繁殖器官的特征如何？怎样识别杜鹃花属和乌饭树属？

17. 试比较夹竹桃科和萝藦科的区别？

18. 试说明萝藦科副花冠、花粉器形态构造上的特点及其在分类上的意义。

19. 茄科中花枝上叶常大、小二叶对生和花序常腋外生是怎么一回事？

20. 试述唇形科、马鞭草科和紫草科的区别。

21. 丹参属花在构造上如何适应虫媒传粉？

22. 玄参目的共同特征是什么？木犀科和玄参科有何异同？

23. 茜草科的主要特征是什么？它和忍冬科如何区分？

24. 菊科有哪些主要特征？在虫媒传粉方面有哪些特殊的适应构造？为什么说菊科是木兰纲中较为进化的类群？

25. 列举木犀科、唇形科、茜草科、忍冬科和菊科的重要经济植物。

26. 本书中基本上生活在水中的单子叶植物包括哪几个科？并简述其特征。

27. 概述禾本科的特征和经济价值，并比较其与莎草科的异同。

28. 槟榔科在单子叶植物中有什么突出的特点？本科植物的经济用途？

29. 试述天南星科的主要特征？

30. 百合科的基本特征是什么？有哪些重要的经济植物？

31. 试述兰科植物花的构造？某些学者将兰科作为单子叶植物中最进化的类群，其理由是什么？

32. 试论单子叶植物的起源问题。

33. 什么叫做多元说、二元说和单元说，各自的理论依据是什么？

34. 试述假花学说、真花学说及其主要的分类系统。

35. 试述哈钦松、塔赫他间、克朗奎斯特被子植物分类系统的异同。

第九章　植物分类学概述

在地球的表面，在广阔的自然界，到处都有植物的踪迹。无论是高山、平原、沙漠或是湖沼和海洋都有植物生长。这许许多多丰盛繁茂的植物，它们中的大多数，直接或间接地与人们的生活有着密切的关系，是人们衣、食、住、行等生活资料的主要源泉。远在古代，人类还处于蒙昧状态时，在寻找食物和治病药草的过程中，就开始识别和利用植物了。有人将人类对植物的分类活动远推到史前时代，说原始人类在采集野菜和摘取野果作为食物时，就有了分类的知识。可以设想史前人在能制造粗石器或简单盛食物的容器时，就有可能对周围的植物给予适当的名称，特别对于有毒的、能吃或不能吃的，必然加以区分。这种原始的植物分类及应用的知识，是以语言和记忆而历代相传的。

公元前约3000年，我国炎帝时，已开始教导人们认识植物的种类及其栽培方法。人们在生产实践中，虽然很早就有植物分类学的知识。但植物分类学成为比较有系统的知识，还应从林奈时代算起。大致从18世纪中叶开始，至19世纪末，可称为古典植物分类学时期。在这一时期中，主要的分类工作是采集标本，根据植物形态器官的差别，包括营养器官和生殖器官进行分类和命名，编写世界各地的植物志以及利用当时所知的全部形态学知识，作为建立自然学说的依据，而努力于建立一个能反映自然实际的分类系统等。工作的场所主要是自然界、标本室及图书馆，所以工具比较简单，手段比较原始，方法也只限于描述和绘图而已。达尔文进化论提出以后，以大量材料论证了生物进化的观点，分类学的概念及工作方法也有所改变，分类学在鉴别种类的同时，注意研究植物之间的相互关系及分布规律，形成了系统分类学。随着植物学各分支学科的不断发展，使分类学与其他学科如解剖学、胚胎学、细胞学、古植物学、遗传学、生态学等保持密切的联系。分类学从这些学科中取得分类学上的旁证，又分化出系统解剖学和细胞分类学。自20世纪以来科学技术的发展，特别是生物化学、分子生物学的发展，生命的基本物质核酸、蛋白质等被深入研究，这些学科的成就应用于植物分类学中，使古典分类学不再满足于和停留在描述阶段，而要求有所突破，有所前进，向着客观的实验科学发展，便产生了实验分类学、化学分类学、分子系统学。孢粉学的建立和研究，对植物分类也有很大的帮助。孢粉鉴定可算是高等植物分类学的一部分。在20世纪60年代以后，有人注意以统计学方法研究植物的分类问题，从而建立了数值分类学。在电子显微镜及扫描电子显微镜的技术，应用于观察植物的细微结构以后，曾有人提出所谓的超微结构分类学。

总之，自20世纪40年代以来，由于各种近代科学方法及电子计算机的应用，植物分类学得到了迅速的发展，与18至19世纪的古典分类学相比，已有很大变化，出现了许多新的研究方向。

第一节　细胞分类学（Cytotaxonomy）

20 世纪 50 年代，植物分类学家就开展了细胞有丝分裂时染色体数目、大小和形态的比较研究。染色体的数目、大小和形态如同其他各类比较资料一样，应用于分类学；染色体在减数分裂时的配对行为，则有助于了解居群的进化和关系。实践证明，这些细胞学的资料在分类上是很有价值的。因此，细胞分类学是利用细胞学的性状和现象来研究动、植物的自然分类、进化关系和起源。

（一）细胞学资料概述

1. 染色体的数目　染色体的数目作为分类性状的价值，在于它在种内相当恒定。一个种内的各个植株，通常具有相同的染色体数目，尽管有很多例外的情况。在有花植物中，体细胞染色体的数目有很大的变化，由几个到几百个。如纤细单冠菊，其染色体数目最小为 $2n = 4$，景天科伽蓝菜属染色体数目最大为 $2n \approx 500$。被子植物中已计过数的种类的染色体数目绝大多数在 $2n = 14 \sim 24$。蕨类植物的染色体数目普遍较高，通常 $2n$ 在 $40 \sim 120$，而最大的要算是网脉瓶尔小草 $2n = 1\,260$。

染色体基数或简称基数，通常以 X 来表示。如何推测一个类群的染色体基数，假如一个类群既有二倍体，又有多倍体，则其染色体基数（X）即为二倍体的配子体的染色体数目，即 $X = n$。因此，二倍体的孢子体的染色体数目为 $2n = 2X$，而四倍体为 $2n = 4X$，六倍体为 $2n = 6X$……依此类推。现以禾本科狐茅属（羊茅属）为例，种的染色体数目为 $2n = 14$、28、42、56 和 70。这样的种被分别称为二倍体、四倍体、六倍体、八倍体和十倍体。所有这些数目都是以二倍体种的配子体染色体数 7 为基数的，因此狐茅属的染色体基数为 $X = 7$。其四倍体为 $2n = 4X = 28$；六倍体为 $2n = 6X = 42$；八倍体为 $2n = 8X = 56$；十倍体为 $2n = 10X = 70$。有些科或属的染色体基数不止一个，则其最原始的基数称之为原始基数，由它衍生的基数称为派生基数。派生基数又可分为原初基数和次生基数。

2. 染色体的形态结构　在绝大多数生物种中，每一条染色体的一定部位有一个称作着丝点（着丝粒）的区域。这个区域是和纺锤体的牵引丝相连的部位。常规压片标本的染色体，在这部位不着色或着色较浅而且缢缩变细，因此称作主缢痕。主缢痕内为着丝点。在主缢痕的两侧部分是染色体的臂，两臂长度相同称等臂染色体；长度不等，则分别称为长臂和短臂。有的染色体还有另一个着色较浅的缢缩部分，称作副缢痕（次缢痕）。副缢痕也是染色体的一种固定形态特征，可作为识别染色体的重要指标。有的染色体末端有一个球形或棒状的突出物，称为随体，它也是识别染色体的一个重要特征。根据着丝点在染色体上的位置不同，可将染色体分为 4 种类型：即具端部着丝点的，着丝点位于染色体的端部，臂比为 7.0 至 ∞，符号为 t；具近端部着丝点的，着丝点靠近端部，臂比为 $3.0 \sim 7.0$，符号为 st；具近中部着丝点的，着丝点位于染色体的近中部处（中部的上方或下方），臂比为 $1.7 \sim 3.0$，符号为 sm；具中部着丝点的，着丝点位于染色体中部，臂比为 1.0～1.7，符号为 m。其中，如果完全没有短臂，即真正是着丝点在末端的，特称为具正端部着丝点的，符号为 T；如果着丝点在正中，则特称为具正中部着丝点的，臂比正好为 1.0，符号为 M（图 9-1）。着丝点的位置是识别染色体的一个重要指标。

染色体的大小，一般是以各染色体的长度来表现。染色体长短的范围在 0.5～30 μm。

染色体组型中的各染色体的绝对大小，是物种的一个相当稳定的特征。染

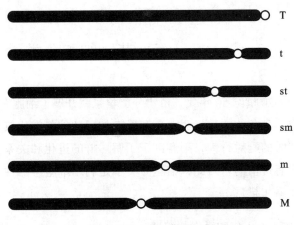

图 9-1　染色体按着丝点位置分类示意图
（自 Levan 等，1964）

色体的绝对长度和两臂的相对长度是识别细胞中特定染色体的主要的方法或甚至是唯一的方法。一般说来，单子叶植物含有的染色体比双子叶植物要大些（也有例外的）。

3. 染色体组型分析　染色体组型亦称"核型"，是指某一个个体或种的全部染色体的形态结构，包括染色体的数目、大小、形状、主缢痕和副缢痕等特征的总和。在染色体组型分析中，目前一般采用如下的方法：（1）常规的形态分析，如测量染色体的长度，确定着丝点的位置、副缢痕的位置和存在与否以及随体的有无、形状和大小；（2）带型分析，在染色体组型分析中，现多应用分带技术，根据不同带型，可更精细而可靠地识别染色体的个体性；（3）着色区段分析，在同源染色体之间着色区基本相同，而在非同源染色体之间则有差别；（4）定量细胞化学方法，即根据细胞核、染色体组或每一个染色体的 DNA 含量以及其他化学特性去鉴定染色体。

细胞减数分裂过程中，染色体的形态和行为发生一系列特有的变化。染色体的行为这里是指染色体在减数分裂时是否配对或联会。配对或联会这一现象本身体现了染色体之间的同源性；不配对通常说明染色体的非同源性。根据染色体的同源性和非同源性可以：（1）知道是否出现了杂交；（2）查明染色体结构上的差异；（3）解释不育的原因；（4）指明一个种的衍生关系，这在分类学上具有重要意义。

4. 多倍体　多倍体一般是指细胞中含有三整套或更多套染色体的个体。多倍体常见于高等植物中，尤其是蕨类植物更为普遍。由同一物种的染色体组加倍而成的多倍体，称为同源多倍体；由不同物种的染色体组相结合而成的多倍体，称为异源多倍体。此外，还有节段异源多倍体和同源异源多倍体等。

在自然界中，有很多多倍体非常复杂，一种常见的类型是由关系密切的二倍体种或宗支撑着一个四倍体（甚至六倍体、八倍体）的同源多倍体、节段异源多倍体和异源多倍体构成的复杂的超结构，这种类型称作柱架式多倍体复合体。在这样的复合体内，因为不同的倍数（2X、4X 等）之间有着相同或相似的染色体组，使整个结构通过频繁的杂交和种质渗入而相互连接，以致在不同倍数上出现形态上相似的类型。这些现象给分类学家提出了一些十分疑难的问题。如果是较小的多倍体复合体，只包含二三个二倍体原种，这常常会将整个复合体作为一个种来处

理。如果复合体较大，二倍体原种多至近 10 个，再加上多倍体水平上的各种重组类型，这就给分类带来很大的麻烦，要对这样的属作出令人满意的分类处理非常困难，甚至不可能。具有多倍体复合体的属如蒿属、薹草属、风铃草属、山羊草属、雀麦属等多属。

（二）细胞学资料在分类学研究中的应用

细胞学资料作为分类学的证据，结合形态学、解剖学、胚胎学和遗传学等方面的证据，在解决分类的疑难问题上，起过不少的作用，而且是建立生物学种和建立新的自然分类系统所必不可少的资料。

1. 在属级以上类群的应用　大多数情况下，细胞学资料对说明它们是同质还是异质，是近亲还是远亲有着很大价值。

禾本科对族的划分，经典分类是以小穗的结构和花序形态为主来划分各族。阿甫杜诺夫（Avdulov）研究了本科的细胞学后，以染色体组型的特征为主，同时结合叶片的解剖、气孔、表皮细胞的形态和幼苗发育、淀粉粒结构以及地理分布等资料，他发现这些特征在禾本科中具有很大相关性，认为过去对禾本科植物的分族确有重新研究划分的必要，特别是那些混杂的类群如狐茅族、剪股颖族和䅟草族等。以后许多学者结合胚胎形态、营养器官解剖、浆片和颖果形态以及种子蛋白质的氨基酸组成等方面的证据，都支持了阿甫杜诺夫的观点。

莎草科和灯心草科的一些属种的染色体具有漫散着丝点等，这些细胞学资料支持了将莎草科和灯心草科从禾本目中分出来各自独立成目或重新归类的分类处理。

在蕨类植物方面，科普兰（Copeland）所下定义的凤尾蕨科，在细胞学上被证明是不同质的以后，现在不少分类学家，都同意将它划分为一些独立的科，如碗蕨科 X = 30～47，肿足蕨科 X = 29、52，凤尾蕨科 X = 29 等。它们中有些在分类系统上是离得相当远的。

2. 在属级类群的应用　细胞学资料用于属级类群分类的如在半日花科中，海蔷薇属以往常常置于半日花属中，后来发现海蔷薇属的染色体基数 X = 9，而半日花属 X = 8，因此支持将海蔷薇属从半日花属中分出，并放在具有染色体 X = 9 的岩蔷薇属附近。又如在蕨类植物中，双盖蕨属的分类一直处于变迁之中，许多作者把它作为蹄盖蕨属（*Athyrium*）的异名，有些种甚至已被放入其他科，但双盖蕨属染色体基数 X = 41，而蹄盖蕨属 X = 40。因此，这两属可以很好地区分。原属蹄盖蕨属的某些种〔*A. accedens*（2n = 82）、*A. spectabile*（n = 41）和 *A. bellum*（n = 41）等〕，又被归入到双盖蕨属。

上面所举的例子，并不是说染色体基数不同就可作为建立属的理由。很多情况下，一个属内具有不同的基数，并且还可存在着不同水平的多倍体，假如没有和其他特征，特别是形态上的明显差异相关联，仅仅染色体基数不同，往往不能作为分属的依据。

3. 在种级和种级以下类群的应用　细胞学的资料应用于讨论种或种以下类群的划分是比较多的。例如禾本科鼠茅属（*Vulpia*）所包含的种，有二倍体（2n = 14）、四倍体（2n = 28）和六倍体（2n = 42）三种类型。鼠茅属分为 5 个组（section），其中 3 个组仅含二倍体种类，另一组 Sect. *Monachne* 含有二倍体和四倍体的种类，最后一个组 Sect. *Vulpia* 中这 3 种类型（二倍体、四倍体、六倍体）的种类都有。在 *Monachne* 组中只有 3 种，2 个种是二倍体，另 1 个种是四倍体。其中，1 个二倍体种 *V. membranacea* $2n = 14$ 和 1 个四倍体种 *V. fasciculata* $2n = 28$ 在外形上十分相似。过去常被认为是 1 个种，但前者在子房顶端无毛，而后者有毛，这种区别虽然很微小，但很稳定。此外两者还具有不同的地理分布和生态环境，因此可作为不同的种处理。在 *Vulpia* 组中，有 3 个种是二倍体，2 个种是四倍体，5 个种是六倍体。其中 2 个四倍体（$2n = 4$，$X = 28$）一直被认为是 2 个种，*V. ciliata* 和 *V. ambigua*。典型的 *V. ciliata* 的外释上有长毛，但大部分类型它的外释仅在中脉上有毛，边缘疏生纤毛；*V. ambigua* 的外释仅具糙毛，除此特征之外，在其他特征诸如植株的高矮，以及花序、小穗、颖、外释和花药的长度，都是量上的区别，而且有交错，但它们有不同的地理分布，*V. ciliata* 分布较广，从西欧一直往东分布到印度西北部，但在欧洲分布偏南，一般往北只到法国，而 *V. ambigua* 分布较局限，在欧洲分布偏北，在英国南部和比利时至法国西北部一带，而且多喜生长于海岸沙地上，2 个种在分布上显然异域的，但在法国西北部有重叠现象，因此把它们作为 1 种的 2 个亚种处理为好。

另一个例子是费尔南德斯（A. Fernandes）对水仙属的细胞学研究，他利用细胞学资料，结合形态学、生态学和地理分布，对水仙属提出了一个系统，说明各种间的关系。他认为各种间的演化，大都通过染色体的变化来进行的，如通过同源多倍性、异源多倍性、多体性、整倍性、非整倍性和 B 染色体。

从以上举例看来，2 个相似类型，它们的染色体数目不同，往往难以断定这 2 个类型应独立成种，还是 1 个种下的不同等级，还需根据其他性状和它们的地理分布等情况全面考虑而定。

总之，细胞学资料作为研究分类学的一个方法，在确定分类单位和研究系统演化，无疑是有重要意义的，但自然界植物种类繁多，生长环境差别很大，系统演化更是错综复杂，染色体数目也不是绝对恒定的，所以在植物分类学的研究中，细胞学的资料是其中一个方面，它同其他学科一样是分类学的证据之一。

第二节　化学分类学（Chemotaxonomy）

化学分类学作为一门学科，是在 20 世纪 60 年代前后建立起来的。化学资料作为分类学证据的研究，则在 200 年前就开始了。长期以来，分类学家都在致力于如何把生物有机体之间的相互关系认识得更正确些，使对分类单位的安排更符合客观实际，更接近一个自然的分类和系统发育的系统，这就要求认识更多的特征来加以判别，因此，化学特征也就逐渐为人们所重视。植物化学分类学是利用化学的特征，来研究植物各类群间的亲缘关系，探讨植物界的演化规律，也可以说是从分子水平上来研究植物分类和系统演化的一门学科。

植物化学分类学的主要研究任务是：研究各分类阶元（如门、纲、目、科、属和种等）所含化学成分的特性和合成途径；探索和研究各化学成分（主要是特征性成分）在植物系统中的分布规律以及在经典分类学的基础上，从植物的化学组成所表现出来的特征，小分子化合物和大分子化合物的角度，并结合其他有关学科，来进一步研究植物的系统发育。

20 世纪 80—90 年代，植物化学分类学的发展较快，这一阶段的特点是人们的兴趣集中在植物的次生成分上，也就是次生代谢的小分子化合物上。因为这些小分子化合物在植物界的分布的确有间断，这种局限性分布，在研究植物分类和系统演化关系方面，成为有价值的分类性状。

　　小分子化合物作为分类性状已被应用于植物分类中。例如莎草科的单型属海滨莎原被库肯索尔（Kükenthal）放在刺子莞亚科中，但是经过醌类色素的检测，刺子莞亚科的其余种均不含有醌类色素，而海滨莎却含有大量的醌类色素。因此，根据化学资料，支持了克恩（Kern）等人的主张将该属放在靠近富含醌类色素的莎草属附近的蔍草亚科中。又如贾恩纳西（D. E. Giannasi）根据黄酮类化合物的分布对榆科中榆亚科和朴亚科中属的处理进行了研究。他根据约 80 个种的叶片样品中黄酮类化合物的色层分析，结果表明，在这一科中黄酮类化合物可分为两大类：黄酮醇苷元（如山奈黄素、槲皮黄素和杨梅黄素）和葡基黄酮（如芹菜苷元、黄色黄素和金圣草黄素 –C– 苷）。有趣的是这两种化合物类型不会同时出现于同一分类单位中，因此，是一个很好的分类特征。属于含黄酮醇的有榆属、印缅榆属、刺榆属、榉属、糙叶树属等 11 个属；含葡基黄酮的有朴属、青檀属、山黄麻属等 7 个属。上述情况充分表明黄酮类化合物在榆科分类中是一个出色的特征，它不仅提供了分亚科的标准，而且对某些属和亚属的划分也提供了依据。小分子化合物应用于高等级分类的例子如苄基异喹啉类生物碱，此类生物碱在生物合成上的一致性以及在植物中呈连续分布状态，使其在被子植物中成为非常有用的分类学指标。苄基异喹啉类生物碱对于把罂粟科和马兜铃科放到木兰亚纲中去是重要的性状。很久以来，罂粟科就被认为与一些含有糖醇酯的科有密切亲缘关系，这些科包括白花菜科、十字花科和木犀草科，并曾经与这些科一起组成 Rhoeadales 目。但是，在罂粟科中并不含有糖醇酯，而含有苄基异喹啉类生物碱（在 Rhoeadales 目中的其他科都不含苄基异喹啉类生物碱），再结合形态学上的特征，就使人们将罂粟科从 Rhoeadales 目中分出来而与其他含有苄基异喹啉类生物碱的科紧密地连在一起。马兜铃科特有的硝基化合物、马兜铃酸及其衍生物等，它们在生物合成上与苄基异喹啉类生物碱密切相关，都是由 4 个阿朴啡生物碱衍生而来，这一事实便支持了将马兜铃科放在木兰亚纲中的观点。另一个有价值的例子是根据甜菜碱的存在与否来划定石竹目。甜菜碱是一类含氮的红色素和黄色素化合物，仅发现于石竹目和担子菌类的少数种中，它在结构上和生源上都大不同于那些分布更广泛的花色苷。仙人掌科和刺戟科由于存在甜菜碱而被现代植物分类学家放到石竹目中。其他一些科如 Bataceae、环蕊科、Rhabdodendraceae、假牛繁缕科和曲胚科，则根据它们缺乏甜菜碱（至少部分类群缺乏）的特点，而将它们从该类群中分出去。在石竹目里，石竹科和粟米草科是不含甜菜碱的，因此，曾引起过学者们的争论。然而，根据胚胎学的、解剖学的、孢粉学的及亚显微结构的性状等已确定的综合证据，表明这两个含有花色苷色素的科，显然与该目的其他成员是联系在一起的。此外，根据形态学和黄酮类化学，也表明这两个类群是有密切亲缘关系的。但是，甜菜碱和花色苷之间在结构上和生物合成上的差异，以及甜菜碱并不出现在高等植物的其他类群中这一事实表明：这两个类群之间在系统上的距离必须保持。目前很多系统都将含有花色苷的科与该目的其他科稍稍分开。克朗奎斯特和达格瑞（Dahlgren）将石竹科和粟米草科一起排列在石竹目的最后，塔赫他间将这两个科放在一个独立的石竹亚目中。

萜类化合物作为植物分类学的指标也是有价值的。在高等级分类上具有最大的系统学意义的三萜衍生物是柠檬素类化合物和苦木素类化合物。这两类在生物合成上相关的化合物发现于4个科，即芸香科、叶柄花科、楝科和苦木科，加上这几个科普遍含有挥发油，这些化学证据，表明了它们之间有密切的亲缘关系。在现代分类系统中，都将这4个科一起置于芸香目中。柠檬素类化合物和苦木素类化合物对于说明这几个科之间的亲缘程度也是有帮助的。例如柠檬素类化合物仅存在于芸香科、叶柄花科和楝科，而苦木素类化合物则局限于苦木科。

应用大分子化合物来研究植物分类，首先要提到的是血清学研究，这种研究方法既方便又快速，可以广泛应用于植物分类学和植物系统学方面的研究，而且研究范围很广，所涉及的分类等级，从杂交种的来源、种间关系，直到科间关系的探讨。

血清学研究多半是采用沉淀反应，它是从某一种植物中提取纯化某一种蛋白质，例如绿色植物叶子中含量丰富的组分 I 蛋白（Rubisco），注射到兔子身上，使兔子血清中产生抗体，然后提纯含有该蛋白抗体的血清（称抗血清），将其与要试验的另一种植物的蛋白质悬浊液（抗原）进行凝胶扩散或免疫电泳，观察其产生的沉淀反应来估价各不同种植物的相关性或相似程度。一般说来，血清学研究所得到的结果，和依据形态学等其他资料所得到的亲缘关系是相关的。

蛋白质作为化学分类特征，除了血清学方法外，还有直接用蛋白质做电泳分析来比较植物种类之间蛋白质的异同。这主要是根据凝胶上蛋白质颗粒在电场影响下，分成带正电荷或负电荷两种，各向其异性方向移动，根据分子大小和电荷大小不同的蛋白质有不同的移动距离，这样形成一幅蛋白质的区带谱。不同种植物含有不同的蛋白质，因而所出现的区带谱也就不同。例如有人用植物种子的蛋白质，进行豆科、禾本科的分类。又用酸性凝胶使茄属中的 15 个种的块茎蛋白质，进行电泳分离，共产生 14 条区带，而每一个种具有自己独特的区带，使蛋白质型具有分类的特征意义。此外，用植物体内所含的酶来作为分类的标准，是一项发展较快而有意义的蛋白质工作，即把植物体内的酶经提取后，在一定介质（淀粉凝胶或聚丙烯酰胺凝胶）下进行电泳，再经酶的特异性染色产生一个酶谱。这样来区分和归并一些植物种类。这方面常用的是过氧化氢酶、过氧化物酶以及酯酶等同工酶。在一定条件下某些同工酶谱代表了它们的遗传特征，这在分类学上是有较高应用价值的。

近代生物化学的研究表明，核酸［包括脱氧核糖核酸（DNA）和核糖核酸（RNA）］是遗传信息的载体，DNA 通过核苷酸顺序来决定有机体的形状、结构和生理学特征，前面提到的蛋白质（包括酶），它在分类学上作为重要的化学特征，但产生什么样的蛋白质，却是由 DNA 决定的，有了一定的蛋白质——酶，就能催化合成一定的小分子化合物，这就好像 DNA 是一张蓝图，由它设计出各种各样的工作机床，这就是蛋白质，然后通过机床制造出各种产品——代谢的末端产物（小分子化合物）。由于各种生物的 DNA 结构上的差异，表现出不同或相似的生物学性状。因此，DNA 可作为分类的依据之一。DNA 碱基顺序在分类学上是比较可靠的证据，在测定核酸顺序的技术尚不成熟之前，用于植物系统进化研究的核酸分析技术主要有 DNA–DNA杂交、DNA 的限制酶图谱、限制性内切酶酶切片段长度多态性分析（RFLP 分析）、随机扩增DNA 多态性（RAPD 分析）和 DNA 测序技术等。进入 21 世纪以来，DNA 测序和计算机分析技术的蓬勃发展、测序成本的急剧下降为植物系统发育研究开辟了道路。DNA 序列来源于核基因组、叶绿体基因组和线粒体基因组三类。

（1）核基因组（nDNA） 由于核基因组结构又大又复杂，大部分核基因中存在直系同源和旁系同源拷贝，使得核基因的应用也最复杂。因此，目前基于核基因组序列的系统发育研究主要集中在编码核糖体 RNA 的重复区（nrDNA）内，比如 nrDNA 的 18S 基因及 ITS 等非编码区。此外，单拷贝核基因也越来越多地应用于被子植物系统发育的研究中。

（2）叶绿体基因组（cpDNA） 叶绿体编码区的核酸替代速率相对较低，适合用于研究植物目间、科间或以下分类阶元的进化关系。目前被广泛应用的编码基因有：*rbc*L、*mat*K、*ndn*F、*atp*B 等。此外，cpDNA 的非编码区序列也越来越广泛地应用于植物不同分类阶元的系统发育研究。与编码基因相比，这些非编码区因其生物学功能上的限制较少，无论是在核酸替代还是插入/缺失突变的积累上，都表现出更快的进化速率。与相应长度的编码区片段相比，通常非编码区能提供更多具系统学意义的信息位点，多用于较低分类阶元及近期分化类群的系统发育学研究。

（3）线粒体基因组（mtDNA） 在已知真核基因组中，植物线粒体基因组因具最低的同义置换率，非常适合用于研究陆生植物早期分化问题。在系统发育分析中常用的线粒体基因有 19S rDNA、*cox*3、*nad*5 和 *mat*R 基因等。

需要说明的是，即使相同基因的 DNA 序列，在不同分类群间的进化速率也会有所差异。这些 DNA 分子片段只是分类群诸多性状的一个来源，为分类群的系统关系重建提供了重要的系统发育信息，但并不能完整地反映物种演化的全部历史。因此，整合更多不同来源或不同功能的 DNA 序列，并与传统的形态性状结合起来分析，才是揭示物种演化历史的有效途径。

第三节　数值分类学（Numerical Taxonomy）

由于近代科学技术的迅速发展，20 世纪 70 年代电子计算机在分类学中不断应用，使一门新兴的边缘学科——数值分类学建立起来了。随着这一学科的建立，对系统学、分类学的许多工作方法、步骤和概念产生很大的影响，成为不可或缺的分析手段。

数值分类学是用数量的方法来评价有机体类群间的相似性，并根据相似性值将某些类群归成更高阶层的分类群（taxa）。数值分类学是以表型特征为基础，利用有机体大量性状（包括形态学的、细胞学的和生物化学等的各种性状）、数据，按一定的数学模型（model），应用电子计算机运算得出的结果，从而作出有机体的定量比较。它不仅运用的性状数量多，运算速度快，而且没有偏见，比较客观，这是以往分类学家难以做到的。经过这种处理所得到的分类群之间的关系，不是凭经验的判断，而是凭大量的性状并可验证的，因为这个关系是用一定的精确标准计算得来的。

下面简略介绍数值分类学的基本步骤。

（一）确定研究对象

进行数值分类工作的第一步，是要确定分类单位，它可以是个体、品系、种、属或更高级的单位，但主要是应当使挑选单位尽可能代表所研究的有机体。在特定研究中所采用的最基本的单位，称为运算分类单位（operational taxonomic unit，简称 OTU）。

（二）选择性状

只有通过比较分类单位之间特征的相似程度，才能确定这些分类单位是否相似，因此分类单位确定后，就要选择 OTU 的性状。性状的选择对数量分类学的分类工作至关重要。就植物分类而言，要选择相对稳定的性状，也就是要选择那些受环境影响较小，保守性强的性状，如繁殖器官，具体地说是花序的类型，雄蕊、雄蕊的数目，子房的心皮数和室数，胚珠着生方式，胎座的类型，果实开裂方式，种子的特征等。有些性状虽然变化较大，可以采用数学方法进行变换，常用的一种变换是取两性状之间的比值当作一个新的性状。譬如叶的大小变化很大，如果取其长与宽之比作为新的性状，往往比较稳定而可靠。除形态、解剖特征外，也可选择细胞的、生理和生化的等多种多样的性状。为了获得稳定和可靠的分类，特征数量一般要在 50 个以上，最好 100 个或更多。

（三）性状的编码

性状选出后，为了下一步进行数学运算，必须以数表示，因而对各种性状状态进行编码。不同的性状有不同的编码方法，简述如下。

1. 数值性状　用自然数和实数所表示的性状均称为数值性状。例如生物形态的各种度量、长度、面积、体积、角度和质量等；生物组织器官各部分构成的数量；各种性状之间的比例关系；各种仪器测试的数据等，这些都是数值性状。数值性状本身就已经是数值，故多数的分类方法对数值性状无需编码处理，就可转入下一步进行数学运算。

2. 二元性状　性状表现为两种对立状态者，称为二元性状。例如植物有叶柄与无叶柄、单叶或是复叶、花冠是离瓣或是合瓣、心皮是分离或是结合、果实开裂或不裂等，即非此即彼的性状。它的编码很简单，将 2 个性状分别以 "+" 和 "−" 表示。"+" 为肯定的状态，"−" 为否定的状态。

3. 有序多态性状　表现为两种状态以上，能排列在一定次序上的性状称为有序多态性状。例如植物体表被微毛、有毛、多毛、密毛。编码时可以取连续排列的非负整数 0、1、2、3……n，分别表示 n + 1 个有序多态性状的状态。例如具毛的性状可编码为：无毛（0），具微毛（1），具毛（2），多毛（3），密毛（4）。

4. 无序多态性状　表现在 3 个状态以上没有次序的性状称为无序多态性状。例如花序有穗状、总状、圆锥、伞形、伞房、头状等。无序多态性状比较复杂，编码方法通常是将无序多态性状分解为互相独立的二元性状，如穗状花序、非穗状花序；伞形花序、非伞形花序等。另一种方法也是将性状分解，但不是就每一个状态都列为一个性状，而是从所有的状态中找出比较合适的新的性状逐步分解进行编码。例如花冠有各种不同类型，既可分解为离瓣和合瓣，还可分解为辐射对称与两侧对称，然后再可分解为是否唇形花冠等。

（四）原始数据的变换和标准化

经过编码所获得的原始数据如果全部是二元数据，并无特殊需要，可以直接进行相似性系数的运算；如果数据是一般的实数，就必须先进行数据的变换和标准化，然后才能进行相似性系数的运算。在生物分类中从各方面观察记录的性状数据为多种多样，有来自形态解剖的，生理生化的、细胞学的、生态学的等。来源各不相同，数据本身所代表的意义也不同，度量标准亦异。数据的复杂性最后反映在数值的大小和变化的幅度，因不同的性状而各不相同。性状之间的这种差异便影响分类运算的结果。因此，在进行运算之前需要先进行交换或标准化处理。

1. 数据的变换　对原始性状数据进行变换的方法，就是将需要变换的数据代入一个事先拟好的函数中进行计算，得出一组新的数值代替原来的性状数据。如果原始数据为 x_i，变换后的数据为 x'_i，则数据变换可用下式表示：

$$x_i \xrightarrow{\text{变换函数}} x'_i$$

下面是几种简单的数据变换：

（1）减去某一常数：　　　　　　　$x'_i = x_i - c$

（2）乘以非零常数 c：　　　　　　$x'_i = x_i \cdot c$

（3）m 次幂乘方，变换函数是：　　$x'_i = x_i^m$

2. 数据的标准化　目前在分类运算中，有一种数据变换已成为常规手段，叫作数据标准化。原始数据进行这种变换的运算过程，称为原始数据的标准化。尤其在主成分分析和许多相似性系数的运算中，原始数据的标准化已成为必不可少的步骤。

如果有 n 个分类单位，t 个性状，经过编码以后的原始性状状态数据，可用如下矩阵表示：

$$\begin{pmatrix} y_{11} & y_{12} & \cdots & y_{1t} \\ y_{21} & y_{22} & \cdots & y_{2t} \\ \vdots & \vdots & \vdots & \vdots \\ y_{n1} & y_{n2} & \cdots & y_{nt} \end{pmatrix}$$

原始数据进行标准化处理公式如下：

$$x_{ij} = \frac{y_{ij} - \bar{y}_j}{s_j} \qquad \text{式中} \quad i = 1, 2, \cdots, n;$$

$$j = 1, 2, \cdots, t。$$

y_{ij} 表示原始矩阵中第 i 个分类单位，第 j 个性状的数值。标准化变换以后，相应的数值记作 x_{ij}。$\bar{y}_j$ 和 s_j 分别表示第 j 个性状的平均值和标准差。

$$\bar{y}_j = \frac{1}{n} \sum_{i=1}^{n} y_{ij};$$

$$s_j = \left[\frac{1}{n-1} \sum_{i=1}^{n} (y_{ij} - \bar{y}_j)^2 \right]^{\frac{1}{2}}$$

（五）相似性概念的数量化

数值分类学中需要引进比亲缘关系更广泛的概念即相似性的概念。相似性程度用数值来表示称为相似性系数。相似性系数的出现是生物分类朝定量方向发展的重要标志。相似性系数有距离系数、相关系数、联合系数、信息系数和模糊系数 5 个主要类型。现将应用较多的 2 种简述如下。

1. 距离系数　在数值分类学中，距离系数应用较早。其优点是对于分类运算有较好的稳定性，而且也比较直观，所以直至今天仍被普遍采用。常用的距离系数计算公式有：

平均欧氏距离系数：

$$D_{ij} = \left[\frac{1}{n} \sum_{k=1}^{n} (x_{ik} - x_{jk})^2 \right]^{\frac{1}{2}}$$

Minkowski 距离系数：

$$M_{ij} = \left[\frac{1}{n} \sum_{k=1}^{n} (x_{ik} - x_{jk})^r \right]^{\frac{1}{r}} \qquad (r > 0)$$

Canberra 距离系数：

$$C_{ij} = \sum_{k=1}^{n} \frac{(x_{ik} - x_{jk})}{x_{ik} + x_{jk}} \qquad (x_{ij} \geq 0)$$

2. 相关系数　相关系数来自统计数学中的相关系数。它在数值分类学中颇为重要。相关系数值的变化范围在 –1 ~ 1 之间。用它来表示相似性程度，其数值变化与距离系数有着相反的意义。相关系数值越大，相似性程度也越大，反之，值越小，相似性程度也越小。计算公式如下：

$$R_{ij} = \frac{\sum_{k=1}^{n} (x_{ik} - \bar{x}_{i0})(x_{jk} - \bar{x}_{j0})}{\left[\sum_{k=1}^{n} (x_{ik} - \bar{x}_{i0})^2 \sum_{k=1}^{n} (x_{jk} - \bar{x}_{j0})^2 \right]^{\frac{1}{2}}}$$

其中

$$\bar{x}_{i0} = \frac{1}{n} \sum_{k=1}^{n} x_{ik}$$

当 $R_{ij} = 1$ 时，为完全正相关；当 $R_{ij} = 0$ 时，两个分类单位的数据为不相关；当 $R_{ij} = -1$ 时，则为完全负相关。

（六）分类运算

当从原始数据开始，经过很多步骤，算出了相似性系数矩阵的准备工作完成后，就要开始着手聚类运算。聚类策略是整个分类分析的核心内容，选用策略不同，结果也将不同。现将按距离系数以最短距离聚类的运算过程简述于下。

按距离系数聚类是一种聚合的分类方法，运算过程大致如下：先将每一个分类单位看做一个 OTU，运算最初，求出 OTU 之间的相似性距离系数矩阵，也就是分类单位的距离系数矩阵。从类群的相似性距离矩阵中找到距离最小的一对类群，将这两个类群合并得到一个新的类群。然后计算新类群与其余所有类群之间的距离系数，并以此新类群代替被合并的一对类群，得到新的类群之间的距离系数矩阵，这样便完成了一次循环运算。接着进行下一次循环运算，从上次运算得到的距离系数矩阵中找到距离最近的两个类群，将这一对类群合并，再计算新的距离系数，得到新的距离系数矩阵……一再重复执行这样的循环运算过程，运算过程与前面完全相同，每循环一次，有一个类群被归并，获得的系数矩阵也减少一个，直到所有的分类单位都归属于一个类群为止，整个分类运算结束。

最后，将分类运算结果以树系图或其他图形表示。

聚类策略有多种，为了设计方便，现已总结为一个统一的公式：

$$D^2_{ir} = \alpha_p D^2_{ip} + \alpha_q D^2_{iq} + \beta D^2_{pq} + \nu \mid D^2_{ip} - D^2_{iq} \mid$$

其中 D_{ip}、D_{iq} 和 D_{pq} 表示聚合前类群之间的距离；D_{ir} 表示聚合后的距离；α_p、α_q、β 和 ν 是待定参数（表 9–1）。p 和 q 两个类群合并以后，需要计算新类群的距离系数 D_{ir}，不同的一组参数给出不同的计算公式，由此获得不同的分类方法。现已有 8 种方法总结在这个公式中，见表 9–1。

表 9–1　距离系数系统分类法参数表

方 法 名 称		参　　　数		
	α_p	α_q	β	ν
最短距离法　　单联法	$\dfrac{1}{2}$	$\dfrac{1}{2}$	0	$-\dfrac{1}{2}$
最长距离法　　全联法	$\dfrac{1}{2}$	$\dfrac{1}{2}$	0	$\dfrac{1}{2}$
中间距离法　WPGMA 法 $(\beta=0)$　中线法 $(\beta=-\dfrac{1}{4})$	$\dfrac{1}{2}$	$\dfrac{1}{2}$	$-\dfrac{1}{4} \leqslant \beta \leqslant 0$	0
离差平方和法	$\dfrac{n_i+n_p}{n_i+n_r}$	$\dfrac{n_i+n_q}{n_i+n_r}$	$\dfrac{-n_i}{n_i+n_r}$	0
重心法	$\dfrac{n_p}{n_r}$	$\dfrac{n_q}{n_r}$	$\dfrac{-n_p n_q}{n_r^2}$	0
类平均法　　UPGMA 法	$\dfrac{n_p}{n_r}$	$\dfrac{n_q}{n_r}$	0	0
可变类平均法	$\dfrac{(1-\beta)n_p}{n_r}$	$\dfrac{(1-\beta)n_q}{n_r}$	$\beta < 1$	0
可变法	$\dfrac{1-\beta}{2}$	$\dfrac{1-\beta}{2}$	$\beta < 1$	0

表中 n_i、n_r、n_p 和 n_q 分别表示类群 G_i、G_r、G_p 和 G_q 中的分类单位个数。G_p 与 G_q 合并以后得新类群 G_r，因此 $n_r = n_p + n_q$。

上述总结的意义在于使许多不同的分类方法可以编在同一个电子计算机程序中，为分类运算工作提供很多方便。

现以桔梗科中 6 种植物（见表 9-2）的数值分类为例，介绍如下：

【例】性状选取与编码　分类选用了 8 个性状：（1）茎是否缠绕（缠绕为 1，直立为 0）；（2）株高（1 m 以上者为 1，不到 1 m 者为 0）；（3）叶的着生方式（互生为 0，对生为 1，轮生为 2）；（4）叶缘（全缘或疏波齿为 0，锯齿为 1，重锯齿为 2）；（5）花序（单生或数个顶生为 0，总状花序或疏圆锥花序为 1）；（6）子房室数（3 室为 0，4 室为 1，5 室为 2）；（7）果实开裂方式（侧壁开裂为 0，顶部 5 瓣裂为 1，室背开裂为 2）；（8）种子有翼否（无翼为 0，有翼为 1）。特性编码数据见表 9-2。

表 9-2　原　始　数　据

编号	种　　名	性　　　　状							
		1	2	3	4	5	6	7	8
1	*Codonopsis lanceolata*（Sieb. et Zucc.）Trautv. 羊乳	1	1	1	0	0	1	2	1
2	*C. pilosula*（Franch.）Nannf. 党参	1	1	1	0	0	1	2	0
3	*Platycodon grandiflorus*（Jacq.）A. DC. 桔梗	0	0	0	1	0	2	1	0
4	*Adenophora pereskiifolia*（Fisch. ex Roem. et Schult.）G. Don 长白沙参	0	0	2	1	2	0	0	0
5	*A. trachelioides* Maxim. 荠苨	0	0	0	2	1	0	0	0
6	*A. polyantha* Nakai 石沙参	0	0	0	1	2	0	0	0
	平均值	0.333	0.333	0.667	0.833	0.833	0.667	0.833	0.167
	标准差	0.516	0.516	0.816	0.753	0.983	0.816	0.983	0.403

演算的第一步将原始数据标准化。因此，先计算每个特性的平均值和标准差。若某一特性的 6 个数据值是 y_i（$i = 1, 2, \cdots, 6$），则

平均值　　$\bar{y} = \dfrac{1}{6}(y_1 + y_2 + \cdots + y_6)$，

标准差　　$s = \left\{ \dfrac{1}{6-1} \left[(y_1 - \bar{y})^2 + (y_2 - \bar{y})^2 + \cdots + (y_6 - \bar{y})^2 \right] \right\}^{\frac{1}{2}}$。

再连同原始数据一起代入标准化变换公式：

$$x_i = \frac{y_i - \bar{y}}{s} \quad (i = 1, 2, \cdots, 6)。$$

对每个特性都进行上面的运算，得标准化数值矩阵：

$$
\begin{pmatrix}
1.291 & 1.291 & 0.408 & -1.107 & -0.848 & 0.408 & 1.187 & 2.041 \\
1.291 & 1.291 & 0.408 & -1.107 & -0.848 & 0.408 & 1.187 & -0.408 \\
-0.645 & -0.645 & -0.816 & 0.221 & -0.848 & 1.633 & 0.170 & -0.408 \\
-0.645 & -0.645 & 1.633 & 0.221 & 1.187 & -0.816 & -0.848 & -0.408 \\
-0.645 & -0.645 & -0.816 & 1.550 & 0.170 & -0.816 & -0.848 & -0.408 \\
-0.645 & -0.645 & -0.816 & 0.221 & 1.187 & -0.816 & -0.848 & -0.408
\end{pmatrix}
$$

第二步计算相似性系数。如果采用平均欧氏距离，第 i 和第 j 两个种之间的距离系数计算如下：

$$
D_{ij} = \frac{1}{6}\left[(x_{i1}-x_{j1})^2 + \cdots + (x_{i8}-x_{j8})^2\right]^{\frac{1}{2}} \qquad \begin{bmatrix} i=1,2,\cdots,6 \\ j=1,2,\cdots,6 \end{bmatrix}
$$

其中 x_{ik} 和 x_{jk}（$k=1,2,\cdots,8$）分别表示性状 k 对于第 i 和第 j 个种的标准化数据。将 6 个种每一对距离系数计算出来得到距离矩阵 $M(0)$（表 9-3）。

表 9-3　分类运算过程

	1	2	3	4	5	6	
1	0						
2	0.866	0					
3	1.553	1.289	0				
4	1.821	1.602	1.465	0			$M(0)$
5	1.895	1.686	1.109	1.049	0		
6	1.821	1.602	1.182	0.866	0.592	0	
	1	2	3	4	7		
1	0						$M(1)$　　$D_{56}=0.592$
2	0.866	0					$G_7 = G_5 + G_6$
3	1.553	1.289	0				
4	1.821	1.602	1.465	0			
7	1.821	1.602	1.109	0.866	0		
	8	3	4	7			
8	0						$M(2)$　　$D_{12}=0.866$
<3	1.289	0					$G_8 = G_1 + G_2$
<4	1.602	1.465	0				
7	1.602	1.109	0.866	0			
	8	3	9				
8	0						$M(3)$　　$D_{74}=0.866$
3	1.289	0					$G_9 = G_7 + G_4$
9	1.602	1.109	0				
	8	10					
8	0						$M(4)$　　$D_{93}=1.109$
10	1.289	0					$G_{10} = G_9 + G_3$

第三步进行分类运算。分类运算的循环过程见表9-3。执行第一次循环时先从 $M(0)$ 中找出最小值，$D_{56} = 0.592$，表明种5和种6相似性距离最近，应先将它们合并成一个新类群。新类群的距离系数需要重新计算，从表9-1给出了8种不同的计算公式，不同的计算方法得出不同的分类结果。在此例采用最容易计算的最短距离法，将数值代入公式，实际上是取最小值运算。例如：

$$D_{71} = \min \{ D_{51},\ D_{61} \}$$
$$= \min \{ 1.895,\ 1.821 \}$$
$$= 1.821$$

计算结果后得新的矩阵 $M(1)$。

再对矩阵 $M(1)$、$M(2)$……依次施行前面的运算，每循环一次一个类群被归并，矩阵减小一阶，直到将所有的种都归并成一个类群为止。

最后将分类结果画成树系图（图9-2）。树系图不仅形象地显示出被分类单位之间的隶属关系，而且还定量地表示类群之间的结合水平。例如种5和种6在0.592的距离水平上相互结合。

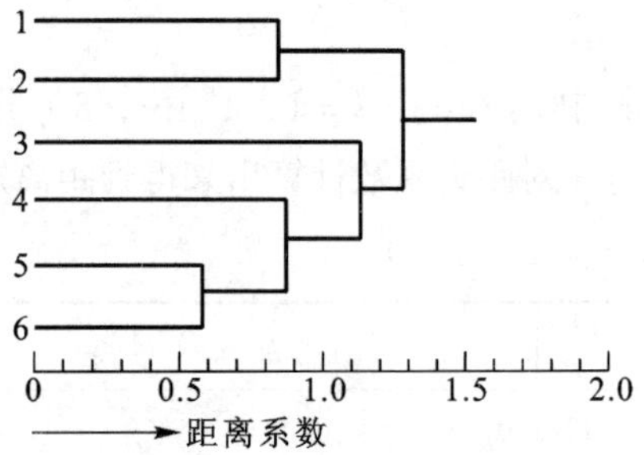

如果将表9-1所提供的8种方法都算出来，就可以得到8种结果，绘出相应的树系图。从运算所得结果

图 9-2　最短距离法（单联法）树系图

表明，其中以 UPGMA 法和 WPGMA 法两个分类结果优于其他的结果，其树系图见图9-3和图9-4。

这两个树系图差异甚微。从图中清楚地看到党参与羊乳有较密切的关系，它们同属于党参属，长白沙参、荠苨和石沙参3个种比较接近，它们同属于沙参属。图中虚线表示区别属的截线。桔梗则属于另一属，桔梗属，该属与沙参属比较接近。定量分类的结果与传统分类非常吻合。它说明这个演算的例子尽管特性的选取和编码都十分简单，定量分类的方法仍然保持较高的可靠性。

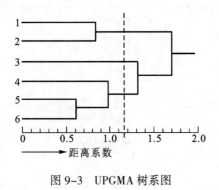

图 9-3　UPGMA 树系图

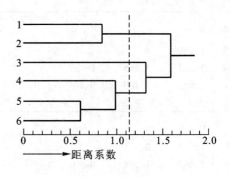

图 9-4　WPGMA 树系图

复习思考题

1. 查阅文献了解分子系统学解决了哪些分类难题？
2. 试述细胞分类学方法与化学分类学方法的优缺点。

主要参考文献

1. 陈邦杰.中国藓类植物属志（上、下册）.北京：科学出版社，1963—1978.

2. 邓叔群.中国的真菌.北京：科学出版社，1963.

3. 侯宽昭，编.吴德邻，等，修订.中国种子植物科属词典（修订版）.北京：科学出版社，1982.

4. 胡鸿钧.中国淡水藻类.上海：上海科学技术出版社，1980.

5. 胡人亮.苔藓植物学.北京：高等教育出版社，1987.

6. 胡先骕.植物分类学简编.北京：科学技术出版社，1958.

7. 淺间一男.谷祖纲，等，译.被子植物的起源.北京：海洋出版社，1988.

8. 江苏省植物研究所.江苏植物志（上、下册）.南京：江苏科学技术出版社，1977，1982.

9. 李成栋.植物保护手册.吉林：吉林人民出版社，1978.

10. 李茹光.吉林省有用和有害真菌.吉林：吉林人民出版社，1980.

11. 李伟新.海藻学概论.上海：上海科学技术出版社，1982.

12. 李星学.植物界的发展和演化.北京：科学出版社，1981.

13. 马炜梁.植物学.2版.北京：高等教育出版社，2015.

14. 强胜.植物学.2版.北京：高等教育出版社，2017.

15. 邵力平.真菌分类学.北京：林业出版社，1984.

16. 斯特弗鲁（F. A. Stafleu）等.赵士洞，译.国际植物命名法规.北京：科学出版社，1984.

17. 田欣，李德铢.DNA序列在植物系统学研究中的应用.云南植物研究.2002，24（2）：170–184.

18. 万海青，梁明山，许介眉.分子生物学手段在植物系统与进化研究中的应用.植物学通报，1998，15（4）：8–17.

19. 汪劲武.种子植物分类学.北京：高等教育出版社，1985.

20. 汪小全，洪德元.植物分子系统学近五年的研究进展概况.植物分类学报，1997，35（5）：465–480.

21. 吴国芳.种子植物图谱.北京：高等教育出版社，1989.

22. 杨庆尧.食用菌生物学基础.上海：上海科学技术出版社，1981.

23. 姚家玲.植物学实验.3版.北京：高等教育出版社，2017.

24. 俞德浚.中国果树分类学.北京：中国农业出版社，1979.

25. 张宏达.种子植物系统分类提纲.中山大学学报，1986（1）.

26. 赵继鼎.中国地衣初编.北京：科学出版社，1982.

27. 浙江药用植物志编写组.浙江药用植物志（上、下册）.杭州：浙江科学技术出版社，1980.

28. 郑勉.中国种子植物分类学（上、中册）.上海：上海科学技术出版社，1957—1959.

29. 中国科学院植物研究所.中国高等植物图鉴（1—5册，补编1—2册）.北京：科学出版社，1972—1983.

30. 中国科学院植物研究所古植物室孢粉组，华南植物研究所形态研究室．中国热带亚热带被子植物花粉形态．北京：科学出版社，1982．

31. 中国科学院植物研究所形态室孢粉组．中国植物花粉形态．北京：科学出版社，1960．

32. 中国科学院中国植物志编辑委员会．中国植物志（有关卷册）．北京：科学出版社．

33. 中山大学，南京大学．植物学（系统、分类部分）．北京：人民教育出版社，1978．

34. Alexopoulos C J and Wins C W. Introductory Mycology. Third edition，1979.

35. Bold H C and Wynne M J. Introduction to the Algae. 1978.

36. Clande A V. Biology. Sixth edition. 1977.

37. Cronquist A. An Integrated System of Classification of Flowering Plants，New York：Columbia University Press，1981.

38. Dahlgren R M T，Clifford H T and Yro P F. The Families of the Monocotyledons（Structure，Evolution and Taxonomy）. Berlin：Springer-Verlag Berlin Heidelberg，1985.

39. Gupta R K. Textbook of Systematic Botany. Atma Ram and Sons，1981.

40. Hickey M and King C J. 100 Families of Flowering Plants. London：Cambridge University Press，1981.

41. Hong-Tao Li，Ting-Shuang Yi，Lian-Ming Gao，et al. Origin of Angiosperms and the Puzzle of the Jurassic Gap. Nature Plants，2019，5：461–470.

42. Jeffrey C. An Introduction to Plant Taxonomy，Second edition. London：Cambridge University Press，1982.

43. Jones S B. Plant Systematics. New York：McGraw-Hill Book Company，1979.

44. Shukla P and Misra S P. An Introduction to Taxonomy of Angiosperms. New York：Vikas Publishing House Pvt Ltd.，1979.

45. Takhtajan A L. Outline of the Classification of Flowering Plants（Magnoliophyta）. The Botanical Review. 1980，46（3）.

读者意见反馈

为收集对教材的意见建议，进一步完善教材编写并做好服务工作，读者可将对本教材的意见建议通过如下渠道反馈至我社。

咨询电话　400-810-0598

反馈邮箱　gjdzfwb@pub.hep.cn

通信地址　北京市朝阳区惠新东街4号富盛大厦1座
　　　　　高等教育出版社总编辑办公室

邮政编码　100029

防伪查询说明

用户购书后刮开封底防伪涂层，使用手机微信等软件扫描二维码，会跳转至防伪查询网页，获得所购图书详细信息。

防伪客服电话　（010）58582300